高 等 学 校 规 划 教 材

SHENGTAI WENMING
TIZHI JIANSHE

生态文明体制建设

鞠美庭　楚春礼　于明言　叶　頔　等编著

U0228730

化学工业出版社

·北京·

内容提要

《生态文明体制建设》结合生态文明的内涵和理念，系统展现了"人与自然和谐"的文化价值观、"遵从生态系统一般规律"的生产发展观以及"既满足自身需要又不损害后代和自然"的生活消费观。

针对政治文明生态化、物质文明生态化和精神文明生态化的目标和要求，本书共设置了十一章，分别为生态文化体制建设、生态教育体制建设、生态政治体制建设、生态法律体制建设、生态安全体制建设、资源管理体制建设、生态经济体制建设、生态补偿体制建设、环境治理体制建设、生态金融体制建设以及绿色消费体制建设。

《生态文明体制建设》具有较高的实践应用价值和研究参考价值，可以作为高等院校环境及相关专业本科生或者研究生的教学用书，还可作为生态文明相关培训教材使用，同时可为相关研究者、决策者、管理者和教育者提供全面系统的参考。

图书在版编目（CIP）数据

生态文明体制建设/鞠美庭等编著. —北京：化学工业
出版社，2020.10
高等学校规划教材
ISBN 978-7-122-37303-8

Ⅰ.①生…　Ⅱ.①鞠…　Ⅲ.①生态文明-制度建设-
中国-高等学校-教材　Ⅳ.①X321.2

中国版本图书馆 CIP 数据核字（2020）第 113872 号

责任编辑：满悦芝　　　　　　　　　　　　　　文字编辑：陈小滔
责任校对：边　涛　　　　　　　　　　　　　　装帧设计：张　辉

出版发行：化学工业出版社（北京市东城区青年湖南街 13 号　邮政编码 100011）
印　　刷：三河市航远印刷有限公司
装　　订：三河市宇新装订厂
787mm×1092mm　1/16　印张 16¾　字数 404 千字　2020 年 10 月北京第 1 版第 1 次印刷

购书咨询：010-64518888　　　　　　　　售后服务：010-64518899
网　　址：http://www.cip.com.cn
凡购买本书，如有缺损质量问题，本社销售中心负责调换。

定　　价：69.00 元

《生态文明体制建设》编委会

前言

习近平总书记在十九大报告中指出，要加快生态文明体制改革，建设美丽中国。在2018年5月召开的全国生态环境保护大会上，他首次提出要加快构建生态文明的"五个体系"，即生态文化体系、生态经济体系、目标责任体系、生态文明制度体系、生态安全体系。我们编写这本书的目的就是要响应国家的战略需求，为我国的生态文明体制建设和改革贡献力量。

人类进入工业文明后，通过对自然资源的开采和利用创造了巨大的物质财富，推动了物质文明的快速发展；但与此同时，也加剧了资源耗竭和生态环境恶化。要想突破人类可持续发展面临的资源和环境的瓶颈，就必须对人类与自然的关系重新定位，这就是生态文明提出的根本意义。生态文明要求我们必须坚持人与自然和谐的文化价值观，我们要认识到"尊重自然、顺应自然和保护自然"并不是人类对自然的施舍，而是人类自身生存和进步的需要；生态文明要求我们必须坚持符合生态系统一般规律的生产发展观，我们对自然资源的利用不能超过这些资源的再生/恢复能力，我们对环境容量资源的利用不能超过环境的自净能力；生态文明要求我们必须坚持既满足自身需要又不损害后代和自然的消费观，我们的消费理念应该向崇尚自然、追求安全和追求健康转变，不能再以大量消耗资源、损害环境健康来求得自己生活上的满足。

体制建设是生态文明建设的根本保障，包括生态文化体制建设、生态教育体制建设、生态政治体制建设、生态法律体制建设、生态安全体制建设、资源管理体制建设、生态经济体制建设、生态补偿体制建设、环境治理体制建设、生态金融体制建设以及绿色消费体制建设等。

本书由鞠美庭、楚春礼、于明言（中共天津市委党校）、叶顺、王军锋、邵超峰、张墨、齐宇、陈然等编写。各章编写人员分别为：第1章叶顺、鞠美庭；第2章叶顺、鞠美庭；第3章于明言、鞠美庭；第4章张墨、鞠美庭；第5章楚春礼、鞠美庭；第6章齐宇、鞠美庭；第7章王军锋、赵良震、赵月、鞠美庭；第8章邵超峰、薛晨阳、鞠美庭；第9章楚春礼、鞠美庭；第10章于明言、鞠美庭；第11章陈然、鞠美庭。全书由鞠美庭、叶顺统稿。（未注明单位者的单位均为南开大学。）

本书参考了相关研究领域众多学者的著作、教材、图表资料及科研成果，在此向有关作者致以诚挚的谢意。由于编者水平所限，书中可能存在疏漏之处，敬请广大读者给予批评和指教。

鞠美庭
南开大学环境科学与工程学院
天津市生态道德教育促进会
2020 年 9 月

目 录

3　生态政治体制建设

■ 4　生态法律体制建设

■ 5　生态安全体制建设

6　资源管理体制建设

7 生态经济体制建设

8 生态补偿体制建设

9　环境治理体制建设

10　生态金融体制建设

11　绿色消费体制建设

1 生态文化体制建设

【摘要】 本章主要探讨生态文化体制的建设和发展。生态文化会伴随公民一生并指导公民成长，从家庭到学校最后走入社会，生态文化对一个人的影响和教育有一个发展过程。第一节对生态文化的传播影响方式进行了总结和分析，根据社会对生态文化发展的需求，提出了可行的传播方案和途径。第二节探讨了生态文化的法律政策体系建设，分析了在全社会关注生态环境保护的同时，加强生态文化保护体制机制建设的迫切性。第三节探讨了生态文化产业发展的思路，就生态文化产业的发展规划、政府如何支持生态文化产业发展、法律如何推进生态文化产业发展、科技如何推动创新型生态文化产业发展、人才培养如何助力生态文化产业发展、合作交流如何提升生态文化产业多元发展以及现有生态文化产业转型升级等进行了分析。第四节从生态文化培育、生态文化制度保障、生态文化多元发展、各地区生态文化建设差距、生态文化产业创新和生态文化制度体系建设六方面，对我国的生态文化体制改革进行了讨论和展望。

文化是社会发展进程中的社会需求和价值观形成导向。各阶段的文化形成与产生都与社会进步发展的要求密不可分。从原始文明的自然中心主义阶段向以人类为中心的农业文明过渡，再到完全以人类为中心的工业文明，最后终将回归到人与自然和谐的生态文明。在漫漫历史的长河中，人与自然地位的交替随着社会发展进步在循环往复，这也证明了人类发展对于自然的依赖和维护自然生态对于人类发展的推动作用和进步意义。先民在以渔樵耕读为主要生产劳动活动的时期，在大量的农业生产劳动中形成并总结出农耕文化。中国古代，崇尚以"仁义礼智信"为主的儒家思想，儒家思想不断发展和传承，逐渐积累形成后世推崇和学习的儒家文化。文化的产生和需要反映了社会发展的需求。文化的包含内容和表现形式多种多样，一般从物质、制度和心理三方面体现和分类，生态文化可以理解为物质文化、制度文化和心理文化的生态化。我国一直秉承既要发展经济，也要保护环境的发展宗旨，经济高速发展的同时，生态环境问题也受到政府和人民的高度重视。在提出生态文化的普及阶段，及时有效地制定并建设生态文化的培育宣教体系是首要任务。

1.1 生态文化的培育宣教体系建设

习近平总书记提出要在"全社会确立起追求人与自然和谐相处的生态价值观"，要让"生态文化在全社会扎根"。建设生态文明不仅要依靠国家重视和政府提倡，更需要在社会中转变公民思想观念，弘扬生态文化。习近平总书记在全国生态环境保护大会上做出重要批示："要加快构建生态文明体系，加快建立健全以生态价值观念为准则的生态文化体系，以产业生态化和生态产业化为主体的生态经济体系，以改善生态环境质量为核心的目标责任体系，以治理体系和治理能力现代化为保障的生态文明制度体系，以生态系统良性循环和环境风险有效防控为重点的生态安全体系。"文化的传承和发扬包括思想的继承，又包含以精神力量引导公民树立与之匹配的行为准则和价值观。习近平总书记十分重视各地区各部门的生态保护宣传，其目的是提升公民生态保护意识，使公民主动承担生态环境保护的义务与责任，共同建立绿色生态家园。生态文化的宣传培育不仅要体现在整个国家，而且要细化到每个城镇、每个社区和每个家庭。

1.1.1 家庭生态文化培养

家庭生态文化培养辅助学校和社会进行生态文化普及并为其铺垫，同时在"注重家庭、注重家教、注重家风"的家庭生态文化培养的过程中，建立生态文明观念，鼓励生态文明行为，让生态文化引导新型家风的形成。家庭生态文化培养不同于学校生态文化教育，它具有可持续性以及灵活性的特点。同时，家庭生态文化培养也不同于社会生态文化的宣传，范围小且收效快是家庭生态文化培养的优势。家庭生态文化的培养更加注重日常生态文化和实用型生态文化知识，主要普及爱护自然和珍爱生命的理念。资源节约和环境保护意识的缺失在个别家庭是存在的，因此，为了适应今后的发展需要，减少下一辈生态文化知识的漏洞是当今社会家庭生态文化培养的职责所在。

1.1.1.1 家庭生态文化的主要内容

家庭生态文化的主要内容有实用性、普遍性和日常性等多个特点，结合每个家庭的家庭特色和生活习惯，不同的家庭生态文化内容各有特色，但大体上不会脱离四个部分，即生态知识、生态现状、绿色消费以及生态心理。家庭生态文化从小方面说是对家庭成员普及生态知识和生态价值观，而从大的方面讲，家庭生态文化影响着社会和学校的生态文化教育，影响着家庭成员绿色消费观念的形成和对生态心理的认同。家庭生态文化培养是社会生态文明建设的缩影。

（1）生态知识

生态知识主要包含两方面，一方面是与生态环境相关的常识性知识，另一方面就是体现生态发展规律和生态平衡规律的相关知识。人类有了生态常识就有了对自然和环境的正确认知，家长通过生态知识和常识教育子女，而子女通过掌握生态知识和常识就会对自然生态环境产生亲近感和熟悉感，从而激发保护环境的意识和责任感。人类对生态建立了初步的认识，有利于接受保护环境和节约资源的重任，并养成绿色生态的生活方式和生活习惯。人类了解生态发展规律和生态平衡规律是为人、社会和自然三者和谐共处奠定知识基础。生态发展规律从最初人类遵循自然法则狩猎和采集，发展到利用自然条件进行作物种植和牲畜养殖，再到退耕还林；从靠山吃山、靠海吃海到模拟生态种植、创造条件养殖，再到休渔期的禁止捕捞；从开垦土地建造房屋到填海造陆，再到禁止围填海。这些发展规律揭示了人类在利用自然，使自然承受改变带来的巨大压力过后，仍要回归到发展初期阶段状态的自然法则和可持续发展规则。生态平衡规律的认知使人类学会尊重自然、敬畏生命，把自然作为生存伙伴，呵护并关心它的发展与变化，明确人类与自然生态的关系是"一荣俱荣，一损俱损"，确立人、自然和社会三者和谐共生的平衡发展模式。家庭生态文化培养由最初生态常识的了解到平衡规律的理解，都是为最终树立生态价值观做知识储备和积累。家庭生态文化培养关系着日常性和实用性的绿色生活习惯的养成，同时作为践行节约资源和保护环境行动的起点。

（2）生态现状

了解和分析生态现状，提升人类发现生态问题的敏感度，并在反思过后产生对解决问题的使命感和时间紧迫感，这有点类似于我们通常提及的"危机意识"。生态现状的学习和感悟是家庭生态文化培养的又一重要内容，它强调激发人类发现生态问题和解决生态问题的主观能动性和积极性。目前，我国主要面临水资源短缺、资源枯竭、人均土地占有率不足及土壤污染等多方面问题。认清生态环境现状，有利于营造家庭生态文化环境和纠正不良生活习惯，家庭作为一个小的生态环境也影响着整个社会生态环境的形成。在家庭生态文化培养中加入对生态现状的认知，引导家庭成员对环境问题深入思考的同时，增强解决问题的责任感和唤醒保护环境的本能。虽然人类现在面临的环境问题和环境现状是严峻而不容乐观的，但是认清生态环境现状有益于人类在认知现实的同时，思考未来的发展和保护对策，是对生态文明建设必然性的解读和诠释。

（3）绿色消费

家庭消费是生活中主要经济活动的表现形式，包括物质消费、精神文化消费和劳务消费等多种形式，而绿色消费主要是针对社会中铺张浪费和奢靡追风等消费陋习提出的新型消费理念。家庭绿色消费是一种环保、节约和科学理性的消费生活方式，一方面减轻了社会供给压力，另一方面减缓了资源和能源不足带来的物资紧缺现象的发生。我国为了缓解供水和供电的压力，实施"阶梯式"定价策略，鼓励居民合理利用资源、节约资源，从经济的角度调控资源合理化利用，提升利用效率。绿色消费是从居民的消费形式和消费观念的转变来提升物质及资源的利用率，培养积极健康的消费观念，遏制社会不良消费风气的形成和发展。绿色消费理念的形成主要依靠家庭的影响和家庭生活方式的养成，作为家庭生态文化培养的一部分，绿色消费观念的逐步转变和形成也体现了家庭生态文化培养过程中家庭成员的生态价值观的养成。家庭消费水平与家庭经济状况和收入状况密不可分，一般情况下，收入水平高的家庭更容易接受绿色消费方式，因此，在提倡绿色消费的同时，更应该关注收入水平有限的家庭的绿色消费观念的普及和实际应用情况，这也是家庭生态文化培育道路上的一个挑战和有待解决的难题。

（4）生态心理

生态习惯的养成会受到生态心理的影响，而心理上的认知和认同感才是最终生态价值观形成的关键。生态心理是人类与自然更深层次的情感上的联结，是对生态保护意识和心理素质的双重培养，生态心理与生态意识的培养有着紧密的联系。国际上对于健康的定义是身体和心理上的健康，而一个好的生态环境对于身体和心理上的健康都是有益的，所以注重生态心理的培养也是家庭生态文化培养中的重要内容。从心理学上认知，多数人会受到从众心理的影响，在家庭生态文化培养的过程中，多数子女善于效仿父母长辈的行为，这也是从众心理的表现。生态心理是在学习生态文化、养成绿色生活习惯以及建立保护生态环境观念的过程中，从人类的内心出发所产生的真情实感的反馈和对和谐生态环境的渴望，同时也是被唤醒的对生态环境保护和生态文化传承的责任感和使命感。生态心理的养成，一方面是对家庭生态文化培养程度的检验，另一方面也是家庭成员树立生态意识和生态价值观的衡量标准。

1.1.1.2 家庭生态文化培养方式

家庭生态文化的培养方式主要受到家庭结构和家庭文化水平影响，遵循培育自然化和自由化的原则，最终可归纳为四种主要培养方式，因此，在借鉴传统文化培养模式的前提下，要适应生态文化的特点制定新的培养方式。原有方式多以知识讲授为主，缺少对于实践性和可持续性的考虑，由此，总结出以下四种家庭生态文化培养方式，旨在提高生态文化知识的利用率、吸收率和可操作性。

（1）润物无声式影响

家庭生态文化培育方式有别于学校生态文化教育的方式，更注重潜移默化地影响和渗透。家庭生态文化教育不仅是生态保护意识的教育，更是生态知识和生态观念的传递。家庭生态文化教育以家庭成员为主要参与对象，父母与子女既是授教者也是受教者，父母可以把在衣食住行等多方面总结下来的绿色生活方式和从长辈那里学到的优良生活习惯教授给子女，而子女也可把从学校学到的生态知识和先进的生态思想与父母分享。在整个过程中，没有固定的时间、固定的教授场所和固定的讲授模式，完全是靠分享和生活中的交流来进行家庭生态文化教育。自父母那辈养成的爱惜粮食、不浪费资源、节约水电、保护动植物等传统的家庭环保生活方式一直都是家庭生态文化教育的主要内容，现今提倡的垃圾分类、家庭废物再利用等新兴绿色生活理念就要依靠父母和子女共同学习和互相监督。总之，家庭生态文化教育融入进日常生活的细节中，是把教育日常化和细节化的体现。

（2）上行下效式传授

文化讲究传承有序。父母是孩子的榜样，孩子是父母的镜子，子女处于幼龄时期比较容易受到父母行为的影响，该时期同时也是子女对父母行为产生好奇和效仿的主要时期。但由于这一时期，子女的是非明辨能力不足，不能自我选择模仿的行为和模仿对象，因此在这一时期，强调父母要时刻以生态文明理念约束自己，要为子女树立积极、健康且符合时代发展需要的良好形象。一方面，体现家长对子女的绿色文明生活观念的教育，另一方面，也时刻提醒和约束家长要提高自身的生态文化水平，多学习生态文化理念，更好地巩固已形成的生态生活习惯。不仅是行动上的引导，思想上的指导和言语上的影响也至关重要，而思想和言语往往是最难把握的。家长的日常谈话总是无意识地影响着子女的认知和判断，而这往往最容易被子女学会并模仿，所以父母应注意日常沟通方式和交谈内容，时刻保持良好的文化素养。在发现子女有被误导的预兆时，应及时采取有效的措施更正，以免导致子女在今后发展和成长过程中误入歧途。

（3）赏罚分明式维护

为了维护积极和正确的家庭生态文化培育氛围，应该建立家庭生态文化的维护与执行机制，以帮助子女明确分辨生态行为与错误行为。奖惩式的家庭生态文化维护手段，是对生态生活方式的肯定，也是对错误行为予以警告与制止。良好的生态生活行为和生活习惯会受到奖励，相反，浪费和不良的生活习惯会受到惩罚。家长可以针对自身家庭情况制定奖惩的内容，特别要注重奖惩内容的可实施性和教育性，杜绝体罚和打骂等过激的惩罚行为，而对随地吐痰、乱扔垃圾、浪费粮食等不利于子女良好生活习惯养成的行为要给予一定的惩罚。惩罚内容也可以指定为有益于良好生活习惯养成的行为，如独立完成三天的垃圾分类、连续一周检查指出并制止家里出现的浪费行为，这是对子女不良的生活习惯的惩罚，同样适用于父母。家庭生态文化不仅要奖惩行为上的功与过，在言语和思想上也应该有所体现。家庭教育中提倡父母要多陪伴子女，多与子女交流和谈心，关心子女学习生活上的困难的同时，还要关注子女在思想和心理上的变化，一旦发现子女在交谈期间有不正确的思想倾向，家长应该及时纠正并督促其树立正确的认知和价值观。

（4）身临其境式体验

没有身临其境，永远不了解我国目前面临的环境形势有多么的严峻。生态环境的恶化速度比我们想象中要快，冰川消融、海平面上升，这些都是在警示人类恶劣的生态环境在不平衡的发展条件下对人类未来发展造成了不可逆的消极影响。根据专家的研究和统计，南北极冰川将在未来的百年之内消融殆尽，水城威尼斯将在几十年之内变成水下城市，珠穆朗玛峰冰川在过去五十年间收缩了将近 400 米，造成这些现象的根源在人类自己。之前的错误不应再成为未来的遗憾，因此，有必要让下一代人感知并认知生态环境恶化的严重后果。美好的景色，青山绿水环绕的恬静村庄，清新空气夹杂着青草和泥土的芳香，这些看似平常的环境氛围已经很难在高楼林立的现代化城市中寻得踪迹。以家庭为单位的生态文化感知体验，是建立在两种相反的生活环境的比较式的体验，最能刺激和激发人类对于生态保护的责任感和对美好生活的追求与向往。从自身感受出发，认知生态文明建设的重要性和必要性是家庭生态文化培养所担负的一项重任。

1.1.1.3　家庭生态文化培养意义

家庭生态文化培养关系到生态文化培育宣教体系的各个阶段的衔接与发展，作为整个体系的开端，家庭生态文化培养担负着生态文化"由小及大"和"由细节到整体"的引导作用。第一，家庭生态文化的培养至关重要。像"蝴蝶效应"一般，以家庭小气候感染和带动社会生态大气候的形成和发展。第二，各阶段学校加强生态文化教育，培养学生生态文化的观念和意识，努力培养具有生态环境保护知识和保护意识的新一代公民。第三，提高政府和企业管理人员的生态文化素养，使生态保护和生态文化融入政府决策和企业文化建设。第四，可以利用传播媒体广泛开展生态文化宣传，利用生态文化的感染力和感召力促进公民传统价值观的优化。生态文化的培育宣教与生态文明建设密不可分，是生态文明建设的组成部分之一，担负着引导和普及生态文明的重任。生态文化宣传的基本意义就是要把生态知识和生态价值观扎根在人类的思想与意识认知中，推进生态文明建设。

1.1.2　学校生态文化教育

学校生态文化教育要求受教育者明确生态文明建设与其自身发展需求和对未来美好生活向往的必然联系，使受教育者从自身出发，建立对生态文明建设的认同感和归属责任感，从而做到自觉遵守生态发展规律和生态道德。特别针对初中生青春期多变的特点，在生态文化培育教学中应该主张动之以情晓之以理，并且配合随时调整的引导教育式方法以达到学校生态文化教育的目的。学校生态文化强调学生、老师和环境三者和谐互动的关系。在老师的指导和教育下，学生懂得和养成珍惜爱护环境和生态的习惯；课堂和学校生态氛围在老师和学生的共同努力下得到改善和提升；老师和学生的关系在良好和谐的教学生活气氛中愈发亲近和自然；学生更多地接触并认知生态自然，激发了老师对于生态教学的信心与热情。学校生态文化具体体现在生态校园文化和生态班级文化。生态校园文化要求从学校领导、教师、学生到后勤工作人员都具备一定的生态常识和生态意识，由政策制定到教学落实再到校园环境整治和维护等多方面建设。生态班级文化的主体主要是教师和学生，遵循由讲授到自主学习、由知识传授到实践体验、由硬性规定到自觉维护等由浅入深的发展规律，逐步使生态意识和生态观念扎根于学生和教师的意识中。另外，应该关注不同年龄阶段学校生态文化教育的教育内容和教育方式的转变，要针对受教育者的个性特征和认知能力制定切实可行的生态文化教育方式。

1.1.2.1 学校生态文化教育内容

（1）生态文化教材的学习

无论是小学生还是大学生，生态文化应该作为学生必修课程以完善国家提倡的素质教育模式。在生态文化教材的编写上，应区别于原有的自然课或思想品德课的教材内容，既要包括生态环境保护的相关常识的介绍，也要包含传统文化中涉及生态内容的诠释与解读，以及对新的生态常识和生态文化知识的讲解。当然，生态文化教材只能起到引导学生重视生态知识学习的作用，在生态习惯的养成和生态文化的实际应用方面，还应由老师和家长共同监督完成。生态文化教材是把原有传统文化中的生态相关内容和现有生态文化知识进行总结并结合实际发展需要所编写的，因此还应注重及时结合时代发展特点和实际应用性对教材内容进行修改和完善。学校生态文化教育一方面应注重生态文化知识与理论的传播，另一方面还应该对学生生态文明行为和习惯加以约束和管理。

（2）学校生态行为的构建

学校生态行为与校园生态文化和生态氛围的营造相关。校园生态文化包括和谐优美的校园环境、丰富多彩的校园文化和良好的校园人际关系。其中，和谐优美的校园环境一方面在于学校的投资建设和绿化，另一方面依靠学生和老师的自觉维护，培养爱护植被的意识，从中也可以学习到花草养护的相关知识。和谐优美的校园环境会给身处校园中的每个人以自然美景的熏陶，在感知和体会到清新的空气夹杂着青草和泥土的芳香，在意识到自然环境的重要性的时候，无论是学生还是教职员工，都会自愿投入到建设和维护美好和谐校园环境的工作中。校园文化是课外文化活动，旨在丰富学生课余生活、陶冶情操、启迪心智，同时促进学生全面发展。校园文化是学校良好校风校纪的体现，也是对学校的教学思想和精神文化的表达。校园文化对学生有指导和引领的作用，能唤醒学生对更美好事物的追求和探索精神。良好的校园人际关系主要涉及老师、学生、学生家长之间的交往。首先，老师和学生的关系应该亦师亦友，在平等的学习关系建立后，学生更乐于学习知识和与老师交流。其次，老师和学生家长应建立定期高效的沟通模式，老师和家长针对学生分别在学校和家庭两种学习环境的表现进行交流，以促进学生对文化知识的掌握和吸收，这也是师生关系和谐的重要评判内容之一。最后，学生与家长家庭和谐关系的建立受到学校和谐关系的影响，学校和谐氛围使学生对和谐家庭氛围的认知与理解更加清晰，学校生态行为的构建是对家庭生态文化的巩固和发扬。学校生态文化的实践不仅体现在爱护花草树木和节约学校资源，也表现为老师、学生、家长之间和谐关系的建立。

1.1.2.2 学校生态文化教育方式

（1）课堂生态文化教育

课堂生态文化教育是学校生态文化教育的主要教育方式，课堂上有对学生生态文化知识的学习指导，也有师生关系和谐相处的实践。课堂上主要锻炼学生的学习能力和思考能力，学生根据自己的体会和对生态文化知识的学习，思考人与自然的相处应该遵循和谐共生的发展轨迹。课堂是学习知识的地方，也是交流所学所感的地方。老师可以定期举行班会，让学生们把自己观察到的家庭、学校和社会中好的或者坏的生态相关行为分享给其他同学，并讨论生态文明行为有哪些发展优势，相反生态不文明行为限制了哪些进步与发展。在班会上，老师可以就生态文明的榜样和大家分享，突出优秀榜样的塑造对于课堂生态文化教育的积极引导意义，学生们也可以分享学习生态文化过程中的心得与体会。学校还可以邀请生态文化传播志愿者和从事环保工作的人员来学校开设讲座，把好的生活习惯和生态文明案例带到课堂上与同学们分享。总之，课堂生态文化教育作为学校生态文化教育的一部分，起到引导和普及知识的重要作用。

（2）学校生态文化教育基地

学校生态文化教育基地建设包括校内和校外两部分，其中校内生态文化教育基地是指校园和班级，校外生态文化教育基地指的是自然博物馆、现代化垃圾处理厂等一些有利于生态文化学习的公共场所。校内生态文化教育基地可以以校园为单位，设立生态文化知识展览区和宣传区，对有利于生态文化教育的人和事进行宣传，生态文化知识作为固定展示内容并定期更新。还可以以班级为单位，学校分配生态展示区域，可以通过海报、绘画及植物种植的方式宣传学生认知的生态文化。校外生态文化教育基地以博物馆、图书馆等场馆为主要学习和宣传生态文化的场所，可组织学生参观学习并在活动后分享自己的参观感受，这是生态文化知识和常识落实的重要方式。

1.1.2.3 学校生态文化教育意义

幼儿与小学阶段生态文化教育应该遵循简单易懂的教学原则，以生态情感的引导为主，配合该阶段学生模仿能力强的特点，在培养学生生态情感的同时，约束教师和家长的生态行为和习惯。这一阶段也适合通过树立学习榜样和模仿示范来规范受教育者的行为习惯，培养生态情感。初中阶段受教育者自主意识增强、知识累积到一定程度，他们认知和是非分辨能力初步形成，但还是容易受到误导进入误区。针对这一特点，初中阶段的生态文化教育应该以情感上的生态认知和生态习惯培养为主。为了使受教育者明确生态文明建设的发展同他们自身未来发展和追求的必然联系，教师必须在引导的同时配合严格的监督和管理制度，对于不利于生态文化学习的行为要及时地制止并要求改正。这一阶段是生态价值观形成的初期阶段，该阶段也是易发生变化和误入歧途的时期，因此，在学生树立生态价值观的初期阶段，教师同家长必须给予足够的重视。高中阶段的学校生态文化教育要建立在初中阶段的基础上。在生态价值观定型期，学生在心理和认知上都富有主见，高中阶段的生态文化教育需要培养生态责任感，同时它也作为生态教育的一部分被各所高中所重视。高中阶段要理论与实际相结合，生态文化的体验、生态意志力的培养和生态道德的激发都是高中阶段学校生态文化教育的主要内容，同时这一阶段也担负着查漏补缺的意义。最后，在大学阶段倡导的高校生态文化教育，包含本科及研究生两个阶段。高校生态文化教育追求生态人才的培养以及生态从业者的培养和选拔，是生态文化由学习文化到分享传播文化的转变，也是生态价值观最终形成的阶段。大学阶段多以自主学习为主要知识获取途径，在资料文献的阅读、与老师和同学的学术交流以及社会实践活动和实习中都涉及生态文化内容，从生态价值观的完善到生态道德的进步，在于从被动到主动的提升与突破。前期的学校生态文化教育是知识积累和培养的过程，从高中开始，学校生态文化教育就是受教育者反馈和实践运用的时期，也许在大学阶段以及之后的发展中，其中的部分受教育者会选择对生态文化进行深入研究并且从事与生态文化相关的工作。不难看出，学校生态文化教育是家庭和社会生态文化教育衔接的纽带，起到承上启下的重要作用，同时也是生态文化发展和推广的主要表现形式。因此，学校生态文化教育与国家生态文明建设紧密相连。

1.1.3 社会生态文化宣传

社会生态文化的宣传是形式丰富、贴近公民生活的一种生态知识传播方式，是对学校生态文化培养的巩固和检验。我国虽然是人口大国，但在生态保护和社会生态知识宣传上起步较晚且最初时重视程度偏低。社会生态文化宣传目的在于转变和优化公民对生态的错误认知和错误行为。社会的范围与家庭和学校相比都要广泛，并且它的宣传方式更加多样，由此，社会生态文化宣传更具有普遍性的宣传优势。

1.1.3.1 社会生态文化宣传的内容

（1）人与自然和谐共生

人类与自然的关系一直被研究与探索，追根溯源，"人是自然的产物"这一观点被大多数专家和学者认同，人与自然互惠共荣的和谐发展模式被人类认同和接受。直至后来，随着人类发展脚步的加快，对自然资源不当地利用和索取越来越多导致今天自然生态系统的满目疮痍，人与自然的关系和相处之道被重新提出和思考。社会生态文化宣传基于其宣传范围广泛的特点，在宣传人与自然和谐共生理念时发挥着重要的作用。人与自然和谐共生理念的宣传是为了加深公众对保护自然必要性的认识，理解人类与自然之间相互依存的关系。

（2）保护与感恩自然

人类应该怀着一颗感恩的心去珍惜和善待自然。目前很多少数民族地区仍保留着感恩自然的传统仪式，是对自然无私地提供着滋养的回馈，也是对于生命的敬畏和祈福。社会生态文化宣传的主要目的是普及生态文化知识，同时树立公众生态价值观。我们常说"天时地利与人和"，其中天时和地利都体现了自然的力量，因此感恩自然就是对子孙后代负责，缺少了自然的倾力相助，人类的未来发展终将举步维艰。现在，许多新闻广播都在报道水资源短缺、粮食危机和诸多不可再生资源即将消耗殆尽的消息，这是对人类的警示，也是自然在呼唤人类生态保护的责任感与使命感。

（3）尊重自然发展规律，避免资源浪费与过分索取

国家一直提倡可持续发展、绿色消费和循环经济等多项举措，这是为了维护自然修复能力，保护自然生命力，个别人的贪婪已经造成了自然生态不可弥补的创伤。社会生态文化宣传是为了使人类了解并尊重自然发展规律，事实已经证明，无节制地索取和利用是对自然的破坏，也是对人类未来的毁灭。社会生态文化宣传是为了提高大众的生态认知和建立生态价值观，尽可能地缩小和消灭生态文化盲区。同时，大众生态认知水平的提升也是对政府和企业的监督，一方面有广大人民群众的监督，另一方面生态文化保护有法可依，这些都是对国家提倡生态文明建设的有力支持。自然发展规律是自然发展的根本，也是人类在构建人与自然和谐关系时需要遵从的根本原则。

1.1.3.2 社会生态文化宣传的意义

社会生态文化宣传面向全体公民，传播范围广泛是其优势，但有时达不到理想的宣传效果是其劣势，因此，这就要求提高宣传的有效性。在公民熟知的宣传手段和方式的基础上，结合宣传地的民俗传统文化，通过公民喜闻乐见的形式，达到宣传效果。例如，结合地方戏剧、儿童剧、相声小品等艺术形式，把生态文化书面想要宣传的表演出来供公民欣赏学习；一些传统文化、物质和非物质文化遗产也宣传人与自然的和谐，整理出来和公民分享也是一

种生态文化的宣传方式。在社会生态文化宣传的内容选择上既要发扬与传承传统文化中有关生态观念的精神与物质财富，也要注重发展和宣传时代发展和需要衍生出的新型生态理念和生活方式。当然社会生态文化必须要有政府和社会公益组织的支持和加入。这些非政府组织作为联系政府和公众的桥梁与纽带，掌握着更多的生态知识，在生态保护方面拥有广泛的群众基础，且不代表任何特定的利益集团，因而具有更强的参与能力和社会制衡作用。政府对于生态保护领域的非政府组织，应从舆论、法律、资金等方面予以大力培育和扶持，使其能正常开展活动和健康发展。在培育生态保护领域的非政府组织方面，可分批次、有针对性地对这些非政府组织进行专业指导和业务培训，全面提升这些非政府组织成员及志愿者的素质；鼓励和支持这些非政府组织及志愿者开展专题调研活动，并向政府有关部门提交调研报告或通过媒体向社会公布；定期或不定期地开展丰富多彩的公益生态保护宣传活动，如生态保护宣传广告、公益讲座等，营造生态文化氛围。在扶持生态保护领域非政府组织方面，完善非政府组织登记制度；完善影响生态保护组织相互平等竞争的相关法律法规；加强这些非政府组织与政府之间交流与合作，支持这些非政府组织参与国际交流与合作等。

社会生态文化的宣传要落实公民对生态信息的知情权。关于健全生态信息披露制度，首先，要明确划定环境信息的公开范围，即除涉及国家安全、国家机密、商业秘密和个人隐私之外的关于生态环境质量、生态环境管理等信息应当公开发布。其次，要明确规定除了传统的媒体手段外，还应当充分利用网络（公共网站或者专题网站）、移动通信的介入，并建立由各个专业内的专家学者组成的专家系统，共同参与评价过程。再次，构建全方位的信息公开平台。利用报刊、广播、电视和新媒体技术，完善环境信息政府网站，构建具有双向互动功能的信息公开平台。政府通过这个平台发布环境信息，并接受社会公众的监督；公众也可以通过这个平台表达意见和诉求。生态文化宣传平台的搭建是为了方便社会大众学习和认知生态文化，以生态文化丰富民众生活，拉近社会大众与生态文化的距离。社会生态文化的宣传需要政府支持和公民参与，政府支持同时体现在非政府组织环保组织的有序发展中，公民参与到这些环保组织中关注生态文明建设，可以互相学习生态文化知识并把好的经验带到日常生活中。

1.2　生态文化的法律政策体系建设

文化保护不同于其他类型的保护，它的涵盖范围广且保护范围不易界定和区分。我国针对环境保护以《中华人民共和国宪法》（以下简称《宪法》）为根本大法，相继出台《中华人民共和国环境保护法》（以下简称《环境保护法》）等相关生态环境保护的法律，《中华人民共和国森林法实施条例》等针对自然资源保护的法律法规以及《城市绿化条例》等关乎绿色城市建设的规章制度，为保护生态环境建立了可行有效的监督和法律保障机制。大力提倡"绿水青山就是金山银山"，一方面是对生态环境保护提出要求，另一方面，也对生态文化保护的体制机制以及法律法规有了更加迫切的需要，文化发展需要法律保驾护航，法律的制定反过来保证文化的传承有序。法律通过强制的手段，束缚并阻止人类的私心和贪欲对自然生态的破坏，法律为人类树立正确的认知和价值观提供了指引，走传统老路的发展模式和以自然环境为牺牲品的发展模式最终会受到法律的约束和制裁。生态文化发展需要法律法规的维护和管理，要注意完善生态保护及相关方面的法律法规，严格执法和严厉监督，保护生态环境绿水青山，保证生态文化在公平合法的条件下薪火相传。

1.2.1　陆地生态系统生态文化保护的相关法律政策

中国自然生态系统资源丰富且种类繁多，涵盖了全球大部分的自然生态系统类型，如森林、灌木丛、草原和草甸、荒漠、高山冻原以及复杂的农田生态系统等。《环境保护法》的统一约束，无论是对生物多样性的维护还是资源能源的保护都发挥了行之有效的作用，各级地方和政府根据本地区的地域特征制定了相关的法律法规和保护制度。针对文化方面，1998 年起，文化部与全国人大教科文卫委员会组织起草《中华人民共和国民族民间传统文化保护法（草案）》直到 2011 年《中华人民共和国非物质文化遗产保护法（草案）》等相关法律法规的出台实施，也证明了国家对文化保护和继承发展的良苦用心。近年来，我国逐渐把生态文化发展列入发展必需的行列。《中国生态文化发展纲要（2016—2020 年）》提出："城镇化进程中的文脉传承与创新发展。组织生态文化普查，探索、感悟蕴含在自然山水、植物动物中的生态文化内涵；挖掘、整理蕴藏在典籍史志、民族风情、民俗习惯、人文轶事、工艺美术、建筑古迹、古树名木中的生态文化；调查带有时代印迹、地域风格和民族特色的生态文化形态，结合生态文化资源调查研究、收集梳理，建立生态文化数据库，分类分级进行抢救性保护和修复，使其成为新时期发展繁荣生态文化的深厚基础。""加强生态文化遗产与生态文化原生地一体保护，对自然遗产和非物质文化遗产、国家考古遗址公园、国家重点文物保护单位、历史文化名城名镇名村、历史文化街区、民族风情小镇等生态文化资源，进行深度挖掘、保护与修复修缮。在具有历史传承和科学价值的生态文化原生地，创建没有围墙的生态博物馆，由当地民众自主管理和保护，从而使其自然生态和自然文化遗产的原真性、完整性得到一体保护，提升保护地民众文化自信和文化自觉。""要精心打造高质量、有特色、有创意、文化科技含量高的国家和民间的生态文化博物馆。"需要特别关注老少边穷地区、资源匮乏地区、少数民族聚居区和有优良传统的红色革命根据地等有自身生态特色却发展受限的文化原生地，落实文化惠民、生态补偿和扶贫援助等国家政策，保护原有生态文化根基同时消除发展障碍。

生态文化保护离不开保护生态环境的法律支撑。1978 年《宪法》中明确规定"国家保护环境和自然资源，防治污染和其他公害"，国家第一次明确将环境保护写入《宪法》，对今后的生态保护建设工作具有重要的里程碑意义；1979 年颁布的《中华人民共和国环境保护法（试行）》是我国的第一部环境保护法，标志着我国环境保护工作开始迈入法制化的道路。20 世纪 80 年代开始，我国就环境保护工作出台了多项法律法规，环境保护立法工作进入飞速发展阶段；1982 年进一步提出生态环境保护措施，并对植树造林做出相关指示；环境保护为我国重要的一项基本国策在 1983 年的全国环境保护会议上被确定；1985 年，针对城市环境综合治理工作颁布法规，提出相应的整治方针和政策；1987 年，就城市大气污染问题进行会议讨论并做出了相应工作部署；1989 年召开的第三次全国环境保护会议上，总结过去提出新的五项制度，明确要继续加强环境保护制度建设，深化环境监督管理。我国的环境保护工作逐步走上了法制化的道路，生态环境保护工作从此有法可依、有章可循。1994 年《中国 21 世纪议程》明确提出重视对可持续发展的环境立法工作。1995 年制定《中华人民共和国大气污染防治法》，1996 年制定《中华人民共和国煤炭法》，2002 年制定《中华人民共和国清洁生产促进法》等。近年来，习近平总书记指出"实行最严格的制度、最严密的法制，才能为生态文明建设提供可靠保障"。生态执法队伍仍需进一步加强和完善。要加强生态执法人员的生态文化素养和生态知识储备，提升生态执法部门软实力和硬实力，利用现代科技手段提高执法效率和水平，建设现代化和科学化的执法队伍。

1.2.2　海洋生态文化保护的相关法律政策

国家对海洋环境的保护和重视在与日俱增，从2012年初，国家海洋局关于"海洋生态文明示范区"建设政策的出台，到同年9月，关于"示范区建设的管理办法和试行指标体系"的出台实施，再到党的十八大提出海洋强国战略，再到2013年9月，习近平总书记提出"一带一路"和"海上丝绸之路"的构想，直至2016年1月，评选公布24个市县（区）作为海洋生态文明示范区，这一系列的举措推动了海洋生态文明建设的进程，同时对海洋生态文明建设提出了具体方法指导。在陆地发展进入稳定阶段的同时，海洋开发与利用成为国际间竞争的焦点，在之前的发展过程中，海洋环境破坏和海洋资源过度开采致使人类开始反思海洋开发方式和利用方式并加以规范和改进。

海洋环境保护好，才能发展海洋生态文化，对于海洋这个蕴含无限宝藏和知识的广袤区域，其资源和文化价值永远高于其经济价值，由此传播海洋生态文化和保护海洋环境相辅相成，海洋生态文化知识的学习和保护海洋环境的观念宣传是生态文化乃至生态文明建设过程中的重要内容。海洋生态文化既包括实体物质成果，也包括精神和生活方式的传承；既包括沿海居民民俗民风的展现，也包括他们对于大海的敬畏和感恩之情。海洋文化遗产的发掘与保护同陆地文化遗产保护同样重要，但受到海洋面积广阔、海洋气候恶劣和设备仪器受限等条件的制约，海洋文化遗产保护更是难上加难。海洋生态文化还体现在对海洋生态文化遗产的系统管理与保护，海洋生态文化遗产形式多样复杂但是直观展示有待明确；人类对于海洋生态文化遗产不熟悉、不认识；政府对海洋生态文化遗产关注度较低，保护海洋文化遗产的法律法规尚需完善。目前，海洋生态文化遗产可以作为古代海上丝绸之路的重要体现，可以作为文化纽带，关系到国家"一带一路"建设。海洋生态文化遗产的保护和传承与海洋生态文明的建设与发展有着紧密的联系，海洋生态文化遗产向当代公民展现出我国发展海洋生态文化的传统和发展过程，提醒我们在改革创新的同时，也要注重传统的继承与发扬。

海洋环境保护意识是海洋生态文化的内容之一，海洋生态文化还应包括海洋文化知识和海洋精神文化。海洋文化是人类文化整体的一部分，正是人类对海洋文化知识的缺失导致人类对海洋环境的忽视，海洋地域广阔造就了海洋文化的特殊性和包容性，因此海洋文化更应该被提倡和学习。海洋精神体现在沿海劳动人民对海洋的敬畏和崇拜，人们感恩海洋带给他们食物和经济来源，也感谢海洋锻炼他们吃苦耐劳、敢于和风浪作斗争的勇者精神。海洋生态文化传播人海和谐、共同发展的协作精神和理念，因此，法律法规的制定是海洋环境不受破坏，海洋精神得以传递，海洋经济可持续发展的保障。

1.2.3　少数民族地区生态文化保护的相关法律政策

我国少数民族众多，各地区都有着自己的文化体系和生态文化特色，但由于地理位置、经济发展水平和受重视程度等多方面因素的影响，少数民族地区的生态文化保护既是总体生态文化保护的重点，同时也是难点。主要表现在：传统文化的历史资料得不到妥善保存，传统技艺和民间手艺逐渐失传，传统祭祀和感恩自然的仪式逐渐变得商业化、失去原有的虔诚与敬畏之意，研究传统文化和关注传统文化的年轻人也在逐渐减少。少数民族地区传统文化随着经济发展和城市化脚步的加快在日渐消亡，更何况是传统生态文化。传统生态文化建立在原有的自然环境基础和生态背景下，生态系统被破坏，生态文化亦不能幸免，因此少数民族地区要想发展和传承传统生态文化，就应该先修复和保护生态环境。《中华人民共和国民族区域自治法》里有关于保护各民族地区文化的法规条文，同时允许各地区针对自己的地方特色制定相关的文化保护政策和管理制度，这体现了国家层面对少数民族地区文化的保护意识，其中就有涉及少数民族地区生态文化和生态传统保护的相关条款。

1.3 生态文化产业的管理体制建设

生态文化产业的发展依靠生态文化的支持和创新思想的维护，它承担了向消费大众普及生态文明信息和知识的重任，不同于传统文化产业，生态文化产业是同时包括生态和文化两方面的新型产业类型。生态文化产业是在国家政策指导和市场引导下以提供实物形态的生态文化产品和可参与、可选择的生态文化服务为主的市场化经营的绿色产业。生态文化产业是生态文化体系的重要支撑，大力发展生态文化产业，丰富生态文化产品是生态文化建设的必由之路。

1.3.1 科学制定生态文化产业发展战略规划

生态城市建设与美丽乡村建设应共同发展。要优化城市与乡村的布局，合理科学地分配规划和建设工作。要注重整合原有生态自然条件，在传统特有的农村生态文化基础上，进一步发展和扶持生态村、生态农庄和生态家园的建设，倡导绿色生态文化产品的生产和销售。注重现有国家自然保护区、森林公园和生态旅游区等自然资源的生态保护和生态修复，做好生态旅游定位，引导旅游者和当地居民认识到绿色生态的重要性。生态文化产业作为下一步主要发展的与经济发展相关的绿色新型产业形式，应注重建立和完善产业发展的体制机制，结合时代发展要求，提出相关绩效评估制度、考核办法和奖惩机制。生态文化产业管理从政府、企业自身到公民都应该参与并监督发展，而在这个需要创新的时代，应运用科技手段，提升生态文化产业发展效率并逐渐满足社会对于生态文化产业的需要。生态文化产业作为生态文明建设的经济支柱是发展的重点。

要建设生态文化产业园区，整合有发展前景的企业集中发展，推动生态文化产业集群化和规模化发展，提升产业的整体竞争力。从另一方面考虑，产业园区的建设有利于发挥产业多样性优势，减少生产成本，体现产业凝聚力。生态文化产业园区要化零为整，利用产业优势和产业感染力去吸引更多的产业参与产业的转型与升级，努力做到传统产业向生态产业靠拢，文化产业向生态文化产业看齐。生态产业园区的建设也是为生态文化和生态文化产业提供展示和交流的机会，集中众家力量进行科技创新以提升产业核心竞争力，可作为生态旅游项目之一，提升它的知名度和社会影响力。生态文化产业园区建设采用资源整合和减少运输成本的循环经济发展模式。

1.3.2 政府支持生态文化产业积极发展

政府应加大对生态文化产业的政策扶持，促进生态文化产业又快又好发展，给我国的市场经济注入新鲜血液和活力。生态文化产业创新是在原有产业发展的优良传统和稳固根基的基础上，配合政府的政策和经济支持逐渐发展。在发展和创新过程中，政府应该首先有弘扬生态文化、提倡绿色经济的觉悟和认知，带头把生态价值观、生态消费观以及生态绩效观实践于工作和生活中。生态价值观指导人、自然和社会之间的共处关系；生态消费观可理清人与自然在经济中的"绿色"关系；生态绩效观在原有以 GDP 衡量发展和考核为标准的基础上，加以生态指标的考核和认定。各级政府应主动承担生态文化产业发展中的指挥引导工作，科学制定发展政策和制度政策，同时落实优惠政策，提升企业生态产业竞争力，努力满足居民对生态文化产品和服务的需求。

1.3.3 法律推进生态文化产业健康平稳发展

在生态文化产业的发展过程中难免会遇到需要法律给予公平公正裁决的纠纷。我国对文化产业方面的立法制定有待完善，这就削弱了法律在文化产业发展中的约束力和规范性。党的十八大以后，三中全会、四中全会都明确地提出"加快文化领域的立法"，十八届四中全会通过的《中共中央关于全面推进依法治国若干重大问题的决定》中提出制定文化产业促进法，把行之有效的文化经济政策法定化。其实早在 2010 年前后，文化部就着手起草《中华人民共和国文化产业促进法》，2014 年开始进入草拟阶段，至 2015 年 9 月正式启动该法律起草工作。与其他产业领域相比，生态文化产业拥有三重属性，即经济、生态和文化，这就要求在文化产业法律法规的基础上加入对生态因素的考虑。国家会同文化产业各相关管理部门联合出台了具有针对性和实用性的法规条文，以 2014 年为例，出台了《关于深入推进文化金融合作的意见》《关于推动特色文化产业发展的指导意见》《关于大力支持小微文化企业发展的实施意见》等政策，初步形成了法律、行政法规和部门规章相互衔接、相互配套的文化法律体系框架。但是在文化产业法律法规建设的初级阶段仍然存在一些不足，例如：现有法律过于偏重文化方面管理，一些行政机构的部门规章与行政行为强调的是文化属性，文化有关的法律制度对文化产业的经济属性关注较少；个别政府部门在文化产业的发展上缺乏统一有效的文化市场管理与产业宏观调控法律准则。因此政府各部门在各自文化领域的管理，有时呈现出一种多头管理的法律现状。从法律经济学的角度来看，法律的作用在于明晰产权，减少市场交易的成本，多头管理却在无形中增加了文化市场交易的成本。这些在文化产业法规政策制定和实施过程中的不足之处，都应该在生态文化产业法律法规制定时加以更正和优化。

1.3.4 科技推动创新型生态文化产业发展

生态文化产业发展对生态、文化和科技各方面提出了更高的要求。任何新的产业发展都需要科学技术的推动和支持，生态文化产业的创新性一方面体现在其对生态和文化两方面的高标准，另一方面体现在由大量的科学技术支撑该产业的发展。科学技术在生态文化产业中应用于节能减排、低碳环保的发展要求和该产业对人民群众生态意识的影响。在清洁能源的开发以及可再生能源的生产和运用上，科技不断地把两项技术融合到生态文化产业中去，完善产业能源结构重组和优化，从而促进生态文化产业更快更好地发展，在科学技术的辅助下提升产业文化含量和生态化水平，可充分发挥传统文化中的基础优势，完善产业在生态保护和绿色生产方面的发展优势。科技拉近了不同产业之间的关系，最大程度地缩小了产业与文化和生态的差异，打破了生态文化产业发展过程中的局限性，推动了生态文化产业进步。科技是生态文化产业创新的保障，在"大数据"和"互联网＋"的时代，科技把网络技术运用到产业的生产、沟通和监督等多个环节，产业也通过网络连接世界市场，推广生态文化产品和服务，实现采购和销售环节的生态化。

1.3.5 人才培养助力生态文化产业发展

在任何发展时期都需要人才，人才素质的高低决定了该领域发展水平的优劣。生态文化产业方兴未艾，正是需要大量高素质人才做支撑的关键时期。在国家间竞争激烈的当今社会，生态保护被重视，传统产业纷纷升级转型，正好是用人之际。评价一个产业甚至文化产业是否具有发展前景，往往和该企业的经济价值、企业文化和生态保护意识关系重大。生态人才的引进，是为生态文化产业注入活力和新鲜血液，而人才往往也决定企业的创新能力。现在国家提倡培养创新型人才，而生态文化产业发展也需要具有专业技能、科研精神和创新能力的复合型人才。国家在生态人才培养上也要倾注大量的人力和财政支持，面对一个新兴产业的发展，万事开头难，要最大程度地发挥人才价值，克服发展前期的各种困难，这时期最需要国家的把控和相关人才的建言献策。一方面以人才的知识水平丰富产业发展，另一方面从人文素养方面提升产业的定位，用于完善和优化生态文化产业结构和产业精神。

1.3.6 合作交流提升生态文化产业多元发展

生态文化产业发展初期，面对发展经验欠缺、发展资源匮乏等方面的问题时，应该首先学习和借鉴先进的、成熟的发展技术和运作模式，之后再针对产业特点和自身发展优势，制定拥有自身文化特色的发展模式以突出产业发展优势。在学习和借鉴的同时，也应该注意"取其精华弃其糟粕"，原有的发展模式固然稳定，但在实际运用中还是会有偏差。国家需要发展符合自身国情、有创新意识和具有中国特色的生态产业文化，因此在选择生态文化产业发展类型时应突出中国特色和中华文化。生态文化产业的发展一方面是为了优化产业的生态性和文化性，另一方面也是为了提升国家文化软实力，突显中华文化影响力。作为四大文明古国之一，悠久的文化历史和优良的文化传承造就了中国得天独厚的文化产业发展优势。每一个产业方向都有自身的创新点和发展价值，我们不应故步自封，应该多让生态文化产业走出去，去交流学习，取长补短，拉近与国际的交流以丰富生态文化产业多元化发展。配合国家"一带一路"倡议的提出，更应该以文会友，在生态文化产业的发展交流中，吸引更多的国际合作伙伴加入到生态文化产业发展甚至生态文明建设中。

1.3.7 转型升级促进生态文化产业发展

在提倡创新的同时不应忘记扶持优良传统产业的转型和升级。生态文化产业的转型升级体现在技术升级、管理升级和市场升级等多方面。第一，技术升级是由于对产业生态性和文化性的要求，由"高投入、高消耗、高污染、低产出、低质量、低效益"向"低投入、低消耗、低污染、高产出、高质量、高效益"的转型升级；第二，产业管理的转型升级是以产业文化为制定背景的具有产业特色并有利于促进产业发展的生态文化产业管理模式，为产业发展构建良好的发展环境和发展空间，要组织、规划、协调和控制产业各部门之间的资源调配和人才合理化运用，及时沟通产业发展过程中遇到的难题，使生态文化产业运行井然有序；第三，市场升级带来更多商机，市场的需求在某种程度上决定了产业的发展方向和生产产品，市场升级可以带动对生态文化产品的需求量，促进生态文化产业加大生产力度和生产规模，刺激其产业类型增长。归根结底是群众需求决定市场，人民群众日益增长的美好生活需要体现在群众对生态文化产品的渴望，同时也对原有的传统文化产业提出了转型升级挑战。传统文化产业可以传统文化中的生态理念为转型升级的切入点，结合国家提出的生态文明建设的发展目标制定适合自身产业的发展模式，要充分认识到转型升级是必由之路，墨守成规迟早会被敢于创新者取代和淘汰。

1.3.8 建设生态文化产业管理体制的意义

中国拥有悠久的历史和传统文化、丰富的生态自然资源和人文资源，在提倡"绿水青山就是金山银山"的今天，发展生态文化产业应该充分利用我国强大的文化背景和深厚的文化底蕴，例如茶文化、石文化等诸多物质文化产业，书画、诗词和音乐等精神文化产业，从而保证生态文化产业的丰富多样和可持续发展。生态文化产业的配套发展和生态文化产品的种类繁多有利于满足人民群众日益增长的美好生活需要，是实现生态文明建设和建设美丽中国的发展需求。中国的生态文化产业正处于快速发展的关键阶段，上到中央政府、地方政府，下到企业和人民群众，都应该为生态文化产业发展贡献力量。政府应当给予资金和政策的扶持，同时保证勇于创新的优秀生态文化产业的传统产业与新兴产业协调发展。地方政府应该配合中央政府，出台符合自身生态文化产业发展的相关扶持政策，把具有地方特色且形式多样的生态文化产品带到人民群众的日常生活中去。企业应该积极响应国家政策，积极参与到产业转型和产业升级中，以满足社会和消费大众日益增长的对生态文化产品的需求。因地制宜地融入植物、动物等各具特色的生态文化元素，创造具有当代特色的生态文化符号为生态文化产业及生态文化产品服务。要积极完善产业链、提升竞争力，使其成为提升人们生活品质、促进区域经济增长和改善民生的绿色产业。人民群众在自身经济条件允许的情况下，应该多选择绿色生态产品作为主要生活用品，尝试生态旅游方式并逐渐取代传统旅游模式，体验参观森林、湿地、生态文化展览馆和生态文化产业工厂等自然与文化相结合的地方，在舒适放松的环境中，感受生态文化的魅力。

我国目前的生态文化产业属于发展初期阶段，受到经济、政策和管理等多方面的压力。第一，个别企业资金投入过于保守，不愿参与产业转型，受传统思想的禁锢，部分企业管理者对生态文化产业转型保持观望的态度，不愿接受新事物，导致生态文化产业得不到相应的资金支持；第二，生态文化产业发展初期基础不牢固，管理模式处于探索阶段，不利于促进产业往更深层次发展；第三，生态文化产业没有足够的人才支撑，导致产品成本高且竞争力不足的劣势局面；第四，政府尚需及时出台相应的促进和扶持政策，以便减轻生态文化产业发展压力，更大程度发挥潜在的市场和价值优势。面对诸多发展困难和发展障碍，应积极思考对策以促进生态文化产业平稳发展。

1.4 生态文化体制改革展望

2016 年，国务院印发的《"十三五"生态环境保护规划》中明确阐述要"提高全社会生态环境保护意识"。其中，对生态文化宣传教育、生态保护公益活动以及绿色生活方式都提出了新要求。生态文化的培育宣教作为生态文明建设的主要组成部分，起到了承接生态保护，开启生态教育的重要作用。《中国生态文化发展纲要（2016—2020 年）》提出："加强生态文化体系研究和建设，'十三五'期间陆续出版发行森林生态文化（野生动物、茶、竹、花）、海洋生态文化、湿地生态文化、草原生态文化、沙漠生态文化、园林生态文化和华夏古村镇生态文化等理论专著、科普读物和影视作品。""文化兴邦，科教兴国"，生态文化作为我国目前主要宣传的文化之一，离不开国家政策的支持和国家经济发展的需要。习近平总书记在党的十九大报告中强调"坚持人与自然和谐共生，建设生态文明是中华民族永续发展的千年大计"。遵循自然发展规律，维护和保障人与自然共生共荣；"绿水青山就是金山银山"，认识到生态环境的保护与经济发展同等重要，让自然生态充分发挥其经济效益、社会效益和生态效益，合理规划经济发展布局，合理运用资源能源；"良好生态环境是普惠的民生福祉"，随着人民的美好生活需要日益增长，良好生态环境关乎人民的身体健康和心理健康，损害环境的行为就是在损害人民的健康；"山水林田湖草是生命共同体"，作为一个完整的生态环境系统，山水林田湖草相互依存且联系紧密，生态系统的整体保护是对自然负责，也是对人类和未来负责。

1.4.1　坚持培育生态文化

过去在经济发展的很长一段时间，GDP 被作为衡量经济发展水平的最终评判指标。个别地方对生态环保重视不足，环境污染和生态破坏制约着国民经济持续健康和高质量地稳步发展。个别地区生态环境恶化等问题未得到有效解决，有出现"因污致贫""因污返贫"的风险，这种粗放的经济增长是建立在高昂的环境和生态成本之上的。近年来，国家相继印发了《绿色发展指标体系》《生态文明建设考核目标体系》《生态文明建设目标评价考核办法》，建立了生态文明建设目标指标，将其纳入党政领导干部评价考核体系。这意味着生态责任落实将成为政绩考核的必考题，将为推动绿色发展和生态文明建设提供坚强保障。一是要积极倡导尊重自然、顺应自然、保护自然的理念。在建设生态文明的基础上培育价值观，以保护好生态为出发点，把美好的环境、正确的价值理念留给子孙后代。二是要营造良好社会生态文化氛围。将生态文化发展作为一种行为准则、一种价值理念，从而营造一个人民群众关心、支持并参与其中的良好生态文化氛围。三是要积极培育公众生态环保意识。我们要从物质生态文化层面大力倡导人与自然和谐的生态自然观，通过对全民生态文化的教育和熏陶，引导人们合理节制自己对自然生态环境的物质需求，合理开发、使用自然资源，保持自然系统良性循环，重新回归人与自然和谐发展之状态。习近平总书记在中共中央政治局第六次集体学习会议强调："要加强生态文明宣传教育，增强全民节约意识、环保意识、生态意识，营造爱护生态环境的良好风气。"我们要大力弘扬生态环保意识，加强公众环保理念，培育公众参与意识，构筑生态消费观，将个人发展融入培育公众生态环保意识的整体之中，激发人民群众内心的参与性，树立良好的环保意识。

1.4.2　完备生态文化制度保障机制

推进生态文明建设，构建生态文化体系，单靠文化教育是不可能实现的，必须通过加强生态立法，建立健全各项环保法规制度，建立健全执法监督和科学决策等机制加以落实。习近平总书记说："要用最严格制度最严密法治保护生态环境，加快制度创新，强化制度执行，让制度成为刚性的约束和不可触碰的高压线。"因此，必须建立一套与人民生活水平相一致的完整环保司法体系；继续健全环保执法体系，提高环保执法队伍素质；健全生态管理体制，形成政府各职能部门在保护环境过程中既能合理分工，又能彼此配合、相互协调的机制；丰富完善环保执法监督体系和机制，全面完善各种监督管理体系和机制，严格按照有法可依、有法必依、执法必严、违法必究行事。

1.4.3 推进生态文化的多元发展机制

习近平总书记在全国生态环境保护大会上的重要讲话中指出："共谋全球生态文明建设，深度参与全球环境治理，形成世界环境保护和可持续发展的解决方案，引导应对气候变化国际合作。"改革开放以来，我们学习西方发展的模式，一定程度上忽视了传统人文精神的关照和关怀。面对现代社会各种层出不穷的新的科学问题、社会问题的挑战，人们逐渐认识到，要想有效应对挑战，必须对这些问题的人文背景进行批判性思考。今天，我们要构建以实现人与自然和谐发展为目的的生态文化体系，重要的一点就是要大力弘扬人文精神，加强道德修养，让人们明白科技并不是我们理解世界的唯一方式。在人类文明进步过程中，对解决某些根本性的问题而言，人文精神和人文素养往往起到更为关键和决定性的作用。首先，要以马克思主义生态观、习近平生态文明思想为指导构建科学的生态伦理观。生态伦理观以爱护、尊重生命和自然环境为宗旨，以全人类的可持续发展为着眼点，追求人与自然和谐发展、共生共荣。生态伦理观的构建要求人的实践活动不能超出生态环境的可承受阈限，还要承认自然的价值与权利，否则必将酿成人与自然"双毁"的悲剧。其次，要加强生态意识和生态文化教育。让全民确立生态观念，通过对全民开展广泛的生态文化意识教育来强化公民的生态观念，使全体社会成员都能树立起爱护自然、保护自然的生态道德观念。要加强对领导干部的宣传教育，提高各级领导的生态文化觉悟，将生态文明思想更好地融入决策程序和日常生活之中；要加强对企业的宣传教育，鼓励企业构建新型的生态管理模式，提高管理者的生态自觉性，形成良好的生态文化氛围；要加大对公众的宣传教育，让生态理念内化于心，成为全社会的自觉行为，形成生态文明伦理道德观。最后，要大力弘扬中华优秀传统文化蕴含的丰富生态思想。习近平总书记提出："要加强对中华优秀传统文化的挖掘和阐发，努力实现中华传统美德的创造性转化、创新性发展。"在构建生态文化进程中，要大力弘扬体现人与自然和谐的"天人合一"生态思想，"仁民爱物"的生态情怀，"道法自然""自然无为"的生态系统观，"众生平等""慈悲情怀"的人文精神和生态智慧。我们还应该积极吸收西方关于生态科学、生态伦理学、生态哲学等学科中的合理思想和有益成果，树立和强化人与自然协同发展、人文精神与科学精神相结合的生态观念。最终繁荣生态文化艺术。艺术是对自然之美的再现和反映，它能够陶冶人的情操而使人更加热爱自然、关心自然，更能增强人们保护生态环境的主动性和自觉性。繁荣生态文艺就是要通过创作人与自然和谐的艺术作品，激发人们对生命和对自然的敬畏和理解。

1.4.4 缩小各地区生态文化建设差距

生态文化建设有诸多阻碍，主要表现在城市生态文化与城镇乡村生态文化建设的差异。城市更容易传播和认知生态文化。这种差异的存在更加要求城市和城镇乡村的生态文化要平衡发展，城市发展不能减速，城镇乡村也不能落后。因此，对城镇乡村的生态文化要格外重视。第一，从实际举措上，要严厉打击和监管城镇乡村污染和乱排放问题，政府限期整改，运用法律和群众监督的力量尽快抑制后续污染，并修复被污染区域；第二，要在村（居）委会首先开展生态文化教育讲堂，组织他们学习生态文化知识，提高领导干部的生态保护意识和忧患意识；第三，要鼓励人才返乡和生态人才进驻城镇乡村，给予他们一定的补助和福利政策，吸引人才回流；第四，要集中定期开设生态文化讲堂，增设生态知识图书馆，利用报刊、板报和广播等城镇乡村普及的方式宣传生态文化知识；第五，国家要给予补助和资金、政策支持以发展绿色农业并建设绿色公共设施，如垃圾回收站、沼气池或者堆肥场；第六，要从生态修复和生态保护的角度出发，适当退耕还林还草，优化城镇乡村居民的生产生活条件，以实际自然美景鼓励居民亲近自然，唤醒居民的生态保护欲望和责任感。

1.4.5　创新型生态文化产业发展

生态文化建设的核心是追求人与自然的和谐。一是实现生产产品的高产出和环境的低污染，达到经济发展和环境保护的"双赢"目的，实现人与自然的和谐发展。二是提倡科学低碳绿色的消费观，有效解决不良消费带来的生态破坏问题，在全社会积极倡导科学消费、低碳消费。这就要求我们每个人都应以获得满足自身生存发展的基本需求为标准来消费自然资源，而不应以对物质资源的无限占有为荣来消费自然资源。提倡新的绿色消费观，就是要求人们的消费应以不破坏自然生态系统正常物质循环为前提，在全社会积极倡导节约自然资源、敬畏一切生命、爱护地球家园等生态行为观念以及可持续的绿色低碳生活方式。科学低碳绿色的消费观体现了人们的一种行为观念、一种价值取向，代表着经济社会与生态环境、人类社会与自然环境的一种和谐共生，是生态文化制度体系构建的重要路径。

1.4.6　生态文化制度体系建设的意义

文化通常作为国际间交流和合作的"友好使者"，在生态文明建设的道路上，文化被赋予颜色和生命力，同时被赋予使命与责任。生态文化的出现伴随着国家发展和人民对美好生活的渴望，因此，生态文化是大自然的使者，带着大自然的心意与国家共谋和谐发展新思路。

生态文化制度体系包含生态文化服务体系、公众参与和监督机制、生态法规体系、生态文化产业等。由此，生态文化体制建设是从实际应用出发，引导大众建立生态价值观和生态道德。生态文化建设的主要任务是建立健全生态文化法律法规和管理体系，生态知识和生态常识的普及，生态教育的施行，树立以生态观念为指导的生产生活方式，最终形成生态价值观念。生态文化体制建设从生态文化层次性、整体性、传承性和多样性出发。生态文化层次性体现在以"绿色""可持续"和"循环"思想为主导的生产生活方式及产品的物质浅层表现，以各类文化传播活动为代表的形式层面的表现，以法律法规、社会制度建设体现的体制层面和培养生态价值观的观念层面。生态文化整体性是从生态文化到生态教育再到生态文化产业这一系列的关于生态文明建设的体制机制的系统性落实。从宗教图腾到风俗民情，再到文化遗产都体现了生态文化的传承性。生态文化多样性体现在不同地区因不同生态形貌和生态样式造就的地方文化和民族文化特色，例如北方偏粗犷、南方偏温婉，各地区的生态文化多样性成就了各具地方特色的生态文化产业的发展。

生态文化应该出现在学生的课堂上、公民的日常生活中以及政府和企业工作实践的点滴中。既然在时代发展的过程中孕育出生态文化，由此学习、发扬并落实生态文化的重任就是每个公民义不容辞的责任。生态文化的培育宣教赋予了生态文化"活起来"的生命力，让每一个公民都感受到生态文化距离我们的日常学习生活并不远。培育宣教为生态文化的发展和传播铺设了一条通往绿色生态文明的道路，也许发展道路漫长曲折，但困难往往与收获并行，丰富多样的培育宣教方式和自然美景与文化美景的双重体验都推动了公民生态价值观的形成。文化注重历史的传承和积淀，生态文化是文化在发展过程中"取其精华，去其糟粕"后留下来的适合当今社会发展进步和发扬的其中一种，它并不是一味地追求创新和开拓，它也包含了优良的传统和历史的印记。国家现在提倡生态文明建设，是对环境问题的反思，也是对未来人与自然和谐发展的摸索与实践。

参考文献

[1] 雷毅.生态文化的深层建构.深圳大学学报（人文社会科学版），2007，24（3）：123-126.

[2] 赵美玲，滕翠华.中国特色社会主义生态文化建设的战略选择.理论学刊，2017（4）：102-108.

[3] 沈月，赵海月.生态文化视域下生态教育的内涵与路径.学术交流，2013（7）：209-212.

[4] 李家寿.生态文化：中国先进文化的重要前进方向.广西民族师范学院学报，2009（s1）：76-78.

[5] 王丹.生态文化与国民生态意识塑造研究.北京：北京交通大学，2014.

[6] 艾伦·C.奥恩斯坦，费朗西斯·P.汉金斯.课程：基础，原理和问题.南京：江苏教育出版社，2002.

[7] 成艳敏.当前我国高校生态文化建设的途径探索.太原：中北大学，2017.

[8] 侯小波，何延昆.新时代高校生态文化建设体系研究.天津大学学报（社会科学版），2018，20（4）：350-355.

[9] 李铁英，张政.试论中国特色生态文化建设的困境与突破口.理论探讨，2016（5）：169-172.

[10] 毛泽东.新民主主义论.北京：人民出版社，1976.

[11] 黄俊.改革开放以来我国生态文化培育研究.郑州：河南中医药大学，2017.

[12] 刘庆贵.发展生态文化产业　助推生态文明建设.新乡日报，2018-01-03（008）.

[13] 余达忠.生态文化的形成、价值观及其体系架构.三明学院学报，2010，27（1）：19-24.

[14] 陈寿朋，杨立新.论生态文化及其价值观基础.道德与文明，2005（2）：76-79.

[15] 佘正荣.生态文化教养：创建生态文明所必需的国民素质.南京林业大学学报（人文社会科学版），2008，8（3）：150-158.

[16] 邓显超，袁亚平，幺翔宇.加快发展生态文化产业的路径.经济导刊，2013（3）：70-71.

[17] 潘奕辉.当前我国生态文化建设创新性建议.学理论，2014（28）：20-21.

[18] 李晶晶，李新慧.国内关于生态文化建设研究综述.佳木斯职业学院学报，2018（4）：446-447.

[19] 陈幼君.生态文化的内涵与构建.求索，2007（9）：88-89.

[20] 于洋.城市化视域下的生态文化建设.大连干部学刊，2015（9）：53-56.

[21] 陈立萍.学校生态文化建设的实践探索与创新.天津市教科院学报，2016（6）：80-84.

[22] 马健芳.基于生态文化自觉的学校生态道德教育发展路径.教学与管理，2015（18）：51-53.

[23] 李旭，侯小波.美国大学校园生态文化建设特征及对我国大学的启示.中国成人教育，2017（2）：115-118.

[24] 覃逸明，吴文亮.高校校园生态文化构思.高教论坛，2003（1）：134-136.

[25] 阮晓莺，张焕明.生态文化建设的社会机制探析.中共福建省委党校学报，2013（5）：79-85.

[26] 刘宜君.生态文化建设社会参与机制分析.内蒙古农业大学学报（社会科学版），2012，14（6）：251-253.

[27] 徐卫华，欧阳志云，黄璜，等.中国陆地优先保护生态系统分析.生态学报，2006，26（1）：271-280.

[28] 杨柳蕙.海洋生态文化保护的法律思考.广西社会科学，2017（4）：104-108.

[29] 徐文玉.我国海洋生态文化产业及其发展策略刍议.生态经济，2018（1）：118-122.

[30] 江泽慧.生态文明时代的主流文化——中国生态文化体系研究概论.中国生态文化协会.第六届中国生态文化高峰论坛论文集.2013：1-8.

[31] 舒永久.用生态文化建设生态文明.云南民族大学学报（哲学社会科学版），2013，30（4）：27-31.

[32] 何燊.着力生态文化产业　推进生态文化建设.福建理论学习，2014（10）：24-26.

[33] 田青.功用、问题与突破：绿色发展背景下生态文化建设框架分析.宁夏党校学报，2017（6）：68-72.

［34］ 余谋昌.生态文化论.石家庄：河北教育出版社，2001.

［35］ 白光润.论生态文化与生态文明.人文地理，2003，18（2）：75-78.

［36］ 杨立新.论生态文化建设.湖北社会科学，2008（3）：56-58.

［37］ 周鸿.生态文化建设的理论思考.思想战线，2005，31（5）：78-82.

［38］ 江泽慧.弘扬生态文化 共建生态文明.今日国土，2008（10）：15-18.

［39］ 胡祖吉.论大学校园生态文化及其育人功能.教育探索，2007（12）：106-107.

［40］ 周玉玲.生态文化论.哈尔滨：黑龙江人民出版社，2008.

［41］ 陈湘舸，孙本胜.企业生态文化建设.生态经济，2002（12）：83-85.

［42］ 袁祖社.生态文化视野中生态理性与生态信仰的统一——现代人的"生态幸福观"何以可能.思想战线，2012，38（2）：45-49.

［43］ 张保伟.生态文化建设机制及其优化分析.理论与改革，2011（1）：107-110.

［44］ 高永蓉.生态文化与大学校园文化生态建设.当代青年研究，2006（8）：5-8.

［45］ 廖国强，关磊.文化·生态文化·民族生态文化.云南民族大学学报（哲学社会科学版），2011（4）：43-49.

［46］ 李叔君.社区生态文化建设的参与机制探析.中共福建省委党校学报，2011（5）：65-70.

［47］ 邱耕田.互利型思维方式：生态文化建构的价值观基础.东南学术，2001（5）：24-27.

［48］ 胡志红.生态文学的跨文明阐发与全球化生态文化构建.求索，2004（3）：174-176.

［49］ 赵宗彪.论生态文化与建设.管理学刊，2006，19（4）：26-28.

［50］ 王丽，肖燕飞.生态文化在生态城市建设中的作用刍议.广西社会科学，2009（2）：125-128.

［51］ 陈德钦.论生态文化与生态文明.吉林工程技术师范学院学报，2009，25（7）：59-61.

［52］ 高旭国.大学生态文化教育要论.黑龙江高教研究，2012，30（3）：68-70.

［53］ 郭俊华.高校生态文化教育的探索.前沿，2008（9）：160-162.

［54］ 李承宗.论我国城市社区的生态文化建设.湖南大学学报（社会科学版），2006，20（2）：108-112.

［55］ 黄娟，喻继军.发展文化产业与建设生态文明.绿叶，2012（7）：97-102.

［56］ 卞韬.海洋生态文化在滨海生态城市建设中的作用与实现路径研究.北京：北京林业大学，2016.

2　生态教育体制建设

【摘要】本章以教育学的相关理论和视角对生态教育的内涵、内容、层次及体制建设特点进行了探讨。在学校生态教育体制建设方面，讨论了学前教育阶段、义务教育阶段、普通高中阶段、大学及研究生教育阶段的生态教育特点及体制建设内容。在社会生态教育体制建设方面，重点讨论了各类文化场馆、生态旅游及社区生态教育体制建设的内容和要求。在职业生态教育体制建设方面，讨论了政府政策、法律法规和财政等因素的支持作用，提出了建设职业院校生态教育体系、构建职业校园生态文化以及生态教育实践等建议。最后从全民终身生态教育、生态教育质量全面提升、生态教育成果普及以及高校生态教育创新等方面对我国的生态教育体制改革提出了建议和展望。

教育的目标是通过开发学生的智力和品德，塑造理性的人，揭示普遍真理，生态教育是由传统教育哲学向当代教育哲学转变发展的体现之一。不同阶段人的能力包括学习能力决定不同的认知和教育方式。生态教育是以生态环境保护、人与自然和谐共生的理念为教育背景，通过把生态学原理和自然发展规律以教育的形式传播到家庭、学校以及社会，从而培养受教育者的生态意识和生态价值观，推进生态法制建设和生态道德建设，最终达到生态文明建设的要求。皮尼克（Pivnick）指出，"生态教育是建立在生态哲学基础之上，为改善人与自然的关系，并认为解决环境问题的根本途径是对我们的世界观进行根本变革的教育。生态教育的目标是解决人与环境之间的矛盾，调整公民的行为，建立生态伦理规范和生态道德观念，教育公民正确认识自然环境的规律及其价值，提高公民对自然环境的情感、审美情趣和鉴赏能力，提供机会给每个公民来获得保护和促进生态环境的知识、态度、价值观、责任感和技能"。2018 年 3 月 6 日，在全国政协十三届一次会议教育界联组会上，农工党江苏省委副主委吴智深委员说，生态文明建设的根本体现在生态文明教育上，生态文明教育被视为全面国民教育的内容之一，一个国家可持续发展能力的提升是一项基础、长久且体现国家战略和基本国策的艰巨使命。要建立健全我国生态文明教育实施体系，加强顶层设计和科学规划，把生态文明教育融入人才培养全过程，纳入大中小学及幼儿园教育教学计划。积极开展理想信念教育、社会主义核心价值观教育、中华优秀传统文化教育、生态文明教育和心理健康教育是生态教育新的拓展重点和突破难点。

2.1　学校生态教育体制建设

学校作为公民人生中主要的受教育场所，自然承担了生态教育的主要任务，因此，根据各阶段学生特点制定有效的生态教育体制是本章主要阐述的内容。学校生态教育的根本目标是要把学生学习接触到的生态知识转化为自身养成的生态道德。我国将生态教育纳入九年义务教育，对解决生态问题，传播生态知识十分重视。然而大学教育中的生态教育有待加强，不仅是环境专业的学生，其他专业的学生也需进一步加强学习，而且环境专业的课程、教学内容和教学方法也应该随着时代需求不断优化，与时俱进。学校生态教育是指学校通过对生态知识和生态文化的传播，努力提高学生的生态意识和生态素养，从而达到生态文明塑造的教育。学生生态意识和生态观念的提高是中华民族整体生态素养提高的关键所在。作为培养高素质人才场所的学校，在开展生态教育中具有不可推卸的重要责任，同时也具有发展生态教育的独特优势。学校的校园文化环境、学术氛围、学校价值观对于学生价值观的发展与塑造有着巨大的影响。学校通过良好的教育环境和系统的教育措施，可以对学生的生态行为和习惯实施有计划的培养，更有利于学生生态意识和生态价值观的形成。国民生态教育包括正规生态教育和非正规生态教育，从幼儿阶段到成人阶段，需要教育者和受教育者的共同持续参与。教育所要造就的，首先是心智健全、有道德、有情感，能够自立于社会的人，先得成人，然后成才，这才是生态的自然的成才观。我们需要尊重生命、尊重自然进而遵从孩子内心的发展轨迹，顺从"人之初，性本善"的发展规律。

2.1.1　学前教育阶段的生态教育体制

幼儿教育的本质特征可以概括为快乐幸福、理解尊重、保教关爱、身心健康、成长发展、习惯养成、心智启蒙、适宜环境八个方面。幼儿是情感培育与行为养成的最好时期。所谓教育要从娃娃抓起，这一阶段，幼儿对自然生态的认知处于一种懵懂状态。通过多种方式让幼儿感受自然，鼓励家长带着孩子走出家门，用眼睛去看、耳朵去听、鼻子去嗅和身体去感受自然和认知自然，感受自然的五彩斑斓、鸟语花香、清新空气，认知自然的亲和力和包容性，最大程度地培养他们热爱自然的态度和保护自然的习惯。幼儿学前阶段是接受新事物和模仿的最佳时段，这一阶段也是幼儿探索新事物、养成良好习惯的开端，因此周围的成长环境和家长的影响变得至关重要。要着眼于让幼儿学会学习，让幼儿从问题出发，主动地去发现知识。教育者要有进步和发展的教育意识，迎合时代发展要求，不断完善和改进教育方式方法，提高生态教育的实效，做到"渗于课内，寓于课外"。学前生态教育主要以幼儿模仿和感受为主，幼儿良好习惯的养成往往是依靠模仿家长及周围人群的行为习惯，由此可以看出长辈的生态文明行为对下一代的影响呈正相关关系，即生态文明程度高的家庭其后代更容易养成生态文明行为和生态素养。学前生态教育不同于其他教育阶段的教育方式，针对这一阶段的孩子们处于探索和好奇的年龄阶段，正确引导和氛围感染影响着孩子们生态习惯的形成。另外，这一阶段的孩子们无法正确分辨好与坏，家长和幼儿教师要注意及时纠正其不良的习惯。关于幼儿学前生态教育的课程设置就应该考虑在开放与和谐的氛围中进行。

学前生态教育除了家庭生态教育，还包括幼儿园生态教育。值得注意的是，幼儿园的孩童分别来自不同的家庭，他们受到的文化影响存在差异。因此幼儿教师就需要尊重差异性，树立正确的教育观念，不要盲目同化，要鼓励独立自由的幼儿个性，在开放合作、自主参与的和谐教育氛围下进行生态教育。注重生活中的生态启蒙教育。幼儿园提供了宽松良好的环境对幼儿进行生态启蒙，将生态知识融入和渗透到日常教育活动、休息时间和休闲娱乐中。孩子们在游戏中了解自然的奇妙，感知自然的生命力；在玩耍时，感受自然的自由和无拘无束；在休息时，懂得尊重维护和谐的环境和保持安静秩序。在学与玩的过程中，让孩子体会环境对自己和同伴的重要性，体会和谐环境带给他们的温暖和快乐。一直以来，幼儿教育都被重视和讨论。在不增加儿童压力的前提下，让孩子学会生态知识，是老师、家长和幼儿园共同的责任。有研究表明，在轻松愉快的环境下，儿童更容易掌握所学所感，因此营造良好生态学习环境至关重要。

幼儿园生态教育突出集体、同伴、老师和家人在其成长过程中的重要意义。教育儿童文明礼貌、遵纪守法也是幼儿生态教育的重要内容。幼儿生态教育体现在孩子与自然和谐相处的基础阶段。在充满新鲜空气、生机勃勃的自然中，鼓励幼儿自己探索和发现自然的魅力，从而开始热爱自然和主动亲近自然，在自然环境中体会和感悟人与自然的和谐关系，树立保护自然的意识。幼儿阶段孩子对新奇事物处于摸索时期，可利用其好奇心理，鼓励他们和自然"交朋友"。同时，在自然中能获得"美"的体验和感受，让孩子认知自然美的价值和意义，意识到保护"朋友"的重要性。培养健康生活习惯也是幼儿生态教育的一方面内容。不仅通过体育课和健康卫生课提高幼儿和家长的健康生活认识、强健幼儿体魄，而且要关注幼儿健康、食品安全和营养方面的保健教育。

2.1.2　义务教育阶段的生态教育体制

教育部 2018 年的工作要点是健全中小学教育装备配备标准和质量标准体系。要开展生态文明教育，推进绿色校园建设。"工欲善其事，必先利其器。"良好的学校环境对学生的生态环境感知和认知有积极作用。充满绿色生机的校园，新鲜浓厚的校园文化氛围，绿色温馨的教室办公环境都有利于生态教育的实施。要从美化校园环境开始，把生态概念体现在学生们日常学习生活的地方。义务教育阶段的生态教育一般不应该把教育场所局限在课堂，"从自然中来，到自然中去"才能真正深刻体会自然界的奥秘与神奇，才会激发学生保护自然的斗志和责任感。

生态教育要突出教育方式的新颖性和自由度，要求学校在进行生态教育时体现出教育的灵活性和创新性，锻炼学生在学习过程中的探索和求知精神。生态教育是环境教育和可持续教育的延续和变革，能发挥教育更多的可能性和主动性，由小组学习、活动方案设计、课外活动等自主学习形式发现和思考遇到的生态问题，教师适当点拨和引导，主要锻炼学生的主动学习和思考能力，有助于学生日常生态习惯的养成。课程实施过程中要加强学生与老师、学生与家长、学生与学生之间的互动、互助，以班会和论坛的形式，促进学习、教育过程中的交流。教师间可以相互借鉴有效的生态教育方式，从而提升生态教育效果。

（1）回归自然

生态教育注重"以人为本"的思想，以学生的学习兴趣和学生的未来发展为义务教育阶段生态教育的关注点。生态教育注重解放学生天性，增加学生与自然的亲近机会，提供轻松的学习环境，从而有利于学生提高学习效率，促进学生对知识的吸收。在义务教育阶段，主要注重培养学生的良好学习习惯和学习方法，因此在生态教育过程中，教师应该注重突破传统的教学模式，注重在生态教育课堂探索创新型的教育方法，以回归自然的生态体会作为生态教育课堂中的主要内容。

（2）对生命的思考

义务教育阶段的生态教育在体会人与自然和谐的过程中，应该鼓励学生思考生命的意义。在这段时间中，学生不仅要为今后的学习与发展打下基础，还应当体现自己的生命价值，学生不只是为了未来而生存，关注学生当前的生命状态同样重要。生态教育课堂应该关注每一个学生的生命状态，接受教育不只是为了升学和谋生，更是为了人格的完整，为了个人的终身学习以及社会的和谐发展。因此，要关注每一个学生的全面发展，提升每一个学生的精神品质。义务教育阶段对学生素质培养至关重要，是学生生态认知和生态观念打基础的阶段，要让学生充分体会到生命的伟大和重要性，在尊重人类生命的同时，尊重大自然的生命。

（3）对可持续发展的认知

生态教育要求学生以可持续发展的眼光和角度去看待人类与自然的共处关系。可持续发展的思想也不应该只落实在经济发展上，生态教育中也应该有对可持续发展内容的介绍。义务教育阶段之初学生初入课堂，有着对知识的渴望与好奇，而生态教育作为今后学校必须引入的教育类型，更应该在初级阶段为学生做好铺垫。可持续发展作为生态教育的主要观念之一，必须引导学生掌握和接受。

2.1.3 普通高中阶段的生态教育体制

这一阶段，生态意识塑造的认知目标是使学生认识到生态环境对于人类的重要性，认识当今环境现状，以及亟须解决的环境问题，培养其初步的分析和评价能力，让高中生的行为符合生态文明建设的要求；生态意识塑造的情感目标是培养高中生热爱保护环境、勇于承担保护和改善环境的责任和义务的态度；生态意识塑造的行为目标是能促使学生从自己做起，从身边小事做起。要积极开展多种形式的以高中生生活为主题的行为习惯养成教育活动，杜绝不良生活习惯和生活方式。校内还可以开设生态知识校园讲堂、优秀生态事迹宣传栏、生态文明先锋宣讲会、绘画书法展览、工艺制作、短剧等活动，培养高中生环保意识的同时，增强其生态道德感和责任感。

普通高中阶段的学生是未来生态文明建设的人才储备和中坚力量，这一阶段的生态教育也关系着学生生态素养的形成和生态认知水平的提升。高中阶段学生已经具有明辨是非的能力，在义务教育阶段受到的基础性的生态教育已经为高中生形成生态素养铺垫。在前期的影响下，大部分高中生按照生态发展轨迹都应该具有生态价值观和生态意识，高中阶段是巩固、纠错和补漏的阶段。生态教育更应注重课堂实践和思考的重要性，以学生作为课堂主导和讲述者，教师作为聆听者，在学生表达对生态的认知和分享事例时，教师可以及时纠正一些错误的认识和行为，这样更能加深学生对正确认识和行为的记忆。为了避免这类错误的重复发生，教师也应该定期组织学生交流和汇报近期的学习体会，提升学生对生态教育的学习热情和重视程度。和其他课程设置一样，生态教育课程也应该有规定，除了必备生态教育教材，还应该提供专门的教师进行课程辅导。学校可以经常邀请一些生态教育从业者举办讲座，开拓学生未来就业的眼界。现阶段，生态教育作为新兴的教育形式被大多数学生所了解和接受，但是他们在对于未来职业的设想上并没有足够的认知，高中阶段还应该就生态教育的现状和未来发展对学生进行相关内容的普及，这关系到生态教育人才的培养和知识的传承以及高中生的大学专业选择。

2.1.4 大学及研究生教育阶段的生态教育体制

从 20 世纪 70 年代我国第一批环境保护相关专业的设立到 20 世纪 90 年代，我国逐步建立起了适合中国国情的环境科学和环境工程教育体系、国家环境保护宣传教育网络。1985—1995 年我国高校已先后向社会输送了各层次环境类专业人才约 8.5 万人，到 1998 年，我国开设有环境专业的大专院校共 92 家，共有各类环境专业教学点 103 个，同 1995 年相比，我国开办环境类专业的大专院校数量、专业点和人才培养数量都呈倍数增长，为我国社会经济和环境建设输送了大批环保科技和环境管理专业人才。2000 年以来，环境专业教育专业人才的培养进一步发展。同时，中小学生态教育、中等职业教育、大学的非环境专业教育也得到进一步的发展，高校非环境专业的生态教育，帮助培养了具有环境意识的新型人才。高校应把对大学生的生态文化教育放在生态文化建设的首要位置，兼以大学生的自我教育为根本，以社会的影响教育为辅助，来增强大学生的生态文化知识，提高大学生的生态文化意识，明确大学生的生态价值观念，增进大学生的生态文化自觉。

高校生态文化教育旨在丰富大学生的生态文化知识并培养大学生树立正确的生态价值观念，使他们建立生态文化认同感和生态文化自觉，从而促使大学生在实践活动过程中达到知、情、意、信、行的高度统一。高校生态文化是人与自然、人与社会、人与人之间和谐共存、协调发展的新文化形态。以大学生为主要受众的高校生态文明教育，强调自然、社会和人类三者的协调发展，主要以培养生态情感、强化生态意识和完善生态生活方式为己任，最终树立大学生生态价值观，使其成为具备生态文化素养的人才。

有学者认为大学生生态教育应包括以下几个方面：生态文化基础知识，生态道德观，绿色生态思想。高校在内涵建设过程中，肩负着培养大学生生态观和输送生态人才的重任。但是有学者提出目前我国大学生生态教育存在三点主要问题：其一，个别大学对生态教育的关注尚需加强，教育途径需进一步提高针对性；其二，部分大学生对生态教育的配合积极性有待提高；其三，个别大学中生态教育资源需要进一步丰富。学校生态教育至关重要，关乎生态人才培养。学校生态教育在实施和发展的道路上仍需不断完善，如学校不仅要注重学生的专业课成绩提升，还要重视对学生生态文化素养的培育；要加强对专业过硬的生态教育师资人才的培养；学校不仅要在相关课程中增设生态教育相关内容，而且要开设生态教育课程。大学生生态教育应该更加注重对与我国经济社会发展相关联的知识储备和技能掌握，使大学生掌握科学的、全面的生态知识，牢固树立保护生态环境、实现经济社会可持续绿色发展的生态意识和生态价值观。

大学生生态文明观的培养现阶段需要分为两类，一类针对有生态知识和受过生态教育的大学生，另一类是有生态知识但暂时没有接触生态教育的大学生。针对大学生的差异化生态教育，应该把重点放在培养大学生生态知识自学能力和养成生态意识两方面。生态教育进大学校园的前提是把生态素养教育纳入高等教育范围内，使大学生能用动态发展的眼光看待人与自然的关系，用生态的思维思考维持生态平衡的重要性。在对大学生进行基础生态理论知识教育的同时，配合大学生自我生态知识学习和检索，例如，开设网络教学课堂，借助网络收集相关文献和知识，把生态教育作为课外学习的一部分，使学生在了解和掌握的生态知识基础上，对自己感兴趣的生态话题或者课题进行深入研究，让学生把学习兴趣和学习热情相结合运用到生态文明知识的吸收和生态素养的形成。同时要课外学习和课堂教学相互融合，从师资、创新自主教育、教育模式多样化和知识获取灵活性提升等多方面健全高校生态教育机制，优化和完善大学生生态教育的落实和知识普及效率。生态教育在高校不仅体现在课堂上和网络上，也应加入实践中。要鼓励学生多参加环境保护、资源节约和绿色消费等方面的志愿者活动，把所学到的知识运用到实际生活中，并把知识和绿色生活技巧普及给更多的公民，引起社会的关注并得到认同。在活动中，要发现生态问题、披露生态陋习，从而吸引更多的人关注和认知生态恶化带给我们的严重后果。在培养大学生生态忧患意识的同时，带动社会公众树立生态责任感，规范和反省自身生态意识和行为的不足，最终形成人与自然和谐相处的绿色生态价值观。

2.1.5　学校生态教育教师素养的要求和水平提升

关注受教育者生态价值观形成的同时，生态教育教师同样应当被给予高度重视，因为教师队伍的水平影响着受教育者学习和接受知识的效果。生态教育师资队伍是对国民进行生态意识塑造的主要实施者。生态教育的师资建设应该是必须发展且优先发展的，它是生态教育体系的重要支撑，代表了生态教育的水平和生态文明建设的稳固基础。高素质的生态教育师资队伍应至少具备四个方面的基本素质。一是知识素质。他们既要熟练掌握生态基础知识，又要有牢固的生态意识和生态价值观，他们不仅需要有坚定地保护生态环境的决心，也要有遇到困难迎难而上的决心和勇气。作为生态教育的领路人，生态教育教师队伍应该能够清楚地认知到：人类赖以生存的地球是由自然、人和社会共同构成的统一的复合生态系统，是一个相互联系、相互作用的统一整体；社会的发展需要兼顾经济发展和生态保护两方面，应在保证现今发展速度的同时，兼顾未来发展的长远性，这是考虑眼前利益和未来利益的整体观的认知，也是发展物质需要和精神文明需要的双重考虑。二是道德素质。他们应树立生态伦理观，能够将道德对象的范围从人与人的社会关系扩展到人与自然的生态关系，能够尊重自然、善待自然，认识到保护环境就是保护人类自己，人与自然的生态关系和谐是人类社会可持续发展的前提，能够能动地确认自然的价值和权利。三是法制素质。生态教育者应当对我国的生态法律法规、环境保护的制度机制有一定的了解。四是实践参与素质。生态教育者本身要主动地承担生态环境保护的责任，积极响应国家对生态文明建设的号召，加入生态文明建设的实践，参与完善生态环境管理的相关法律法规，落实生态文明政策。

我国的生态教育教师队伍的建设还有很长的路要走，在这期间难免遇到一些难题和阻碍。第一，针对之前的生态教育普及程度，生态人才尚需增加，囿于部分学校现有的生态教育教师资源匮乏，较难在短期系统综合地整合生态教育教师资源；第二，生态教育教师资源分布不均，经济发展水平高的大中型城市比小型城市、村镇的生态教育教师资源丰富，受地域的限制和文化基础的影响，有生态知识基础和文化水平高的地方从事生态教育的教师相对较多；第三，生态教育师资队伍建设的经费有限，在队伍建设初期需要投入大量的财政支持；最后，生态教育教师队伍建设时间紧、任务重，个别教师接受培训的效果还需提高，我国生态教育培训应进一步加强。我们首先必须要使生态教育者具备跨学科的、整体的思维方式，进而使受教育者也具备这种思维方式。在重视教师知识的储备量的同时，提高他们的知识运用能力和理解能力，通过生态文化或者生态文明建设方面的学者专家的讲授，加深教师对生态教育和生态保护的理解，把局限在基础入门阶段的研究深入和持续下去。还要充分发挥教师生态教育先锋的带头作用，强调职前培训和在职培训并重，使他们对国民生态意识塑造的知识结构体系有深刻的认知和把握，具有较扎实的生态环境保护的理论功底。要优化教师队伍内部的科研氛围，他们不仅是生态信念的传播者，更是生态文明的守护者和实践者，生态教育还需要教师团队的不懈努力以满足社会发展所必需的生态文明认知。另一方面，还要注重非专业生态教育师资队伍的建设，使专业生态教育师资队伍和非专业生态教育师资队伍发挥促进生态教育发展的最强大合力。因此对建立一支高素质的生态教育师资队伍提出四点建议：

第一，加大投入生态教育培训力度。政府要加大对生态教育培训的投入，给予教育培训强有力的物质保障，使尽可能多的生态教育者参加培训。同时，还要加强生态教育培训的体制、机制建设，促使生态教育培训可持续。在各高校广泛开设生态教育公共课程，既能对大中专学生进行全面的生态教育，又能培养中小学生态教育师资，使未来教师具有良好的环境意识和从事生态教育的知识和技能基础。要扩大教师团队，广纳人才，生态教育的教师可以是学校的老师，也可以是生态文明研究者、从事生态文明相关工作的工作人员、社会参与生态文明建设的志愿者甚至是环卫工作者，只要是具有生态文明意识观念并对生态保护做出贡献的、有生态文明实践经验的人都可以成为生态教育团队中的一员。

第二，将生态文明课程纳入教师进修培训体系。结合我国当前大力推进生态文明建设、建设美丽中国的实际，教育主管部门应将一些有利于生态文明建设、有利于国民生态观念确立的课程纳入培训体系，如生态哲学、生态伦理学、生态美学等，进一步增加教育者的生态知识素养。教师队伍生态素养的提升不应该只针对从事生态教育的教师们，教师队伍整体的生态常识和生态意识都应该得到重视和提高，真正做到生态教育不只在课堂。生态教育应该成为教师的基本技能，每一位教师都能针对学生的不良生活习惯和行为提出问题并给予指导和监督，从教师团队自身开始，提高生态认知水平以满足学生和社会对于生态文明的求知欲和好奇心。

第三，增加教育者到生态文明建设水平较高的国内外高校学习交流的机会。20世纪中叶以后，环境保护运动首先在发达国家兴起和蔓延，进而使环境保护的理念、制度、技术等在发达国家形成和发展。一些发达国家的高校具有独特的校园自然环境和浓厚的人文环境，国内的生态教育者到这些高校进行参观和学习交流，将有助于增强自身对于生态文明建设的直观感受。当前，国内一些高校也在创办绿色大学，取得了一定的效果。因此，在注重外派学习的同时，也应组织人员前往已经走在国内生态教育前沿的高校进行学习交流。生态教育并不提倡闭门造车，应该多走出去和有相关教育经验的人群和国家进行交流和探讨。借鉴和学习不代表完全的模仿和照搬，针对国家生态教育和生态文明建设的具体要求，探索和实践出具有中国特色的生态教育模式和体系才是最终的落脚点。

第四，教育和研究的价值在于实践与应用，要鼓励生态教育教师加入生态文明建设的大队伍中。目前，我国的生态教育教师和研究者的工作主要集中在学校教育和研究阶段，应进一步把自己的教育体会和研究成果融入生态文明建设的实际操作中。生态教育者和研究者的生态思想观念本身形成和发展于实践和认识的往复循环过程，符合认识和实践规律，即"生态实践-生态认知-生态二次实践-生态二次认知"的过程。"实践是检验真理的唯一标准"，教育者和研究者应该走出校园，回归社会，亲近自然，如参加生态文化、生态文明宣传活动，把生态文明研究和教育的近期成果分享给更多的人，也可以增加国民对生态文明建设的自信心与满足感，加强国民认知生态文化的决心，促使生态文明相关知识在实践中发挥实际作用并产生实用价值。随着国家对于生态文明建设的重视以及生态教育的普及度提升，学校对于生态教育教师和研究者的需求日渐迫切，因此现有的生态教育教师和研究者多参加实践，也是吸引人才和提升师资质量的过程。

2.1.6 学校生态教育的意义

学校生态教育注重生态意识的培养与生态行为习惯的养成，因此在生态教育课程设置上应该注重思想与精神上的教育，以及从想法到行动的实际转变。生态教育的课堂设置也与教育的效果和学生的吸收情况有直接联系，因此，生态教育课堂应该遵循五点原则，即整体性、协作性、关联性、平衡性和动态性。

（1）整体性

生态教育课堂是师生与教室环境整体性的集中展示，强调课堂氛围的轻松活跃和井然有序，从而促进学生与教师在课堂上的交流。首先，要保证课堂的整洁，教室的亮度和温度应让学生和教师感到舒适，不宜过热或者过凉。教师要有教学热情，学生要保持认真集中的听课状态并与教师进行互动和沟通。在生态教育课堂，教师与学生身份的界定应该由课程内容决定，教师是课堂的秩序维护者和引导者，而学生在生态课堂中才是主角，要充分发挥学生参与的积极性和学习热情。生态教育课堂就是要在互相交流、互相影响的和谐氛围中有序进行。

（2）协作性

生态教育课堂是教师与学生共同合作与进步的平台，在过程中教师与学生的情感交流和情绪传导都影响着生态知识的吸收和生态观念的形成，因此，生态教育课堂希望教师与学生之间要保持团结协作的良好教学气氛。教师与学生作为课堂中的主要参与者，教师的讲课语调、声音和表达的情感都会对学生的学习情绪产生积极或者消极的影响。另一方面，学生接受知识时的情绪、课堂反应以及学生间的情绪表达同样会影响教师的讲课效果。维持课堂氛围的和谐积极，并保持教师与学生之间良好的交流与协作是建立良好生态教育课堂的重要因素。

（3）关联性

教师应该注重观察课堂上学生的课堂反应与课堂反馈情况，及时调整教学方式与教学氛围，及时为学生答疑解惑。在学习过程中，鼓励学生自由组建学习和讨论小组，学生间关系也是课堂和谐的另一影响因素。学习小组的建立一是有助于学生人际交往，增加相互交流和学习能力，再者有助于及时解决学习过程中的问题，并相互促进积极学习态度和团队协作能力的养成。生态教育的内容中要求学生了解认知人与自然的和谐相处关系，在生态教育课堂上要在教师与学生、学生与学生、教师与教师之间时刻遵循协作包容的关系。

（4）平衡性

生态教育课堂的平衡性要求教师与学生在教与学的关系上达到平衡，在讲授与吸收的效果上达到平衡。生态教育并不要求知识讲授量的堆积，主要以学生将知识转变为行动和思想的能力与效率评判生态教育效果的优劣。针对这一特点，教师应该根据学生的实际学习情况，灵活调整固有的教学大纲和教学计划，在不影响教学效果的情况下，可以适当增加学生户外学习机会，以提高学生的知识应用能力和环境感知能力。学生也应该具备一定的变化适应能力，以平衡课堂与实践活动的关系，最终要达到理想的生态教育教学效果。

（5）动态性

生态教育课堂的动态性体现在课程设置与教学方法上，应该保证一个自由度高且综合性强的教学模式。课程是以理论课与实践课相结合，辅助以户外体验课，既要关注知识的学习，也要体现素质教育中精神和习惯的培养。教学方法上不应局限于课堂讲授，小组讨论学习、案例分析课等体验式教学方法可多用于生态教育课堂。生态教育也有课内和课外之分，因此课外生态教育更加要求学生的学习自主性和自觉性，而课外生态教育也离不开老师的引导和配合。

2.2　社会生态教育体制建设

社会生态教育是学校生态教育的延续和巩固。我国生态教育起步较晚，目前教育规模还有待进一步扩大。公众获取环境保护知识的途径主要是通过大众传媒、互联网、环保宣传活动、学校教育等。互联网作为社会传播生态知识的主要途径之一，传播速度快、内容丰富多样是有利于社会生态教育传播的优势，但是网络内容不易监管，良莠不齐，容易对公民生态知识的获取和学习带来误导和不良影响。社会生态教育和学校生态教育享有同等重要的地位，学校生态教育对学生生态素养的启蒙要辅以社会生态教育进行巩固。对于每一个社会个体而言，接受教育应该是一个持续的、渐进的过程。因为随着公民的年龄增长，公民对社会问题的认知是不同的。生态问题具有伴随经济社会发展而逐渐变化的特点，公民必须从新的生态知识中汲取可持续的生存理念。社会生态教育符合现代教育的发展要求。现代教育的理念是教育要伴随每个公民的一生，即公民不仅要在学校受教育，也要在社会受教育。

2.2.1　各类文化场馆的生态教育体制

文化场馆多种多样，因此相应的生态教育形式丰富多彩。博物馆是以教育、研究、欣赏的目的征集、保护、研究、传播并展出人类及人类环境的物质及非物质文化遗产的一个为社会和其发展服务、向公众开放并且非营利的机构。博物馆是公民自主学习的免费"学校"，也是公民受教育的主要"课堂"之一。相比学校，博物馆具有得天独厚的教学优势，它们以馆藏文物和实物为知识文化传播载体，更加具体生动形象地展示其背后蕴藏的文化底蕴，具有极强的参与性和趣味性。博物馆教育内容和形式多种多样，拥有丰富的公众教育经验，其教育方式以启发、引导和寓教于乐为主。首先，博物馆是青少年接受生态教育的主要课堂之一，通过实物标本、模型、场景模拟，能使青少年身临其境地感知和了解生态背景及知识，同时可以培养学生创造性思维能力，从而提高生态文明素养。其次，博物馆对于在职从业人员是生态知识的更新补给站，同时也是生态素养巩固和持续培养的良好场所。博物馆涵盖丰富的、多元化的学科知识，阐述自然规律探索自然秘境的同时关注人类命运，注重人与自然和谐共生。博物馆对于老年人也有生态教育的重要意义。博物馆可以丰富他们大部分的闲暇时间，让他们可以"活到老，学到老"，紧跟时代发展的需要和潮流。在当今很多父母帮助子女照看下一代，因此老年人的生态觉悟和素养也关系到下一代生态价值观的养成。

图书馆是知识传播的平台，是内容丰富和包罗万象的"知识的海洋"，图书馆里的生态教育接受人群更多，其知识的蕴藏量大，更容易吸引具有不同要求的受教育者。图书馆担负着搜集、管理和收藏的主要任务，可以从其中找到生态思想的起源与发展轨迹，图书馆是很好的博古通今的文化场馆。不仅图书馆的文献资料是生态教育的重要支持，其营造的阅读氛围以及定期举办的阅读分享会更是为生态教育提供了更广阔的途径，使更多的阅读者可以通过分享的形式获得更多的知识和经验。图书馆还可以建立"废旧书籍回收"机制，提高读者之间的书籍流通性和增加书籍的利用价值，这也是生态的一方面体现。图书馆中的读者大多数都是对知识充满渴望和热爱的，因此，在图书馆中设立生态教育试点是最合适的。生态教育的发展首先要拓宽其在社会中的影响，让更多的人群感受生态教育与学习生活密不可分，这样才能更快地提升人民对生态教育的重视和认同。

2.2.2 生态旅游的生态教育体制

生态旅游是一种创新型的旅游模式，在原有的旅游模式的基础上，提倡"人景合一"和和谐相处。游客在感叹大自然鬼斧神工的同时，也要意识到眼前美景来之不易。生态旅游是一种可持续的旅游模式，并不是"竭泽而渔"。生态旅游为人类提供一种新的人与自然相处的模式，没有污染、没有破坏更不会毁灭，它是建立在保护自然的基础上，教育人类珍惜自然美景和自然资源。"天人合一"的思想一直影响人类与自然的相处，其中不仅包含古人对自然和人类关系的态度，也在提醒当今民众要时刻反思和修正人与自然的关系，我们在感叹古人对自然的敬畏和热爱时，也应该保留并继承发扬这种思想。

生态旅游在经济、政治、文化和社会的建设中都有所体现。首先，生态旅游的提出为旅游业的经济发展带来了创新点和新的活力，可以把生态特色作为旅游的新亮点，而且生态旅游不再受传统旅游业的限制。生态旅游集娱乐性、教育性和保护性于一体，能多元化地发挥生态旅游优势，在经济、政治、文化和社会领域都可以融入生态观念。在提倡生态文明建设的大背景下，生态旅游一方面突出了森林公园、自然保护区和非物质文化遗产保护区在生态教育方面的资源优越性，另一方面，彰显了生态文化和绿色低碳式的新型旅游方式对生态环境保护的重要意义。旅游的重要目的就是放松心情，而美景给人以美的享受，国家早已注重生态旅游景点的开发和保护，编制了《国家生态旅游示范区管理规程》和《全国生态旅游发展规划（2016—2025年）》。生态旅游的教育意义和环境保护意义都要大于它的经济价值。

2.2.3 社区教育的生态教育体制

社区生态文明教育是一种针对特定群体的小范围生态文明教育活动，主要以普及生态知识、了解生态环境现状、学习生态保护法律法规和宣传生态生活技能为主要任务。它的特点是教育范围有限但是针对性较强，不同范围内的居民群众容易形成自己的生态文明特色。第一，通过开展社区生态文明教育，强调人与自然、社会三者的和谐发展，不仅可以实现人与自然、人与人以及人与社会平等公正、和平共处的人文关怀，也是社区生态文明建设所追求的重要目标之一。第二，通过开展社区生态文明教育，推进社区生态文明建设，使社区建设在改善民生上不断发展，不仅可提高社区居民的生活水平和生活质量，还可提升其意识形态，从而为建设生态文明奠定基础。社区居民是社区的居住者、生产者、建设者、管理者、教育和受教育者，他们的生态文明观念直接影响到未来的社会建设和社会发展。目前在个别社区仍存在乱丢垃圾、浪费资源、大量使用白色塑料袋和一次性筷子、邻里关系不和谐等现象，而社区生态教育一方面能增强居民生态价值观，另一方面对处理邻里之间的关系也有重要意义。

社区生态文明教育是弥补学校教育不足的重要手段。从20世纪70年代开始，我国在学校教育系统中开设生态环境方面的课程，进行生态文明教育，取得了可观的效果，并且正在提高和深化。然而，无论学校生态文明教育如何完善，都不能将生态文明知识传给那些未上过学的人。对于那些在开设生态文明课程以前上学和从未上过学的人，都需要通过社区教育给他们补上生态文明课。社区教育可以与时俱进，及时向人们传播新知识、新观念。当代社会，知识增长和更新速度异常之快，生态文明知识也不例外。因此要依靠社区教育，紧紧跟随科学技术发展和观念更新的步伐，把最新的生态文明知识、观念和技术推向社会大众，以便更好地指导他们的行为。社区教育可以扩大生态文明教育的范围，让更多的人具有生态文明意识。随着有生态文明意识的人不断增多，就会形成生态文明占据主流的社会氛围，产生社会良性互动，促使那些缺乏生态文明意识的人转变观念。有了卓有成效的社区生态文明教育，就可以提高家长的生态文明素质，那么，孩子在学校养成的良好习惯就会得到家长的支持，孩子在校外的行为就能受到监督。社区生态教育可以利用社区这个参与平台，向居民提供生态文明监督、管理、决策等多种参与形式，让居民去观察、感受、学习和锻炼。可以在专门人员的指导下，就居民关心的本社区生态文明问题进行讨论或者举行听证会等，使居民在参与中了解参与的途径，学习参与的规则，掌握运用政策法律的能力，认识参与的重要性。在刚开始的时候，参与者可能是动员或邀请才来的，参与的内容也是由组织者确定的，但是经过一段时间，居民掌握了参与的方法，看到了参与的显著效果，就会逐渐地由被动变成主动、由他人组织变成自主组织。对居民而言，这种在社区参与中培养参与能力的教育方式远比宣传、讲课等其他任何方式都要有效，因为它具有直接性和可见性，符合大众的客观实际。如果有足够数量的居民学会了参与的技能，生态文明建设将会获得巨大的动力。

社区教育离不开教育人才，社区教育人才关系到社区教育尤其是生态文明教育是否能达到预期的教育效果，是否能真的提升社区广大居民群众的生态文明素质。因此社区学校师资力量是社区生态文明教育的关键因素之一。但是，社区只是一个区域性居民聚集的场所，只是一个最基层的居民自治的社会组织，没有行政权，缺乏资金，当然更缺乏教育人才。要在社区有限的范围内搞好生态教育工作，解决好教育人才短缺的问题，促进社区的全面建设，就必须打破常规，开阔思路，多方配合，统筹协调，整合好区域内各行业各部门的教育资源，最大程度地发挥教育资源多样化，高效利用优势，建立团结协作式的社区生态教育培训组织。一是要了解社区居民情况，摸清社区居民中具有不同特长人才的信息，并征求他们的意见，努力争取一些乐于为社区生态教育工作奉献的居民作为社区的师资力量，建立一个能够服务于本社区生态教育工作的人才库，以利于教育工作的开展。二是要增进社区之间生态人才的交流与合作，满足不同居民对生态知识的需求，促进相互学习和借鉴优秀的社区生态教育经验。三是要发挥社区居委会学习生态知识的带头作用，优化社区资源，管理并协助落实社区生态教育，把学到的知识真正运用到建设生态文明社区中。

2.2.4　社会生态教育的意义

社会生态教育的目的在于塑造国民生态意识，面对不同阶层、不同年龄段的人群，社会生态教育的内容和教育方法也不尽相同。针对低年龄段的儿童和学生，应该把生态教育的丰富性和趣味性展示给这一年龄段的受教育者，并加深他们对所学知识的记忆；成年人的社会生态教育应该更具科学性和说服力，这一阶段的受教育者大多已经形成自己的认知能力和生活习惯，学习能力不及儿童阶段，但是对其自身有利的行为习惯，成年人还是乐于接受和做出改变的；对于老年人，考虑到其身体能力有限，活动范围较小，对他们的社会生态教育应围绕在对隔代子女的教育和影响上。

2.3　职业生态教育体制建设

在职业教育方面，生态教育还处于起步阶段，在实施具体生态教育的过程中会面临许多问题和困境，这时候仅仅依靠教师、学生或者学校的自我管理和约束是不足以解决问题的。此时，政府政策、法律法规和财政应支持职业生态教育发展；相关企业对于职业生态教育可以提供实习、就业或体验式教学的机会，要鼓励职业生态教育加入日常职业教育行列。

2.3.1 职业学校生态教育体制建设的主要内容

职业学校是学生获得某种职业所需知识和技能的学校。要尽快将生态教育纳入高职院校的整体教育体系中，通过课程设置、专题讲座、育人氛围等构建生态教育课程体系。不同于普通高校的培养目标，高职院校着重培养高等技术应用型人才，受传统的学科划分模式影响，少有专门的生态教育课程，与其他专业课程的渗透相对较少，而对于生态教育的重视程度相对较低。针对以上问题提出相应对策：

（1）建设职业院校生态教育体系

生态教育相关课程必须以必修课的形式纳入职业院校的教育体系中，在原有课程设置的基础上开设包含生态知识的基础必修课，首先要培养学生对生态知识和生态文化的兴趣。在此基础上，开设生态相关的选修课或者实验课，以满足学生对生态知识的渴望和学习热情。在建立生态课程体系过程中，要充分考虑学生的学习兴趣和从业需要，不断调整课程设置，及时添加与国家发展需要相关的生态课程。在学习过程中，学生逐渐掌握生态常识并由此感受生态氛围，提高生态保护意识和生态保护责任感。职业院校学生大多关注与今后职业相关的知识和技能的积累，欠缺对生态知识和生态意识的培养兴趣，因此，教师一定要阐明生态教育与职业发展是紧密相连的，生态常识和生态素养是今后用人单位对从业者的基本要求和必备素养。职业院校的学生必须清楚人类与自然、环境和资源之间的关系，必须要具备协调发展与自然关系的能力和觉悟。单一操作技能的掌握已经不能满足社会对于技术型人才的要求，学会运用发展和生态的眼光去处理工作中遇到的问题是职业院校进行生态教育的重要意义。要将生态知识变成具有实用性和可操作性的技能，以便培养和选拔高素质的生态人才。

（2）构建职业校园生态文化

校园生态文化对学生的影响是潜移默化的。校园生态文化作为生态教育和宣传生态知识的一种形式，在体验和认知上都对学生有激励作用。优美的校园环境激发学生保护校园环境的责任感，进而引申到对整个生态环境保护意识的增强。校园生态文化形式丰富多样，以校园环境为载体，帮助学生认识和感知生态保护的重要性。校园环境作为一个小环境，可以测试出学生对环境保护的态度，可以有针对性地挖掘学生在生态知识和生态保护等方面的认知缺失和漏洞。有目标地弥补和增强学生生态保护意识，是快速提高职业院校学生生态价值观的重要途径。学校还可以定期邀请生态方面的专家和学者来进行生态知识普及和教育，在学术领域丰富学生的生态知识储备。校园生态文化氛围是社会生态文化氛围的缩影，尽早适应生态文化氛围，有利于职业院校学生就业素养的养成。

（3）生态教育与实践并行

实践是生态教育的内在要求，生态教育在实践中连接着学校与社会，要把学到的知识运用到社会实践中，不让生态教育止步于课堂与书本。生态教育应该以学生关心的问题作为切入点，引起学生的学习兴趣，鼓励学生课外实践，把学到的生态知识落实到实际生活中。学生要有善于发现问题的眼睛，将生态教育积累的生态知识和培养的生态责任感运用到解决生活中的生态问题。生态教育也给予学生感知和鉴别生活环境优劣的能力，通过周围人群对良好生活环境的渴望和生态氛围的感染学生可以尝试对自己感兴趣的生态问题进行深入研究，做到学以致用，为今后参与生态文明建设打基础、做准备。这样也能更好地为学生提供思考机会，思考未来职业的方向和规划，认清社会对于生态人才的迫切需要的局面。

2.3.2 职业学校生态教育体制建设的意义

职业学校的学生具有很强的社会属性，在沟通媒介多样的当下，交流日益频繁，思想观念受文化思潮的影响也越来越显著。在贯彻生态文明观念的过程中，由于社会的多元化造成人的意识形态的多元化，个别人生态文明建设的社会责任意识淡薄；一些现实化、物质化、消费化的社会现象，直接或间接地影响了部分学生的道德观念、价值取向、生活方式等的培养和形成；个人本位主义和实用主义的思想，渗透和侵蚀着个别青年人，使其只追求个人利益最大化。我国的职业教育尚需把生态文明教育纳入到专业学科体系中，尚需从社会可持续发展的高度，来强调生态文明对社会可持续发展的重要意义，唤醒青年一代的生态紧迫意识；尚需从生态文明行为的角度，强调生态文明对人的身心健康、人际关系和谐发展的影响，唤醒青年人的生态道德意识；尚需从政治文明、民主法制的角度，强调生态文明对一个国家和民族生存、发展、强盛的重要意义，唤醒青年的生态责任意识。

中国经济要想健康平稳发展，必须解决好生态文明的"瓶颈"，这对职业教育核心技能的培养有着重要意义。解决这个问题的关键是把生态文明放在首位。个人与整体社会的发展休戚相关，这也是生态文明可持续发展的前提。如果生态文明建设发展滞后，人与人、人与社会的和谐发展就难以实现。如果生态环境继续恶化，实现人类文明可持续发展的难度就越来越大。生态文明教育是经济可持续的支撑与协调，有助于形成与生态文明规范相适应的生产和消费方式，逐步消除经济活动对大自然的稳定、和谐所造成的威胁，在实现经济效益、社会效益和生态效益相统一的过程中，促进人与自然的和谐，同时也是个人服务社会的必要条件。从教育学角度出发，生态文明教育与学生的心理都应该被关注，培育及强化学生的生态意识，提升学生生态文明素质的科学方法应以学生的心理情况为依据，学生心理发展为生态文明建设提供系统性与整体性理论基础。职教学生心理发展的阶段特征是对新事物具有强烈的好奇心，所以生态文明教育的开展必须符合学生的心理特点，教学活动必须具备前瞻性，开展生态文明教育，必须坚持科学的原则，以发展的眼光、超前的意识去确立教学活动的需求、学生需求和社会要求，这样才能保证生态教育的科学性、整体性、有序性。学生的心理活动需要一种良好的系统性作为支撑，在教育过程中注重全面教育。开展生态文明教育必须具有系统性原则，必须通过学校和社会教育来完善课堂教学和社会实践活动，使学校、家庭、社区、传媒等各个方面协同发展。

2.4 生态教育体制改革展望

《中国生态文化发展纲要（2016—2020年)》提出的主要目标是"生态文明教育普及率由2015年的80%提高到85%"。生态教育在兼顾原有传统学科教育的同时，要发展、结合传统与创新的生态教育内容。生态教育的新教育模式出现，是迎合社会发展需要和人类生存的大计，是维持人类继续发展的根本保证。生态教育是响应国家生态文明建设的号召，不仅通过管理和法制的手段完善社会发展，抑制不良现象的发生，而且从教育的角度切入，用一种和谐且高效的办法，更快更好地完成人类的又一次思想到行为的变革。

生态教育应该作为必修课在学校、社会全面普及和践行。生态教育体制应该突破固有的传统教育模式，不再以课堂教育模式为主，应该真正做到教育与实践的结合，单一的课堂模式不适用于生态教育这种灵活度高并且实践力强的教育模式。生态教育在教育质量上的评判还没有一个固定的标准和要求，生态教育普及阶段初期应该制定、完善和健全生态教育管理体制，制定具体可行的生态教育质量评价标准，在原有"考试＋成绩"式的评判方法上，加以细节和可操作性上的优化，但是仍然应该遵循"不以成绩论优劣"的评判原则。现阶段生态教育的普及已经遇到了诸多挑战，例如，生态教育人才不足，生态教育的具体实施不易监督，生态教育受地区经济发展水平的影响，城市与城镇乡村的生态教育实施效果存在较大差异。其实在生态教育普及的初期阶段，各种问题和困难的暴露更加有利于生态教育的发展，问题的出现也是对生态文明建设的考验。作为生态教育的引入者，国家各级领导干部应该思考通过政策和法律的制定推进生态教育发展；作为生态教育的践行者，教师应该做到完善和优化现有的生态教育的教学方法，吸引学生重视生态知识学习和生态保护行动，学生应该有对生态教育的好奇与求知精神，与老师配合先建立和谐的教室氛围和学校氛围；作为生态教育的参与者，社会大众应该保持包容和上进的思想，不应满足于社会发展现状，担负起生态保护的重任；作为生态教育的受益者，各企业和产业应该重视生态人才的运用和自身发展的转型与革新，响应国家实现生态和谐社会的号召，配合生产和产业优化，并鼓励和支持生态型企业的发展。总之，生态教育给予各行各业的挑战时刻提醒人类发展生态教育关乎未来。

2.4.1　生态教育作为全民终身教育

生态教育的涵盖范围广，包括学校生态教育、社会生态教育和家庭生态教育等多种类型，以满足不同年龄和文化水平的公民对生态教育的需求。生态环境伴随着人类的发展和进步，纵观人类一生，都与生态环境密不可分。生态环境为人类成长提供清新的空气和绿色自然的活动范围，在发展经济过程中，生态环境提供的资源、能源保证了人类享有舒适的健康生活发展空间和格局，生态环境的保护是保障人类自身发展和后代生存的基础要求之一。生态教育涵盖物质要素和精神要素两方面。物质要素就是生态教育在课程设置、教材制定、课堂布置等以及生态文化书籍、生态自然景观的保护和生态宣传资料；精神要素是对人类生态保护意识、生态观念以及生态价值观的培养，是由物质到精神的升华和自身素质的提升。生态教育体现"活到老学到老"的思想，体现出生态教育的可持续性，在生命的过程中探索和感悟人与自然和谐共处的方法。生态教育是一个庞大且组织结构复杂的系统工程，不仅覆盖地域广，包括城市和城镇乡村有人类活动和聚居的地方，而且教育周期长，从幼儿到老年阶段都提倡，是全民教育和终身教育。这样完整全面的教育模式，一方面需要国家政府加大对生态教育的资金投入，完善各级教育体系和城乡生态教育网络；另一方面需要加大对专业生态人才的培养力度，建设一批涵盖生态教育的重点课程、重点专业、重点教材和重点培训中心。

2.4.2　生态教育质量全面提升

生态教育质量的全面提升体现在教师生态水平的提升、学生生态素养的养成、学校教学环境更符合生态绿色等方面。教师在生态教育中的领导作用要求他们具有生态常识以及生态价值观，将生态观念潜移默化地渗透在教师与学生的沟通交流和正常教学过程中。学生关注的不应该只是学习成绩，生态素养也为学生适应未来发展奠定基础，是学生养成的一种积极的生活态度。学校的教学环境最直观地展示了生态的重要性，符合社会发展需要和教学需要的学习环境，直接影响学生和教师的生态文明价值观的形成。生态教育的质量和生态教育的落实同样重要，生态教育质量体现在生态教师水平与生态教学效果两方面，生态教育不仅关系到生态知识的普及、生态观念的树立，还有生态人才的培养。生态教育质量以教育方法和教育内容为支撑，不同的年龄和职业所接受的生态教育形式也应该有所区别。生态教育质量也与受教育者的认知能力和接受新事物的能力有关，因此有针对性地制定教育模式和教育内容是保证教育质量的关键。目前，我国全面推行生态教育，但其中存在个别生态教育落实力度不够的情况，究其原因，其一是生态教育的教师资源短缺，其二就是个别地区对生态教育的重视不足。生态教育质量关系到生态人才的培养和生态观念的落实，由此，生态教育质量的全面提升体现国家对生态文明建设的高标准、严要求。

2.4.3　生态教育发展成果普及

要"实现家庭经济困难学生资助全覆盖，困难群体、妇女儿童平等受教育权利得到更好保障。义务教育实现基本均衡的县（市、区）比例达到95％，城乡、区域、学校之间差距进一步缩小，建成覆盖城乡、更加均衡的基本公共教育服务体系"。要鼓励困难地区遵循"引进来、走出去"的生态教育发展模式，引进生态教育的人才，引进生态知识的相关学习资料和课外读物，引进优秀的生态教育方式方法；鼓励困难地区的学生们走出去，感受自然，亲近自然；鼓励困难地区的老师们走出去，学习生态教育经验；鼓励这里有兴趣的公民走出去，把有用的生态知识带回来，讲给身边的人听；鼓励困难地区政府各级领导和相关工作人员走出去，带回优秀的生态发展技术振兴地区发展和进步；要加大国家的资金和政策的扶持力度。困难群体和地区应该作为生态教育推行的重点，不扩大落后差距是落实生态教育的目标。

2.4.4　高校实施生态教育创新能力的提升

实施生态教育，首先，要清楚生态教育的内涵；然后，在此基础上理解实施生态教育的意义；最后，要采取切实可行的措施，建立生态教育机制，创新生态教育手段，重视生态教育的实践。只有这样才能真正发挥生态教育的功能，为实现经济与社会的可持续发展做出贡献。强调生态教育的目的在于培养具有生态意识、生态道德和生态能力的新型劳动者，在于推动人类社会向更高层次的生态社会演进。这一演进并不是要人类全面复归自然，而是要求充分运用人类智慧和力量，在自然生态的基础上，构建人类社会与自然环境和睦共处的未来文明形态。而文明形态的转换还须以人类素质的普遍提高和科学技术高度发展为前提。生态意识的强化、生态文化的践行以及生态社会的演替，最终还需要教育作为保障。

高校教育一直是国家和社会关心的重点，因为高校教育质量关系到未来人才的发展和适应时代发展需要的能力，因此高校生态教育质量至关重要。高校作为学生时期的最后一个阶段，学生要做好进入社会接受检验的准备，高校生态教育就是要符合社会发展需要，向社会输送生态人才。高校生态教育关乎大学生的职业选择和继续深造，其教学内容应该具有时代特色和研究价值，因此高校生态教育内容要贴近实际生活，并根据社会对人才的要求制定教育内容和教育方向。例如，针对生态环境所产生的社会方面的热点问题，要进行以全球意识和国际合作意识为主要内容的教育，引导和帮助大学生学会正确处理国家和国家之间、民族和民族之间的关系，从思想上牢固确立人类主体意识、生存意识、国际和平意识与共同发展意识；针对工业污染、生活污染和过度开采所带来的环境问题、资源枯竭和生态失衡问题，要进行以环境道德和经济道德等为主要内容的实证教育，引导大学生深化对可持续发展和科学发展的认识，确立人与自然和谐发展的观点；针对人类自身在生态问题上所出现的身心发展失衡问题，要对大学生进行以科技伦理教育、生命关怀教育为主要内容的生态教育，重建大学生对于生态的认知并唤醒其责任感。

2.4.5 建设生态教育体制的意义

前期国家推广环境教育和可持续发展教育都在为推行生态教育奠定教育基础，学生们在其中学会并具备爱护动植物、节约粮食资源和不乱丢垃圾等基础的生态常识、生活习惯和环境保护意识。在提倡"绿水青山就是金山银山"的时代，提升学生的生态文明意识，巩固加强学生对生态文化知识的掌握和应用是对当今生态教育提出的新要求和新挑战。之前的教育模式多以生态教育的内容作为辅助和选修，并分散与结合到其他主修课程中，沿袭固有教育模式，对于生态教育内容在课程设置中的重要性有待提高。生态教育科目要以必修课形式出现在校园课程设置中，依照其动态和多变的发展形式，结合社会和国家发展需要，定制和完善课程内容和教育方法，以达到活学活用、学以致用的效果。

生态教育与生态文化教育不同，生态文化主要强调文化在教育过程中的传播，通过文化的熏陶和感染，使人逐渐领会人与自然和谐关系的重要性，并在认知过程中逐渐约束和改进自己的生活习惯和观念。生态教育不仅是知识和文化的传播，也注重教育过程中对学生的习惯和价值观的教育，更加注重教育在生态观念和生活方式形成过程中的作用。生态文化教育注重文化与生态的结合，而生态教育更多方面在教育环境、教育方法和教学内容上体现生态教育的特点和生态化特征。在分析和借鉴其他国家生态教育方法的时候，教育工作者总结出可行的生态教育方法，例如传统讲授法、分阶段教学法、案例讨论法、职业教育与生态教育结合法以及跨学科落实生态教育方法。生态教育在各行各业以各种形式存在和发展：对于政府工作人员和公职人员，生态教育体现在政治生态化教育；企业经营者和生产者的生态教育是经济生态化的教育；社会大众和消费者的生态教育被称为消费生态化的教育；而针对家庭和社区的生态教育是生活生态化的教育；最后在学校和学生中展开的生态教育被细分为教育生态化。每个行业所推崇的生态教育内容和生态教育方式也应该结合自身行业的发展需要和发展特色，生态教育不应该局限在学校，但生态教育的主要推广地应该是校园。校园内的生态教育是对学生素质教育的发展与延伸，是培养生态价值观继家庭范围之后的又一主要受教育地点。要做到生态教育以多种多样的形式融入学生的日常学习和生活中：走进书本、走进教室、走进校园环境、走进户外实践。要针对不同层次和年龄段的学生进行全面有效的生态伦理道德教育和环保知识科普，同时，提高教职员工对生态教育的重视和自身生态文化的修养。

习近平总书记指出，"宣传教育是生态文明建设的基础工程，对催生和呼唤生态文明建设战略出台和实施发挥着不可替代的特殊作用。加强生态文明宣传教育要注重生态文化的培育，繁荣生态文化是推进生态文明建设的思想基础和精神动力"。现阶段，我国的生态文化教育已列入教育体系之中，学校、社会、家庭生态文化教育多管齐下。

参考文献

[1] Pivnick J C. Against the current：Ecological education in a modern world. Calgary：University of Calgary，2001.

[2] 朱国芬. 构建中国特色的生态教育体系刍议. 当代教育论坛，2007（21）：39-41.

[3] 吴祖强. 关于环境教育教学方法现状的思考. 环境教育，2000（1）：25-26.

[4] 史万兵. 环境教育的基础理论研究. 教育研究，1998（4）：54-59.

[5] 黄平芳. 学校生态教育体系的构建路径. 学校党建与思想教育，2010（21）：69-70.

[6] 施琼. 浅谈生态教育促进幼儿园文化建设的方法. 考试周刊，2017（79）：184-184.

[7] 毕军. 构建学校生态教育体系探讨. 卫生职业教育，2011，29（9）：17-18.

[8] 马桂新. 环境教育学. 北京：科学出版社，2007.

[9] 李静. 高校生态文明素质教育路径研究. 新乡：河南师范大学，2012.

[10] 程爱民. 试论大学生生态文明教育. 科协论坛，2008（9）：139-140.

[11] 吴敏慧，陈思. 图书馆建设生态文明教育平台的探讨. 图书馆论坛，2013（5）：71-76.

[12] 倪珊珊. 生态旅游视域下旅游专业生态文明教育研究. 黑龙江教育学院学报，2018，37（4）：151-153.

[13] 李文明，符全胜. 我国生态旅游规划中环境教育内容的缺失与补正. 旅游学刊，2008，23（7）：10-11.

[14] 袁洋. 社区生态文明教育研究. 南宁：广西民族大学，2014.

[15] 王光荣. 发挥社区教育在生态文明建设中的作用. 前沿，2008（7）：170-172.

[16] 张雪艳. 关于在职业教育中开展生态文明教育的思考. 中国环境管理丛书，2009（3）：17-19.

[17] 王敬，王丽颖. 浅析高职院校视角下生态文明教育模式. 高等职业教育（天津职业大学学报），2012，21（6）：40-42.

[18] 王淑英，孙克俭，郭岩. 高职院校大学生生态文明教育研究：现状、原因及对策. 黑龙江省社会主义学院学报，2013（1）：49-52.

[19] 倪同良. 高职院校生态文明教育状况分析及对策探讨. 图书情报导刊，2010，20（32）：162-164.

[20] 王定华. 谋划教育发展方略 建好教育第一资源. 中国教育报，2017-12-08（001）.

[21] 余东山. 中职学校必须加强对学生进行环境教育. 中国农村教育，2012（12）：23-24.

[22] 马桂新. 环境教育学. 第 2 版. 北京：科学出版社，2007.

[23] 吴敏慧，陈思. 图书馆建设生态文明教育平台的探讨. 图书馆论坛，2013（5）：71-76.

[24] 张清廉，王孟洲，于长立，等. 生态文明视域下的农村生态文化建设与体制改革. 中国科协. 第十二届中国科协年会论文集. 2010：1-4.

[25] 杜昌建. 绿色发展理念下的家庭生态文明教育. 中共山西省委党校学报，2016（3）：96-98.

[26] 薛晓源，陈家刚. 从生态启蒙到生态治理——当代西方生态理论对我们的启示. 马克思主义与现实，2005（4）：14-21.

[27] 温远光. 世界生态教育趋势与中国生态教育理念. 高教论坛，2004（2）：52-55.

[28] 李颖，袁利，赵坤. 生态教育——高校思想政治教育的新视角. 高等建筑教育，2007，16（4）：22-27.

[29] 张光生，王燕. 自然保护区生态教育及其实施对策. 生态经济（中文版），2002（12）：33-35.

[30] 刘伟，张万红. 从"环境教育"到"生态教育"的演进. 煤炭高等教育，2007，25（6）：11-13.

[31] 刘建华. 构建充满生命活力的学校生态教育系统. 环境教育，2002（5）：21-24.

[32] 杨焕亮. 生态教育策略研究. 教育科研论坛，2004（2）：8-10.

[33] 李国华. 大学生态教育新探. 当代教育论坛（综合研究），2011（1）：27-28.

[34] 徐朝晖. 谈生态教育与学生的成长. 上海教育科研，2006（11）：48.

[35] 杨东. 生态教育的必要性及目标与途径. 中国教育学刊，1992（4）：38-39.

［36］ 张慧.试论大学生生态教育.文教资料，2009（22）：190-191.

［37］ 朱宁.生态教育融入大学教学的探讨.郑州航空工业管理学院学报（社会科学版），2012，31（1）：149-151.

［38］ 张凤英.社区生态教育研究.福州：福建师范大学，2011.

［39］ 蒋笃君.构建中国特色公民生态教育模式的探索.河南工业大学学报（社会科学版），2017（3）：115-120.

［40］ 刘文良，张永红.重视环境文学教学 加强大学生生态教育.内蒙古师范大学学报（教育科学版），2007，20（5）：42-44.

［41］ 张军凤.教育生态与生态教育.天津教育，2018（3）：22-24.

［42］ 梁保国，乐禄祉.教育的生态文化透视.高等教育研究，1997（5）：22-29.

［43］ 邳锦.河北省全民生态环境教育的策略研究——基于日本修复环境的经验视角.牡丹江教育学院学报，2017（12）：67-70.

［44］ 蒙睿，周鸿.我国生态教育体系建设.城市环境与城市生态，2003（4）：76-78.

［45］ 张一鹏，郭立新.经济落后地区更应重视环境教育.环境教育，1999（1）：34.

3 生态政治体制建设

【摘要】本章主要讨论和分析的内容包括：要建立体现生态政治的全球治理体制，在构建人类命运共同体过程中将生态环境治理摆在重要位置；要推动人类可持续发展，在全球生态治理体制创新发展中提供中国创新方案与智慧；要创设激励公众参与的生态政治体制，不断完善生态文明建设信息公开制度和人民群众参与的法律制度；要推动民主党派、社会团体及其他群众组织建设，保障广大人民群众参与生态文明建设；要完善全面生态教育制度，健全生态教育内容体系，创新生态教育模式与手段，建立落实生态教育责任的生态政治体制；要建立落实生态政策责任的生态政治体制，建立生态红线制度，完善覆盖生态建设政绩考核、责任追究制度；要建立落实生态管理责任的生态政治体制，健全资源生态环境管理制度；要建立国家自然资源资产管理体制，不断完善生态环境承载能力监测预警机制。

生态文明建设的提出，标志着我国在社会主义现代化建设过程中对生态和社会、经济、文化之间的对立统一关系与整体性的认识和理解不断提升。党的十八大以来，我国将生态文明建设融合于政治、经济、文化建设等各个方面和全过程。在政治建设的各个具体领域中，生态文明建设发挥了积极作用并取得成效，成为我国新时代政治体制建设不断延展与深入的重要方面。

生态政治研究如何构建人类社会与自然环境之间的关系，并维持其长期稳定运行，这包括人类、其他生命及地球之间的关系和存在的形式，同时还包括以环境为介质的人与人之间的关系。当前，生态政治主要指不同人类社会或者是在同一个社会内部的不同群体间，对某类环境问题或环境问题的某一层面、角度的认识、感受、理解以及政治对策。从政治角度讲，生态政治就是作为政治的主体围绕生态问题、环境问题形成的权力结构及相互关系。生态政治架构中的主体既包括政府和企事业单位，也包括社会、公众及媒体，这些主体之间形成了健康而有活力的政治体系，并在其中发挥着重要作用。

政府在生态政治体制建设中起主导作用。在区域一体化与全球化推进过程中，政府的生态管制权力没有被弱化而是被强化了。生态环境治理与公共环境产品供给是政府不容推辞的政治责任。生态环境治理状况体现了一个国家或政府的基本治理能力，也是人民对政府问责的基本内容之一。

企业是生态政治体制建设的重要主体。企业是国家经济体中的细胞，它既可以是生态污染和环境破坏的来源，也可以成为生态环境的维护者和建设者。生态政治体制建设应该鼓励企业提高科技含量，优化管理模式，采用先进的生产方式，实行清洁生产和节能降耗，把对生态环境的影响降到最低，成为生态文明建设的重要参与者。

社会是生态政治体制建设的重要主体。在政治与社会层面上有组织的人民群众可以表达生态文明建设诉求，行使民主监督与参与生态治理的权利。同时作为生产者和消费者，有组织的人民群众集体也可以发挥其民主监督与影响决策的作用，推动企业自觉地实施维护生态环境的社会责任。

公众是生态政治体制建设的重要主体。伴随消费社会的到来和社会自组织化程度的提高，在世界范围内环境政治中的公众或公民个体成为受到格外关注的主体。例如，社会上每个个体的消费行为与选择渐渐具备了生态经济或政治属性，环境公共政策制定者也渐渐采纳这一理念来制定政策和实施，这对于培养公民的生态环境自觉行为有着更为重要的意义。培养公众个体积极参与生态政治集体行动的意识，同时养成绿色生活习惯与绿色生活方式要付出持之以恒的努力。

媒体是生态政治体制建设的重要主体。生态政治是社会广大群众的政治活动，媒体在这种群众性活动中发挥着舆论导向作用。媒体大量报道生态文明建设的最新进展、发展方向、创新手段，生态文明通过媒体的舆论导向作用引起公众普遍关注，与此同时也推进了生态文明建设活动向前发展。目前通信、互联网技术十分发达，各种形式的传播媒体可以将包括生态环境议题在内的生态文明建设活动介绍给公众。

因此，一种健康或理想的生态政治体制，将促使上述五方面要素之间实现动态平衡和良性互动。

3.1 体现全球治理的生态政治体制建设

十八大以来，中国在全球生态治理中彰显大国风范，提出中国的全球生态治理理念，贡献中国智慧与方案。

3.1.1 中国的全球生态治理理念

正确看待全球性生态环境危机背景下的全球生态治理，国家和其他参与主体共同提出解决全球生态环境问题的治理办法，协同处理生态环境事务。所谓的全球是指在空间上涵盖国家与地方及国际的各层级，在行动主体上涵盖从国际组织到政府再到社会组织和个人等各种自主行动主体，包括了政府和非政府组织、研究中心、大学、基金、企业、个人等。所谓的生态是指在一定自然环境下存活生物相互依赖、共生共存的一般规律，它着重强调作为一个有机整体的自然，由其他各种生物与人共同构成，物种的分布具有多样性。所谓的治理是一种机制，是在法制和政府管理的框架下，倡导各种类型的行动主体超越单一权威，实现多层次目标和责任。通过全球治理，在人类生态命运共同体的框架下，国家和其他自主行动主体将会承担全球社会合作的责任，同时分享生态环境利益。

发达国家的环境问题从 20 世纪中叶以来已经成为一个突出的问题，人与环境之间的关系在发达国家得到重视。由于自然科学与生态科学的发展，发达国家从多方面观察人与环境的关系，逐渐地将其纳入了主要研究方向。借助于科技发展，人类社会随着时间推移渐渐地走向全球化，逐渐成为跨国境、跨地区的共同体，但在合理地分担环境责任及合理地分享全球环境资源方面产生了分歧，相关的环境治理问题得到高度关注。

20世纪八九十年代，人类开始面临越来越多的国际性问题，诸如全球性的政治格局变化、资源分配的差异、气候变化等，单靠某一个国家的力量已经无法解决，因而国际社会开始关注全球治理。全球生态治理的治理主体也包括任何愿意参与生态环境治理的自主个体和社会组织，不局限于国家和政府，生态环境问题的处理方式以民主协商的共同治理替代政治管理。

中国在全球生态治理中彰显出大国担当，主动践行推动绿色发展、可持续发展的使命和责任，始终积极参与全球生态治理。中国不但在生态环境治理方面以大国身份主动承担国际责任，同时也代表广大发展中国家的共同权益，积极争取在全球环境治理中的发言权和话语权。中国积极倡导全球治理的"共商、共建、共享"的原则，推动建立公正、合理的全球环境治理体制，推动全球环境治理中的权利与义务相平衡。

2014年3月28日习近平总书记在德国科尔伯基金会的演讲中指出，中国的发展绝不以牺牲别国利益为代价，将从世界和平与发展的大义出发，贡献中国智慧，贡献完善全球治理的中国方案。2015年11月30日，习近平总书记在气候变化巴黎大会上庄重承诺，中国作为最大的发展中国家，在"国家自主贡献"中，将于2030年左右使二氧化碳排放达到峰值并争取尽早实现，2030年单位国内生产总值二氧化碳排放比2005年下降60%～65%，非化石能源占一次能源消费比重达到20%左右，森林蓄积量比2005年增加45亿立方米左右。虽然需要付出艰苦的努力，但我们有信心和决心实现自己的承诺。2017年1月，习近平总书记在联合国日内瓦总部演讲时，又向联合国表述中国的决心，指出：绿水青山就是金山银山，中国不用破坏性方式搞发展，不能吃祖宗饭、断子孙路；中国应遵循天人合一，寻求永续发展之路。

3.1.2　人类生态命运共同体建设

"人类生态命运共同体"是中国全球生态治理理念的基础。2015年9月，习近平总书记在第七十届联合国大会一般性辩论中，向国际社会阐述了不同国家之间建立平等相待、互商互谅的伙伴关系。各国要谋求开放创新，只有包容互惠，通过文明的交融，构建自然、绿色的发展新理念和新体系，才能更好地促进世界和平和发展。

中国参与全球生态治理实践，加强与世界其他国家的生态治理合作，创新绿色发展方式，改善发展环境，应该从以下三个方面做起：一方面积极参与应对全球气候变化谈判，在全球生态治理等方面加强与世界自然保护联盟、国际绿色经济协会等机构或组织的交流合作，推动国家层面和全球的生态治理体制和机制创新，构建更加趋于完善和公平合理的国际生态治理规则，构建合作共赢的全球生态治理体系，共同打造绿色发展命运共同体；另一方面从我国发展实际出发，站在全球可持续发展的高度，承担节能减排的国家责任，坚持各尽所能兼顾公平原则，坚持共同但有区别的责任原则，介入全球生态治理，在生态治理过程中做出国家应有的贡献；再一方面是在全球和地区合力搭建生态治理互动平台，加强国际合作，借鉴发达国家在绿色产业设计、运营、管理等方面的先进经验，合理引进发达国家服务模式和绿色技术装备，结合中国实际发展具有中国特色的绿色经济，打造具有国际竞争力的绿色产业，全面提升绿色发展能力。

习近平的全球生态环境治理观，是在全球治理和人类发展过程中提出的中国方案，体现出了中国智慧，强调了制度建设在全球生态环境治理中的核心作用，融入了绿色发展理念，是习近平全球生态环境治理理论体系的基础与关键内核，为全球生态环境治理指明了路径与方向。这一科学理念既重视中国在全球生态环境治理中的作用，也重视中国国内生态环境。这一科学理论体系，既对中国的生态环境治理发展有重大意义，也促进了全球绿色发展合作的开展。

生态环境资源属于全地球，保护环境的收益也由世界人民所共享。一个国家或地区对自然资源过度开采和使用会破坏环境生态，进而损害其他国家民众的福利。反之，一个国家或地区治理生态环境，在成本自担的前提下，其环境收益的确存在正外部性，没有被该国独享，因此有的国家往往不愿治理，反之加大力度使用生态环境资源。这种零和博弈❶如果持续下去，将会导致地球的生态环境严重恶化。全球生态环境危机成为了全人类共同面临的挑战，使全人类的命运联系在一起，因此全球各国必须共同参与生态环境治理。

3.1.3 全球生态治理体制创新

习近平在全国生态环境保护大会上强调"生态文明建设是关系中华民族永续发展的根本大计"，需要统筹经济社会发展和生态文明建设。我们党和社会主义制度的优越性之一就是集中力量办大事，改革开放已经进行了 40 多个年头，经过 40 多年的发展已积累了坚实的物质基础，为此要大力推进生态文明建设，将环境生态问题解决好，将污染防治攻坚战进行到底，只有这样才能保证我国的生态文明建设稳步推进。

一是坚持制度创新。缺少全球生态环境治理制度的刚性约束，各国将更多考虑本国短期经济利益，而非履行生态环境责任。为此，2015 年 11 月 30 日在气候变化巴黎大会开幕式上，习近平总书记表示巴黎大会正是为了加强公约之实施，"在制度安排上促使各国同舟共济、共同努力"。

二是坚持理念创新。习近平总书记在十九大报告中强调，人类在自然中生存、发展，必须尊重、顺应和保护自然，形成人与自然的生命共同体。因此，人类应坚决摒弃以往一味从自然中索取，破坏自然的发展理念，而应该树立"天人合一"的发展理念，构建人类与自然和谐共生的生命共同体。

三是坚持协调一致的机制创新。由于生态治理、绿色发展的法律法规尚需健全，整体的布局、规划尚需加强，在生态治理上，个别地方对全局考虑较少，按照自己的主张办事，仅就本行政辖区内的环境保护和生态治理负责，加之各地区的标准可能存在差异，导致各地区在生态治理上有时出现多头管理的局面。同时，工业化、城镇化的迅速发展导致资源环境供给与需求上的矛盾，个别地区产生了环境治理工作一边治理一边破坏的恶性循环现象。在环境保护与治理上要以"合理布局、规划先行"为方针，通盘筹划各地区主体功能定位，依据各个主体功能区规划落实"多规合一"；以资源与环境的承载能力为前提优化城市形态和功能，以水资源承载力确定城市规模和战略定位，使服务保障能力同城市战略定位相一致；绿色规划、设计、施工标准一次性完成；实行省以下环保机构监测监察执法垂直管理，探索建立跨地区环保机构联动机制，建立全国统一的实时在线环境监控系统。

---

❶ 即一国以消耗更多生态环境资源为代价追求短期经济利益，进而损害他国利益。

四是坚持市场机制创新。长期以来，生态治理机制在我国实行政府主导的单一推进模式。生态治理政策计划的组织制定和实施，生态治理投资和监管的责任，各种资源要素的配置，政府起决定性作用。随着生态治理深入推进，其困难程度越来越大，生态治理事业的发展已经不能仅仅依靠政府的力量有效推动。生态治理要求与生态治理效率之间的矛盾逐渐清楚地显露出来。生态治理的投资有限和资源要素的配置效率不够高是其主要原因。生态治理的市场机制构建与完善，生态问题解决办法及生态事业的发展渠道拓展，需要政府有序改革能源使用机制。例如，开放开采权，形成有效竞争的市场机制，建立健全资源使用权、初始分配排污权及碳排放权等制度，构建投融资机制，培育和发展交易市场，设立绿色发展基金，发展绿色金融。

3.2 鼓励公众参与的生态政治体制建设

从广义上讲，公众参与泛指普通民众作为主体参与推动社会活动和决策实施等。可以从三个方面表达其定义：第一，它是持续互相交换意见的方式和过程，以推进具有环境利益关系的群体或个人了解政府机构、机关、社团法人要解决的环境问题；第二，将政策制定或项目、计划、规划和评价标准中的相关情况及其含义及时准确地告知公众；第三，就资源利用、项目决策的设计等方面的意见和感受，随时用书面或口头询问的方式向全体有关公民征集意见和建议，酝酿和形成备选方案及管理对策。当前中国的公众参与主要有三方面内容，分别是基层治理、政府管理和立法决策。目前中国公众参与的主要内容是公示、听取意见、咨询、听证等。中国公众参与生态环境治理的方式主要有两种：

一是政府主导下的公众参与。政府在生态环境治理中引导公众参与宣传教育、监督执法、行政决策、立法等内容。政府部门具有治理城市生态环境的职能，作为公共事务的管理者，政府职能包括对造成或者可能造成城市生态环境污染和损害的行为采取立法手段进行规范限制；对破坏或者可能破坏城市生态环境的行为采用行政手段，提出行政决策，进行监督执法；对加强环境保护进行宣传教育。政府部门在完成上述职能的过程中，引导广大社会公众积极参与。

二是公众不受外力影响自觉地参与城市生态环境治理。社会公众出于对自身利益的考虑，对破坏其赖以生存的环境或存在潜在风险的行为，常常抱有十分警惕、怀疑的反对态度。当社会公众主观感受到或者有事实能够说明与其相关的生态环境可能遭到侵害时，即使在没有政府引导的情况下，绝大多数公众也能够自发地组织起来，选择其认为适当的、可行的手段予以制止。公众可能会采取投诉、举报、信访等方法，或者通过环境公益诉讼等方式敦促相关部门采取切实有效措施履行保护生态环境的职责。无论是在实践操作方法还是体制机制层面，随着我国城市治理不断完善，生态治理的公众参与度在不断提高，对生态政治体制建设起到了积极作用。

近年来，我国在生态环境治理方面制定了与实际需求相适应的公众参与规定，公众参与生态环境治理的法律基础不断夯实。从参与生态治理的主体来看，参与生态治理的民间力量有序地纳入。公民、法人和其他组织均可以直接参与生态治理，公民个人可以通过成立民间环保组织直接参与生态治理，向政府提出意见和建议，在生态文明建设和环境保护工作和可持续发展等方面发挥作用。从参与生态治理的方式来看，近年来公众参与生态治理的方式不断拓展。当前，越来越多的社会公众不限于通过投诉、举报、信访等方式参与生态治理，也不再仅仅通过事后监督来被动参与生态治理，而是通过参与生态治理立法、行政决策以及依法提起公益诉讼等多种方式参与，自发组织开展宣传教育，在事前、事中和事后全过程主动参与城市生态文明建设和环境保护工作的规划、建设、治理等。

3.2.1　生态文明建设信息公开制度建设

信息公开，即对相关信息知情，是公众有效参与的首要前提。公众只有在对相关信息充分知情的前提下将自己的意见科学准确地表达，这样才能取得预期的效果。我国从两个方面保证公众的环境知情权。政府在进行生态决策和执行的过程中将相关信息及时告知公众，让公众知道政府是如何开展环境保护的，纳税人的钱花在什么地方，只有这样公众才会信任政府，才能够支持政府开展相关工作并配合政府工作；将政府和第三方机构搜集掌握的环境信息向公众开放，使公众了解，在此基础上公众才能通过相关的数据、资料对环境问题有一个准确的认识和公正的判断，从而在与政府、企业的对话和协商中处于平等的地位，避免出现由信息不对称导致的误解、矛盾和冲突。目前，我国信息公开制度还在不断发展与完善，但仍然存在一些问题：公众参与的层次尚需进一步提高，效果有限，具体表现为生态文明建设信息公开主体范围受限；生态文明建设信息公开形式较单一；生态文明建设信息公开的内容范围有待进一步拓宽；生态文明建设信息公开的权利救济措施有待进一步完善。公众环境知情权在生态文明建设中的落实有赖于知情机制的建构和完善，政府须通过多方努力建立和完善公众参与的信息公开制度。具体措施如下：

一是优化环境信息发布内容。环境法律法规和政策、环境管理部门的机构设置与职责权限、公众参与环境治理的程序和方式、环境状态信息、环境事件调查与通报、环境科学信息等都应包含在环境信息的发布范围内。政府应在分类分级的基础上细化环境信息公开条目，保证公众能获得足够的生态环境数据及相关资料，并了解国家和地方层面生态治理活动实施情况，从而使公众能够对政府、企业在生态保护中的不作为甚至违法行为进行跟踪和监督。

二是拓宽环境信息发布渠道。除了报纸、广播、电视等传统的信息发布媒介，政府及环境管理部门要创新信息发布平台，借助以互联网为代表的现代科技，利用门户网站、政务博客和微信、手机报、APP软件等新型社交媒体，准确及时地向公众公开环境监测信息、环境资源质量报告、环境评审情况公告等，使公众可以随时随地通过各种渠道了解和查询自己所关心的环境问题。政府还需不断创新生态环境信息发布形式，如召开新闻发布会、媒体通气会等，拓展与公众进行面对面环境信息交流与互动的渠道，确保政府主导的真实信息的公开和传播，消除由口头交流、手机短信、网络论坛等带来的谣言和信息碎片化问题。

三是规范环境信息发布的具体制度。督促企业发布环境信息，特别是一些与环境污染密切相关的企业，须定时定期实行强制性的污染物排放登记制度，及时向公众发布企业在生产过程中的相关环境信息，包括污染物排放情况、环境违法行为记录及处理情况、环境污染事故及解决情况等，以便公众及时了解情况，在必要时参与干预企业的环境污染行为。明晰政府环境信息公开的限定范围，实行重大环境项目预告和结果通报制度，建立政府、企业、公众共享的环境信息库，制定公众环境知情权受侵害时的权利救济方案。

3.2.2　公众参与生态文明建设的法律制度

公众参与生态环境保护法律制度在发达国家的环境法中已经相当普遍，成为了一项基本原则，在有些国家已经成为一项宪法性权利。公众参与主要是指公民有权平等地参与跟环境相关的立法、决策、执法、司法等内容以及与其环境权益相关的所有活动。我国相关的法律制度有环境信息公开、环境影响评价、公益诉讼等制度。

公众参与生态环境保护法律制度是指包括任何单位、团体、自然人在内的公众在生态环境保护过程中根据法律法规的有序、自愿、便利原则，在生态环境权利和利益有关的环境法律法规实施过程中进行参与，同时其权利受到国家相关法律法规的救济和保护的制度。《环境保护法》规定公众参与环境保护是其重要原则之一，通过专门的规定，必须要让公众参与到环境保护的全过程中去，在相关实践活动中成为推动这一法治进程的积极力量。该制度主要强调公民和社会组织的环境保护权利。

公众参与生态文明建设应该是公众拥有的一项基本权利。近年来，环境污染、生态质量退化带来的问题亟须解决。人们发现政府和企业治理生态环境有一定的局限，单纯依靠政府或者企业来应对是难以有效解决环境问题的，因此公众成为了维护生态环境的重要力量。国家统筹规划环境保护的顶层设计，鼓励公众参与。公众也有义务参与环境治理，保护生态环境。面对日益严峻的环境问题，公众参与生态环境保护工作对缓解环境恶化具有积极意义，构建新型的公众参与环境治理模式对于建设美丽中国具有积极意义。

在法律方面，公众参与生态文明建设包括环境立法、环境行政、环境司法、环境监督等参与制度。

环境立法参与制度是指在环境法律行为规范制定或修改过程中，公众可以依照法律实行参政议政，通过适当的途径反映社情民意、发表自己的主张，提出自己的诉求，参与到环境立法过程的全部活动中。

环境行政参与制度由环境决策参与和环境执法参与两个部分组成。贯彻公众参与、民主决策的行政原则的优越性体现在：首先，公众直接参与到环境行政执法，在环境保护过程中能够协助政府部门民主管理、科学决策；其次，公众间接参与政府部门行使环境行政权，能够促进环境行政权的高效运行并使行政权得到监督。

环境司法参与制度是指公众对环境诉讼案件的立案、审理过程和结果进行参与，了解案件的发展，维护自身环境权益，制裁环境违法行为，保障公众行使参与权的效果最大化。环境诉讼作为公众参与环境保护的路径之一，应该得到应有的保障，所谓有权利必有救济，务必要维护公众的权利救济权。

环境监督参与制度是指公众或社会环保组织作为环境权的拥有者，对于国家环境政策、环境现状及自己所处环境质量等具体、准确的环境信息享有批评权、建议权、申诉权、控告权、检举权。社会公众享有环境信息知情权，环境信息公开透明是其他程序性环境监督权利的基础和前提，环境信息只有能够及时、完整地对外公开，才能满足社会公众的知情权，使公众参与环境保护的自主行动产生良好的效果，实现公众的有效监督，推动环保事业发展。

目前我国在公众参与环境保护相关的法律法规制度上还有待完善，表现在：生态环境立法方面，公众参与环境立法的法律法规保障体系有待健全；生态环境行政方面，环境信息公开制度还需进一步落实，提升公众在环境保护中的地位和作用的力度有待加强；生态环境司法方面，案件移送标准和程序尚需完善，多部门信息共享、案情通报、案件移送制度有待健全，对环境违法案件的强制执行力度有待加强；生态环境监督方面，还需要畅通、拓宽公众参与监督渠道。

3.2.2.1　完善公众环境立法参与制度

第一，建立公众参与环境立法的法律依据。公众参与权是公民环境权的子权利，是正确实施公民环境权的保障，是公民环境权的下位权利。宪法是一国法律体系的总章程，是确定公民权利的根源。我国《宪法》第二十六条规定"国家保护和改善生活环境和生态环境，防治污染和其他公害。国家组织和鼓励植树造林，保护林木"。除此之外，还需要在《宪法》中加快确立公民环境权地位，以便形成公众参与的法律依据，这将成为我国实践发展和环境法制领域理论发展的主要方向。虽然关于公民环境权的具体规定在环境法律体系的一些方面有所体现，但是相关规定具有不确定性、比较分散等特点；无论是实体性环境权还是程序性环境权都尚未形成配套的法律法规体系。这在某种程度上妨碍了我国依法推进生态文明建设和实施环境保护国策。

第二，提高公众参与的生态环境保护专门立法位阶。法律效力的高低在很大程度上决定着法律执行力的强弱，法律位阶越高，法律所具有的执行力就越强。生态环境部令第4号颁布，并于2019年施行的《环境影响评价公众参与办法》是规定环评公众参与的规范性文件，其法律位阶偏低，属于部门规章，法律效力低于宪法、法律和行政法规。公众参与是环境保护不可或缺的一部分，它是由我国人民民主的国家性质决定的，同时也是构建环境民主的重要内容，是构成执法监督机制的重要手段，也是提高我国当前环境执法效率的方法。我国环境保护工作的发展有赖于公众参与制度的确立，应当将环境权规定在《宪法》之中，提高公众参与法律制度的立法位阶，确立公众权利的法律定位。

第三，建立健全公民提案权制度。公众参与生态环境保护应落实在环境法律运行的整个过程，包括法律制定、法律执行、法律适用和法律遵守，而不应局限于法律执行环节。法律执行环节中的公众参与属于事后的被动参与，是一种较低层次的参与。我国环境法律中应明确公众参与的具体方式和途径。

第四，完善环境立法听证制度。许多发达国家都规定了立法听证制度，法律的制定和修改需要经过听证程序，听证是保障法律有效性的条件之一，是法律生效的前置程序。听证的举行可以由政府或有关企业申请，也可由民众申请，并不限于政府和相关方。这种设置主要是为了实现听证会的客观性和公正性，尽可能防范听证程序中可能存在的内幕操作。

我国1996年发布的《中华人民共和国行政处罚法》首次以法律的形式规定了听证程序。随后出现了一系列以各部委和地方就社会重大影响事件召集的听证会。2005年4月在环保领域首次举行听证会，当时的国家环保总局就社会广泛关注的圆明园环境整治工程的环境影响举行公开听证。听证会使政府不断提高环境保护决策水平与依法执政能力。

我国现行的立法听证制度有必要进一步改进完善，尚需进一步向政府与公众共同商量取得一致意见的方向转变。充分发挥民众在环境立法听证制度中的积极性，是社会主义法制进步的表现，也是构建和谐社会的需要。

3.2.2.2 完善公众环境行政参与制度

第一，完善公众参与环境行政的执行机制和联动机制。完善公众参与环境行政的执行机制和联动机制，是目前解决我国政府环境执法问题的一种重要方式。在环境行政机关及其公务人员将行政决策付诸实施，以期达到预期目标的全部活动过程中，由于个别地方存在地方保护主义，这种方式在推广和发展中遇到一定困难。只有加快完善公众参与环境行政的执行机制和联动机制，才能实现公众的广泛参与。由于新的立法规定不断地出台，公众参与环境保护在实践中将会出现新的困难和问题，但公众参与为政府环保部门治理和解决环境污染、生态破坏等环境问题提供支持和帮助，要把公众参与制度落到实处，实现公众的有效参与，使公众能够和政府部门形成互补。

第二，转变政府执法观念和方式。公众积极地参与到环境保护的全过程，既能使环境问题得到及时有效的解决，又能够促进环保部门的决策和执法的民主化、科学化、公开化，进而推动我国的环境保护工作良好地发展。因此，在政府决策和执法过程中，除了需要完善现有的公众参与方式，还需要鼓励并支持公众参与生态环境保护工作，使公众能够积极提出批评、表达自己的意见和建议，发挥公众的监督权，使政府行政公开化、民主化、科学化。

3.2.2.3 完善公众环境司法参与制度

第一，明确规定公众的司法救济权。司法救济权是公众参与权的重要组成部分，是意见回应权和建议采纳权的权利保证，是公众参与权受到不法侵害时，为了维护自身合法权益而起诉至人民法院的权利。在当前情况下，对公众参与环境生态保护工作的司法救济权，我国法律尚需明确做出规定予以保障，否则可能会造成实质性环境权利的建议采纳权和意见回应权得不到应有的维护。2015 年 9 月 1 日施行的《环境保护公众参与办法》对公众参与制度做了比较系统和完整的规定，然而还需要对公众参与的司法救济权做出具体明确的规定。获得救济的前提是权利受到侵犯。若没有权利，就不存在权利受到侵犯的问题。如果在环境保护工作中司法救济权得不到保障，那么公众参与权改善现有的环境问题的效果会被一定程度削弱。

第二，完善环境公益诉讼参与制度。我国多部法律都对环境公益诉讼制度进行了相关规定和解释。虽然我国环境公益诉讼案件数量不多，但完善这项制度非常重要。为了保护公众参与环境保护的权利，当公众环境知情权和参与权受到侵害时，必须有完善的环境诉讼救济渠道。我国尚需完善赋予个人提起环境公益诉讼的资格和权利的制度。目前我国环境公益诉讼原告资格要求相对狭窄，规定只有环境公益组织和相关机构才有资格提起环境公益诉讼。根据民法的一般理论，考虑到环境公益诉讼的公益性和受益人都是公民这一事实，我国应向环境公益组织提供必要的财政补贴，这不仅有利于环境公益组织的健康发展，而且有利于促进环境公益诉讼的开展。

3.2.2.4 完善公众环境监督参与制度

第一，加快发展社会环保组织。社会环保组织是在政府和市场之外的独立群体，且具有更多的专业知识和物质保障，其表达和参与能力强，能够实现公众参与的应有效果。国外的环保经验与我国环保领域公众参与的实践证明，发展非政府组织（NGO）是实现公众参与环境保护的有效途径之一。然而政府需要在相关的法律法规中明确规定环保组织的地位，从而支持和保护民间社会环保组织的发展，使其具有环保组织参与环境事务的权利。

第二，完善环境信息公开制度。公众对环境信息的获得是公众参与环境保护的重要前提，只有通过不断健全和完善环境信息公开制度，明确界定公众环境信息知情的范围和内容，才能够更好地鼓励公众参与生态保护，提高公众参与意识。因此，法律制度层面应该加强环境信息公开问责制度、环境信息公开责任追究制度和权利救济制度的建设，有效保证公众参与环境保护的效果，实现透明、阳光地行使权利。只有这样，才能在环境治理和生态恢复的实践中充分调动公众的力量，发挥其应有的作用。

3.2.3 公众参与生态文明建设的组织保障：环保非政府组织

环保非政府组织（NGO）在推动公众参与方面具有重要作用，该类组织在参与过程中具有组织性、稳定性和有序性，较个人参与能发挥更大的作用，其影响力也更大。环保非政府组织"自然之友"在"圆明园环境整治工程"中发挥了重要作用，不但面向公众宣传专业知识，也推动政府召开公众听证会，使公众与政府进行平等对话。这一过程已表明在我国环境保护过程中，环保非政府组织的影响在逐渐提高。在此之后，相关的环保非政府组织积极参与防治水污染、治理气候变暖和水土流失、保护珍稀动物等方面的生态治理。环保非政府组织对推动我国公众深度参与生态文明建设具有重大作用。环保非政府组织的一个重要特点就在于其非政府性，它们更关注基层普通群众的诉求，并代表公众对政府的决策和执行提出意见建议乃至批评。这体现了环保非政府组织所承担的连接公众与政府间信息交流和相互合作的任务。然而环保非政府组织能在多大程度上代表民意、反映民愿，这与其吸纳的人员范围、结构紧密相关。为此，非政府组织应不断扩大成员规模，增强代表性，同时对成员进行培训使其具有相关的知识。环保非政府组织也成为了公众参与生态文明建设的重要渠道之一，极大地推动了中国生态文明建设进程。

由于生态问题不同于其他社会问题，对专业性要求高，这就限制了公众参与的深度与广度，因此环保非政府组织的专业化水平对公众参与生态文明建设具有重要意义。环保非政府组织需要掌握必需的知识才能够在与政府、企业和其他利益集团博弈和合作过程中客观公正地审视问题并提出可行的方案与建议，以便更好地维护公众的生态利益。环保非政府组织推动了环保部在 2011 年将 $PM_{2.5}$ 指数纳入修订后的《环境空气质量标准》。环保非政府组织通过自身的专业性论证、科学性论断、客观数据分析扩大了其在公众参与过程中的话语权，其观点和建议也得到重视，成为决策的重要参考依据。

环保非政府组织架起了政府和社会沟通的"桥梁"，然而其能否发挥"桥梁"作用取决于自身的规范程度。如果其制度不规范、操作不专业、组织结构与运作不系统，则难以发挥实质作用。当前环保非政府组织细化了参与环境生态治理的步骤和程序，建立了问责机制，确保了组织运行的公开与透明，同时也加大了对生态违法行为的公益诉讼力度。新修订的《环境保护法》规定了具有相关条件的社会组织，在面对污染环境、破坏生态和损害公众利益等行为时具有向人民法院提起诉讼的权利。新修订的《环境保护法》对环保非政府组织通过诉讼参与生态环境保护的行为进行保护，有力推动了公众参与的积极性和可行性。目前我国具有环境诉讼主体资格的环保非政府组织已增加至 700 家左右。

3.3 建设具有生态教育责任的生态政治体制

十八大以来，我国将生态文明建设提高到前所未有的战略高度，纳入"五位一体"总体布局。要实现"美丽中国"建设，民众整体环境意识觉醒和环境素质提高是关键，这离不开生态教育。要通过生态教育传播生态知识和生态文化，提高人们的生态意识及生态素养。

3.3.1 完善全民生态教育制度建设

美国第三任总统托马斯·杰斐逊指出"法律与制度必须跟上人类思想进步"。1980 年邓小平同志在《党和国家领导制度的改革》中提出了制度建设与意识、道德之间的辩证关系。生态教育是一种新型的教育活动，其目的是从基本生态伦理的角度引导人们自觉地发展生态保护意识、思想意识和相应的爱护自然环境和生态环境的道德习惯。

3.3.1.1 制度建设的重要性

人的社会性决定了任何人都要活在一定的制度下。作为一种文化现象的制度,对人的现实生活和精神世界都产生巨大的影响。好的制度会鼓励社会中的人们从善,不良制度导致好人变坏,这体现了制度对社会成员具有极大的影响。生态教育制度是广义德育制度的一部分,所指的是生态教育的规范体系。按照内容来分,主要包括两个方面:一是对生态教育工作做出的规定,主要包括生态教育的工作制度、管理制度以及评估制度等;二是对教育对象的生态发展、生态行为规范等方面做出的规定,如公民生态行为准则、农民生态规范等。按照制定的主体层次、作用效力及其适用范围来讲,生态教育制度包括国家层面的制度、地方层面的制度以及学校或其他单位层面的制度。国家层面的生态教育制度,是指国家权力机关、国家行政机关或其职能部门制定和颁布的在全国范围内有效的有关生态教育规范;地方性的生态教育制度,是指地方权力机关、地方行政机关或其职能部门制定和颁布的在本辖区范围内有效的有关生态教育规范;学校或其他单位层面的生态教育制度,是指各个学校或基层单位根据自身情况做出的有关规定。这些制度的刚性约束力,能够有效保障生态教育的实施。

3.3.1.2 法律制度建设

法律制度作为制度的一个重要方面,在生态教育实现方法的维护方面也作用重大,不可忽视。法律制度是社会行为的规律,不但赋予所有社会成员相应的权利,而且对其行为也有约束。法治与社会文明之间存在着密切关联。生态文明是需要法律保护的一种新型现代文明。法治与生态文明之间建立了系统性关联,离开任何一方来谈论该问题,都无法摸清脉络。与此同时将法律制度与生态教育相结合,在法律的保障下能够将生态教育及其实现过程和方法进行固化,从而能够使人们遵守并践行。在这个意义上讲,法律对生态教育实现方法具有制度规范性、实践引导性和实施保障性等作用。

当前,通过立法和严格执法强化生态教育已成为西方发达国家的成功经验。尽管当前我国关于生态教育、生态道德教育立法活动处于酝酿、探索阶段,但我们还要客观地分析法律对生态教育的促进作用,使这种能动作用能被人们认知、理解和肯定,从而促进生态教育、生态道德教育等方面的立法进程。法律对生态教育的促进作用,就是充分发挥法律调整的作用,使生态教育活动及其实现方法条理化、秩序化并保障其实施。法律调整,就是要对杂乱无章的事物进行调节、整理,使其条理化、秩序化。法律调整活动,是指国家依据其价值取向,用法的形式对人们的行为进行规范,对社会生活关系施加影响,建立有序的社会生活秩序。法律调整活动包括立法、守法、执法的全过程。

在生态教育实现方法的制度建设中,法律制度的建设是一个重要方面,但并不是唯一方面。总体来看,只有在制度建设过程中通过多层次、全方位考量,才能从根本上保证生态教育实现方法的发展和有效发挥。让宪法等法律法规和道德、禁忌、习惯、传统等一起充分地发挥作用,共同保障生态教育的发展。

3.3.2 健全生态教育内容体系建设

3.3.2.1 生态自觉性

人类来源于自然,其生存与发展都是与自然共生的。人之所以为人是因为能够自由自觉地对"自在之物"进行改造,使其成为自我发展所需要的"为我之物"。然而人在自然界中的改造活动与发展进步需要以尊重自然规律为前提,在人与自然和谐发展的基础上,采用绿色、生态的生产生活方式。在人与自然的关系中,由于时代的进步、人类认识和改造世界的能力的提高,人类逐渐由原来的恐惧与崇拜发展为藐视与轻视。当人类沉浸在对大自然征服和胜利的兴奋中时,大自然将会对人类做出意料之外的"报复"。随着经济的快速发展,生态系统退化问题日益严重,周围环境污染问题日益突出。经济发展所需的能源和资源的限制越来越紧。所有这些压力促使人们反思人类与自然的关系,反思人类在追求经济增长和物质财富增加时应该承担的生态责任,反思人类在经济和社会生活中应该具有的行为守则。由此可见,生态自觉是人与自然关系的产物,是人类在发展到一定阶段后的反思,同时也是人类自我修正的内在表现。为此我国提出了"美丽中国"建设目标,以最终实现中华民族永续发展。

为了使生态自觉在家庭、社区、学校和政府间形成协同效应,在理论与实践的基础上通过人们喜闻乐见的形式,将顺应、保护生态的文明理念推向大众,使其发自内心接受;通过紧密联系国内外政治、经济形势,使人们领悟经济发展与环境之间的促进与制约关系,使人们正确认识经济、社会和生态效益三者之间的关系,从而在改造自然的经济和社会活动中,不仅愿意且能够担当起保护自然、确保子孙后代永续发展的历史责任。

3.3.2.2 创造、弘扬优秀的生态文化

生态文化,是指"人与自然和谐发展,共生共荣的生态意识、价值取向和社会适应"。与其他类型的文化一样,生态文化也以文化特有的春风化雨、润物无声的方式实现着"以文化人"的功效。优秀的生态文化不仅使生活于其中的人们获得极大的生态智慧,而且还影响着人们的生产方式和生活方式。通过人类的绿色发展和绿色生活来保护和强化自然生态系统的四大功能,实现自然的经济价值、社会价值、文化价值和生态价值。因此,建设社会主义生态文明,应采取切实可行的措施,创造和弘扬优秀的生态文化。

长期以来,中华民族孕育了博大精深的生态文化,其哲学智慧不仅使中华民族生生不息、发展壮大,也为人类文明发展做出了不可磨灭的贡献,时至今日仍闪烁着璀璨的光芒。我们党在带领人民实现民族复兴、国家富强、人民幸福的进程中,创新发展马克思主义理论,根据中国实际情况进行不断修正,提供了丰富的生态文化服务和产品,创造了鲜明独特的生态文化。从把环境保护和节约资源作为我国的一项基本国策,到实施可持续发展战略、走中国特色新型工业化道路,建设资源节约型、环境友好型社会,坚持科学发展观,尤其是十八大以来"五位一体"总体布局、新发展理念的提出,都是新时代我国推进生态文明建设的源头活水,是我们要弘扬的优秀生态文化的核心组成部分。

文化的真正力量在于其在被传承和消费的过程中,其中所蕴含的价值观内化为个体内在素质和精神价值世界,增强了人类作为存在物的本质力量。因此,无论是中华民族传统的优秀生态文化,抑或是与时俱进所创造的生态文化,只有其中所蕴含的价值观念和价值取向被人民群众认同,从而形成意识体系,通过一定条件转化后,才能使静态的生态文化转化成促进社会主义生态文明建设的"文化力"。就教育而言,在弘扬优秀生态文化方面,要从多元、多样的生态文化中,按照"古为今用、洋为中用"的要求,对良莠并存的生态文化进行科学梳理、精心萃取,深入挖掘和提炼其中有利于促进人和自然和谐发展、共存共荣的思想文化资源,赋予其中国特色和时代特征。要遵循文化传播规律和人的认知形成发展规律,依据传播对象的理解能力、认知水平、思维方式、接受习惯等特点,创新生态文化传播方式,将优秀生态文化的价值理念和取向内在化,通过生态的生产方式和生活方式自觉践行先进的生态

文明理念。教育还要充分调动人们参与精神生产活动的积极性，使人们结合新的实践、时代要求和人民群众的精神文化生活的需要，不断创造出更多优秀的生态文化，为生态文明建设提供良好的文化氛围。

3.3.2.3 培养建设生态文明的生态人

人是生态文明建设的承载者、实现者和表现者，人是生产力的"活"要素。什么样的人参与生态文明建设，直接影响可持续发展和生态文明建设的成效。个别社会成员缺乏理想信念，价值取向出现偏差，为了谋求个人利益最大化，忽视社会的整体利益、规则和道德原则，过度破坏资源生态环境，在创造财富的同时，造成了难以弥补的生态后果。个别人为了个人利益，杀鸡取卵，涸泽而渔、焚林而猎，吃祖宗饭，断子孙路。这样的后果是造成人与自然的严重对立，导致大范围的生态危机。

教育作为培育、塑造和提高人的社会实践活动，在培养人的良好生态意识和生态文明行为中具有不可替代的作用，促使人们将生态文明的概念内化为其意识体系的一部分，从而成为人们的内在行为习惯。通过加强教育培养生态人，应该从以下两个方面加以考虑。

一是普及生态国民教育。生态文明教育与学校密不可分，通过学校教育加快生态文明建设。依据教育对象、目标的不同，生态文明教育要根据实际情况有计划、有层次、有阶段地开展针对性教育，确保各年龄段学生都能获得相应的生态文明教育。

二是加强学科建设。生态文明教育是一项系统性、复杂性较高的工程，任何单一课程或少数教师都难以完成对客体人群的培养。这就要求我们将生态文明教育融入各个学科的建设与教学中，从而使每个教学单元或环节都能肩负起生态文明教育的任务。为此，相关学科教师要将生态文明教育内容融入对应课程，深入挖掘相关内容，通过适当的形式和方式开展教育工作。在课堂内开展生态文明教育的同时也要在课堂外开展相关活动，不断完善校园生态文化建设，通过文化潜移默化影响学生，使其逐步养成良好习惯，成为热爱自然、保护自然，追求人与自然和谐发展的生态人。进而在社会发展中，生态文明观念能够深入到各个领域，最终构建起社会永续发展下的个体生存与发展。

3.3.3 创新生态教育的模式与手段

为了落实推进生态文明、建设美丽中国的发展理念，学校、家庭、社会应共同承担生态教育的责任与义务。依托正确的社会发展观，根据生态规律来指导、发展并提升全社会的生态意识和生态责任，形成负责任的思维方式和行为方式，进而营造出全社会共同承担生态责任的环境氛围。

3.3.3.1 思想政治教育中的生态责任教育

一是把握教育的整体性。不同年级的教育是具有体系性的整体，根据学生在不同阶段的认识和接受能力，对小学、中学、大学设计相应的教育内容。通过引导主体在精神层面建立良好的价值观，使其意识到应该承担的生态责任和社会责任，就能够发挥个体的主观能动性，通过不断深化和积累，最终实现生态社会的发展。

二是转变教育方式方法。为了培养学生的人生观价值观，改变枯燥乏味的讲授模式，将思想政治理论课程改革创新理念融入学生的日常生活中，以学生感兴趣的内容为媒介，将社会主义核心价值观在潜移默化中深深根植于学生心中，从而使其建立生态责任的理念。通过师生之间的互动与沟通，能够为学生建立具有生态责任观的外部环境，从而确立学生的主体地位，也能够促进教学内容的顺利实施。与此同时，可以在课堂上通过案例分析与互动讨论等方法来加强学生对生态责任的理解与认识，进而提高学生对生态责任的正确判断与评价，由此能够帮助学生形成并树立正确的生态责任意识。

三是发挥教师示范作用。教师一举一动都会对学生日后的思想和行为产生影响，教师的生态责任观对学生的影响至关重要。教师作为学生的标杆，不能置身事外，在日常生活和学习过程中更要以身作则，通过言传身教使得学生明白该做什么，不该做什么，如何才能促进生态环境与经济协调发展，在保护环境中发展经济。教师可通过多种多样的娱乐方式与学生互动，在问答之间加深学生环保意识，探讨环境保护与可持续发展的辩证关系，从而形成畅所欲言的学习氛围，通过与学生的交流发现学生认识上的偏差，从而能够在未来的教学中更有针对性地培养和引导。

3.3.3.2　生活中的生态保护习惯

孩子从落地起就受家庭教育的影响，不同家庭塑造了不同性格、人生观、价值观的孩子并影响其未来发展。家庭是影响孩子成长的首要因素，因此父母在对孩子教育方面是其他任何人、任何方面都无法取代的。父母是孩子的首任教师和被模仿者，为此父母应树立正确的生态观，通过自身的行为举止为孩子树立榜样，孩子通过模仿学习从而树立正确的生态价值取向。因此良好的家庭氛围能够使孩子亲近自然、热爱自然，进而成为具有生态文明品质的生态人。

3.3.3.3　营造全社会生态氛围

通过开展海报宣传、展板宣传以及主题演讲和时事讨论等活动，将生态责任的内容贯穿始终，群众通过获取多种形式的信息学习、领悟生态责任的内涵与外延，使得自身认知水平大幅提高。志愿者宣传活动是在众多推广途径中占据主导地位的方式。志愿者将自身的认知和体会与大家共享，使得参与者感同身受，在耳濡目染中建立起生态责任意识。

榜样的力量能够将现实生活中的先进人物和先进事迹在人群中快速传播，从而有效激励群众的生态意识。见贤思齐是人类追求进步的表现，榜样则是一代人努力的目标，其社会贡献有目共睹。他们起到带头示范作用，在社会中的可信度高。通过社会先进个人的示范效应，加深群众的生态责任观，向榜样看齐就能清醒认识自身的责任与义务，从而端正个人价值取向，促进生态责任建设与落实。

3.3.3.4　建立生态责任教育规章制度

规范化管理，将生态责任纳入规章制度是落实生态责任的前提条件。当今社会飞速发展，变化之快超出预期，为此更应健全规章制度，完善监督管理机制。只有规范生态责任内容并形成约束力，才能指导群众建立生态责任意识，将其引导到正确方向。

从国家层面来讲，生态责任教育事业，特别是对青年人的教育，代表了社会发展方向，将作为美丽中国建设中坚力量的青年人教育好、培养好，对我国发展生态责任制度具有重要意义。根据年龄结构及教育对象的接受能力来看，学生教育是重中之重，学生的生态责任教育关系到我国建设美丽中国和实现中华民族永续发展的成败。因此，国家相关部门应尽早建立针对青年人生态责任意识的研究，通过不断探索和实践尽快形成研究成果，为生态责任教育提供理论和实践支撑。与此同时，为了更好地在全社会推进生态责任制度，作为政府职能部门的工作人员，特别是领导干部更应认真学习与领会，将生态责任教育和能力培养贯穿于日常工作中。为了杜绝片面追求政绩而忽视生态责任行为，一方面要从政策角度加大对有关人员的教育，另一方面将生态责任教育纳入干部考核，从而有效避免这种短视行为。

3.4　落实生态责任的生态政治体制

3.4.1　建立生态保护红线制度

我国生态保护红线制度最早可追溯到 2000 年国务院出台的《全国生态环境保护纲要》（以下简称《纲要》）。《纲要》提出"规划建设重点资源开发区、重要生态功能区、生态良好地区，同时坚守生态环境保护底线"。为了最为严格地保护生态环境，在生态功能保障、环境质量安全和自然资源利用等方面需要严格保护空间边界与管理限值，并给予更高水平的监管，这有利于经济社会和生态的和谐统一，由此证明生态保护红线实质上是生态环境安全底线，从而能够维护国家和区域生态安全，推动经济社会可持续发展，保障人民群众健康。

生态保护红线是一个控制底线、系统的生态安全保障体系，包括生态系统、总量控制、环境质量等内容。生态保护红线是一个底线和生命线，它代表了生态空间范围，是国家生态安全的保障线，这一红线是强制性的，是严格保护的，在红线内的区域具有特殊的重要生态功能。通常红线划定的范围包括水土流失、土地沙化、石漠化、盐渍化等生态环境敏感脆弱区以及具有重要水源涵养、生物多样性维护、水土保持、防风固沙、海岸生态稳定等作用的重要生态功能区。生态保护红线的本质就是追求自然资源安全，从而将经济发展与环境保护相协调，统筹监管资源开发利用与生态恢复。由此可见，生态保护红线是系统的、完整的、约束性的、协调促进的、动态平衡与可操作的。这就要求推进生态保护的过程要有序进行，在划定红线过程中要综合考虑红线的边界、红线的遵守与红线的监管；在贯彻坚守生态保护红线中要严格管理并严格准入；要充分考虑当地经济发展水平和监管能力水平，协调与协同处理生态保护红线的划定、管理与规划之间的关系；在执行红线过程中，在保证功能不退、性质不变、数量不减、管理要求不降的前提下可以适当调整红线；最终的落脚点还是制定的红线在管理上能够执行，具有可操作性。

红线代表着底线，生态红线主要指在经济社会可持续发展前提下的最小空间范围与最高或最低数量限值。生态保护红线是生态功能保障基线、环境质量安全底线和自然资源利用上线。生态功能红线是生态功能保障基线的简称，在保障国家和区域生态安全的条件下维护自然生态系统中具有关键作用的保护区和脆弱区。环境质量红线是环境质量安全底线的简称，其定义为能够满足人类居住和人体健康基本需要的最低环境管理限度。资源利用红线是自然资源利用上线的简称，其定义为能够满足水、土地、能源等资源安全、节约、高效利用的最高或最低要求。

制定生态保护红线是建设国家生态保护红线体系的重要组成部分，对维护自然生态系统稳定运行，保障国土空间内生态安全具有重要作用。生态功能红线主要功能是保护生态系统服务，面临的问题是如何减少自然生态灾害并维持生物多样性。在此基础上可将其分为三类：针对生态区域内经济、社会发展过程的生态调节和文化服务的生态服务保障红线；针对环境敏感区、脆弱区保障居住环境安全的生态脆弱区保护红线；针对动物多样性和物种最小生存面积区域的生物多样性保护红线。

3.4.1.1 生态保护红线制度的重要性

随着社会的高速发展，人类无休止的开发和利用导致严重的环境污染和资源枯竭，为此通过生态保护红线的划定能够最大限度维护生态系统功能。当前，我国能源消费量大、增速快，总消费量占到世界总量的20％，由此导致环境问题凸显，主要表现为物种濒危、多样性减少、水源地（包括长江、黄河）生态服务功能退化、环境自我恢复和调节能力下降，尤其是在生态环境敏感区和脆弱区更加明显。人民生活水平的提高使得越来越多的人关注环境问题，从而将环境问题推到风口浪尖，成为影响社会安全与稳定的关键因素之一。在社会主义现代化建设中，生态保护与环境资源优化配置处于至关重要地位。为此，我国已开展了一系列国家级生态功能区规划和生物多样性保护计划等活动，虽然已建立的保护区还存在一些问题，如缺乏理论支撑、规划合理性有待提高等，造成了个别保护区内执法困难、违法行为多，但是随着问题的逐步暴露，我们也在随时调整工作思路，从而形成系统、完善、科学的生态保护区划，并通过立法进行规范，使得生态保护区因地制宜，具有多样性和覆盖面积广的特点。

3.4.1.2 生态红线划定的基本思想

依据2017年出台的《关于划定并严守生态保护红线的若干意见》提出生态保护红线划定的指导思想，实现一条红线管控重要生态空间。生态保护红线需要对未来该领域的发展远景从整体、长期发展的角度进行合理规划，制定整套行动方案并落地实施，形成相关法律法规；作为生态保障的基线，环境质量安全的底线，以及自然资源利用的上线，对生态红线的保护要严守底线，严令禁止任何用途变化；通过各相关部门的协调与联动能够保证和坚守红线的主体责任。由此可以实现环境保护与改善并举，在保障生态安全的基础上实现人类社会在自然环境中的和谐发展。

自改革开放以来，现代化进程不断加速，使得自然资源消耗巨大，由此开始了生态保护的热潮，短期内资源短缺与生态环境恶化的问题仍然突出。从总量上来看，我国自然资源丰富，但人均匮乏，在利用过程中过于粗放，导致一系列环境问题发生，特别是大气污染、水污染、土壤污染等问题相对严重。由此导致随着工业化的深入，我国面临的环境问题愈发凸显，主要表现在：生物多样性减少，动植物栖息地生态环境退化、面积减少，水源地区域自我修复能力减弱，自然灾害增多等。由此提出生态红线，其目的就是改善人类的生存环境。为此，国家将生态保护红线法制化，通过平衡生态资源环境与经济建设的关系来促进物质、经济和生态文明的协调发展，对提高人民生活质量和幸福感具有重要的作用。

当前我国仍存在生态保护和管理有待完善，政府在保护和协调过程中的作用责任尚待明晰，管理模式缺乏统一，监管机制有待进一步完善等不利于生态保护的落实的情况。生态保护红线制度就是为了保护生物多样性，以保护生态环境系统为根本出发点来设计和制定的。通过划定生态保护红线能够从长期的角度保护我国生态安全，保障人身健康，促进经济社会稳定长期和谐发展。基于此，通过划定严格管理的区域来保护生态系统和生物多样性，能够提高保护的有效性。因此建立统一规范的划定标准、监督与运行方式，实现权、责、利的分离，才能建立长效保护机制。

3.4.2 健全政绩考核制度

在改革开放的大门越开越大的今天，由政府强力推动的经济体制改革已进入深水区，政绩考核成为了最重要的制度安排。然而政绩考核的指标内容直接决定着政策导向和以"美丽中国"建设为核心的生态文明建设的有效推进。为了有效推动我国生态文明建设，政绩考核应体现如下内容：

第一，从根本上转变领导干部的执政观。使各级领导干部认识到经济固然可贵，但生态环境更加弥足珍贵，在保护环境的前提下发展经济才能实现"绿色发展"。将资源作为约束性条件，对土地资源、水资源、能源资源、大气环境容量等实施最严格的管理制度，在行政执法过程中要树立污染物减排观念，实施最严格的环境保护制度。在控制总量的总目标下，实现污染物总量递减与环境质量改善。

第二，建立差异化的政绩考核指标。建立差异化的政绩考核指标是生态文明建设的重要内容之一。虽然当前已建立了经济发展指标、社会发展指标和环境保护指标等较为完善的考核指标体系，并固定了相应的权重系数，然而由于不同地区的环境容量、经济水平参差不齐，不能"一刀切"。需要综合考量主体功能区划类型，建立同类型比较的政绩考核指标体系，从而才能够促进区域产业合理布局，形成上下游之间的生态、经济、社会的协调发展。

第三，树立以人民为中心的发展理念。在生态文明建设过程中，人民群众是重要的参与者。建立以人民为主体的真实、客观、合理的幸福指数体系是生态文明建设的重要一环。因此在建设生态文明社会过程中，提升群众满意度、幸福感就需要解决人民群众看得见、摸得着的环境问题（如大气、水、土壤污染等），使人民群众享受到安全的空气、水和食品等。只有这样，政府的工作内容才真切地从为人民服务出发，真正体现党的根本宗旨。

3.4.3　建立生态文明建设责任制

生态治理考评机制的重要内容之一是建立领导干部的自然资源离任审计制度，具体考察：在任职期内的自然资源开发利用是否有序、集约以及是否存在重大损失浪费和生态破坏等问题，在自然资源生态治理资金筹集及使用、重大建设项目实施过程中是否存在违规违纪问题。这种考评机制有利于领导干部树立正确的政绩观，深刻领会总书记的"两山论"，严守生态红线；切实履行自然资源资产管理和生态环境保护责任，在遵纪守法、守规尽责的基础上推动生态文明建设迈上新台阶。

完善、健全生态绩效考评机制。加强公众参与度，发挥公众的监督职责，促进生态绩效考评机制真正发挥作用。当前的生态环境保护管理机制主要由政府提出，为了更好地推进生态绩效评价的可持续发展，需要更多的公众参与进来，通过促进考评机制的多元化发展，保障生态文明建设的有序推进。

绩效管理只是绩效考评的内容之一，这就需要通过观念的转变，发掘生态环境绩效考核的核心内容。个别领导干部将绩效评价管理作为预定目标，也有个别同志将其与国内生产总值和群众生活水平的增长相关联，这些做法是片面的。这就需要领导干部从根本上转变发展观念，透过表象的数字，关注背后隐藏的问题，对生态环境保护进行深度挖掘，这样才能为国家发展带来新机遇、新生机，并不断提高群众的生活水平。

建立以责任追究为主体的生态文明考核奖惩机制。生态环境不仅关乎当代的每一个人，也关乎着子孙后代的生活。为了保护和改善生态环境，需要对破坏生态环境资源的个人、企业、组织进行惩罚，这种惩罚不仅仅有经济上的意义，更重要的是代表着人民群众的根本利益。有鉴于此，作为领导干部更应重视生态环境保护，根据生态考核现状，设计制定具有可操作性的考核机制，促进人与自然和谐共生。

3.5 落实生态管理责任的生态政治体制

党的十八大以来，我国通过生态文明顶层设计、制度建设和法制建设，在一系列根本性、开创性、长远性工作基础上，通过实施中央和地方各级环保督察，有力推动绿色发展理念，通过实施大气污染防治攻坚战、水污染防治和土壤污染防治行动计划，推动生态环境保护发生历史性、转折性、全局性变化。

3.5.1 资源生态环境管理制度

生态系统对人类生产生活的作用愈发明显，导致人们对生态环境的认识发生改变，这也使社会决策体系和自然资源管理发生根本性变化。随着生态认知水平的提高，生态系统在资源管理中的地位和目标亦发生改变，逐步演变为维护和恢复生态系统的完整性。与此同时，人在自然资源管理中的地位、目标和内容也发生了变化，生态系统成为了人类生存生活中的重要组成部分，与之关联的管理方法则成为了自然资源管理理论的核心内容。这样的转变归因于传统的发展方式导致了生物多样性的减少和生态环境的恶化。因此，生态系统成为了自然资源管理决策中的基本支撑要素。管理范围的变化也是由这一发展方式转变而产生的。生态系统管理范围由政府行政职能划分的特定管理区域转变为根据资源开发和使用的途径来划分，从而有效提升了管理效率。

早在 20 世纪 90 年代，联合国环境与发展大会通过的《21 世纪议程》将解决环境问题的主要方法定义为生态资源管理。在此基础上，联合国可持续发展委员会和生物多样性委员会更加细化了管理内容，即自然资源保护与可持续使用。随后，美国、加拿大等国家和地区制定了一系列发展规划与生态管理原则。

生态系统管理（基于生态系统的管理）的提出背景是生物多样性减弱、生态系统严重退化。其内涵包括如下内容：由于生态管理摒弃了按行政管理职能划分的界限，采用生态系统类型与地理范围划分，因此管理部门、机构间的协调合作与分工至关重要。自然资源管理是以维护生态的完整性为核心，其目标就是可持续，这一目标体现在生物多样性和生态系统功能、恢复能力和自我修复能力的完整性上，因此该目标对社会的可持续发展以及为子孙后代留出更多的发展空间具有重要意义。生态管理是以科学数据为基础进行设计开发的探索性方法，这就需要管理者根据实施效果进行及时调整，因此在实施生态管理过程中要充分认识到其存在的风险和不确定性。人是生态系统的重要组成部分之一，因此生态管理的核心就是人类活动与生态系统之间的相互影响。

传统的生态系统管理将资源的获取和废弃物排放分开，没有针对废弃物资源化利用的物质循环考量，主要是以经济利益最大化为核心。资源链和资源网在生态系统中尚不完善，资源循环模式尚未发挥出最佳作用，从而使得全系统的资源配置不合理，使得生态环境发生问题，因此亟须打破现有的传统资源管理发展模式，改变其对生态环境的威胁，通过管理模式创新，构建可持续发展的资源管理系统。

为了构建保证资源循环及企业良性发展的和谐生态系统，就需要建立资源生态管理机制，从而能够实现资源的生态重组，将传统产业链通过共生和循环机制进行升级，并建立新的生态产业模式。这样不但提高了资源利用率，通过使用清洁可再生能源和废弃物建立资源循环再生系统，而且促进了经济、社会和环境的和谐发展。

通过对原有产业结构从生态角度进行重组和管理，新建产业从生态角度进行设计和管理，可以建立以循环共生为基础的生态网络，从而建立起资源生态管理机制。要通过提升资源开采效率，降低开采过程对生态环境的影响，将现有的开采企业进行产业生态重组，并对新的开发企业进行生态设计，实现资源开发生态管理。通过鼓励企业采用可再生资源，降低不可再生资源的使用量，能够降低企业单位产品的资源与能源消耗，从而提高资源利用效率，实现资源利用生态管理。废弃物是放错了位置的资源，因此应建立废弃物再生平台，通过废弃物的循环使用，减少废弃物产生并对其进行无害化处理，这样就构建出一套废弃物的生态管理方法。

互联网是实现上述管理体系的核心，在虚拟网络上对资源循环企业进行管理，可促进企业与生态的共生发展。这一方法包括如下平台：资源开发与利用平台、废弃物循环再生平台、评价及生态管理平台。上述平台能够提供的服务内容包括：提高资源开发利用效率的信息化生态管理服务，使资源开发符合可持续性原则；资源循环共生的创新模式；废弃物的无害化、减量化和资源化技术和服务；以物质流、能量流、生命周期评价及投入产出分析等为基础的企业、产业动态分析与评价，并提供相应对策服务。由此促进企业通过技术革新，采用高效、环保绿色的技术，对废弃物进行资源化，最大程度减少废物产生，通过循环再生机制促进生态系统的和谐可持续发展。

3.5.2 自然资源资产管理体制

自然资源承载着物质基础、空间载体和关键要素，是生态系统的重要组成部分，影响子孙后代的生存与发展。为此，党的十八大针对当前的资源趋紧、环境污染、生态系统退化等问题，将生态文明融入政治体制建设，由此生态文明建设成为政治目标，被提高至前所未有的政治高度，关乎着"美丽中国"事业的成败。因此进行自然资源管理体制改革，建立系统完善的管理体系，构建自然资源资产管理体制是生态文明的内在需求。其主要内容包括：

第一，建立自然资源资产产权制度。其核心问题是自然资源资产产权。建立健全归属清晰、权责明确、流转顺畅、保护严格的自然资源资产产权制度，使自然资源资产产权在市场机制的调配下进行优化配置，从而形成多层次、多样化的制度体系。

第二，建立统一的空间规划体系。依托五大发展理念，设计、建立和完善统一的空间规划体系，在明确建设、保护和整治的基础上，促进生产、生活与生态的协同发展并优化国土空间开发格局，实现生活宜居、生产集约高效、生态山清水秀的目标。

第三，建立国土空间用途管制制度。落实《自然生态空间用途管制办法（试行）》，建立统一的国土空间用途管制制度，扩大用途管制范围，建立完善的自然资源开发许可和用途转用审批制度，严禁随意更改和开发，严格保护自然生态资源。

第四，建立源头保护制度。通过分析生态用地对区域生态功能保护和恢复的功能和作用，对具有重要价值的生态用地实施特殊保护并划定生态红线，建立生态红线保护制度。

第五，建立节约集约利用制度。通过强化资源规划对自然资源利用的约束力，维护规划的权威性和严肃性；通过明确自然资源产权关系，完善市场机制，依托标准规范提高资源的开放准入水平；通过价格市场化建立多层次、多维度的价格形成机制；通过合理运用经济杠杆，在调动企业和社会积极性的基础上，建立健全资源节约集约激励约束机制；通过制定完善的与节约集约相适应的考核体系并纳入领导干部离任审计，从而建立全面的节约集约利用考核机制。

第六，建立有偿使用制度。当前我国针对自然资源资产已建立了有偿使用制度，但在制度、产权、利益和监管等方面仍存在不足，在某种程度上造成自然资源浪费，导致生态环境受到破坏。《关于全民所有自然资源资产有偿使用制度改革的指导意见》对有偿使用从制度、方式、产权、出让和使用范围等方面做出了一系列具体规定，使得有偿使用制度的完善和发展有章可循。

第七，完善生态补偿制度。我国虽已建立了生态补偿制度，但是在补偿范围、标准、方式以及管理体制方面还有待进一步完善，影响了其对生态环境保护所起到的作用。为此，应积极根据《关于健全生态保护补偿机制的意见》的要求，明晰生态保护者和受益者的权利、责任和义务，建立完善的生态补偿制度，建立生态破坏行为和破坏者赔偿、受益者付费和保护者受到补偿的机制。

3.5.3 生态环境承载能力监测预警机制

党的十八大以来，生态文明建设上升为国家战略，资源环境承载力成为重要的考核指标。2015 年中央经济工作会议在充分调研当前开发利用形势后，发现资源环境约束趋紧的态势愈发严重，为此重点指出了"现在环境承载力已达到或接近上限"。在这样的背景下，以环境资源承载力为指标通过建立监测预警机制来谋发展，从而能够依据科学规划控制发展规模与强度，有效保护生态环境并使其逐步恢复。

应根据当前已获得的资源环境承载力监测数据，依托现有工作平台及科研基础，建立一套可行的评价、监测预警长效机制。要构建统一的技术规范与标准体系，构建涉及范围广、系统化的监测信息服务平台，充分调动群众与专业机构的积极性。要通过对生态资源进行统筹管理和监测，实现数据的互联互通，从而构建统一的监测预警平台并不断提升其能力水平。

要依据生态文明建设的总体思路和国家战略要求，整合现有资源监测体系，通过网络化、数字化、智能化等现代分析技术，科学地建设资源环境承载能力监测、预警指标体系和评价方法，形成监测预警工作机制。可通过开展试点区域资源环境承载力评价研究，制定和完善配套政策及风险防控机制。

由于资源环境承载力监测预警机制建设涉及要素众多，是一项系统工程，应避免盲目冒进，需要循序渐进逐步建设。为了建立、建设资源环境承载力监测预警体系，需要统一部署、统一技术方法、统一工作规划，建立县、市、省、国家一体化的评价监测预警体系，通过科学划分职权，明确管理制度和分工，制定合理的预警指标与阈值，规范信息发布，做好相关预案工作，明确预警与应急事务管理之间的关系，构建完善的预警体系。根据环境要素的特点，通过分析研究科学制定监测数据采集、汇交、传输、发布的顺序及周期，促进科学合理的监测网点布局及监测成果转化，形成一体化的监测预警工作机制。通过研究相关环境要素的监测方法、调查手段，科学系统地制定完善资源环境承载能力监测预警技术标准体系，建立常态化、全覆盖的动态监控系统。依托大数据、云计算的新型网络化、数字化模式，将山水林田湖草等内容纳入监测范围，通过数据实时收集、在线分析，构建信息共享平台，为环境的综合监管和决策提供数据支撑。通过研究当前监测队伍的基本信息，分析队伍在资源环境承载能力监测预警方面的优势和不足，补充新鲜血液，完善人员结构和梯队建设，重视人才培养和内部培训机制，不断提高从业人员的知识水平。通过建立规范的数据共享与发布机制，定期向社会公开并完善举报监督机制，提升社会监督水平。通过市场化竞争机制，推动产业结构转型升级，逐步向集约节约型社会发展，促进生态文明建设的稳步推进。

3.6 生态政治体制改革展望

展望未来，我国将进一步稳步加快生态政治体制改革的步伐，我国将成为全球生态治理的重要贡献者和引领者。随着我国在全球生态问题上的积极参与和切实行动，未来我国在全球生态治理中的地位将会稳步上升，并从最初的参与者变成重要的贡献者和引领者。自《巴黎协定》签订以来，我国开始呈现出全球生态治理引领者的姿态。未来，我国引领应对全球气候变化国际合作和推进全球生态文明建设的决心将更加坚定。我国将秉持"人类生态命运共同体"的价值观，遵循"绿水青山就是金山银山"的发展理念，积极推进国内经济社会向绿色发展和绿色生活方式转型。我国将努力尽早实现"2030年左右使二氧化碳排放达到峰值，2030年单位国内生产总值二氧化碳排放比2005年下降60%～65%，非化石能源占一次能源消费比重达到20%左右，森林蓄积量比2005年增加45亿立方米左右"的庄重承诺，我国将向世界做出建设美丽国家的大国示范，也将继续为全球生态安全做出自己的贡献。

我国将更加注重完善鼓励公众积极参与的生态政治体制建设。生态文明建设信息公开制度是保障公众积极参与生态文明建设的前提和基础，未来将不断地发展与完善。我国将不断完善环境信息公开法规体系，加强环境信息公开的主动性、及时性和全面性，不断保障和满足人民群众对环境的知情权、批评权和参与权。我国公众参与生态文明治理将更加常态化和制度化。生态文明建设中公众参与在我国目前已经逐渐成为全社会的共识，从中央到地方，从知识界到党政领导再到普通民众，目前普遍认识到公众参与生态文明建设的重要性。党的十九大报告提出"加强社会治理制度建设，完善党委领导、政府负责、社会协同、公众参与、法治保障的社会治理体制"。生态文明治理是社会治理的重要组成部分，未来在实践过程中也将更加强调公众参与和法制保障两个方面。未来，公众参与生态治理的方式将进一步拓展，保障公众参与生态治理的相关法律将不断完善。我国将鼓励环境非政府组织（NGO）的合法健康发展。近年来，环境非政府组织已经在我国的中心城市、边远省份等不同地区得到发展。我国环境非政府组织扮演着环境守护者、治理者和监督者的角色，未来其所产生的影响和发挥的作用将越来越大。

我国将不断完善落实生态教育责任的生态政治体制建设。我国将完善全民生态教育制度建设，不断探索立法定规加强生态环境教育，提高全民自觉维护和监督生态环境的意识；将加强生态环境教育及生态环境常识和法律法规的普及，形成绿色生活、绿色生产、绿色消费和绿色发展的生态文化格局；将不断健全生态教育内容体系，创新生态教育模式与手段。未来，我国将会把生态文明教育纳入国民教育体系，把生态文明教育融入人才培养全过程，纳入大中小学及幼儿园教育教学计划；将运用互联网、移动通信等新一代信息技术，采用线上线下相结合的方式，开发寓教于乐的教育产品，创新生态教育模式、手段和内容。

我国将不断完善落实生态责任的生态政治体制建设。我国将基本建立生态保护红线制度，通过红线实现系统保护重要的生态空间，并实现全国统一管理。我国将健全涵盖生态建设的政绩考核制度。我国将逐渐建立并完善生态责任追究制度，通过对领导干部任期内所管辖的自然资源资产和环境责任进行离任审计，从而促进并推动生态保护。我国将不断完善落实生态管理责任的生态政治体制建设。我国将依据《生态文明体制改革总体方案》，健全资源生态环境管理制度，并加快建立和完善该方案提出的多项制度，包括自然资源资产管理、资源和生态环境管理等。我国将完善生态环境承载能力监测预警机制，对国土空间开发利用状况开展综合评价，实施差异化的管控与管理措施。资源环境承载能力监测预警工作将逐步走向规范化、常态化、制度化。

参考文献

［1］ 胡凌艳.当代中国生态文明建设中的公众参与研究.泉州：华侨大学，2016.

［2］ 李艳芳.公众参与环境保护的法律制度建设.浙江社会科学，2004（3）：85-90.

［3］ 毛永红.环保 NGO 发展的法律研究.法制博览，2017（6）：56-58.

［4］ 吴贤静.生态红线管理制度探析.政法学刊，2018（4）：72-78.

［5］ 闫明豪.我国自然保护区生态保护红线法律制度研究.长春：吉林大学，2017.

［6］ 杨俊."美丽中国"建设离不开生态责任教育——兼评《"美丽中国"语境下的生态责任教育》.淮海工学院学报（人文社会科学版），2016，18（4）：129-131.

［7］ 杨易.从生态文明的视角论大学生责任教育.理论观察，2015（10）：126-127.

［8］ 郭薇.当代大学生生态责任教育研究.长春：吉林财经大学，2014.

［9］ 施晓清.产业生态系统及其资源生态管理理论研究.中国人口·资源与环境，2010，20（6）：80-86.

［10］ 王越.我国生态文明建设公众参与研究.大连：大连理工大学，2015.

［11］ 樊杰，王亚飞，汤青，等.全国资源环境承载能力监测预警（2014 版）学术思路与总体技术流程.地理科学，2015（1）：1-10.

［12］ 朱鹤群，童茜.环保 NGO 环境保护参与权的法理分析和路径.北方经贸，2017（5）：33-37.

［13］ 尹军力.环境群体性事件下政府善治与公众参与的机制研究.上海：上海师范大学，2017.

［14］ 潘凌芝.大学生生态责任意识培养研究——以广西部分高校为例.南宁：广西师范学院，2014.

［15］ 黄治东，宁晓明.论美丽中国视域中的生态责任教育.湖北社会科学，2013（5）：178-181.

［16］ 徐莹.生态道德教育实现方法研究.济南：山东师范大学，2013.

［17］ 范梦.思想政治教育视野下大学生生态文明教育研究.北京：中国矿业大学，2017.

［18］ 朱作鑫.城市生态环境治理中的公众参与.中国发展观察，2016（3）：49-51.

［19］ 王丹，熊晓琳.以绿色发展理念推进生态文明建设.红旗文稿，2017（1）：20-22.

［20］ 王永贵.完善全球治理的中国方案——学习习近平总书记关于全球治理的新理念新思想.群众，2016（5）：59-60.

［21］ 王顺曾.公众参与环境保护法律制度研究.桂林：广西师范大学，2016.

［22］ 王越.我国生态文明建设公众参与研究.大连：大连理工大学，2015.

［23］ 卢景昆.论当代教育的生态责任.教育评论，2014（1）：6-8.

［24］ 宋献中，胡珺.理论创新与实践引领：习近平生态文明思想研究.暨南学报（哲学社会科学版），2018，40（2）：2-17.

［25］ 戴红美.绿色发展理念：习近平生态文明思想的核心要义.现代商贸工业，2018（11）：1-3.

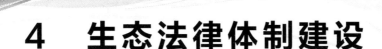

4 生态法律体制建设

【摘要】生态文明建设是中国特色社会主义的重要内容，已经开始融入到经济建设、文化建设、政治建设、社会建设四大建设的全过程和各个方面。生态文明法律体制建设，首先要建立具有统领性与指导性地位的生态文明建设基本法，作为整个法制体系的纲领性文件；其次是要加强和完善生态保育法的建设，明确生态保育法的基本法律制度；再次是生态专项法，包括自然资源保护专项法、自然区域保护专项法、野生生物保护专项法等；最后，针对目前生态法律中存在的个别监管不严、执法不力等问题，需要加强执法改革力度，建立生态环境的联合执法机制和专门化的生态司法体系。

我国当前处于生态文明建设的重要阶段，由于经济快速发展和人口数量快速增长，社会生产和消费需求持续增加，逐渐加剧了与有限的资源之间的矛盾，凸显我国的环境问题日益严峻。我国目前的环境问题主要有：城市污染，生态破坏加剧，部分物种面临绝种危险，水土流失、土壤退化、沙漠化现状加剧，农业环境受到化肥、农药、工业废弃物的污染，土地、森林、草原、矿产、淡水等自然资源的过量开发利用，使人口和资源的矛盾日益突出等。为了解决这些环境问题，需要构建一整套完整的法律制度体系。

4.1 生态法律的生态基本法建设

4.1.1 生态基本法的特征

生态文明制度体系是生态文明建设体制机制创新的组织保障和法制保障。这就需要制定涵盖范围更广，更适应生态文明体制改革后新形势的生态基本法。生态基本法应具有综合性的特征，表现在保护对象的广泛性，不仅需要涵盖各种环境要素的保护，在范围上除了污染防治和自然资源保护，还应包括生态资源保护、废弃物循环利用、能源气候变化等涉及生态文明的各个方面；生态基本法应具有公益性的特征，它调整的是人与环境之间的法律关系，不仅考虑当代人，还应顾忌后代人的环境权益；生态基本法应具有共同性的特征，当代的环境问题早已突破了地域的限制，很多表现为跨国的全球环境问题，需要各国共同的沟通交流与合作。生态基本法的确立，在整个生态文明法律体系中应该具有提纲挈领的作用。

4.1.2　生态基本法的意义

第一，生态文明理念的提出重新明确了在处理人与自然关系时人类应该秉持的基本态度，是人类对于人与自然关系的重新认识，体现了人与自然关系的基本价值观。这种认识的转变使人们意识到，从实现人与自然和谐发展的高度来看，原有法律体系的目的、原则、制度等内容在推进这一目标方面仍显不足，这就必然催生新的法律体系，以弥补原有法律体系的不足，那么以人与自然和谐为核心的生态文明法律保障体系建设就成为当前的迫切需求。

第二，除了对人与自然关系的根本认识的转变，生态文明也从人与自然和谐发展的高度对经济社会发展提出了新的要求。生态文明建设需要人类从根本上转变经济社会发展方式，推进绿色、循环、低碳发展，而这一目标的实现或推进都需要法律制度保驾护航。传统的高污染、高能耗、高排放的经济发展方式给人类的生态环境带来了严重的危害，人们已经意识到继续维持原有的经济发展方式，最终人类将无法生存下去。生态文明建设要求建立绿色的经济发展方式，从而实现人与自然和谐发展。这就要求我们必须按照"五位一体"的战略布局，全方位、系统地考虑生态文明理念在各个领域内的落实。在这种复杂的形势下，需要制度体系以法律法规、规范条例等形式全面统筹和优化各类生态系统要素的配置，从而协调推动经济社会环境的和谐发展。

第三，生态环境的恶化带来的危害不仅仅是针对地球上的某一个国家或区域，不可逆的生态危害一旦产生，必将是全人类的灾难，因此，推进生态危害的治理和生态环境的建设，是全人类不可推卸的责任。由于各个国家的发展阶段和发展程度不同，这种共同但有区别的责任也需要法律制度体系作为保障，从而推动全球范围内各个国家按照相关法律要求，共同参与到生态文明建设中来。

第四，生态文明的提出摒弃了人类从农业文明到工业文明发展过程中的弊端，是人类对人与自然关系的全新认识，是人类文明发展的新成果。这种反思和发展也同样体现在法律制定者的身上。生态文明的提出让他们意识到现有的法律体系与当前生态文明理念的要求是不匹配的。现有的法律体系无法体现出人与自然和谐发展的基本目标，因此需要通过对当前法律体系进行完善，形成新的法律体系以体现人与自然关系的根本转变，并且在生态文明建设关键时期这种转变是非常迫切的。

第五，除了物质文明和精神文明，生态文明所包括的制度文明也对法律体系的建设提出了新的需求。每一种文明都需要健全的法制作为文明的补充和保障，这样这种文明才能完整，才能长久地存在与发展。因此，法律保障体系作为生态文明建设的必要内容，除了关系着生态文明本身，对于我国以制度体系为保障推进生态文明建设也有着重要的影响，并且对于实现我国可持续发展目标和建设美丽中国都起着至关重要的作用，同时也是推进"五位一体"总体战略布局的关键。完善的法律制度保障体系有助于从根本上推动生态环境的保护，扭转当前生态环境恶化的局面，从而推动生态文明建设。

构建生态文明建设法律体系，是从根本上解决我国经济社会发展过程中出现的各种生态问题的基本保障，也是对人与自然关系的全新认识所做的调整和对各类活动的进一步规范，为我国全面建成小康社会，推动可持续发展，建设美丽中国奠定了重要的基础。

4.1.3 生态基本法的原则

生态基本法的原则，是指贯穿于整个生态基本法之中的，为生态基本法确认和体现的，反映生态基本法的性质、特征，并能对环境的开发、利用、保护和改善等活动具有普遍指导作用的指导方针或者基本原则。生态基本法原则对于法律的贯彻落实具有十分重要的意义。只有掌握生态基本法的基本原则，才能深刻领会生态基本法的实质和价值取向，有助于进一步认识生态基本法的各项制度和具体规定的本质所在，增强执法和司法的自觉性。同时，法律原则的概括性特点又为生态基本法具体规定的设置留有很大的弹性空间，并且构建生态文明建设法律保障体系，核心是维护人与自然和谐发展，遵循一定的原则进行构建，也就是说，围绕人与自然和谐发展这一目标，该保障体系应当遵循"生态优先、不得恶化、生态民主、共同责任"的基本原则来构建。

4.1.3.1 生态优先原则

法是确认、平衡与维护利益的一种规范化途径，也是获取或减损利益的方式。从法律角度来讲，实现经济发展与生态保护的和谐发展，其本质上是要平衡经济利益与生态利益的关系。经济系统实际上是自然生态大系统的一个子系统，自然生态系统的资源是有限的，而人类经济系统的过度开采和索取，导致了两个系统的矛盾，从而导致环境污染。在自然生态系统的承载力之下合理开发利用资源，同时维持人类经济系统和自然生态系统的内外均衡，才能既发挥生态系统的服务功能，又保证人类经济系统的发展，两个系统的和谐循环发展是人类共同的利益。但是，经济利益与生态利益不可能时刻保持着一致，甚至很多时候是相互矛盾、严重冲突的。那么这时就需要考虑到两者之间的先后关系和取舍关系。从法律的角度来看，面对这种问题时，如果缺乏基本的法律条文作为处理两种利益冲突的具体依据和规则，至少也应有可以参考的解决问题的原则。这些解决问题时参照的原则就是生态法的基本原则。而所谓的生态优先原则是指，在经济社会发展过程中，当经济利益和生态利益产生冲突时，生态利益应居于更加优先的地位。也就是说，当经济社会发展与生态环境保护产生了无法调和的矛盾，无法"双赢"，而是必须做出取舍时，生态环境保护必须优于经济社会发展，人类经济社会发展活动必须服从于生态环境保护的要求。该原则的确立基于利益衡量的两项基本准则：一是利益损失最小化，生态资源的脆弱性决定了其必须优先；二是紧缺利益优先，生态资源的稀缺性决定了其必须优先。

此外，该原则的确立也符合生态资源承载力这一生态基本规律的必然要求。根据生态资源承载力，任何一个生态系统的环境容量（包括环境的自净能力和资源的承载能力）都具有一定限度，当人类向环境所排放的污染物在资源承载力之下时，生态系统可以通过其自净能力将其消纳；假如人类对自然资源的开发利用的限度始终维持在环境容量以内，资源的承载能力就不会被破坏。因此，生态资源承载力对人类向环境排放的污染物和对自然资源的开发利用等活动提出了要求，要求其必须符合生态系统环境容量和资源环境承载力的基本规律。也就是说，人类经济社会发展过程中的各类开发建设活动，对自然资源的使用都必须以生态资源承载力为限度，才可能实现可持续发展，这也就导致了在法律上生态优先原则的产生。而在人类经济社会发展的实际过程中，发展优先还是生态优先，或者是生态与经济发展并重是由社会经济发展所处阶段来决定的。当经济社会发展处于初级阶段，温饱问题是当前需要解决的首要问题时，经济优先成为基本选择；随着经济社会发展，一旦温饱等基本生存问题得到解决，并且社会有一定能力解决环境问题时，通常就会采取两者并重原则；当经济社会进一步发展，物质生活已经得到保障，人们开始注重环境质量和人体健康，这时一般开始实行生态优先原则。按照国际经验，一般发达国家在人均国内生产总值达到 5000 美元以上时，开始进行经济发展转型，会按照生态优先或环境优先原则制定更加严格的法律体系来推动环境保护。当前，我国的人均国内生产总值已经超过 5000 美元，北京、上海等部分城市人均国内生产总值甚至已经超过 10000 美元，实行生态优先原则，扭转当前严峻的资源环境形势，已经具备基本条件。

4.1.3.2　不得恶化原则

保护环境是环境法立法的直接目的，而保障人体健康是法律实施的最终目标。环境保护以环境质量（生态资源承载力）为衡量尺度，人体健康保障以健康状况（生理和心理指标）为衡量尺度。事实上，"保护"或"保障"不仅是指要维持现有的水平，还包含了人类对于环境质量或人体健康"改善"或"提高"的积极追求。

不得恶化原则可以理解为有两个含义：一是必须维持现有的环境质量，不得继续恶化，人民的健康水平不能降低；二是应努力改善环境质量，努力提高人民的健康水平。具体而言，在环境保护立法颁布生效之后，法律约束范围内的地方的环境质量水平不能再降低，只能持续提高。这是对我国过去的"达标排放"的修正。因此，不得恶化原则是新时期下建立生态文明建设法律保障体系的基本原则，无论何时，环境质量只能更好，不能变坏。

4.1.3.3　生态民主原则

生态环境系统是一个由多种要素组成的复杂系统，生态保护领域的价值多元性、利益冲突性和科学技术性，从根本上决定了要解决环境法律问题，必须依赖于广泛的主体参与、沟通和协商。

首先，要保障公众对相关利益事务的知情权益。信息的不公开、不透明和不对称会造成公众对涉及自身利益的事务和基本情况茫然不解或知之甚少，对公民在维护自身基本环境权益方面形成盲区。其次，要增强公众对重大项目设计和可行性研究的参与权益。缺乏知情权益有可能造成公民缺乏机会参加重大项目的设计决策过程，参与度不够和参与质量不高。再次，加强公众对重大项目实施过程的监督权益。随着公民意识的不断提高，公民对涉及自身利益和公共利益的事务，以及执行国家政策都有了明显的监督意识。大到沙尘暴、酸雨、淮河污染、天然林保护等，小到居住区的高压线、辐射、噪声、光污染、垃圾处理和地下水污染等，公民都会自觉地行使他们的监督权。最后，给予公众对重大事件充分的求诉权益。随着经济高速发展，公众对涉及自身利益的求诉意识逐渐提高。一些公众由于缺乏对求诉机制的了解和运作，不能够及时地将自己的求诉要求和建议及时反馈到相关的政府部门和机构，导致了信息不畅通和个别公众的非理性行为。

所以，加强公众参与，确立生态民主原则将为生态文明的法制建设提供保障。

4.1.3.4　共同责任原则

由于环境系统由多个要素组成，各类环境问题的发生呈现出公共性、多样性与整体性，环境问题产生的原因也是非常复杂的，环境损害的后果也会较为严重，而这其中因果关系的梳理及证明也存在一定的困难，这也就决定了环境问题的责任承担主体是多元化的，并且承担责任的方式由于主体责任的不同而不同，即"共同责任原则"。该原则是指，应该由做出环境污染行为的人或生态的破坏者以及从中得到利益的人来共同承担法律责任，该原则进一步完善了之前的损害者付费原则。

　　共同责任原则包含了四个次级原则，深刻理解这四个次级原则的具体内涵才能更好地确立和实施共同责任原则。其中，损害者付费原则是指由于环境损害所造成的损失和所产生的环境治理费应遵循"谁损害、谁付费"；集体负担原则是指当环境损害发生时，如果没有办法确定谁是损害者，那么该环境损害所造成的损失和所产生的环境治理费应该由造成同一损害类型的损害者全体负担；共同负担原则是指如果难以确定损害者是谁或者难以确认损害类型，则由受到损害影响的社会共同体来负担相关的费用；受益者补偿原则是指从减轻环境污染损害中获益的人应该给予为此受到损失的人一定经济上的补偿。这四个原则的总和进一步规范和明确了环境保护的责任分担，把环境的损害、保护环境的成本、环境利益的获取相结合，全面确认了环境责任的分担。

　　在上述四项基本原则中，"生态优先"确定了经济社会发展过程中保护与发展关系的战略定位，"不得恶化"提供了人类行为基本准则，即各类经济社会活动对环境的影响必须在资源环境承载力范围之内，"生态民主"明确了参与环境保护的基本途径与主体，"共同责任"确立了环境保护责任的承担准则。生态优先和不得恶化属于目的性原则，生态民主和共同责任属于手段性原则。四项原则相互配合，为生态文明建设法律保障体系的构建提供了基本的原则。

4.2　生态法律的生态保育法建设

4.2.1　生态保育法的概念与特征

　　生态保育法的定位是设立较高位阶的专门法，来完善生态保育领域的法律体系。生态文明法制体系应该包括两个部分的法律体系，一是以环境污染防治为重心的环境保护法，二是与之并重的以保护生态环境为重心的生态保育法。制定生态保育法的法律体系，应该包括生态功能区划、生态用途管制、生态补偿、生态修复、生态预警机制等内容。生态保育法是调整人类在生态资源的保护、开发、利用和管理过程中所发生的各种社会关系的法律规范的总和。生态保育法的立法目的在于通过法律规范人们在开发利用生态资源过程中的行为，以防止对生态资源的不合理开发利用，从而实现生态资源的价值最大化和最优的配置。生态资源保育法的调整对象包括自然权属关系、自然资源流转关系、自然资源管理关系以及其他自然资源社会关系。生态资源保育法有整体性、社会性和科学技术性的特征。整体性是指由于生态资源本身的统一性和整体性，决定了生态保育法具有整体性的特征。生态保育法对任何一种生态资源的保护都应该从整体出发，对其进行综合保护。社会性是指生态资源是人类的共同遗产和财富，对生态资源的保护和开发利用应当符合社会的公共利益。科学技术性是指生态保育法的内容应该符合生态资源本身的特征和属性，包含大量的技术性法律规范和环境标准。

　　设立生态保育法，首先应该秉持生态资源整体性原则，即在对生态资源进行保护、开发、利用和管理过程中，应当考虑到生态资源的整体性特征。首先，在生态资源开发利用以及管理过程中，应当认识到各种生态资源之间的整体性，对各种生态资源的开发利用和管理进行综合考虑。其次，在考虑一种生态资源的价值时，不应仅考虑其经济价值，还应当考虑到其本身的生态价值，从整体上认识生态资源的价值。再次，应该遵守生态规律原则，尊重生态资源本身的生态规律，科学合理地开发利用生态资源，选择适当的开发强度和开发模式；应当根据生态资源自身的特点和规律，因地制宜地进行保护和开发利用，同时要满足生态资源自我调节和更新的需求，在生态资源的承载力之内，遵循客观规律对生态资源进行开发利用，目的是使生态资源更为持久地服务人类。最后应该遵循生态资源有偿使用原则。生态资源有偿使用原则是在市场经济条件下保护和合理开发利用生态资源的必然选择，要求有关企业和个人在从事生态资源开发和利用过程中应该支付一定的生态资源税或者生态资源费，以体现生态资源的经济价值，该原则是生态资源稀缺性的要求，也是市场经济条件下实现生态资源经济价值的需要。

4.2.2　生态保育法的基本法律制度

生态保育专项法的基本法律制度是国家生态资源管理制度在法律上的反映，是国家为了保证生态资源保护法的实现和生态资源保护法基本原则的实施而制定的法律规范的总和。

4.2.2.1　生态资源权属制度

生态资源权属制度是由生态保育法规定，关于生态资源的所有权、使用权等权属以及由此产生的法律后果由何者承担的法律规范的总称。生态资源权属制度明确了生态资源所有权、使用权等权属的主体及其权限，确立了开发利用和保护生态资源的秩序，因而是我国生态保育法的重要法律制度。

生态资源权属制度主要涵盖两个方面的内容，一是生态资源所有权制度，二是生态资源使用权制度。

生态资源所有权，是指生态资源所有权人对生态资源依法享有的排他性权利，包括占有、使用、收益和处分四种权能。生态资源所有权是一种不容侵犯的对世权，生态资源占有、使用、收益、处分的四种权能，既可以与所有权同属于一个主体，也可以与所有权相分离，由不同的主体享有。按照生态资源所有权的主体不同，生态资源所有权可以划分为生态资源国家所有权、生态资源集体所有权和生态资源个人所有权。按照生态资源所有权的客体不同，可以将生态资源所有权分为土地资源所有权、水资源所有权、矿产资源所有权、野生动植物资源所有权、森林资源所有权等。

生态资源的使用权是指单位和个人依法对生态资源进行开发利用并取得相应收益的权利。与生态资源的所有权相比较，生态资源的使用权主体较为广泛，使用权客体受到的限制较少，使用权内容受所有权和环境保护及生态规律的制约，而非无限制地使用。按照生态资源使用权的享有主体不同，可以将生态资源使用权分为国家享有的生态资源使用权、集体享有的生态资源使用权以及个人享有的生态资源使用权等。按照所使用的生态资源的类别不同，可以把生态资源使用权分为土地资源使用权、水资源使用权、矿产资源使用权、森林资源使用权、草原资源使用权、野生生物资源使用权以及海洋资源使用权等。按照生态资源使用权取得的代价，可以将生态资源使用权分为生态资源有偿使用权和生态资源无偿使用权。按照对生态资源使用权期限的规定不同，生态资源使用权可以分为有期限的生态资源使用权和无期限的生态资源使用权。生态资源使用权可以通过确认取得，受让取得，承包经营取得，开发利用取得，租赁或者抵押取得。

4.2.2.2　生态资源有偿使用制度

生态资源具有稀缺性的特点，使用必须付出对价，因而需要用法律确定生态资源有偿使用制度。生态资源有偿使用制度是指法律规定有关单位和个人必须缴纳一定的费用，才能开发利用生态资源。首先，要求使用者支付一定的对价，才可以获得开发利用生态资源的权利，有利于生态资源的保护和合理的利用；其次，有偿使用制度是获取生态资源保护的基金的一种途径，用来保护和恢复生态资源；最后，这一制度，一方面杜绝开发使用者的肆意破坏，另一方面又筹措资金用于生态资源恢复，有利于实现生态资源的可持续发展。

生态资源有偿使用的形式基本上有征收生态资源税和收取生态资源费。生态资源税是对在我国境内从事资源开发利用的单位或个人，就其资源生产和开发条件的差异而征收的税种，生态资源费是指对各种生态资源开发、利用和保护管理而收费的一个统称。生态资源税和生态资源费的区别在于：生态资源税是国家税收机关依法无偿取得的一种财政收入，征收机关是国家税务机关；生态资源费的收费主体不是税务机关，而是特定的行政机关，生态资源费的一部分由收取的行政机关支配，专门用于生态资源的开发利用和保护，而无须上缴国库。

4.2.2.3 生态资源规划制度

生态资源规划是行政规划的一种，是指国家机关按照法律规定，根据一国或地区的生态资源状况和特点以及国民经济发展的要求，考虑本国或本地区的生态利益和保护环境的需要制定的各个种类的生态资源的开发、利用、保护、恢复和管理的布局。生态资源规划制度是指对有关生态资源规划主体、对象、内容、原则及其法律效力等方面进行规定的一系列法律规范的总称。制定生态资源规划，是为了从宏观上解决生态资源开发利用与生态保护的矛盾，对生态资源分配问题作出合理的安排，以保证用最优的方式和结构开发利用生态资源，实现经济社会的可持续发展。

生态资源规划的原则是指生态资源规划的制定机关所必须遵循的规则或原理。可以归纳为：①保护和改善生态环境，保障资源的可持续利用；②统筹安排各类生态资源的开发利用，实现对资源的总体控制；③提高生态资源的利用水平与效率；④符合我国经济和社会发展的需要，符合我国的国情，地区情况和各类生态资源的实际情况，使生态资源规划切实可行；⑤规划必须符合法律法规的规定，按照国家标准和规范执行。

生态资源规划的制定机关一般是各个资源主管部门以及各相关部门或者是各级人民政府。制定生态资源规划时，一般由法定机关会同相关机关，经过广泛讨论，征求有关部门、单位、专家意见后，经同级人民政府审查提出意见后，最后报上级人民政府审核。

4.2.2.4 生态资源许可制度

生态资源许可制度，就是按照我国法律的规定，单位或者个人在从事开发利用生态资源或者在从事某些特殊生态资源的进出口交易之前，必须向有关的管理机关提出申请，经审查批准，发给许可证之后，方可在许可的范围内进行该活动的一整套管理措施的总和。生态资源许可制度，使得生态资源的开发从宏观上得到控制和规范，从而最大限度地实现人与自然、人与环境的协调发展，防止因开发过度而使生态资源遭到破坏和恶化。生态资源许可制度是我国生态资源保护的一项基本制度，包括资源开发许可、资源利用许可、资源进出口许可等，土地使用权证、采矿许可证、林木采伐许可证等都是许可制度的体现。

4.2.2.5 生态资源调查和档案制度

生态资源调查，是指由法定机构对一个国家或地区的生态资源的分布、数量、质量和开发利用条件等进行全面的野外考察、室内资料分析与必要的座谈访问等工作的总称。生态资源调查制度是法律对生态资源调查的主体、对象、范围、内容、程序和调查结果的效力等问题所作的一系列规定的总称，是生态资源调查的法律化、制度化。生态资源调查制度是人类开发利用生态资源、制定生态资源法律法规、制定生态资源规划、建立生态资源档案以及管理和保护生态资源的基础，它使国家、单位和个人能够了解到生态资源的基本情况，是国家和地方制定经济社会发展计划的重要依据。

生态资源调查必须依照法律规定的程序和方法由特定的机关和部门组织进行，生态资源调查的结果应当按照法律规定报送和建立档案，属于机密的数据和资料必须按照相关法律法规的保密规定管理，未经法定机关批准不得对外公开。

生态资源档案是指法定机关或者部门对生态资源调查所获得的资料和调查结果按照一定方式进行汇集、编纂和整理，从而建档并集中进行保管的各类资料和文件的总称。生态资源档案制度是法律对自然资源档案的种类、级别、适用对象、建立档案的程序和方法以及资料更新时间、查阅和借阅方法、保管技术和设施与设备、保管机构以及管理要求等方面所作的规定的总称。

生态资源档案制度在一定程度上是生态资源调查制度的延续，入档是生态资源调查的直接结果之一，生态资源档案的建立要以生态资源调查结果为依据。建立生态资源档案的目的是为了使人们了解生态资源的现状，从而为人们制定生态资源开发利用规划提供科学的依据。建立生态资源档案，有利于对生态资源的管理，加强对生态资源的保护。另外，生态资源档案的更新，能够使人们掌握生态资源状况的变化情况，从而对生态资源保护制度是否取得成效做出合理的评价。

4.3　生态法律的生态专项法建设

4.3.1　自然资源保护专项法

自然资源，是指自然环境中人类现在和将来可以直接获得或加以利用，可用于生产和生活的物质、能量和条件。自然资源保护法的任务包括保护以及合理开发利用自然资源。在自然资源的保护、开发、利用和管理过程中，需要遵循自然资源保护法基本原则。自然资源保护法的基本原则是指始终贯穿于自然资源保护法并且被法律确认的能够体现自然资源保护、开发、利用和管理基本方针政策的基本准则。它具体包括资源整体性原则、尊重生态规律原则和自然资源有偿使用原则。根据自然资源固有属性不同，自然资源保护法可以划分为可再生资源保护法和不可再生资源保护法两大子类型。其中可再生资源保护法的保护对象主要包括水资源、土地资源、海洋资源、森林资源、草原资源等与人类经济社会直接相关的重要资源，不可再生资源保护法的保护对象主要是指各种矿产资源。

从实际情况看，对于土地资源、水资源、森林资源、气候资源等资源的法律规范亟待根据生态文明建设的要求，尚未制定的需要制定，已经制定但无法适应新的现实需求的应该加紧修订与完善。

4.3.1.1　以生态文明理念为核心，加快自然资源法的修订

在生态文明建设背景下，自然资源法应该体现以人与自然和谐为核心的生态文明理念的基本要求。生态文明建设涉及非常广泛的内容，生态文明理念渗透在其他四大建设过程中，落实到法律层面，在不同领域的诉求会有不同的表达，具体法律条文的内容应当把生态文明理念作为基本准则和依据。具体来讲，以生态文明理念为核心的自然资源法的基本原则

包括以下四项内容：

（1）在人类与自然资源的关系上，兼顾对立与统一

随着人类文明的发展，人类社会与自然资源的关系也逐渐发生改变。人类社会从原始文明时期开始对自然敬畏，到农业文明时期通过开发利用自然资源而使人类取得进步和文明发展，从一定程度上来讲，人类社会的发展必须依赖于自然资源，离开了自然资源，人类无法开展任何经济社会活动。现有的自然资源法主要集中在人类对自然资源的管理和利用方面，强调人与自然的对立，但是忽视了自然资源对人类的反作用。因此，按照生态文明理念要求，加快对自然资源法的修订，应该按照生态文明尊重自然、顺应自然、保护自然的要求，认清人类是自然生态环境的一部分，按照人与自然和谐发展的要求，实现人类与自然资源的良性互动和共同发展，使人类与自然资源融为一体。

（2）从自然资源的价值角度来看，发展经济的同时要尊重生态规律

个别人为了满足自我的发展需要，受眼前各类利益的驱动，常常过度索取自然资源，并妄图通过改造自然创造更多的利益，并且这种利益的获取大多数是以牺牲环境为代价。个别人过度强调自然资源的经济价值，而忽视了自然资源重要的生态价值，或者即使意识到自然资源的生态价值，但是在对经济价值与生态价值进行取舍的过程中，选择了放弃生态价值。而生态文明理念的提出，正是为了提高人类对于自然的认知，通过推进生态文明建设让人类意识到自然资源生态价值的重要性，使人们在享受自然资源带给人类经济利益成果的同时，也更加注重和强调对于自然资源生态价值的保护，即加强生态环境的保护。

（3）在对待自然资源开发利用的问题上，要坚持自然资源有偿使用原则，开发与保护并重

给予自然资源充分的保护，让自然资源在承载力范围之内得以养护，也是为了未来可以继续开发利用自然资源。从根本上来讲，现有法律规定的开发和保护更多是政府管理意愿的体现和区域发展平衡的体现，强调的仍然是人类对于自然资源的支配权利和国家在自然资源所有权方面的权威，并且法律中部分关于环境保护的规定过于模糊，标准尚需进一步明确。自然资源法的修订完善必须兼顾开发和保护两种方式，真正转变为从尊重自然角度出发，按照生态发展规律和特点，避免过度开发或者超过生态资源承载力的开发行为。

（4）从法律执行和实施的角度来看，应该明确责任者，同时鼓励公众参与

生态文明建设是中国发展的千年大计，关系到每一位公民，生态文明建设的推动也需要公众的广泛参与。在生态文明建设的过程中，将公众参与明确到法律关系中，即使不是当事人，公众也可以有权充分地参与到环境保护的事务当中。只有这样，公众才有动力，为了维护良好的生态环境质量和维持自己基本的公众生态产品，行使好自己的监督权，从而促使当事人的各类活动对生态环境的破坏降到最低，并通过各类监督手段和权利尽可能地维护生态环境质量。在生态文明建设的推动下完善自然资源法，必须强调公众参与的作用。不仅要将具体法律关系中责任者的作用发挥到最大，同时通过法律的修订鼓励公众积极参与到对自然资源和环境的保护中，形成健全完善的自然资源法，以完善生态文明建设法律体系。

除了按照生态文明建设的要求对现有的法律进行修订和完善，同时还应当在吸收生态文明理念的同时，加强对自然资源法的清理和编纂。按照生态文明建设要求对前期的自然资源法进行全面清理，使生态文明理念得到充分体现，才能最终实现保护资源环境和建设生态文明的成效。因此，在法律清理的基础上开展法律编纂工作，制定一部完整的自然资源法

乃当务之急。制定自然资源法的目的就是为了实现自然资源的可持续管理，从而实现对自然资源的合理开发、利用和保护。

4.3.1.2 坚持自然资源有偿使用制度，加强对自然资源生态价值的保护

自然资源有偿使用制度是指有关单位和个人必须按照法律规定缴纳一定的费用，才能开发和利用自然资源的法律规范的总称。该制度在经济学上存在的前提即承认资源的稀缺性。

首先，自然资源有偿使用制度有利于促进自然资源的合理开发和节约使用。国家和集体一般是自然资源所有权的拥有者，而自然资源的使用权主体则非常广泛。使用权主体非所有权主体，使用者因为不拥有自然资源的所有权，可能会为了眼前的经济利益而造成资源浪费的严重后果。自然资源有偿使用制度正是为了杜绝此问题的发生，使用者必须支付一定的代价才可以获得开发利用权，可以促使使用者珍惜和合理地开发利用自然资源。

其次，根据自然资源有偿使用制度，使用者支付的资金可以用来保护和恢复自然资源。按照我国现行的有关自然资源的各个单项法中关于自然资源有偿使用制度的规定，资源使用费上缴之后，其中一部分要专项用于开发利用新的自然资源和保护恢复自然资源。如此一来，既减轻了国家开发保护自然资源的财政负担，又充分体现"谁受益，谁补偿"的公平原则。

最后，自然资源有偿使用制度有利于保障自然资源的永续利用，促进社会的可持续发展。自然资源有偿利用，在一定程度上可以减轻资源使用者对资源的破坏和浪费，并且资源使用费用于专项开发、保护、恢复自然资源，因此这一制度可以实现自然资源的可持续利用，符合可持续发展的理念。

4.3.2 自然区域保护专项法

自然保护区是指对具有代表性的自然生态系统、珍稀濒危野生动植物物种的天然集中分布区、有特殊意义的自然遗迹等保护对象所在的陆地、陆地水体或者海域，依法划出一定面积予以特殊保护和管理的区域。自然保护区是保护特殊自然环境和资源的重要设施，它不仅能为人类保存完整的生态系统的原始面貌，为评价人类活动对生态系统的影响提供参考，而且还能为濒危野生生物提供生存繁衍的场所，同时对保存动植物物种、提供种质资源、保护和改善环境、保持生态平衡都具有重要的意义；此外，自然保护区还可以为人们的教学、科研、环境保护、宣传教育、休闲娱乐提供有利的条件和场所，在很大程度上促进经济建设和科学、文化、教育以及旅游业的发展。

建立自然保护区对保护我国的珍稀濒危物种和自然遗迹，维护生态平衡，保护生态环境，促进社会经济可持续发展具有重要的意义。我国现行的法律规范中也有很多关于自然保护区的内容。目前现行的关于自然保护区的行政法规和规章主要有：《森林和野生动物类型自然保护区管理办法》《中华人民共和国自然保护区条例》《自然保护区土地管理办法》《海洋自然保护区管理办法》《中华人民共和国水生动植物自然保护区管理办法》，其中，国务院于1994年发布的《中华人民共和国自然保护区条例》（以下简称《自然保护区条例》）是自然保护区保护和管理方面的综合性法规，对自然保护区的保护原则、建设、管理和相关措施作了全面的规定，为各类自然保护区的建设和管理提供了有利的法律依据。其他的一些相关规定散见于《中华人民共和国环境保护法》《中华人民共和国森林法》《中华人民共和国野生动物保护法》等法律当中。

我国对自然保护区实行综合管理与分部门管理相结合的管理体制。国务院环境保护行政

主管部门负责全国自然保护区的综合管理。国务院林业、农业、地质矿产、水利、海洋等有关行政主管部门在各自的职责范围内，主管相关的自然保护区。县级以上地方人民政府负责自然保护区管理部门的设置，由省、自治区、直辖市人民政府根据当地具体情况确定。有关自然保护区的建设规定中，对建立自然保护区的条件、自然保护区的分级及命名、自然保护区的设立程序、自然保护区的分区保护，都做出了明确的规定。在自然保护区的管理规定方面，由国务院环境保护行政主管部门组织有关部门制定自然保护区管理的技术规范和标准。国家级自然保护区是由其所在地的省、自治区、直辖市人民政府有关自然保护区行政主管部门或者国务院有关自然保护区行政主管部门管理。地方级自然保护区，由其所在地的县级以上地方人民政府有关自然保护区行政主管部门管理。另外还规定了自然保护区的禁限制度，在自然保护区内的单位、居民和经批准进入自然保护区的人员，必须遵守自然保护区的各项管理制度，接受自然保护区管理机构的管理。对自然保护区内的人为活动，《自然保护区条例》规定了一系列的禁止和限制措施，主要包括：禁止在自然保护区内进行砍伐、放牧、狩猎、捕捞、采药、开垦、烧荒、开矿、采石、挖沙等活动；禁止任何人进入自然保护区的核心区；禁止在自然保护区的缓冲区开展旅游和生产经营活动；在国家级自然保护区的实验区开展参观、旅游活动的，由自然保护区管理机构提出方案，经省、自治区、直辖市人民政府有关自然保护区行政主管部门审核后，报国务院有关自然保护区行政主管部门批准；在自然保护区的核心区和缓冲区内，不得建设任何生产设施；在自然保护区的实验区内，不得建设污染环境、破坏资源或者景观的生产设施。

虽然已有的自然保护区域立法体系已经初具规模，但是现行法律未来仍然有进一步完善的空间。

（1）制定更高位阶的专门性自然保护区域立法

目前，最高位阶的专门性自然保护区域立法仅是条例，属于行政法规，虽然属于综合性立法，并且对自然保护区的全面保护和管理起到了一定的作用，但是效力位阶较低，很难统领其他相关的法律法规，也很难与其他部门法相协调。按照我国法律规定，如果条例与其他部门法的规定不一致，必须按照效力层级适用更高层级的法律，而其他法律不是自然保护区域的专门立法，从而给现实监管带来困难。因而需要专门针对自然保护区域制定更高位阶的综合性法律。

（2）明确立法目的，拓宽调整范围

生态文明建设对自然保护区域立法提出了更新的要求，自然保护区域立法应该涵盖生物多样性保护、生态安全等更多的内容。在立法目的上，应该拓宽除了保护自然区域环境之外的其他内容，如人与自然的和谐共处，经济社会的全面协调可持续发展等，对保护区进行科学的分类，与国际公认情况接轨。从专门法的整体上要努力全面调整个体、集体、国家与社会的关系，应该明确如何扶持和资助经济欠发达地区的自然保护区域，明确搬迁居民的补偿金来源，充分考虑保护区域原住居民的利益，建立区域间的利益平衡机制。

（3）健全法律制度和保障机制

自然保护区域专门立法中应明确区内居民应该享有的权利，充分发挥区内居民在自身生存发展和保护自然环境方面的主观能动性。利用市场经济手段增强对自然保护区域的管理与保护。要利用市场竞争、生态补偿等措施对自然保护区域进行开发利用，平衡自然保护区域内企业在开发利用自然资源过程中的权利与义务，鼓励当地居民积极参与自然保护区域的建设和管理。

（4）建立生态补偿机制，平衡各个区域间的利益

我国自然保护区域的面积已经约占整个国土陆地面积的15%，高于世界的平均水平。但是这些自然保护区中大多数在相对落后的地区。这些地区的发展水平和财政能力较低，而且建立自然保护区将在一定程度上影响这些区域的经济发展。基于此，应该考虑建立生态补偿制度，让自然保护区域内的居民在经济上获得补偿，可以通过设立专项基金、税收、生态风险抵押金等形式加强对自然保护区域的管理。

（5）划清自然保护区界，厘清土地利用矛盾

要在自然保护区域的批准文件中标明范围和界线，勘界立标。要明确规定自然保护区土地的取得和土地使用权的转移。加强对自然保护区域地籍的管理，改变目前个别地区土地管理和使用无序的状态。

（6）完善管理体制和运行机制

现行的管理体制中，由环保、林业、农业、国土、海洋、水利等部门共同组成自然保护区域的管理体系。此种管理体系在现实中发挥了一定作用，地方立法也普遍采用，但是还应增加协调管理机构的规定，同时应该设立更加权威的专门性综合性机构负责同级管理部门之间的监督和协调。在立法中明确具体职能部门和各自的职责范围，防止职能错位。

（7）管理手段多样化，增加公众参与途径

完善在整个自然保护区域的保护、管理、监督体系中的公众参与机制。在立法当中应该充分发挥保护区内居民的积极作用，鼓励他们参与到自然保护区的建设和发展当中来。公众可以对环境保护起到很好的监督管理作用，应当充分发挥公众和环保团体在自然保护区域建设过程中的监督管理的积极作用。

（8）增加违法成本，加大处罚力度

明确行政责任主体范围，明确环境保护行政主管部门在执法过程中如违法所应承担的行政责任。在民事责任方面，增加停止侵害、排除妨害等承担形式，同时保护自然保护区域周边居民的利益，在开发利用自然保护区域过程当中给其他居民造成侵害的，应当依法承担民事责任。

4.3.3　野生生物保护专项法

野生生物是野生动物和野生植物的合称。野生动物是指自然状态下生长且未被人工驯化的动物。我国《中华人民共和国野生动物保护法》中规定所保护的野生动物是指珍贵、濒危的陆生、水生野生动物和有益的或者有重要经济、科学研究价值的陆生野生动物。野生植物是指在自然状态下生长的并且未经人工栽培的植物，可以分为藻类、菌类、地衣、苔藓、蕨类和种子植物。我国《中华人民共和国野生植物保护条例》所保护的野生植物是指原生地天然生长的珍贵植物和原生地天然生长并具有重要经济、科学研究、文化价值的濒危、稀有植物。

野生生物作为一种可再生资源，不仅是重要的自然资源，也是重要的环境要素，同时与人类的生存息息相关。我国地域辽阔，自然条件复杂多样，是世界上生物多样性最为丰富的国家之一。但是城市化、工业化的迅猛发展，对野生动植物的人为破坏加大，缺乏合理保护，使得数量明显减少，甚至一些物种濒临灭绝。因此，加大野生动植物保护立法工作，加强野生生物保护专项立法势在必行。我国虽然已有《中华人民共和国野生动物保护法》《中

华人民共和国野生植物保护条例》等几十部相关的法律规范性文件，已经初步形成了野生生物保护法体系，但是生态文明对野生生物的保护提出了更高更新的要求，现有的野生生物保护法律体系尚需进一步适应生态文明对生态立法的要求。

我国现行保护野生动物资源的主要法律措施，规定了野生动物资源的权属，明确野生动物资源属于国家所有；同时国家依法对野生动物实行加强资源保护、积极驯养繁殖、合理开发利用的方针，鼓励开展野生动物的科学研究；并且由政府对在野生动物资源保护、科学研究和驯养繁殖方面有显著成绩的单位和个人给予奖励。在管理体制上，由国务院林业、渔业行政主管部门分别主管陆生、水生的野生动物。在保护措施上，首先对珍贵、濒危的野生动物实行重点保护，国家重点保护的野生动物分为一级和二级保护野生动物，并且制定国家重点保护野生动物名录；在国家和地方重点保护的野生动物的主要生息繁衍的地区和水域划定自然保护区，加强对其生存环境的保护管理；禁止任何单位和个人非法猎捕野生动物或者破坏它们的生存环境。由于环境影响对野生动物造成危害时，野生动物的相关行政主管部门要会同有关部门一起进行调查处理。目前对野生动物资源的管理措施主要有：建立野生动物资源档案；禁止猎捕、猎杀国家重点保护野生动物；颁布了驯养繁殖和猎捕许可证制度；明确了有关禁猎（渔）区、禁猎（渔）期以及禁止使用猎捕工具和方法的规定；国家禁止出售、购买、利用国家重点保护野生动物或者其产品，因为科学研究、驯养繁殖、展览等特殊情况的，必须经野生动物行政主管部门或者其授权的单位批准；经营利用野生动物或者其产品的，必须缴纳野生动物资源保护管理费。

对于野生植物资源，我国的《中华人民共和国野生植物保护条例》及其相关法律文件中也规定了一些措施，国务院林业行政主管部门主管全国林区内野生植物和林区外珍贵野生植物的监督管理工作，对野生植物同样实行分级保护，编制了国家重点保护野生植物名录，在国家重点保护野生植物物种和地方重点保护野生植物物种的天然集中分布区域，建立自然保护区；禁止任何单位和个人非法采集野生植物或者破坏其生长环境。由野生植物的行政主管部门及其他有关部门监测野生植物的生长，并采取措施，维护和改善国家重点保护野生植物和地方重点保护野生植物的生长条件。如果因为环境影响对国家重点保护野生植物和地方重点保护野生植物的生长造成危害时，由野生植物行政主管部门会同其他有关部门调查并依法处理。在管理措施上，建立野生植物资源档案；实施重点保护植物采集证制度，禁止采集国家一级保护野生植物，如果因为科学研究、人工培育或者文化交流等特殊需要，采集国家一级保护野生植物的，必须经采集地的省、自治区、直辖市人民政府野生植物行政主管部门签署意见后，向国务院野生植物行政主管部门或者其授权的机构申请采集证；禁止出售、收购国家一级保护野生植物。

野生生物对人类有极其重要的意义，生物多样性的存在可以保障整个生态系统，支持生命系统健康运行。生态系统的各个组成部分是密不可分、息息相关、有机联系的整体，野生生物必须依赖于自然界而存在，同时也是自然界不可或缺的重要组成部分。按照生态文明的要求，除了现有的关于野生生物的原则性立法以外，还应该细化相关规定，增加公众参与和环境公益诉讼，从而加强对野生生物的保护。生态文明理念的核心是尊重自然、尊重生命，实际是要实现人与自然的和谐发展。因此，在生态文明视角下，保护野生生物的根本目的不是利用野生生物，而是将自然环境作为一个整体，通过生物多样性保护，维持生态环境可持续发展所必需的地球物种丰富多样的状态。所以尚需完善制定专门的野生生物专项法，适应生态文明建设的要求。

4.4 生态法律的生态执法体系建设

生态执法是国家执法活动的组成部分，通过有效的生态执法，可以使有关的生态法律得以实施，从而实现生态法的目的。生态行政执法，是指有关的国家机关或法律法规授权、委托进行环境管理的组织，按照法定职权和程序，为了贯彻实施环境法律、法规，而直接对特定的组织和个人及相关的环境行政事务采取措施，使生态法律法规中抽象的权利义务变成生态法律主体的具体的权利义务。生态执法是生态法律法规实施的重要组成部分，是最普遍的实施生态法的活动，也是生态法实现的主要途径。

4.4.1 改革生态环境监管执法体制的必要性

环境监管执法体制保证独立性，是生态文明建设工作有效推进的保障。党中央提出了"独立进行环境监管和行政执法"的全面深化改革的决定意见，根据此意见的要求，环境监管执法体制必须具有独立性，生态文明的制度体系才能得以补充和完善。健全的制度有利于保障环境质量，有利于通过法律手段协调环境保护与经济发展二者之间的关系，有利于生态文明工作的推进。

环境监管执法体制保证独立性，是深化环境管理的强有力的支撑。要保证执法主体具有独立的地位，赋予其足够的权能，还要具备专业的知识，才能够凸显执法主体在工作过程中的权威性，提高行政效率。此外，还必须杜绝政府的不当干预，让执法主体在监管时务必遵从法律的规定和依照执法程序，公正公平地执行相关行政命令。

环境监管执法体制保证独立性，是满足民众日益增强的环保诉求的切实需要。近几年，民众日益关心污染引发的人体健康等问题，对提升环境质量的愿望也日益增强，随之对企业认真履行社会责任、政府加强监督环境保护工作的要求也相应加大。因此，更需要保证环境监管执法的独立性，对民众关心的、反映强烈的一些环境问题加大力度及时解决，使民众的知情权等环境权得到保障。

4.4.2 生态环境监管执法的改革内容

4.4.2.1 奠定生态环境监管执法的法律基础

2015年开始施行的新环保法在监督管理职责的设计上有了新的总则规定，但是在具体的监督管理如何分配、如何施行上仍需制定更明确的细则，所以需要制定有关的法律法规，给予环保部门独立执法的法律地位，让其具备独立监管和独立执法的法律基础，明确分配中央一级和地方各级的权责，涉及各种环境要素的监管内容都需要一一明确整合。严格禁止其他地方政府机关、组织团体或个人干涉环保机关调查监管的独立性。

4.4.2.2 建构统一的生态环境监察体系

我国现行的《环境保护法》中规定，具有监察职能的主体可以是县级以上的环境保护行政主管部门，受其委托的环境监察机构，其他负有环境保护监督管理职责的部门。这就可能给现实中的环境执法带来主体分散、职责交叉等问题，所以能不能建立一个统一的环境监察机构，是值得深思的问题。建立一个更高层级的环境监察机构，有利于整合各方力量，协调统一监管职责，多头执法问题也可以得到解决。

可以在国家层级设立统一的环境监察机构，地方层级设立区域的分支机构作为派出机构，加强中央一级对地方各级分支机构的监督管理力度。全国环境执法监督工作统一由国家环境监察机构进行监管，地方各级监察机构对地方污染事务进行监管，由污染单位承担相应责任。执法方式上，要注意多种方式的运用。要加强对现场检查的管理，制定检测规范等。

4.4.2.3　改革地方层级的监管执法体系

地方各级的环境保护行政主管部门，职责上一方面需要接受上级环境保护主管部门的领导和业务指导，另外一方面还要对下级环境保护主管部门以及同级别的由其他部门负责的环境监管和执法工作进行监督检查。上一级环境保护主管部门应该对下一级的执法工作进行严格的督察，对不当的干预行为应该及时纠正。地方层级的环境保护执法机关既要对本级的环保部门负责，也要对上一级的环境执法机关负责，业务上要接受上一级主管部门的指导。充分做好顶层设计和宏观层面的管理规范设计，将各个部门原有的环境监管和执法功能进行整合，在城市一级建立统一的环境监管和执法的工作机制，建立"国家-省-市"三个层级的相对独立的环境监管和执法的领导机制，同时探索监管执法的垂直管理改革，包括监管职责、执法方式与内容、配套经费、人事任免、信息共享等工作。

4.4.2.4　加强农村监管执法力量

县级以上人民政府及其环境主管部门，应该根据本区域特点，制定农业资源地区规划，合理保护与利用当地农业资源的规划，注意对农业资源的监测，可以采取措施，督促相关企业进行治理，防治固体废物、废气、废水等对农业生态的污染，有造成污染事故的，应该依法进行调查处理，如果给当地农民或者农业生产造成损失的，责任企业负责人应该承担法律责任。加强农村污染的监督管理，提高农村环境质量水平，配备专业的环境监督检查人员或者派驻环境专员专门从事监督工作，提高农村的监督执法水平。

4.4.2.5　设立生态环境的联合执法制度

环境执法主体多样，涉及我国各级人民政府、各级的环境保护主管部门以及众多的具有执法职责的相关部门，在此种情况下，如果主管部门权力薄弱，容易导致各个部门的执法行为无法协调一致，进而有导致环境执法错乱的可能，严重的将会影响环境执法的效果。我国目前已经建立了"河长制"的管理制度，打破了原有流域的管理界限，可以进一步思考建立跨行政区划的联合执法体系，对一些跨区域的环境污染问题，可以由各区域的行政主管部门形成合力，互相配合，共同查处涉及污染的企业和违法行为。建立联合执法制度，首先要打通行政区域划分，连通各个区域的监督执法信息，实现信息的共享和公开，建立健全统一的执法制度，规范执法流程和标准。同时应鼓励多部门的联动，不能仅仅依靠环保部门解决所有的污染问题，需要公安、工商、农林、卫生、金融等各个相关部门的积极协调与配合。联合其他多部门对存在环境违法行为的企业进行打击，同时综合运用金融、司法、行政等不同手段形成"组合拳"，共同解决执法中存在的问题。

4.5　生态法律的生态司法体系建设

4.5.1　生态司法的特殊法律制度

生态司法是指国家司法机关按照法定的职权和程序，应用法律规范具体处理环境案件的专门活动。生态司法作为一个国家整个司法活动的重要组成部分，同时也是一个国家的司法制度在环境方面的体现。生态司法是实施环境法的重要方式，也是环境法得以实现的最终的制度保证，是国家强制力的介入。

在我国由各级人民法院和人民检察院中的相应部门来处理环境案件，公安机关对环境刑事案件的侦查活动也属于生态司法活动的范畴。在我国，《中华人民共和国刑事诉讼法》《中华人民共和国行政诉讼法》《中华人民共和国民事诉讼法》《中华人民共和国环境保护法》以及其他相关的民法和行政法等，是处理生态案件的法律依据。环境行政诉讼、环境民事诉讼和环境刑事诉讼是我国的三类环境司法活动。

我国在环境司法制度的设计上，有不同于其他一般的司法制度的特点。比如不同于一般的民事诉讼，环境民事诉讼采用的是举证责任倒置的原则。举证责任分配的一般原则要求原告方承担举证责任，但是举证责任倒置，就是针对一些特殊的案件，将原本是由原告方承担的证明责任，改为由对方当事人承担的一种做法。环境民事诉讼中因环境污染引起的损害赔偿诉讼就属于特殊的案件类型。因为环境污染损害具有复杂性和流动性等特征，污染一般以环境质量的改变和自然生态的破坏为媒介来影响和危害人类活动，因此环境污染引起的损害赔偿诉讼的举证责任要牵涉众多复杂的科学技术问题，要让原告去证明污染行为与损害事实之间存在因果关系是极为困难的，不利于保护受害人的合法权益，因此在此类案件中施行举证责任倒置较为公平。

特别诉讼时效，也是生态司法的一项特殊法律规定。特别诉讼时效，是指由特别法规定的诉讼时效，是相对于普通诉讼时效而言的。民事基本法规定了普通诉讼时效，即除法律有特别规定外，可以普遍适用于各种民事法律关系的诉讼时效。我国在《民法通则》第135条里面规定了我国民法的普通诉讼时效为2年，因而一般情况下民事请求权在2年内不行使，便丧失了请求法院依诉讼程序强制义务人履行义务的权利。但是在环境民事诉讼领域，存在着不适用普遍诉讼时效的特殊情况。我国的《环境保护法》明确规定环境污染损害赔偿要适用较普通诉讼时效更长的特别诉讼时效。之所以有这样的规定，也是由于环境污染造成损害与一般的民事侵权不同，污染行为与损害后果大多不是同时同地发生，而且二者之间的时间、空间距离较远，因此为了保护受害人的合法权益，环境法对此规定了特殊的诉讼时效。根据现行法律规定，环境民事诉讼的特殊性主要体现在了因环境污染而引起的损害赔偿诉讼上，其他的环境民事诉讼及环境污染引起的其他诉讼应当按照我国《中华人民共和国民事诉讼法》及其他有关法律法规进行。

对违法行为按日计罚也是一项特殊的法律规定。2015年1月1日起开始施行的新的《环境保护法》规定，如企事业单位在生产经营中违反规定排污的，造成或可能造成严重污染时，县级以上的环境保护主管部门等职能部门，可以查封、扣押造成污染的设施设备。排污违规企业受到罚款处罚后，若拒不改正，依法进行处罚的行政机关可自责令改正之日的次日起，按照原处罚数额按日连续处罚。环境违法成本低是造成当前环境污染形势严峻的重要原因之一。这项新的规定赋予了执法部门更确实的执法权力，在新环保法中，对环境违法行为按日计罚、上不封顶，这在现行环境行政法规体系中是一个创新性的行政处罚规则，加大了对环境违法行为的处罚力度，形成了对违法犯罪行为人的震慑功能。

4.5.2　生态司法专门化

生态司法专门化，是中央或者地方层级建立专门处理环境案件的审判机关，或者在现有的司法机构内部设立审理环境案件的环境法庭作为专门的审判组织。换句话说，也可以理解为是生态环境案件审理的专门化。生态司法专门化从20世纪60年代开始出现，美国和新西兰是最先成立环境法院的两个国家，随后在澳大利亚的一些州也相继设立环境法院。

我国从20世纪80年代开始了生态司法的实践探索。2007年，贵阳市中级人民法院生态环境保护审判庭和贵州省清镇市人民法院环境法庭成立，成为中国第一家生态环境保护法庭，开始对生态文明的司法保护进行积极探索。此后，生态司法专门化在地方层级法院迅猛发展。生态司法专门化在世界许多国家得到认可和发展，有很多原因。第一，生态司法专门化给诉讼主体带来了便捷，节约了诉讼人的时间，当事人可以直接向环境法庭提起诉讼，而不用思考向哪一个或哪一级法院提起诉讼，为当事人提供了更加优质的服务。第二，工业化和城市化迅猛发展，日益增加的生态案件从客观需求上要求生态司法的专门化，需要设立专门审理生态案件的环境法庭。随着环境信息的公开，民众环保意识和诉求的提高，生态案件的数量还将持续增加。第三，环境案件涉及多方面复杂的情况，环境涉及化学、环境、生态、法学等多个交叉学科的知识，由此要求审理案件的法官具备专业的知识储备，甚至可能要求特殊的审理规则和程序，普通的法庭或者法官难以审理。为了生态案件的有效审理，需要设立专门化的环境法庭，保证诉讼有效进行。第四，生态司法专门化，彰显了国家治理环境污染的坚决态度，表明对公民环境权的重视和保护，鼓励民众通过司法途径解决生态纠纷，保护自身的合法权益，创造良好的诉讼环境，让当事人可以更好地得到司法救济。

生态司法专门化具有合理性和现实的客观需求，我们应该效仿已有的专门的铁路法院、海事法院这些司法传统，大力发展生态司法的专门化。当前专门的环境法庭还存在发展不平衡的问题，具有区域性和地方性，未来还应在更高层级设立更多的环境法庭，统一名称和规则，推进生态司法专门化的健康发展。

4.5.3　生态公益诉讼

目前施行的《环境保护法》第五十八条规定，如果有污染环境、破坏生态、损害社会公共利益的行为，符合下列条件的社会组织可以向人民法院提起诉讼：①依法已经在设区的市级以上人民政府民政部门登记过的；②专门从事环境保护公益活动连续五年以上且无违法纪录的。符合这款法律规定的社会组织向人民法院提起诉讼，人民法院应当依法受理。这一规定将我国的环境公益诉讼落到实处，从设想成为了现实。在全球许多国家，已经有了多年的环境公益诉讼的成功经验，各国民众的环境公共利益得以保障，避免了"公地悲剧"的发生。我国经济发展的奇迹令世人瞩目，但是我们也付出了惨痛的环境代价，先发展后治理的老路不能再重复，所以环境公益诉讼这一新的修订是契合民众的利益，众望所归。

环境公益诉讼这一新的修订，给我们开展公益诉讼提供了有力的法律依据，近几年环境保护的社会组织蓬勃发展，数量激增，此次修订给社会组织赋予了原告资格，有利于提升环保组织的能力建设，必将为我国的生态文明建设起到积极的作用。

未来的生态公益诉讼还有很多方面可以继续完善发展，比如可以尝试扩大原告主体资格的范围，增加个人、集体、企事业单位等作为公益诉讼的主体；完善专门的程序规范，适用特别程序；另外对证据规则，证人证据的效力，举证时间，举证责任等还应该进一步完善明确；设立法律援助、法律救助等生态诉讼的帮助和支持的制度，优化生态公益诉讼的司法环境。

4.6 生态法律体制改革展望

保护自然环境，建设生态文明和美丽中国，关乎中华民族长远福祉和人类共同命运。在党的十九大上，生态文明建设已经被提升为"中华民族永续发展的千年大计"，成为新时代中国特色社会主义思想的一个极其重要的组成部分。生态文明和美丽中国建设，是一场贯穿政治、经济、社会、文化各方面和全过程的整体文明变革，目标宏伟远大，并非朝夕可至，更非培养一批专业人才、发展一批环保科技、建设一批环保工程所能完全实现。从根本上说，它需要全社会的整体精神自觉和积极实践行动，而生态法律制度是顶层设计，是生态文明建设深化的基础和保障。

习近平总书记提出我们要实现全面的依法治国，实现全面依法治国的其中一个途径就是要推进生态法制的建设，这既是艰巨任务也是顺应现实的需要。改革开放以来，我国的经济得到了迅猛发展，现代化建设成效世人瞩目，但是由此带来的环境污染也不容忽视，也给人民群众的健康生活带来隐患。为了尊重自然，顺应自然的发展，为了不再走先污染后治理的传统道路，为了满足人民群众日益增长的对生态环境和健康宜居的诉求，我国提出生态文明建设深化改革的总体方案，其中重要的一项就是生态制度建设。推进生态法律体制改革，首要应该确立生态基本法的法律地位，加强生态保育法与生态专项法的立法建设，构建系统的生态法律体系，除了立法之外，生态司法、生态执法也是重要的改革和建设内容。环境司法执法人员应该秉持生态法治思维，树立生态执法理念，坚决贯彻生态法治的规范，严格履行生态法律职责，对违法行为处罚到底。推进生态法制的改革和建设，是我们建设美丽中国，深化生态文明法制的必由之路和应有之义。生态法制的发展凸显了一个国家的法治水平，体现了社会的文明程度。只有加快实现生态法制改革建设，才能使得生态文明建设拥有法律保障，从而推进整个社会、人民群众与自然的和谐共生发展，迎来我国生态文明与生态法制的新局面。

参考文献

[1] 王灿发.论生态文明建设法律保障体系的构建.中国法学，2014（3）：34-53.

[2] 杨朝霞，程侠.确立"生态立国"战略推进生态法治主流化.环境保护，2015，43（3）：54-57.

[3] 魏胜强.论生态文明视域下自然资源法的完善.扬州大学学报（人文社会科学版），2015，19（6）：5-13.

[4] 马燕.我国自然保护区立法现状及存在的问题.环境保护，2006（21）：42-47.

[5] 吴真，孙宇.生态文明视域下我国野生生物保护法的路径选择——以美国《濒危物种法》为借鉴.吉林大学社会科学学报，2013，53（5）：126-133.

[6] 王金南，秦昌波，苏洁琼，等.国家生态环境监管执法体制改革方案研究.环境与可持续发展，2015，40（5）：7-10.

[7] 吕忠梅.生态文明建设的法治思考.法学杂志，2014，35（5）：10-21.

[8] 马生军.推进生态法治　建设美丽中国.人民论坛，2018（14）：88-89.

[9] 史学瀛.环境法学.北京：清华大学出版社，2010.

[10] 蔡永民.环境与资源保护法学.北京：人民法院出版社，中国社会科学出版社，2004.

[11] 1989.中华人民共和国野生动物保护法.

[12] 1994.中华人民共和国自然保护区条例.

[13] 1997.中华人民共和国野生植物保护条例.

5 生态安全体制建设

【摘要】本章从生物安全体制建设、环境安全体制建设和生态系统安全体制建设三个方面论述了生态安全体制建设的国内外进展以及主要建设内容，并尝试对生态安全的评估体系和预警体系的理论与方法进行探索。从生物安全原则、粮食安全体制建设和生物多样性保护体制建设三个方面论述了生物安全体制建设；从环境质量目标导向的环境安全体制建设、环境承载力控制的环境安全体制建设和环境风险控制体系建设三个方面论述了环境安全体制建设；从生态系统服务功能、生态系统服务功能评估和生态系统安全体系建设三个方面论述了生态系统安全体制建设；从生态安全与人类活动响应关系和生态安全评估指标体系与方法两个方面论述了生态安全的评估体系建设；从生态安全预警指标体系、生态安全预警度判别及分区和生态安全预测预警三个方面论述了生态安全的预警体系建设。

中国建设生态文明，提出树立尊重自然、顺应自然、保护自然的理念，坚持人与自然和谐共生，加大生态系统保护力度，作为建设美丽中国、实现中华民族伟大复兴道路的理论支撑。作为支撑生态文明建设的"五大体系"之一，生态安全体系是必须守住的基本底线，被看作国家安全体系的重要基石。

生态安全，是人类在资源环境约束加剧的背景下，从生态系统安全与人类安全的关系视角，探索实现人类可持续发展的方式。20世纪70年代，生态安全理念开始出现，用于描述当个体或者整个生态系统受到生物与周围环境共同作用和影响时，能够保持正常功能，维持生态系统平衡的状态。1987年，世界环境与发展委员会（WCED）在《我们共同的未来》中明确提出"对安全的定义不能局限于国家主权和军事威胁层面上，必须扩展至包括环境恶化和发展条件破坏在内的层面上"，生态安全逐步引起环境和发展领域研究者的重视。1989年，国际应用系统分析研究所（IIASA）从资源的角度，提出生态安全是人们享有资源权利不受威胁和侵害的状态，包括自然生态安全、经济生态安全和社会生态安全。1992年，在里约热内卢召开的地球高峰会议上，各国首脑经过专题会讨论之后，确立了各国共同应对全球生态环境安全问题的原则。之后，各国纷纷聚焦环境资源退化和破坏引发的暴力冲突这一类生态安全问题，开展大量专题研究，实施了环境与剧烈冲突项目（Environment and Acute Conflict Project）、环境与冲突项目（the Environment and Conflict Project）等项目，有效推动了生态安全实践进程。2000 年，全球化与生态安全会议（Conference on Globalization and Ecological Security）在美国马里兰大学召开，与会者共同研讨全球未来 20 年生态安全领域的发展方向和研究重点。2002 年，国际全球环境变化人文因素计划（IHDP）制定全球环境变化和人类安全之间联系的研究规划，同时提出将多学科交叉综合研究应用于这一主题的理念。

中国落实生态文明理念，推进生态安全建设，主要体现在生态系统保护、生物多样性保护和环境污染防治三个方面。生态安全体系既包括资源消耗引起的环境污染，又包括经济活动引起的生态退化，因此要通过实施主体功能区战略来优化国土空间开发格局，通过加强生物多样性保护来维护生态系统的完整和稳定，和通过加大污染防治力度着力解决环境问题。在具体研究和实践中，生态安全包括生物安全、环境安全、生态系统安全，研究内容和方法主要有生态安全评估方法体系和生态安全预警体系。处理好涉及生态环境的重大问题，是维护生态安全最具有现实性和紧迫性的要求，是生态安全政策的重要着力点；维护生态系统的完整性、稳定性和功能性，确保国家或区域具备保障人类生存发展和经济社会可持续发展的自然基础，是维护生态安全的基本目标。

5.1 生物安全体制建设

早在 1976 年，美国国立卫生研究院针对含有重组 DNA 的病原微生物的实验室安全管理提出生物安全的概念，并出台一系列具体措施。1992 年，联合国环境规划署在《生物多样性公约》中首次正式提及生物安全问题，并将其内容扩展到快速发展的生物技术领域。2000 年，在加拿大蒙特利尔召开《生物多样性公约》缔约国大会，通过《卡塔赫纳生物安全议定书》，将生物安全定义为"采取预先防范办法，协助确保在安全转移、处理和使用凭借现代生物技术获得的、可能对生物多样性保护和可持续使用产生不利影响的改性活生物体领域内采取充分的保护措施，同时顾及对人类健康所构成的风险"。之后，联合国粮农组织（FAO）、世界卫生组织（WHO）、经济合作与发展组织（OECD）等也从各自组织所处领域涉及的生物安全问题出发提出了生物安全的定义，例如，FAO 将生物安全定义为"控制食品安全、动植物健康及环境领域风险的战略和政策法规体系。它包括动植物病虫害和寄生虫病的引入风险管理、转基因生物及其产品的引进和释放、生物入侵种及基因型的风险管理。生物安全是与农业可持续发展、食品安全和环境保护（包括生物多样性）直接相关的一个综合性概念"。WHO 将其定义为"非故意暴露于病原物和有毒物质或病原物和有毒物质非故意释放的预防政策、技术和措施"。针对生物安全的各种定义尽管侧重点不同，但是定义的核心内容都在于如何预防生物危害，以及通过有效的管理和控制，使生物处于安全状态。2000 年，中国发布《全国生态环境保护纲要》，提出国家生态安全是指一个国家生存和发展所需的生态环境处于不受或少受破坏与威胁的状态，生态破坏将使人们丧失适于生存的空间，并由此产生大量生态难民。这是我国首次将生态安全作为环境保护的目标纳入国家安全的范畴。

5.1.1 生物安全原则

1992 年《生物多样性公约》提出，针对生物安全，缔约方应考虑是否需要一项议定书，规定适当程序,特别包括事先知情协议,适用于可能对生物多样性的保护和持续使用产生不利影响的由生物技术改变的任何活生物体的安全转让、处理和使用。生物安全原则包括积极参与国际生物安全保护条约、制定国内生物安全保护规范以及规定,落实生物安全执法几个方面。

5.1.1.1　生物安全国际法基本原则

中国积极参加《生物多样性公约》和《卡塔赫纳生物安全议定书》等国际生物安全保护条约,遵循生物安全国际法规定的基本原则,将其视为中国生物安全法律制度建设以及执行生物安全管理的内在构成部分。

（1）风险防范原则

生物安全的风险防范原则,是指一种生物技术的产生与推广如果会给外部环境造成可预测的、难以恢复的或无法避免的危害,我们就必须采取必要的手段来避免这类事件发生。在该原则下,即使现存科技水平没有足够的理由和证据证明这种危害性,也必须要采取符合科学和常理的预防手段。这个原则是生物安全国际法的基本原则,也是首要原则,它的地位居于其他原则之上。它包含以下几个方面:第一,生物科技的使用是否会产生危害,依照目前的科学技术水平还无法明确诊断,至少在目前,还存在合理的争议;第二,假如这种危害环境的事件发生,将导致严重的后果,且这种严重后果难以控制,不可逆转;第三,不能以第一点,即"生物科技的使用是否会产生危害,依照目前的科学技术水平还无法明确诊断"为理由,来拒绝采纳合理的风险预防措施。

（2）多方合作原则

生物安全国际法的多方合作原则是指在保护生物多样性、基因工程、转基因试验等领域,倡导国际生物安全防治各方参与者——各主权国家和地区、政府间组织、其他国际组织和联合国之间相互联系起来,密切合作,共同参与到生物安全的合作之中。这是由于生物安全问题往往突破国家或地区的范围,成为全球性问题,任何一个主权国家或者地区都无法独善其身。只有在全球范围内,各国之间相互联合,共享科技和安全防治措施,才能有效地解决相关问题。

（3）无害利用原则

无害利用原则是指生物技术利用主体应当保证自己对该项生物科技进行试验、研究、利用过程中,这项生物科技处于自己能够控制的范围内,确保其不会对其他生物产生危害,不会危及周边环境,不会导致严重的生物安全危机。当然,这也包括这项生物科技不会对人类健康和可持续发展带来严重危害。

（4）谨慎发展原则

生物科技是一种新兴科技,是一种具备极大功效但也潜藏极大风险的新科技手段。它具有极大的复杂性和危害性,一旦使用不当将给自然和社会带来巨大风险。

5.1.1.2　中国生物安全司法保护原则

参考生物安全国际法基本原则,结合中国实际情况,可确立生物安全的司法保护原则,为具体的司法制度提供原则性支持。生物安全司法保护基本原则是生物安全立法、民事行为和民事司法的基本准则,是体现民法精神、指导生物安全民事立法、司法和民事活动的基本原则,生物安全司法保护的原则包括:权利保护原则、损害赔偿原则、禁止权利滥用原则和信息披露原则。

（1）权利保护原则

生物安全法律权利是规定或隐藏在生物安全有关法律规范中，主体以相对自由的作为或者不作为的方式获得生物利益的一种关系。生物安全法律权利是一种资格，主体享有这种资格，就可以去行动，以作为或者不作为的方式占有生物技术或享受生物安全利益。

生物安全的法律权利应当具备两方面的内容。首先，这种权利的主体是一种现实但有区别的主体，它具备一定的层次性和等级性。它可能是个人的权利，可能是集体的权利，也可能是国家的权利。其次，在权利内容上，以生物安全为中心向外延展，联系了发展生物科技、保护生态环境和生物多样性、促进转基因研究等若干方面，最终实现人与自然和谐共生。

（2）损害赔偿原则

损害赔偿原则是指在生物安全风险转变为现实的损害之后，有关主体根据生物安全法的规定，向被损害方给予赔偿的一整套措施。这种损害，从法律上来讲，应当包含两个方面：第一是对人类的身体伤害，主要是指生物安全风险转为现实损害后的直接人身伤害；第二是经济损害，主要指生物安全事故导致的环境问题、生态问题及与之相关的经济损失。

（3）禁止权利滥用原则

禁止权利滥用原则指一切民事权利的行使，均不得超过其正当界限，否则即构成权利的滥用，应当承担责任。权利的行使，原则上应当依照权利人的自由意志，不受他人干涉。但是，任何权利的行使都应当有一定程度和范围。如果权利的行使完全无视他人和社会利益，则违反了权利存在的宗旨。

禁止权利滥用原则可作如下表述：享有生物安全权利的公民、法人可以自由实现并享受自己由生物安全权利产生的各项民事利益，同时不得侵犯其他民事主体享有安全的利益。公民、法人的民事权益受到侵犯，依法可进行自力救济或者公力救济。

（4）信息披露原则

信息披露原则是指生物安全信息披露义务人应当在法律约束下，及时、真实、准确地向社会公众或者监管方提供法律规定的生物安全内容，便于对生物安全进行有效监管和社会监督。信息披露必须遵循真实披露、准确披露、完整披露、及时披露等客观要求。

真实披露是指生物安全信息披露义务人所公开的情况不得有任何虚假成分，必须与自身的客观实际相符，不得利用所掌握的科技手段作不真实的披露。准确披露是指生物安全信息披露义务人公开的信息必须尽可能详尽、具体、准确，不得作不准确的披露或者设法隐瞒。完整披露是指生物安全信息披露义务人必须把能够提供给公众和监管部门的情况全部公开。及时披露是指生物安全信息披露义务人应当在法律、法规、规章及其他规定要求的时间内按指定的方式披露。

5.1.2　粮食安全体制建设

联合国粮农组织（FAO）在《世界粮食安全罗马宣言》中提出，粮食安全必须使每一个人在任何时候都能够在物质上和经济上获得足够、安全且营养充分的粮食。2001年波恩粮食大会提出可持续粮食安全理念，强调粮食安全需满足当代以及后代在身体健康、精力旺盛状态下可持续地从事生产生活活动需求。

粮食安全始终是关系我国国民经济发展、社会稳定和国家自立的全局性重大战略问题。1996年，中国国务院发布的《中国的粮食问题》白皮书提出，中国政府在当时应对粮食安全问题的任务是在进一步增加粮食总量的同时，努力发展食物多样化生产，调整食物结构，继续提高人民的生活质量，向小康和比较富裕的目标迈进。《国家粮食安全中长期规划纲要（2008—2020年）》指出，保障我国粮食安全，对实现全面建设小康社会的目标、构建社会主义和谐社会和推进社会主义新农村建设具有十分重要的意义。当前我国粮食安全形势总体是好的，粮食综合生产能力稳步提高，食物供给日益丰富，供需基本平衡。但我国人口众多，对粮食的需求量大，粮食安全的基础比较脆弱。从今后发展趋势看，随着工业化、城镇化的发展以及人口增加和人民生活水平提高，粮食消费需求将呈刚性增长，而耕地减少、水资源短缺、气候变化等对粮食生产的约束日益突出。我国粮食的供需将长期处于紧平衡状态，粮食安全保障面临严峻挑战。保障我国粮食安全，要坚持基本靠国内保障粮食供给，加大投入和政策支持力度，严格保护耕地，依靠科学技术进步，着力提高粮食综合生产能力，增加食物供给；完善粮食流通体系，加强粮食宏观调控，保持粮食供求总量基本平衡和主要品种结构平衡，构建适应社会主义市场经济发展要求和符合我国国情的粮食安全保障体系。

要提高粮食的生产能力。要加强耕地和水资源保护，坚守耕地红线，充分结合农村产权制度改革，科学地做好永久基本农田划定工作，防止耕地和基本农田流失，加强高标准农田建设和中低产田改造及耕地综合治理，推广节水技术和地力培肥，有效恢复耕地质量，通过建立基金、增加粮食生产生态补贴等方式提高粮食质量。要切实加强农业基础设施建设。要加强粮食新品种研发，着力提高粮食单产水平，培育种粮大户，加强主产区粮食综合生产能力建设，支持粮食加工经营龙头企业。要强化生产技术服务，延伸粮食生产后加工、包装、储藏等后续服务，鼓励社会资本投资，拓展多元化服务模式，健全农业服务体系。

要利用非粮食物资源。大力发展节粮型畜牧业，积极发展水产养殖业和远洋渔业，促进油料作物生产，大力发展木本粮油产业。

要加强国际粮油合作。要完善粮食进出口贸易体系，积极利用国际市场调节国内供需。在保障国内粮食基本自给的前提下，合理利用国际市场进行进出口调剂。要继续发挥国有贸易企业在粮食进出口中的作用。要加强政府间合作，与部分重要产粮国建立长期、稳定的农业（粮油）合作关系。要实施农业"走出去"战略，鼓励国内企业"走出去"，建立稳定可靠的进口粮源保障体系，提高保障国内粮食安全的能力。

要完善粮食流通体系。要继续深化粮食流通体制改革，健全粮食市场体系，积极争取国际市场，发展粮食贸易伙伴，建立可持续、和谐的贸易关系，拓宽粮食进口渠道，加强粮食物流体系建设。

要完善粮食储备体系。完善粮食储备调控体系，应优化储备布局和品种结构，健全储备粮管理机制。

要完善粮食加工体系。要大力发展粮油食品加工业，积极发展饲料加工业，适度发展粮食深加工业。

同时，要通过强化粮食安全责任、严格保护生产资源、加强农业科技支撑、加大支持投入力度、健全粮食宏观调控、引导科学节约用粮、推进粮食法制建设、制定落实专项规划，建立健全中央和地方粮食安全分级责任制，将保护耕地和基本农田、稳定粮食播种面积、充实地方储备和落实粮食风险基金地方配套资金等任务落实到各责任主体，建立有效的粮食安全监督检查和绩效考核机制，不断完善政策，进一步调动各地区、各部门和广大农民发展粮食生产的积极性，为粮食安全提供政策和措施保障。

5.1.3 生物多样性保护体制建设

生物多样性是指陆地、海洋和其他水生生态系统，及其构成的生态综合体的所有生物体中的多样性和变异性，包括基因多样性、物种多样性和生态系统多样性。面对全球生物多样性持续丧失、遭受严重威胁的形势，国际组织或机构出台了《国际捕鲸管制公约》（1946年）、《关于特别是作为水禽栖息地的国际重要湿地公约》（1971年）、《保护世界文化和自然遗产公约》（1972年）、《濒危野生动植物种国际贸易公约》（1973年）、《保护野生动物迁徙物种公约》（1979年）、《生物多样性公约》（1992年）、《卡塔赫纳生物安全议定书》，以推进生物多样性保护。

中国自1980年加入了1975年生效的《濒危野生动植物种国际贸易公约》开始，逐渐加入多个国际公约，参加缔约国大会和其他一些重要活动，履行公约责任，同时制定了一系列促进生物多样性保护的法律法规。1982年颁布《中华人民共和国海洋环境保护法》，1985年颁布《中华人民共和国草原法》、发布《风景名胜区管理暂行条例》，1986年发布《中华人民共和国卫生检疫法》，1988年颁布《中华人民共和国野生动物保护法》，1989年颁布《中华人民共和国进出口商品检验法》，1991年颁布《中华人民共和国进出境动植物检疫法》，1992年发布《中华人民共和国陆生野生动物保护实施条例》，1993年发布《中华人民共和国森林法》和《中华人民共和国水生野生动物保护实施条例》，1996年发布《中华人民共和国野生植物保护条例》和《兽用生物制品管理办法》，2000年颁布《中华人民共和国种子法》，2001年出台《农业转基因生物安全管理条例》《农业转基因生物安全评价管理办法》《农业转基因生物进口安全管理办法》《农业转基因生物标识管理办法》。

要进一步加强生物多样性保护体制建设。首先，应在立法的指导思想、目的、原则等方面学习和借鉴国外的先进经验；其次，应构建适合我国国情的生物多样性保护法律体系，包括根本法《宪法》与基本法律《环境保护法》的修改，综合性法律"生物多样性保护法"的制定及单项法律法规如《中华人民共和国野生动物保护法》的修订、"自然保护区法""生物安全法"的制定等；再次，应完善我国现行的生物多样性执法体制，如完善管理体制与执法程序、强化执法力度与宣传；最后，要加强国际公约的履行与合作，尤其是将有关的国际公约或协议国内化，以保证我国切实履行生物多样性保护领域国际公约所设定的义务。

5.2 环境安全体制建设

5.2.1 环境质量目标导向的环境安全体制建设

自然活动和人类生产生活活动使污染物进入到自然环境中，当自然环境中的外来物达到一定数量，就会影响甚至破坏自然环境的结构和功能，威胁环境安全。工业化之后，人类生产活动的强度迅速提高，农业生产、工业活动以及生活活动，都向自然环境中排放大量污染物，直接引起自然环境质量下降，下降的环境质量反过来又影响人类的生产和生活，带来环境安全问题。

中国改革开放之后，工业化进程和城市化进程不断加速，环境质量下降压力持续加大。中国政府针对环境质量保护目标，不断创新管理方法。1973年制定"环境影响评价""排污收费"和"三同时"环境保护制度，1983年提出"预防为主，防治结合""谁污染，谁治理"和"强化环境管理"三大政策，1989年制定排污申报登记与排污许可证制度、污染集中控制制度、环境保护目标责任制、城市环境综合整治定量考核制度和污染限期治理制度。2018年提出坚决打好污染防治攻坚战，推动中国生态文明建设，确立要通过生态文明建设来综合实现环境保护和生态安全目标的制度。以环境质量目标为导向，中国政府逐步形成了环境保护规划与主体功能区划、环境质量标准、环境管理制度共同发挥作用的环境安全保障体制机制，通过环境保护规划与主体功能区划确定环境保护和污染防治的目标、任务，通过环境质量标准控制环境安全质量底线，通过环境管理制度落实环境质量保护目标。

5.2.1.1 环境保护规划和全国主体功能区划

通过环境保护规划，确定生态保护和污染防治的目标、任务。国务院环境保护主管部门会同有关部门，根据国民经济和社会发展规划编制国家环境保护规划；县级以上地方人民政府环境保护主管部门会同有关部门，根据国家环境保护规划的要求，编制本行政区域的环境保护规划。

通过全国主体功能区划，推进形成主体功能区。根据不同区域的资源环境承载能力、现有开发强度和发展潜力，统筹谋划人口分布、经济布局、国土利用和城镇化格局，确定不同区域的主体功能，并据此明确开发方向，引导人口分布、经济布局与资源环境承载能力相适应，促进人口、经济、资源环境的空间均衡。主体功能区划有利于从源头上扭转生态环境恶化趋势，促进资源节约和环境保护。基于不同区域的资源环境承载能力、现有开发强度和未来发展潜力，以是否适宜或如何进行大规模高强度工业化城镇化开发为基准，将我国国土空间按开发方式分为优化开发区域、重点开发区域、限制开发区域和禁止开发区域。优化开发区域是经济比较发达、人口比较密集、开发强度较高或资源环境问题更加突出，从而应该优化进行工业化城镇化开发的城市化地区。重点开发区域是有一定经济基础、资源环境承载能力较强、发展潜力较大、集聚人口和经济的条件较好，从而应该重点进行工业化城镇化开发的城市化地区。优化开发和重点开发区域都属于城市化地区，开发内容总体上相同，开发强度和开发方式不同。限制开发区域分为两类：一类是农产品主产区，即耕地较多、农业发展条件较好，尽管也适宜工业化城镇化开发，但从保障国家农产品安全以及中华民族永续发展的需要出发，必须把增强农业综合生产能力作为发展的首要任务，从而应该限制大规模高强度工业化城镇化开发的地区；另一类是重点生态功能区，即生态系统脆弱或生态功能重要，资源环境承载能力较低，不具备大规模高强度工业化城镇化开发的条件，必须把增强生态产品生产能力作为首要任务，从而应该限制进行大规模高强度工业化城镇化开发的地区。禁止开发区域是依法设立的各级各类自然文化资源保护区域，以及其他禁止进行工业化城镇化开发、需要特殊保护的重点生态功能区。国家层面的禁止开发区域，包括国家级自然保护区、世界文化和自然遗产、国家级风景名胜区、国家森林公园和国家地质公园。省级层面的禁止开发区域，包括省级及以下各级各类自然文化资源保护区域、重要水源地以及其他省级人民政府根据需要确定的禁止开发区域。

以提供主体产品的类型为基准，将我国国土空间按开发内容，分为城市化地区、农产品主产区和重点生态功能区。城市化地区是以提供工业品和服务产品为主体功能的地区，也提供农产品和生态产品；农产品主产区是以提供农产品为主体功能的地区，也提供生态产品、服务产品和部分工业品；重点生态功能区是以提供生态产品为主体功能的地区，也提供一定的农产品、服务产品和工业品。对城市化地区主要支持其集聚人口和经济，对农产品主产区主要支持其增强农业综合生产能力，对重点生态功能区主要支持其保护和修复生态环境。按层级，分为国家和省级两个层面。

5.2.1.2 环境质量公报制度

根据《环境保护法》的规定，国务院环境保护主管部门统一发布国家环境质量、重点污染源监测信息及其他重大环境信息，省级以上人民政府环境保护主管部门定期发布环境状况公报。中华人民共和国生态环境部定期发布中国生态环境状况公报、水环境质量公报、大气环境质量状况报告、土地状况报告和辐射环境质量报告；全面发布全国大气、地表水、海洋、土壤、自然生态、声和辐射环境质量状况，公布气候变化与自然灾害和基础设施与能源信息；发布全国主要流域重点断面水质、海水浴场水质、主要江河湖泊水库地表水水质和近岸海域环境质量状况；发布全国及重点区域空气质量形势，发布京津冀、长三角、珠三角区域及直辖市、省会城市和计划单列市空气质量；发布土地资源、水土流失及荒漠化和沙漠化特征信息；发布环境电离辐射和环境电磁辐射信息。

5.2.1.3 环境质量标准及规范

为了保护目标环境质量，中国政府出台环境质量标准、污染物排放标准、技术原则与方法标准等，为环境质量状况评价、污染物排放行为控制以及污染分析程序与方法提供基本依据。《环境保护法》规定，国务院环境保护主管部门制定国家环境质量标准。省、自治区、直辖市人民政府对国家环境质量标准中未作规定的项目，可以制定地方环境质量标准；对国家环境质量标准中已作规定的项目，可以制定严于国家环境质量标准的地方环境质量标准。国务院环境保护主管部门根据国家环境质量标准和国家经济、技术条件，制定国家污染物排放标准。省、自治区、直辖市人民政府对国家污染物排放标准中未作规定的项目，可以制定地方污染物排放标准；对国家污染物排放标准中已作规定的项目，可以制定严于国家污染物排放标准的地方污染物排放标准。

中国政府出台了水环境保护标准、大气环境保护标准、环境噪声与振动标准、土壤环境保护标准、固体废物与化学品环境污染控制标准、核辐射与电磁辐射环境保护标准、生态环境保护标准、环境影响评价标准、清洁生产标准、环境标志产品标准、环保产品技术要求、环境保护工程技术规范、环境保护信息标准等标准和规范。

5.2.1.4 环境管理制度

（1）环境影响评价制度

1979年，《环境保护法（试行）》颁布，正式以法律的形式规定了我国实施环境影响评价制度。后又陆续颁布《建设项目环境保护管理条例》《关于建设项目环境管理问题的若干意见》《关于建设项目环境影响报告书审批权限问题的通知》《建设项目环境影响评价资格证书管理办法》《建设项目环境影响评价收费标准的原则与方法（试行）》《中华人民共和国环境影响评价法》《环境影响评价工程师职业资格制度暂行规定》以及《环境影响评价技术导则总纲》等系列导则，明确规定了环境影响评价的适用范围、评价内容、工作程序、文件编制格式、技术思路以及工作方法等，为开展环境影响评价工作提供了基本制度依据和技术指南。2015年环境保护部发布《全国环保系统环评机构脱钩工作方案》，深入推进环评审批制度改革，推动建设项目环评技术服务市场健康发展。2016年，环境保护部印发《"十三五"环境影响评价改革实施方案》，推进环境影响评价形成规范、刚性的体制机制，突出规划环境影响评价、战略环境影响评价、项目环境影响评价各自优势，充分发挥决策优化、源头预防、落实环境质量目标管理需求的作用，将生态文明理念落实到具体决策和项目中。

（2）排污收费制度

1979 年颁布的《环境保护法（试行）》规定，超过国家规定的标准排放污染物，要按照污染物排放的数量和浓度，根据规定缴纳排污费，确立了排污收费制度。2003 年国务院公布《排污费征收使用管理条例》，具体规定排污费的征收和使用。2014 年国务院在试点地区实行排污权的有偿取得。2018 年《中华人民共和国环境保护税法》及《中华人民共和国环境保护税法实施条例》开始施行，标志着排污收费制度退出历史舞台。排污收费制度将企业污染的环境责任落实到行为主体，能够使企业承担一定的损害环境后果，同时收取的大量排污费为改善环境、维护生态平衡提供了资金支持。

（3）"三同时"制度

该制度是指建设项目中防治污染的设施，必须与主体工程同时设计、同时施工、同时投产使用。1979 年颁布的《环境保护法（试行）》，正式以法律的形式规定了我国实施"三同时"制度。2014 年修订的《环境保护法》规定，建设项目中防治污染的设施，应当与主体工程同时设计、同时施工、同时投产使用。防治污染的设施应当符合经批准的环境影响评价文件的要求，不得擅自拆除或者闲置。"三同时"将环境效益落实到具体项目建设和管理实践中，要求落实建设活动对环境产生影响的防治措施，防止新污染或者破坏资源的现象产生，在一定程度上促进了经济建设与环境保护协调发展。

（4）排污申报登记与排污许可证制度

从 20 世纪 80 年代后期开始，我国各地陆续试点实施排污许可证制度。截至 2018 年，共有 28 个省（区、市）出台了与排污许可管理相关的地方法规、规章或规范性文件，向约 24 万家排污单位发放了排污许可证。为了完善污染物排放许可证制度，禁止无证排污和超标准、超总量排污，2016 年 11 月国务院印发《国务院办公厅关于印发控制污染物排放许可制实施方案的通知》（国办发〔2016〕81 号），正式启动了我国的排污许可制度改革，提出要规范有序发放排污许可证、落实企事业单位主体责任、加强监督管理并强化信息公开和社会监督，以及建立覆盖所有固定污染源的排污许可制度责任，建立企业自我监测、自我管理、自主记录和申报，环保部门依规核发、按证监管的法律制度框架。

（5）污染集中控制制度

污染集中控制是指在特定范围内、特定污染状况条件下，对废水、废气、固体废物等某些同类型污染，建立集中治理设施，采用集中管理措施，以达到尽可能大的污染控制效果及经济效益。通过合理规划，按照区域或流域，集中控制污染，有利于集中采用先进技术和标准，集中治理资金，获得较大的综合效益，为企业提供污染控制的有效方案。

（6）环境保护目标责任制

2014 年修订的《环境保护法》规定，国家实行环境保护目标责任制。县级以上人民政府应当将环境保护目标完成情况纳入对本级人民政府负有环境保护监督管理职责的部门及其负责人和下级人民政府及其负责人的考核内容，作为对其考核评价的重要依据，考核结果应当向社会公开。我国将环境保护目标责任制列入法律范畴。政府环境保护目标责任制是运用确立环境保护目标并签订责任书的方式来促使各地方人民政府和有污染的企业对环境质量负责，要求各级政府、相关部门和企事业单位积极部署环境保护的措施和方案，落实环境保护基本国策，同时明确了政府不履行、怠于履行环境职责和违法或不当行使职权而应承担的不利法律后果。环境保护目标责任制和考核评价制度，提高了政府各相关部门对于环境保护的职责和民众的环保意识，调动相关责任人的主观能动性，促进各环境保护主体在环境保护工作中协作互助，对于解决我国生态环境问题起到了积极作用。

（7）城市环境综合整治定量考核制度

1989 年我国开始实施城市环境综合整治定量考核制度。通过对城市环境综合整治及定量考核，以量化的指标考核政府在城市环境综合整治方面的工作，并每年公布考核结果，从而将改善城市环境质量的责任落实到政府身上，推动政府加强环保投入与城市环境综合整治，达到改善城市环境质量的目的。

（8）污染限期治理制度

污染限期治理制度就是在对污染源调查、评价的基础上，以环境保护规划为依据，突出重点、分期分批地对危害严重的污染物、污染源、污染区域采取限定治理时间、治理内容及治理效果的强制性措施。

5.2.2　环境承载力控制的环境安全体制建设

5.2.2.1　环境承载力发展

承载力最初为物理力学中的概念，用于工程地质领域，其本意是指地基的强度对建筑物负重的能力。随着人们对社会可持续发展与生态环境相互关系认识程度的提高，承载力的概念越来越广泛地被应用于各个研究领域。早在 1798 年，Malthus 的人口理论就提出：如没有限制，人口是呈等比级数增长，而食物供应呈现等差级数，因此人类必须顾虑食物的缺乏。该理论对于人口和生产资料关系的思考已经可以看作是承载概念的初步应用。1921年，Park 和 Burgess 在人类生态学领域中使用了承载力的概念，并将其定义为"某一特定环境条件（主要指生存空间、营养物质、阳光等生态因子的组合）下，某种生物个体数量的最大极限"。此后，承载力概念一直被应用于生态学领域，直到 20 世纪中叶，随着全球人口数量的增加和社会经济的发展，人地矛盾不断加剧，环境污染和资源短缺问题日益突出，资源和环境承载力的概念应运而生，对土地资源承载力、水资源和水环境承载力的研究逐渐兴起。20 世纪 80 年代，随着可持续发展理念的提出，人们对自然环境的关注从单一的资源、环境要素扩展到整个生态系统，生态承载力通过综合资源承载力和环境承载力，全面反映生态系统对人类社会经济的支撑能力和生态系统本身结构和功能健康属性。

我国对于水环境承载力的研究成果较多。王西琴等基于水生态承载力的概念，构建了区域水生态承载力指标体系，建立了区域水生态承载力多目标优化模型，设定了双指标、三指标和四指标三种控制方案，采用模糊方法进行求解，并采用遗传投影寻踪法推荐四指标控制方案，而且计算了优化结果；李靖、周孝德等采用系统动力学和隶属度相结合的方法，建立了流域水生态承载力的系统动力学仿真模型，并以新疆叶尔羌河流域为例，设计了 9 个模拟方案，对其水生态承载力进行了量化分析，确定了叶尔羌河流域的最优发展方案，并提出了提高叶尔羌河流域水生态承载力的具体措施；彭文启建立了基于系统动力学方法的流域水生态承载力分区分期耦合模型方法，并以辽河太子河流域为例，结合辽宁省的水资源及水污染防治规划，从经济调控、节水、污染物控制等角度设计方案，模拟 2007—2015 年的指标变化情况，分析了各分区对不同调控方案的适应性；雷坤等在控制单元水生态承载力与污染物总量控制技术研究课题中，构建了基于产业结构优化的水生态承载力优化调控技术，以铁岭市和常州市为例，分析了研究区水资源和水环境与产业结构耦合机制，对 12 组产业结构优化情景方案进行比选和优选，评估最优情景方案，并据此提出研究区产业结构优化调控对策。

5.2.2.2 基于水生态承载力理念的产业结构优化情景方案设计

水生态承载力评价对象是由社会经济系统和水域生态系统共同构成的复合水生态系统，水域生态系统对前者的支持能力主要由区域自身条件决定，通常根据多年平均水平对其进行计算，因此在研究时间尺度内可以认为其保持不变。通过对研究区产业结构优化调整，可以优化社会经济结构和规模，减少其对水域生态系统的压力，从而提高水生态承载力。

（1）指标体系构建

指标体系构建是产业结构调整的基础，也是水生态承载力量化的重要工具。指标体系结构是否合理，层次是否清晰以及覆盖是否全面，直接关系到优化结构准确性。可通过相关指标频数统计法确定所选指标。

指标体系包括调控指标、承载力指标和辅助指标三部分。其中调控指标是用以反映各个子系统中节水和排污强度以及产业结构方案中关于三产比例的指标，包括工业比重、跨流域调水量、生活污水处理率等；承载力指标主要用于表征水资源和水环境承载力，包括 GDP 总量、人口总数以及各行业总的需水量和排污量等；辅助指标一般采用相对量指标以用于情景方案优选，主要包括水资源开发利用率、污染物排放容量比、城市人均用水定额等。

（2）方案设计

依据产业发展现状和趋势、资源和环境约束条件等对未来产业发展趋势做出预判，形成一系列潜在产业发展方案，进而依据合理判据对情景方案集进行评价，最终筛选出经济合理、技术可行、环境友好的产业发展优选方案。

情景方案设计包括产业结构情景方案 M_i、节水情景方案 N_j 和污染控制情景方案 Q_k。产业结构情景方案主要依据产业发展现状和趋势设定，后两者指标值在综合考虑技术进步、环境保护、政策法规等因素的基础上确定，不同方案取值不同。基于设计的各单要素方案，以产业结构方案为主线，以节水方案和污染控制方案为约束条件进行排列组合，形成产业结构优化情景方案集 $\{M_i，N_j，Q_k\}$。

（3）产业结构优化情景方案评估与优选

建立反映资源环境子系统和经济社会子系统之间相互反馈关系的复合系统，同时为从成本效益角度评判模拟结果的合理性增加治理费用子系统。通过可调控指标、承载力指标将各子系统联系起来，以水资源可利用量和环境容量为主要约束条件，构建以 COD、氨氮为主要污染物的 SD 模型。通过模型运行，实现产业结构优化、水生态承载力调控目标。

由于产业结构调整属于规划模拟范畴，有别于系统模拟，而参数的敏感性检验对于识别模型中影响较大的参数和检验模型正确性具有较大的意义，因此采用灵敏度分析进行模型检验，使每个自变量的值变化 10%，然后根据如下公式计算出关键指标对自变量的敏感程度：

$$S = \frac{\left| (E_i - E_0)/E_0 \right|}{\left| (X_i - X_0)/X_0 \right|}$$

式中，S 为敏感系数；X_0 为自变量的初始值；X_i 为自变量调整后的值；E_0 为检验值的初始值；E_i 为变化后的检验值。

完成模型检验后进行各情景方案模型模拟，即可得到各方案下指标模拟值。由于从产业经济学角度出发，根据产业发展现状和趋势确定产业结构方案，故方案不一定满足资源和环境约束力。因此，需要确定情景方案比选判据，使组合方案同时满足水资源条件与水环境容量要求。判别公式如下：

$$需水量/可利用水量 \leqslant 1$$

$$某类水污染物排放入河量/该类水污染物最大允许排放入河量 \leqslant 1$$

对于满足资源环境约束条件的方案，将其辅助变量代入遗传投影寻踪模型中进行预算，优选出最佳方案。相对于传统优选方法，投影寻踪法避免主观赋权对评价结果的影响，引入遗传算法对投影寻踪法计算也起到优化作用，克服了以往定性分析选择推荐方案的不足。

最优情景方案在经济发展可接受情况下，满足生态系统和社会经济系统水资源需求和环境容量要求，能实现水资源、水环境与经济发展共赢。根据最优情景中产业结构方案、节水方案和污染控制方案中相关参数的取值和调控效果，从优化产业结构，强化节水措施和加强污染控制三方面提出研究区产业优化调控对策，从而实现水生态承载力优化调控。

5.2.3 环境风险控制体系建设

环境风险是由自然原因和人类活动引起，通过环境介质传播，能对人类社会及自然环境产生破坏、损害乃至毁灭性作用的环境污染事件发生的概率及其后果。2010 年，环境保护部组织的全国环境风险调查表明，我国环境安全形势日趋严峻，环境风险事件类型多、发生区域广、总量居高不下，《国家环境保护"十二五"规划》明确提出"削减污染总量、改善环境质量、防范环境风险"要求，《国家环境与健康行动计划（2007—2015）》作为我国环境与健康领域的第一个纲领性文件，将环境与健康列入政府优先工作领域，把开展环境与健康安全评估及应对策略研究作为研究的重点内容，要求开展实时、系统的环境污染及其健康危害监测，及时有效地分析环境因素导致的健康影响和危害结果，掌握环境污染与健康影响发展趋势，为国家制定有效的干预对策和措施提供科学依据。中国推进生态文明建设，有效防范环境风险是重要内容之一。

5.2.3.1 环境风险控制体系发展历程

环境风险控制体系主要包括环境风险源识别与控制、环境风险预测与结果评价以及突发性环境污染事件防范与应急管理三部分内容。

（1）环境风险源识别与控制

英国重大危险咨询委员会（ACMH）于 1976 年首次提出了重大危险设施标准的建议书，1982 年 6 月欧洲共同体颁布了《工业活动中重大事故危险法令》（EEC Directive82/501），明确了 180 种危险物质及其临界量标准。经济合作与发展组织在 OECD Council Act (88) 84 中也列出了 20 种重点控制的危险物质。1992 年，美国劳工部职业安全卫生管理局（OSHA）颁布了《高度危险化学品处理过程的安全管理》（PSM）标准，提出了 138 种危险物质及其临界量。随后，美国环境保护署（EPA）颁布了《预防化学泄漏事故的风险管理程序》（RMP）标准，对风险源的确认做出了规定。国际劳工组织编制了《重大事故控制实用手册》《重大工业事故的预防》，对重大风险源的辨识方法及控制措施提出了要求与建议。

（2）环境风险预测与结果评价

环境风险评价兴起于 20 世纪 70 年代，经过四十多年的发展，已经建立了历史资料统计法、类比法、事件树分析法、故障树分析法、污染物扩散模型、模糊数学方法等评价方法，形成了系统的建设项目环境风险评价指导性文件，例如人体健康风险评价方法（NAS 模式）、《化学毒物应急处理指南》（ERG2008）。中国颁布《工作场所有害因素职业接触限值》（GBZ 2—2002）、《建设项目环境风险评价技术导则》（HJ/T 169—2004），为建设项目环境风险评价及管理提供指导。

（3）突发性环境污染事件防范与应急管理

20 世纪 70 年代，关于环境污染事件的防范与应急管理在国际上开始受到重视。经济合作与发展组织（OECD）针对化学品泄漏引发的环境污染事故的防治、应急处理准备和应急响应编制了 *OECD Guiding Principles for Chemical Accident Prevention*，*Preparedness and Response*。联合国环境规划署（UNEP）开发了 APELL（Awareness and Preparedness for Emergencies at Local Level）用于专门指导环境污染事故的防范。美国环保署（USEPA）发布了"化学品事故排放风险管理计划"。日本建立了包括内阁总理大臣在内的政府组织的完备预防和应急反应体系。加拿大国家环境保护局针对环境污染事故的防范与应急管理制定了相应的应急计划，称之为"E2 计划"。法国开发出一个名为"seans"的软件包，可为突发性水污染事故提供应急决策。近年来，Desimone 等把人工智能和模式识别技术用于溢油事故过程的模拟、应急计划的评估，能够对大型溢油事故应急处理设施的选择和人员的配备进行辅助决策。欧盟也一直重视重大环境污染事故防范及应急决策系统的建设，其 SPIRS（Seveso Plants Information Retrieval System）2.0 在 2000 年开发成功，SPIRS 2.0 中最新的危险事故数据库（MARS 4.0）也于 2001 年投入使用，该系统是欧盟为了帮助其成员国在应对重大环境污染事故过程中做出合理决策而开发的辅助系统。

5.2.3.2 环境风险管理与防范工作内容

为预防和减少突发环境事件的发生，控制、减轻和消除突发环境事件引起的危害，规范突发环境事件应急管理工作，保障公众生命安全、财产安全和环境安全，中国颁布《环境保护法》《中华人民共和国突发事件应对法》《国家突发环境事件应急预案》《突发环境事件应急管理办法》《行政区域突发环境事件风险评估推荐方法》《企业突发环境事件风险评估指南（试行）》《企业事业单位突发环境事件应急预案备案管理办法（试行）》《企业突发环境事件隐患排查和治理工作指南（试行）》《建设项目环境风险评价技术导则》（HJ/T 169），以指导各级环境保护主管部门和企业事业单位组织开展的突发环境事件风险控制、应急准备、应急处置、事后恢复等工作。

（1）突发环境事件风险评估

根据《突发环境事件应急管理办法》规定，企业事业单位应当按照国务院环境保护主管部门的有关规定开展突发环境事件风险评估，确定环境风险防范和环境安全隐患排查治理措施。《行政区域突发环境事件风险评估推荐方法》《企业突发环境事件风险评估指南（试行）》为开展区域、企业突发环境事件风险评估提供了方法指南。

① 行政区域突发环境事件风险评估

区域环境风险评估，按照资料准备、环境风险识别、评估子区域划分、环境风险分析和环境风险防控与应急措施差距分析五个步骤实施（图 5-1）。

资料准备。围绕环境风险源、环境风险受体、环境风险防控与应急救援能力等因素开展行政区域环境风险评估基础资料收集。需准备的资料主要包括：行政区域环境功能区划与空间布局；水环境风险受体、大气环境风险受体和生态保护红线信息；行政区域各类环境风险源突发环境事件应急预案、环境风险评估报告；未开展环境风险评估和环境应急预案编制的环境风险源的基本信息、环境风险物质存储量与运输量等；行政区域经济水平；行政区域环境风险防控与应急救援能力，环境应急资源现状与需求等。资料收集的基准年为环境风险评估工作年份的上一年度，资料提供部门或单位应当对资料的准确性和真实性负责。

风险识别。包括环境风险受体识别、环境风险源识别和"热点"区域识别。环境风险受

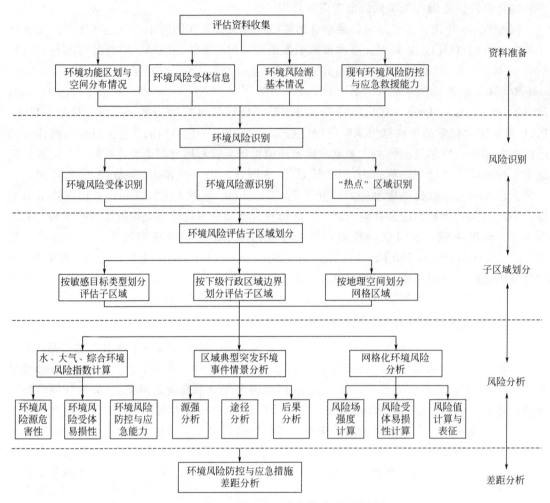

图 5-1　行政区域突发环境事件风险评估程序

体识别根据收集整理的环境风险受体相关资料，列表说明水环境风险受体、大气环境风险受体基本情况，包括受体类别、名称、地理坐标以及规模等信息。以水系图、行政区划图为基础，分别绘制水环境风险受体分布图、大气环境风险受体分布图。环境风险源识别根据收集整理的环境风险源相关资料，列表说明水环境风险源、大气环境风险源基本情况，包括风险源类别、名称、地理坐标、规模、主要环境风险物质名称和数量以及风险等级等信息。以水系图、行政区划图为基础，分别绘制水环境风险源分布图、大气环境风险源分布图。"热点"区域识别对水和大气环境风险源、环境风险受体分布图进行叠加分析，初步判断水环境风险、大气环境风险以及综合环境风险 "热点" 区域（即分布相对集中的区域）。针对"热点"区域，列表说明环境风险类型、主要环境风险源以及环境风险受体信息。

子区域划分。环境风险评估子区域划分包括按敏感目标类型划分、按下级行政区域边界划分、按地理空间划分。对于受外来环境风险源影响较大的行政区域，可按敏感目标类型划分环境风险评估子区域，包括突发水环境事件风险评估子区域、突发大气环境事件风险评估子区域和综合环境风险评估区域。在不考虑跨界影响的情况下，可按照评估区域的下级行政区域边界划分评估子区域，直接计算每个下级行政区域的风险指数，并进行比较和排序。对于资料数据充分、环境风险源和受体地理坐标较为精确的行政区域，可以按照地理空间将评估区域划分为若干网格区域，以网格为单元进行区域环境风险分析。

风险分析。环境风险指数计算法，适用于对区域环境风险总体水平进行的分析，包括水环境风险指数计算、大气环境风险指数计算和综合环境风险指数计算，是在资料准备和环境风险识别的基础上，分别确定水、大气和综合环境风险指标，对环境风险源强度指数、环境风险受体脆弱性指数、环境风险防控与应急能力指数的各项指标分别打分并加和，得出指数值，根据指南推荐公式计算得出水环境风险指数、大气环境风险指数和综合环境风险指数，根据环境风险指数与环境风险等级划分原则表，判定环境风险等级。

为服务编制环境应急预案。区域环境风险评估应进行典型突发环境事件情景分析，以分析典型突发环境事件的影响范围和程度。可以依据环境风险识别结果开展典型突发环境事件情景分析，也可以在指数法和网格法分析的基础上，针对风险源和受体分布较为集中的区域开展典型突发环境事件情景分析。分析区域可能发生的突发环境事件类型、特征污染物、主要影响受体等，并筛选需要开展定量分析的典型突发环境事件情景，对典型突发环境事件情景开展源强分析、释放途径分析和后果分析。

差距分析。根据环境风险识别与环境风险分析结果，重点对区域环境风险等级为较高及以上的区域，从环境风险受体、环境风险源以及区域环境风险管理与应急能力方面对比分析，找出问题和差距。

② 企业突发环境事件风险评估

企业环境风险评估，按照资料准备与环境风险识别、可能发生的突发环境事件及其后果分析、现有环境风险防控和环境应急管理差距分析、制定完善环境风险防控和应急措施的实施计划，以及划定突发环境事件风险等级五个步骤实施。

在收集相关资料的基础上，开展环境风险识别。环境风险识别对象包括：企业基本信息；周边环境风险受体；涉及环境风险物质和数量；生产工艺；安全生产管理；环境风险单元及现有环境风险防控与应急措施；现有应急资源；等。

可能发生的突发环境事件及其后果情景分析，收集国内外同类企业突发环境事件资料，提出所有可能发生突发环境事件的情景，对每种情景进行源强分析，分析每种情景环境风险物质释放途径、涉及环境风险防控与应急措施、应急资源情况，以及可能产生的直接、次生和衍生后果。

从环境风险管理制度，环境风险防控与应急措施，环境应急资源，历史经验与教训总结，需要整改的短期、中期和长期项目内容共五个方面，对现有环境风险防控与应急措施的完备性、可靠性和有效性进行分析论证，找出差距、问题，提出需要整改的短期、中期和长期项目内容。

针对需要整改的短期、中期和长期项目，分别制定并完善环境风险防控和应急措施的实施计划。实施计划应明确环境风险管理制度、环境风险防控措施、环境应急能力建设等内容，逐项确定加强环境风险防控措施和应急管理的目标、责任人及完成时限。

完成短期、中期或长期的实施计划后，应及时修订突发环境事件应急预案，并按照《企业突发环境事件风险评估指南（试行）》中的企业突发环境事件风险等级划分方法来划定或重新划定企业环境风险等级，并记录等级划定过程。

（2）突发环境事件应急预案

根据《国家突发环境事件应急预案》《突发环境事件应急管理办法》《企业事业单位突发环境事件应急预案备案管理办法（试行）》，环境应急预案体现自救互救、信息报告和先期处置特点，有助于健全突发环境事件应对工作机制，科学有序高效应对突发环境事件，保障人民群众生命财产安全和环境安全。环境应急预案的编制需要明确组织指挥体系、应急队伍分工、信息报告、监测预警、不同情景下的应对流程和措施、应急资源保障等内容。

组织指挥体系。包括国家层面组织指挥机构、地方层面组织指挥机构和现场组织机构。生态环境部负责重特大突发环境事件应对的指导协调和环境应急的日常监督管理工作。根据突发环境事件的发展态势及影响，生态环境部或省级人民政府可报请国务院批准，或根据国务院领导同志指示，成立国务院工作组，负责指导、督促有关地区和部门开展突发环境事件应对工作。必要时，成立国家环境应急指挥部，由国务院领导同志担任总指挥，统一领导、组织和指挥应急处置工作；国务院办公厅履行信息汇总和综合协调职责，发挥运转枢纽作用。地方层面组织指挥机构，县级以上地方人民政府负责本行政区域内的突发环境事件应对工作，明确相应组织指挥机构。跨行政区域的突发环境事件应对工作，由各有关行政区域人民政府共同负责，或由有关行政区域共同的上一级地方人民政府负责。对需要国家层面协调处置的跨省级行政区域突发环境事件，由有关省级人民政府向国务院提出请求，或由有关省级环境保护主管部门向生态环境部提出请求。负责突发环境事件应急处置的人民政府根据需要成立现场指挥部，负责现场组织指挥工作。

监测预警和信息报告。各级环境保护主管部门及其他有关部门要加强日常环境监测，并对可能导致突发环境事件的风险信息加强收集、分析和研判。对可以预警的突发环境事件，按照事件发生的可能性大小、紧急程度和可能造成的危害程度，将预警分为四级，由低到高依次用蓝色、黄色、橙色和红色表示。地方环境保护主管部门研判可能发生突发环境事件时，应当及时向本级人民政府提出预警信息发布建议，同时通报同级相关部门和单位。地方人民政府或其授权的相关部门，及时通过电视、广播、报纸、互联网、手机短信、当面告知等渠道或方式向本行政区域公众发布预警信息，并通报可能影响到的相关地区。预警信息发布后，当地人民政府及其有关部门视情况采取分析研判、防范处置、应急准备和舆论引导措施。发布突发环境事件预警信息的地方人民政府或有关部门，应当根据事态发展情况和采取措施的效果适时调整预警级别；当判断不可能发生突发环境事件或者危险已经消除时，宣布解除预警，适时终止相关措施。突发环境事件发生后，涉事企业事业单位或其他生产经营者必须采取应对措施，并立即向当地环境保护主管部门和其他相关部门报告，同时通报可能受到污染危害的单位和居民。因生产安全事故导致突发环境事件的，安全监管等有关部门应当及时通报同级环境保护主管部门。环境保护主管部门通过互联网信息监测、环境污染举报热线等多种渠道，加强对突发环境事件的信息收集，及时掌握突发环境事件发生情况，并且根据事件性质，及时向相关主管部门报告。

应急响应。根据突发环境事件的严重程度和发展态势，将应急响应分级，不同响应等级由相应负责组织或机构进行应对。突发环境事件发生后，各有关地方、部门和单位根据工作需要，采取现场污染处置、转移安置人员、医学救援、应急监测、市场监管和调控、信息发布和舆论引导、维护社会稳定、国际通报和援助措施。初判发生重大以上突发环境事件或事件情况特殊时，生态环境部要立即派出工作组赴现场指导督促当地开展应急处置、应急监测、原因调查等工作，并根据需要协调有关方面提供队伍、物资、技术等支持。当需要国务院协调处置时，要成立国务院工作组，开展相关工作。

响应终止。当事件条件已经排除、污染物质已降至规定限值以内、所造成的危害基本消除时，由启动响应的人民政府终止应急响应。响应终止后需要开展损害评估、事件调查及善后处置工作。

应急保障。包括队伍保障，物资与资金保障，通信、交通与运输保障，技术保障。

预案实施后，生态环境部要会同有关部门组织预案宣传、培训和演练，并根据实际情况，适时组织评估和修订。地方各级人民政府要结合当地实际制定或修订突发环境事件应急预案。

5.3　生态系统安全体制建设

英国生态学家 Arthur George Tansley 指出，生态系统是由包括有机体以及物理要素的复杂组成而共同形成的一个物理系统。生态系统是一个整体系统，各类有机体相互影响，外界环境为其提供生存条件，各组成部分表现出有序结构和强大的功能性。整个系统具有自我调控能力，具备维持生态动态平衡的能力。这个整体系统为地球提供生命支持，是人类赖以生存和发展的物质基础。生态系统服务功能与价值是保障人类合理利用生态资源、保护生态环境、实现可持续发展的基础，是生态系统安全的核心。生态系统服务功能的退化反过来也影响到了人类的生活和社会发展，并促使人类从科学的角度重新审视自身与生态系统的关系以及生态系统的保育和恢复问题。因此，生态系统服务功能评估和安全体系建设成为近年来生态学研究领域的热点之一。

5.3.1　生态系统服务功能

生态系统是一种自然资本，生态系统服务是指通过生态系统的功能直接或间接得到的产品（如食物、原材料）和服务（如废物同化），自然资本含有多种与其生态系统服务功能相对应的价值。生态系统服务功能理念最早出现在 19 世纪下半叶，Marsh 在书中记述了地中海地区人类活动对生态系统服务功能的破坏，Aldo Leopold 在其"大地伦理"思想中指出生态系统的服务功能是无法被人为替代的，William Vogt 提出自然资本的概念。1955 年，Paul Sears 注意到生态系统再循环服务功能。1970 年，《人类对全球环境的影响报告》中首次提出生态系统服务功能的概念，同时列举了生态系统对人类的环境服务功能。Holdren 和 Ehrlich、Westman 先后进行了全球环境服务功能、自然服务功能的研究，指出生物多样性的丧失将直接影响生态系统服务功能。20 世纪 90 年代，美国生态学会组织了对生态系统服务进行系统研究的课题小组，并出版论文集。Daily 等人认为生态系统服务是指自然生态系统及其物种所形成、维持和实现的人类生存的所有条件与过程。Costanza 等人提出生态系统服务是指对人类生存和生活质量有贡献的生态系统产品和生态系统功能，生态系统服务是生态系统产品和生态系统功能的统一，而生态系统的开放性是生态系统服务的基础和前提。国内生态系统服务功能研究起步于 20 世纪 90 年代，毕绪岱（1992）和侯元兆（1995）评估了具体生态系统的服务功能。欧阳志云、王如松等（1999）对生态系统服务功能及其生态经济价值评价理论与方法做了分析。谢高地等（2001）对全球生态系统服务价值评估的研究进展进行分析，并参照 Costanza 等提出的方法，对中国自然草地生态系统服务价值进行了逐项估计。随着研究的不断深入，生态系统服务功能的研究对象逐步扩展到陆地生态系统、森林生态系统、生物多样性旅游资源、绿地生态系统、地质公园、水源区、滩涂生态系统、湿地生态系统、荒漠生态系统、海洋生态系统、湖泊生态系统、城市生态系统等多个方面。

通过生态系统服务功能分类，研究者能够进一步分析和评估生态系统服务功能的价值。1970 年，《人类对全球环境的影响报告》中首次列出自然生态系统对人类的"环境服务"功能，包括害虫控制、昆虫传粉、渔业、土壤形成、水土保持、气候调节、洪水控制、物质循环与大气组成等方面。后来 Holdren 和 Ehrlich 将其拓展为"全球环境服务功能"，并在环境服务功能的清单上增加了生态系统对土壤肥力与基因库维持的作用。美国生态学会组织了由 Daily 负责的研究小组对生态系统服务功能进行系统研究，认为生态系统服务功能包括空气和水的净化、干旱和洪涝灾害的控制、废物的分解、种子的传播等，并分专题介绍了不同生态系统的服务功能如土壤和森林的生态服务功能、淡水和湿地的生态服务功能等。Costanza 等将生态系统服务功能归纳为 4 个层次共 17 类内容（表 5-1），4 个层次即：生态系统的生产功能（包括生态系统的产品及生物多样性的维持等）；生态系统的基本功能（包括传粉、土壤形成等）；生态系统的环境效益（包括减缓干旱和洪涝灾害、调节气候、净化空气、废物处理等）；生态系统的娱乐价值（包括休闲、娱乐、文化、艺术、生态美学等）。

表 5-1　Costanza 提出的生态系统服务与功能

序号	生态系统服务	生态系统功能	实例
1	气体组分调节	调节大气化学组成	CO_2/O_2 平衡、O_3 防护 UV-B 和 SO_x 水平
2	气候调节	全球温度、降水及其他全球和区域性生物气候过程调节	温室气体调节以及影响云形成的 DMS(硫酸二甲酯)生成
3	扰动调节	生态系统对环境波动的容量、延迟和综合反应	风暴预防、防洪抗旱以及对环境变化的其他生境响应,主要受植被结构控制
4	水调节	水文过程调节	农业(如灌溉)、工业(如采矿)或交通的水供给
5	水供给	水资源的贮存和保持	集水区,水库和含水层的水供给
6	侵蚀控制和泥沙截蓄	生态系统内的土壤保持	风、径流和其他运移过程的土壤侵蚀,以及在湖泊、湿地的土壤蓄积
7	土壤形成	土壤形成过程	岩石风化和有机物积累
8	营养物循环	营养物的贮存、内循环、获取和加工	固氮效应,N、P 及其他元素和营养物质循环
9	废物处理	流动的营养物质的再利用,以及过剩或者外来营养物和复合物的移除和破坏	废物处置、污染控制和无害化
10	传粉	有花植物配子移动	提供植物种群繁殖授粉者
11	生物防治	生物数量的营养动力学调节	关键种捕食者对猎物种类的控制,顶级捕食者对草食动物的消减
12	避难所	为常居和迁徙种群提供生境	为迁徙物种提供繁育栖息地,为本地物种提供生境或越冬场所
13	食物生产	总初级生产中的食物部分	鱼、猎物、作物、干果、水果的捕获与采集,农业和渔业生产
14	原材料	总初级生产中的原材料部分	木材、燃料和饲料的生产
15	基因资源	独一无二的生物原料和产品资源	药物、抵抗植物病原和作物害虫基因、装饰物种(宠物和园艺品种)
16	休闲	供休闲旅游使用	生态旅游、体育、钓鱼以及其他户外休闲娱乐活动
17	文化	供非商业性使用	生态系统美学的、艺术的、教育的、精神的或科学的价值

注：本表中包括生态系统提供的服务。

谢高地等将生态系统服务功能分为三大类，即生活与生产物质的提供、生命支持系统的维持以及精神生活的享受。第一类是生态系统通过初级生产与次级生产为人类提供的直接商品或是将来有可能形成商品的部分，如食物、木材、燃料、工业原料、药品等人类所必需的产品；第二类是易被人们忽视的支撑与维持人类生存环境和生命支持系统的功能，如生物多样性、气候调节、传粉与种子扩散等；第三类是生态系统为人类提供娱乐休闲与美学享受，如登山、野游、渔猎、漂流、划船、滑雪等。

中国 2015 年发布的《全国生态功能区划（修编版）》将全国生态系统服务功能分为生态调节功能、产品提供功能与人居保障功能三个类型。生态调节功能主要包括水源涵养、生物多样性保护、土壤保持、防风固沙、洪水调蓄等维持生态平衡、保障全国和区域生态安全等方面的功能。产品提供功能主要包括提供农产品、畜产品、林产品等功能。人居保障功能主要是指满足人类居住需要和城镇建设需要的功能，主要涉及区域包括大都市群和重点城镇群等。

水源涵养：水源涵养重要区是指我国河流与湖泊的主要水源补给区和源头区。其中，极重要区面积为 151.8 万平方千米，主要包括大兴安岭、长白山、太行山—燕山、浙闽丘陵、秦岭—大巴山区、武陵山区、南岭山区、海南中部山区、川西北高原区、三江源、祁连山、天山、阿尔泰山等地区。较重要区面积为 101.6 万平方千米，分布于藏东南、昆仑山、横断山区、滇西及滇南等地区。

生物多样性保护：生物多样性重要区是指国家重点保护动植物的集中分布区，以及典型生态系统分布区。我国生物多样性保护极重要区域面积为 200.8 万平方千米，主要包括大兴安岭、秦岭—大巴山区、天目山区、浙闽山地、武夷山区、南岭山地、武陵山区、岷山—邛崃山区、滇南、滇西北高原、滇东南、海南中部山区、滨海湿地、藏东南等地区，以及鄂尔多斯高原、锡林郭勒与呼伦贝尔草原等地区。生物多样性保护较重要区面积为 107.6 万平方千米，主要包括松潘高原及甘南地区、羌塘高原、大别山区、长白山以及小兴安岭等地区。

土壤保持：土壤保持的重要性评价主要考虑生态系统减少水土流失的能力及其生态效益。全国土壤保持的极重要区域面积为 63.8 万平方千米，主要分布在黄土高原、太行山区、秦岭—大巴山区、祁连山区、环四川盆地丘陵区，以及西南喀斯特地区等区域。较重要区域面积为 76.4 万平方千米，主要分布在川西高原、藏东南、海南中部山区以及南方红壤丘陵区。

防风固沙：防风固沙重要性评价主要考虑生态系统预防土地沙化、降低沙尘暴危害的能力与作用。全国防风固沙极重要区主要分布在内蒙古浑善达克沙地、科尔沁沙地、毛乌素沙地、鄂尔多斯高原、阿拉善高原、塔里木河流域和准噶尔盆地等区域，面积为 30.6 万平方千米。防风固沙较重要区主要分布在呼伦贝尔草原、京津风沙源区、河西走廊、阴山北部、河套平原、宁夏中部等区域，面积为 44.1 万平方千米。

洪水调蓄：洪水调蓄重要性评价主要考虑湖泊、沼泽等生态系统具有的滞纳洪水、调节洪峰的能力与作用。全国防洪蓄洪重要区域面积为 18.2 万平方千米，主要集中在一、二级河流下游蓄洪区，包括淮河、长江、松花江中下游的湖泊湿地等，主要有洞庭湖、鄱阳湖、江汉湖群，以及洪泽湖等湖泊湿地。

产品提供：产品提供功能主要是指提供粮食、油料、肉、奶、水产品、棉花、木材等农林牧渔业初级产品生产方面的功能。国家商品粮基地根据分布特征，主要有南方高产商品粮基地、黄淮海平原商品粮基地、东北商品粮基地和西北干旱区商品粮基地。南方高产商品粮基地包括长江三角洲、江汉平原、鄱阳湖平原、洞庭湖平原和珠江三角洲；淮河平原商品粮基地包括苏北和皖北两个地区；东北商品粮基地包括三江平原和松嫩平原、吉林省中部平原及辽宁省中部平原地区。我国的粮食主产区，如东北平原、华北平原、长江中下游平原、四川盆地等，同时也是水果和肉、蛋、奶等畜产品的主要生产区。水产品主产区主要分布在长江中下游和沿海地区。我国人工林主要分布在小兴安岭、长江中下游丘陵、广东东部、四川东部丘陵、黔东南丘陵、云南中部丘陵等地区。我国畜牧业发展区主要分布在内蒙古自治区东部草甸草原、青藏高原高寒草甸、高寒草原，以及新疆天山北部草原等地区。

人居保障：根据我国经济发展与城市建设布局，我国人居保障重要功能区主要包括大都市群和重点城镇群。大都市群主要包括京津冀大都市群、长三角大都市群和珠三角大都市群。重点城镇群主要包括辽中南城镇群、胶东半岛城镇群、中原城镇群、关中城镇群、成都城镇群、武汉城镇群、长株潭城镇群和海峡西岸城镇群等。

5.3.2 生态系统服务功能评估

生态系统服务功能在一定程度上受到自然因素和人为因素的影响，因此就需要对生态系统服务功能价值进行研究。通过生态系统服务功能价值评估，度量、表征生态系统为人类发展提供重要物品和服务的能力，同时反映生态系统功能属性，服务于生态系统服务功能管理和决策。例如，维持生物多样性、气候与气温调节、防灾减灾、土壤肥力更新、净化水质、缓冲极端灾害、海岸线维护、支持生态旅游、生产与合成有机质、营养物质存储与循环、有毒物质降解与环境净化、社会文化、科学教育等。

为了反映生态系统服务功能，1993年UNEP在《生物多样性国情研究指南》中提出用生态系统服务价值评估进行研究。1995年，王建民在《中国生物多样性国情研究报告》中提出采用直接使用价值、间接使用价值、潜在使用价值和存在价值对生态系统服务功能进行评估。

综合分析历史上开展的生态系统服务功能评估实践，生态系统服务功能价值评估可以归纳为生态系统服务功能分类、生态系统服务功能价值评估指标体系构建和生态系统服务功能价值评估三个方面。

5.3.2.1 生态系统服务功能分类

生态系统服务功能具有多功能性，总体来说，一般指人类直接或间接从生态系统得到的利益，主要包括向社会经济系统输入有用物质和能量、接受和转化来自社会经济系统的废物，以及直接向人类社会成员提供服务。生态系统服务功能分类是指根据生态系统提供不同的服务产品或者不同的服务功能，将生态系统服务功能划分为具有某些近似特征的类别，从而为生态系统服务功能价值评估指标体系构建和价值量计算奠定基础。

Pearce、Mc-Neely和Turner等以及国内部分学者都对生态系统服务功能分类进行了研究，UNEP、OECD等国际机构也提出了分类方案。Mc-Neely提出根据产品是否具有实物性等特点，将生态系统服务价值分为消耗性使用价值、生产性使用价值、非消耗性使用价值、选择价值和存在价值。Pearce提出将生态系统服务功能价值分为使用价值和非使用价值，使用价值包括直接使用价值和间接使用价值以及选择价值，非使用价值包括遗产价值和存在价值。UNEP将生物多样性的价值分为显著实物形式的直接价值、无显著实物形式的直接价值、间接价值、选择价值和消极价值。

中国学者从生态系统服务功用的角度提出直接使用价值、间接使用价值、选择价值和存在价值这一分类方法。

直接使用价值是指生态系统提供直接产品所产生的价值，如食物、木材、医药等可在市场上进行交易而带来的直接价值，其评估可用产品的市场价格来估计。

间接使用价值是指生态系统提供的无法通过计算商品价格方式量化的间接的服务价值，例如森林提供的调节气候、涵养水源、防风固沙、固碳释氧等间接服务的价值。

选择价值（潜在使用价值）指人们为了将来能直接或间接利用某种生态系统服务功能的支付意愿。

存在价值指人们为确保生态系统服务功能的继续存在的支付意愿。存在价值是生态系统本身具有的一种与人类利用无关的经济价值，如生态系统中的物种多样性与涵养水源能力等。

中国 2015 年发布的《全国生态功能区划（修编版）》提出，生态系统服务功能评价的目的是明确全国生态系统服务功能类型、空间分布与重要性格局，及其对国家和区域生态安全的作用。生态系统服务功能重要性评价是根据生态系统结构、过程与生态系统服务功能的关系，分析生态系统服务功能特征，按其对全国和区域生态安全的重要性程度分为极重要、较重要、中等重要和一般重要 4 个等级。

5.3.2.2 生态系统服务功能价值评估指标体系构建

确定生态系统服务功能分类之后，根据各服务功能类别，筛选能够反映生态系统服务功能的指标，这些全面反映生态系统服务功能价值的指标的集合，就构成了生态系统服务功能价值评估指标体系。生态系统服务功能价值评估指标包括指标名称和指标数值两部分，要求反映各生态系统服务功能类别的概念和数量。通过综合计算各指标的数量，反映各指标的影响程度，从而获得生态系统服务功能价值。

生态系统服务功能价值评估指标体系的构建要求遵循科学性原则、系统性原则和可操作性原则。从理论上讲，凡能以数量表现的客观范畴和事实均可构成评估指标，但在实践中，生态系统服务功能价值评估指标的选择同时要兼顾具体实践案例特点以及不同的评估方法。例如，某陆地生态系统服务评估中构建的指标体系如表 5-2 所示。

表 5-2　陆地生态系统服务功能价值评估指标体系

目标层	功能分类层		指标层	
	大类	细分	指标类别	指标
陆地生态系统服务功能	供给服务	食物	食物供给量	植物产品、动物产品、微生物产品、其他
		淡水	工农业用水量、饮用水量	灌溉用水量、工业用水量、饮用水量、其他
		原材料	生物燃料、纤维、木材产量	生物燃料和能源产量、纤维产量、木材产量、其他
		观赏装饰物种	观赏物种数、装饰品产量	观赏植物物种数、观赏动物物种数、其他装饰品产量
		生物化学物质	生物化学物质提取量	提取的化学物质量
		遗传资源	遗传基因、载体、种群生境	遗传信息（信息元）、遗传物质（DNA、RNA）、遗传使（mRNA）、染色体、细胞组织、个体、群体、遗传种群生境
		气候调节	气体调节、温度差、湿度差	气温、CO_2 固定量、O_2 释放量、O_3 吸收量、CH_4 固定量、其他温室气体、降水及其他气候过程、降水

目标层	功能分类层		指标层	
	大类	细分	指标类别	指标
陆地生态系统服务功能	供给服务	干扰调节	风暴防护、洪涝控制、干旱恢复	风暴防治、洪涝控制、干旱恢复、其他自然灾害缓解
		水调节	涵养水源量、净化水质量	蓄水量、径流量、蒸散量、净化水质量
		生物调节	病虫害防治、物种数量调节	抵御外来物种入侵、病虫害防治、物种数量调节、生态位调节
		疾病控制	疾病控制	疾病控制
		侵蚀控制	水土保持、泥沙淤积控制量	水土保持、泥沙淤积缓解、土壤肥力保护、表土流失控制
		污染、废物处理	污染控制、废物处理量	大气污染控制、滞除(阻挡、过滤和吸附)粉尘、吸收有害气体(硫化物、氮化物、卤素等)、杀灭病菌、增加负氧离子、土壤污染控制、化学污染物控制、物理污染物控制、生物污染物控制、辐射污染物控制、消除富集营养物、污水处理能力、废物处理能力
		授粉、繁育	花粉传播、种子扩散、物种繁育	花粉传播、种子扩散、昆虫传粉、物种繁育
	文化服务	精神与宗教	道德情操、宗教信仰	道德修养、宗教信仰
		休闲与娱乐	生活品质、生态旅游	休闲场所、生活品质、生态旅游
		美学与信息	美学体验、信息获取	美学体验、知识获取
		科学与教育	教育基地、科学素材、教育机会	科学素材、研究基地、教育机会
		文化与艺术	文化多样性、艺术创作	文化多样性、艺术创作
		激励与灵感	激励与灵感	激励与灵感
	支持服务	土壤形成	有机质积累	成土母质形成、有机质积累
		生物多样性	类别、生物多样性指数	遗传多样性、物种多样性、生态系统多样性、景观多样性、生物多样性指数、功能群多样性指数、复杂性指数
		地球化学循环	水循环、养分循环	碳循环、甲烷收支、磷循环、硫循环、水循环
		初级生产	初级净生产力、初级总生产力	净初级生产量或固定的能量值、总初级生产量
		生境、庇护所	生境类别、生境指数、适宜度	生境类型、生境指数、生境适宜度
	其他服务	未来需求的服务	—	—
		外层空间服务	—	—

5.3.2.3 生态系统服务功能价值评估

生态系统服务功能价值评估常用三种方法：物质量评估法、价值量评估法和能值评估法。

（1）物质量评估

物质量评估从物质量的角度对生态系统提供的各项产品和服务进行量化。即通过生态系统提供的产品和服务中所包括的净光合作用生产量或经济产量对其生态服务功能进行评价。运用物质量评估方法对生态系统服务功能进行评估，其评估结果比较直观，而且仅与生态系统自身健康状况和提供服务功能的能力有关，不会受市场价格不统一和波动的影响。物质量评估是以生态系统服务功能机制研究为理论基础的，生态系统服务功能机制的研究水平决定了物质量评估的可行性和结果的准确性；采用的手段和方法包括定位试验研究、遥感、地理信息系统以及调查统计等。在评估过程中，生态系统类型不同、服务功能不同，其物质量评估方法也存在着很大差异。

（2）价值量评估

价值量评估从货币价值量的角度对生态系统提供的产品和服务进行量化。即利用经济学方法将生态系统提供的产品和服务功能量化为货币量的过程。运用价值量评估的方法，既可以对不同生态系统的相同服务类型的功能进行比较，又能对同一生态系统中不同服务类型进行综合评价，同时也能将生态系统服务功能价值纳入国民经济核算体系。同时，由于人们对于货币的直观感知，货币化的生态系统服务功能更容易引起人们的重视，有助于生态系统保护。由于生态系统本身固有的复杂性和生态系统服务在时间和空间尺度上的不确定性，以及经济学和社会学方法在评价中的局限性，导致生态系统某些服务功能很难实现客观货币化评价，因此很难形成对生态系统服务价值评估的统一方法体系和标准规范。目前较为常用的生态系统服务功能价值量货币化评估方法主要有四类：直接市场价值评估法、替代市场法、条件价值模拟法和集体评价法。

直接市场价值评估法以现实的市场价格为基础，对生态系统提供产品和服务的经济价值进行评估，主要包括费用支出法、市场价值法、资产价值法、人力资本法等。此类方法可在交易过程中直接体现其经济价值。例如对旅游文化娱乐功能的直接市场价值估算，通过旅游者在旅游活动中观赏、食宿、交通、购物等方面的花费，对生态系统的游憩功能的价值进行评估。

替代市场法是指当生态系统提供的某些产品和服务没有直接的市场交易价格，为了对其进行经济价值估算，通过估算等效替代品的花费或成本，以"影子价格"和消费者剩余来表达生态服务功能的经济价值。主要包括替代成本法、机会成本法、恢复和防护费用法、影子工程法、旅行费用法、享乐价值法、预防性支出法、有效成本法等。在程序上首先定量评估某种生态系统服务功能的效益，再根据这种效益的市场价格来评估其经济价值，如涵养水源的量、固定土壤的量、农作物增产量等，然后运用生态系统服务功能评估的"影子价格"，涵养水源的定价可根据水库工程的蓄水成本，工业产品可根据相应的市场价格，农产品的相应价格等，最后计算出其总的生态服务的经济价值。但是这种方法对于没有市场价格的生态服务产品或功能只能通过其他方法进行转化才能适用，一些生态系统服务功能指标难以用市场价值定量表示，也很难通过转化实现货币化，那么应用时就会有很多困难和局限。

条件价值模拟法也称模拟市场价值法，主要包括问卷调查法、意愿调查评估法、投标博弈法、比较博弈法、无费用选择法、优先评价法和德尔菲法等。这种方法通过调查、询问、问卷、投标等方式来获得消费者对获取或改善某种"公共商品"的支付意愿，然后综合所有消费者的净支付意愿货币值（NWTP值）来估算生态服务功能经济价值。由于这种方法是基于不真实的市场行为，问题设计的合理性、问卷提供的信息以及问题提出的顺序、答卷者对问题的理解程度等都会影响综合价值估算结果，因此评价结果存在偏差问题。

集体评价法指通过民主协商和社会公开辩论，让不同社会团体聚集到一起来讨论公共物品的经济价值，确定生态系统服务价值。这种评价方法得到的生态服务功能价值体现公众意愿，避免了个人偏好的影响。

（3）能值评估

能值分析由美国著名生态学家 H. T. Odum 创立。任何流动或储存状态的能量所包含太阳能的量，即为该能量的太阳能值。换言之，某种资源、产品或劳务的能值，就是其形成过程直接或间接利用的太阳能总量。各种资源、产品或劳务的能量均直接或间接来源于太阳能，故以太阳能值来衡量其能值大小，单位为焦耳。这样，以能值为基准，把不同种类、不同能质的不可比较的能量转换成同一标准的能值来衡量和比较研究。后来，能值分析方法被应用到以能值为基础的生态系统服务价值核算，把生态系统或生态经济系统中不同种类、不可比较的能量转换成同一标准的能值来衡量和分析，从而计算生态系统服务功能的价值。

5.3.3 生态系统安全体系建设

习近平指出，要加快建立健全"以生态系统良性循环和环境风险有效防控为重点的生态安全体系"。首先就是要维护生态系统的完整性、稳定性和功能性，确保生态系统的良性循环。党的十八大报告提出，优化国土空间开发格局，加大自然生态系统和环境保护力度。十九大报告指出，要加大生态系统保护力度，实施重要生态系统保护和修复重大工程，优化生态安全屏障体系，构建生态廊道和生物多样性保护网络，提升生态系统质量和稳定性。完成生态保护红线、永久基本农田和城镇开发边界三条控制线划定工作。

推进生态文明建设，落实生态系统安全体系建设，需要构建有助于形成生态系统良性循环的生态安全格局。生态格局显示出一定的功能，如提供生境、净化空气、调节气候等，这种功能与人类需求相关联，构成人类生命支持系统的核心——生态系统服务。要以中国生态问题为导向，以主要环境问题所对应的生态过程为依据，通过主要生态过程构建来修复与控制主要生态安全格局，主要包括水源涵养安全格局、洪水调蓄安全格局、生物保护安全格局和游憩安全格局。

5.3.3.1 水源涵养安全格局

水源涵养区的保护直接关系着区域局部气候及水资源保护。其具体功能在于通过林冠截留、树干截留、林下植被截留、枯落物持水和土壤储水对大气降雨进行再分配，从而实现调节地表径流、缓洪蓄水和增加水资源的目的。水源涵养受多因素影响，主要影响因素有地形因素、植被覆盖条件以及土壤水分涵养能力。地形因素通常决定了水流方向、速度以及汇水面积等，对水源形成具有决定性意义。在地形因素中，坡度对水源涵养功能影响较大，坡度越大，水流越大，越不利于水源涵养，而这些区域往往是更需要保护的区域，因为坡度大，在降雨发生时极易造成水土流失，需要对这些区域植被进行严格的保护。植被覆盖对滞留水分、改变水流速度及净化水质起着十分重要的作用，它在丰水期起到滞留水分的作用，而在枯水期起到释放水分的作用，对局部的气候条件具有重要的影响，对水分水量的调节起着重要作用。不同的植被覆盖对水分涵养的能力存在差别，高植被覆盖度意味着水分涵养能力高，低覆盖度水分涵养能力低。土壤水分涵养功能对植被覆盖具有重要的影响，不同的土壤类型，其涵养水分的功能差别较大，其植被覆盖差异明显。两者之间相互作用，共同影响着区域水源涵养。

5.3.3.2 洪水调蓄安全格局

目前，通过修筑堤坝防治洪水是常见的做法。这种方法在一定程度上对防治洪涝灾害发挥了作用，但修筑堤坝有一定的防洪标准，当洪涝灾害超过设计标准时，将会带来更为严重的后果，同时由于对水流运动路径的改变，加速了水资源的运动，不利于水源涵养，导致旱季时无水可用的局面。此外，这种方式改变了生物生存环境，对生物多样性也将造成重要影响。治水应因势利导，充分利用地形条件和地表覆被，保护天然的滞洪泄洪空间，不仅能发挥自然的滞洪泄洪功能，同时对生态环境的保护具有重要的作用。洪水调蓄安全格局的建立就是通过对自然湿地、河流、湖泊、水库及一些低洼地的保留，达到利用自然蓄洪、泄洪的水资源利用的过程。

5.3.3.3　生物保护安全格局

生物多样性消失是全球面临的主要生态环境问题之一，随着社会经济发展，人类社会足迹不断扩大，生物栖息地日益减少和破碎。通过识别生物保护源地和生物活动廊道，进一步优化区域景观格局，实现由简单保护物种向重点保护生态系统健康方式的转变，不仅能有效地构建区域生物保护基础设施，更能长久地维持区域生态系统的良性循环。建设用地扩张带来的生物多样性的消失主要是动物多样性的消失，因此，要重视动物多样性保护。生物多样性保护无法对每一种生物进行设计，使景观格局符合每一种生物要求。现有生物多样性保护研究中，Lambeck 在 1997 年提出了焦点物种保护方法，即通过分析与识别场地所面临的主要威胁，找出针对威胁最需要保护的焦点物种，假设其需要得到满足，那么所有物种的需要也都可以得到满足。多个焦点物种可表征全部物种所处栖息地的不同侧面，并将这些物种视为一个焦点群落，通过对该焦点群落所需的栖息地进行恢复、保护与管理，以达到保护大多数物种，乃至整体生物多样性的目的。在生物保护数据相对缺乏，且物种与栖息地正面临越来越严重威胁的情况下，焦点物种途径不失为一种高效可行的途径。

5.3.3.4　游憩安全格局

随着社会经济的发展，人们对休闲旅游用地的需求也将日益增加，因此对具有较高旅游价值的生态用地进行判别与保护具有重要意义，而游憩安全格局的构建可以实现这一目的。游憩安全格局是一种保障人们休闲旅游不受影响的格局。它侧重于从休闲游憩的角度来判断区域的景观，强调综合分析研究区内适宜游憩的各种景观格局。

5.4　生态安全的评估体系建设

5.4.1　生态安全与人类活动响应关系

生态安全关系人民群众福祉、经济社会可持续发展和社会长久稳定，是国家安全体系的重要基石。建立生态安全体系是加强生态文明建设的应有之义，是必须守住的基本底线。维护生态安全与加强生态文明建设是一脉相承的。维护生态安全是加强生态文明建设的应有之义，是生态文明建设必须达到的基本目标，是我们必须守住的基本底线，是践行创新、协调、绿色、开放、共享的发展理念的必然要求。因此，在维护生态安全工作中，必须坚持底线思维，提高危机意识，从应对最困难的情况出发，提高抵御极端风险和应对紧急状态能力，坚决守住底线，确保不发生重大危机。

生态安全在国家安全体系中居于十分重要的基础地位。第一，生态安全提供了人类生存发展的基本条件。自然生态系统是人类社会的母体，提供了水、空气、土壤和食物等人类生存的必要条件，维护生态安全就是维护人类生命支撑系统的安全。第二，生态安全是经济发展的基本保障。人类历史上因生态退化、环境恶化和自然资源减少导致经济衰退、文明消亡的现象屡见不鲜，要实现经济可持续发展，必须守护好生态环境底线，转变以无节制消耗资源、破坏环境为代价的发展方式。第三，生态安全是社会稳定的坚固基石。随着我国经济社会快速发展，生态环境问题已成为最重要的公众话题之一，因相关问题导致社会关系紧张的情况屡有发生。高度重视和妥善处理人民群众身边的生态环境问题，已成为当前保障社会安定的重要工作之一。第四，生态安全是资源安全的重要组成部分。自然生态系统既是人类的生存空间，又直接或间接提供了各类基本生产资料。对国家来说，要获得充分的发展资源，就必须保障国内甚至周边区域和全球的生态安全。第五，生态安全还是全球治理的重要内容。随着全球生态环境问题的日趋严峻，气候变化、环境污染防治、生物多样性保护等跨国界和全球性生态环境问题日益成为政治、经济、科技和外交角力的焦点。积极参与区域和全球环境治理，影响和设置相关议程，有助于维护我国发展权益和国家利益，树立我国负责任大国形象。

我国的生态安全政策重点强调两个方面：一是必须维护生态系统的完整性、稳定性和功能性，确保国家或区域具备保障人类生存发展和经济社会可持续发展的自然基础，这是维护生态安全的基本目标，是一个根本性、基础性的问题。二是必须要处理好涉及生态环境的重大问题，包括妥善处理好国内发展面临的资源环境瓶颈、生态承载力不足的问题，以及突发环境事件问题，这是维护生态安全的重要着力点，是最具有现实性和紧迫性的问题。同时，也要积极参与全球环境治理，展现我负责任大国形象，争取合理的发展空间。

5.4.2 生态安全评估指标体系与方法

生态安全研究通过开展生态安全评估，诊断研究对象的生态安全状况和存在的问题，发现可能的改善机会，从而为生态环境和生态安全改善提供建议和可行方案。生态安全评估通过人类活动与生态环境关系模型，筛选出反映自然、社会、人文、经济因素之间的相互作用和状态的评价指标，按照相关评价标准，选取合适的评价模型和评价方法，对生态系统安全状况进行评估。

1994 年 Barnthouse 等建议将生态评价步骤分为源点确定、风险描述、环境效应分析和环境迁移模型建立。1996 年，Waltner-Toews 从生态系统的功能与结构角度提出生态评价要充分考虑生态系统受到人为干扰后的恢复能力，应该包括生态健康性、适应性和恢复速率。在此基础上，Westman 等提出生态安全评价的生态弹性、生态可塑性、振幅和生态滞后性等指标体系。1999 年 Bergh 等提出生态安全评价包括危害评价、暴露分析、受体分析和风险表征几个步骤。

从开展的研究及具体案例来看，生态安全评估一般应包含生态系统自身结构与功能属性和对于人类生存与发展的贡献两个方面的内容。

5.4.2.1 生态安全的概念模型

1979 年 Cairns 等提出生态安全评估应该包括社会经济、生态系统结构和生态系统功能三个方面，进而提出了社会经济体系、生态学体系和理化性质体系三大体系的概念模型。后来 Jorgensen 等提出类似的结构化能、活化能和缓冲量三大类生态安全评价体系。祝培甜等从经济可行性指数、非社会可接受性指数和非资源环境合理性指数三方面构建了土地生态安全的状态和趋势评估的三角模型。

生态安全研究使用较为广泛的概念模型由联合国经济合作与发展组织（OECD）建立，

称为 PSR 模型。在该模型中，生态安全体现在相互关联的三个层次客体，即 P (pressure，压力)、S (state，状态)、R (response，响应)，其中：P 反映人类活动对环境产生的压力，是指生态系统受到人类活动干扰时所产生的负荷，包括资源压力和环境污染压力；S 反映在人类压力下，生态系统所展现出来的自然资源状态和环境质量状况，是指生态系统中各种生物与非生物因素长期作用的结果，也是生态系统给人类提供资源和服务功能的体现；R 反映在这种压力和生态安全状态变化下，人类所作出的应对，各种策略、管理和技术手段。PSR 模型回答了"发生了什么""为什么发生""我们将如何做"三个可持续发展的基本问题，特别是它提出的所评价对象的压力-状态-响应指标与参照标准相对比的模式受到了很多国内外学者的推崇，广泛地应用于区域环境可持续发展指标体系研究，水资源、土地资源指标体系研究，农业可持续发展评价指标体系研究以及环境保护投资分析等领域。欧洲环境署和欧洲共同体统计局在 PSR 模型的基础上发展构建了 DPSIR 模型，将其扩展为 D (driving force，驱动力)-P (pressure，压力)-S (state，状态)-I (impact，影响)-R (response，响应) 关系，通过加入 D (驱动力) 和 I (影响)，补充人类活动与生态系统之间的驱动关系，以及由此导致的影响的内容。

5.4.2.2 生态安全评估指标体系

生态安全概念模型揭示了人类活动与生态安全之间的响应关系，同时也为生态安全评估指标体系的构建提供了基础。例如在土地生态安全评估领域，基于自然-经济-社会概念模型，从土地自然生态安全、土地经济生态安全和土地社会生态安全三个方面构建指标体系。基于 PSR概念模型，从土地生态系统压力、土地生态系统状态和土地生态系统响应三个方面构建评价指标体系。例如，表 5-3 为某研究中基于海岸带生态安全 PSR 模型构建的指标体系。

表 5-3　某海岸带生态安全评价指标体系

目标层	准则层	因素层	指标层
生态安全	压力	人口压力	人口密度/(人/km^2)
			城镇化率/%
		资源压力	捕捞量/t
			人均耕地面积/(亩/人)
			全年人均用电量/(kW·h/人)
			海水养殖水域面积/hm^2
		环境压力	工业废气排放量/10^{4}t
			工业废水排放量/10^{4}t
			工业固体废物排放量/10^{4}t
			化学需氧量(COD)排放量/t
	状态	资源状态	滩涂面积/hm^2
			自然保护区面积/hm^2
			林地面积/hm^2
		经济状态	人均GDP/元
			地方财政收入与地区生产总值之比/%
			单位海岸线港口吞吐量/(10^{4}t/km)

续表

目标层	准则层	因素层	指标层
生态安全	状态	环境状态	主要河流水质优于Ⅲ类的比例/%
			近岸海域水质平均达标率(优于Ⅲ类)/%
			海水功能区达标率/%
	响应	经济响应	财政支出占GDP比例/%
			第三产业产值占GDP比例/%
		环境响应	空气质量优良率/%
			森林覆盖率/%
			城镇污水处理率/%
			城镇居民人均可支配收入/元
			农村居民人均纯收入/元
			水利、环境事业人均劳动报酬与平均工资比例/%

5.4.2.3 生态安全评估方法

国内外生态安全评估常用方法大体可以分为生态模型法、数学模型法和景观模型法。其中，生态模型法的代表有生态足迹法、土地承载力法；数学模型法的代表有综合指数法、主成分分析法、灰色关联度法和层次分析法；景观生态模型法的代表有景观空间邻接度法、景观生态安全格局法。随着遥感、地理信息等技术不断发展，这些技术开始越来越多地被应用到生态环境评价中。

指标权重的确定方法目前主要分为主观赋权法和客观赋权法两种。主观赋权法是指评估者按照自己的经验分析各指标的重要程度进而赋予权重的一种方法，主要有德尔菲法（Delphi）、层次分析法（AHP）、二项系数法、意义推求法、循环评分法等。客观赋权法是仅从指标自身的影响来确定权重的方法，主要包括熵权法、阈值法、聚类分析法、因子分析法等。主观赋权法操作简单，容易实现，但容易掺杂个人主观因素，难以做到客观合理，层次分析法是目前应用最广的主观赋权方法；客观赋权法近年来逐步受到重视，其中熵权法应用较多。表5-4列举了主要生态安全评估模型与方法。

表5-4 主要生态安全评估模型与方法

模型	代表性方法	特点
数学模型	综合指数法	简单易行,适用于对本区域不同时段的土地生态安全状况的对比研究,不适用于区域之间的横向比较
	层次分析法	可以建立清晰明确的指标体系层次结构,评价指标易于归类和优化。但权重的确定随意性大,评级标准及方法过于简单
	模糊综合法	评价过程简单,能更多地揭示分异信息,还能对单项指标的生态安全等级进行判断。但各指标权重的确定掺杂主观因素,会丢失有用信息
	灰色关联分析法	克服了常见数理统计法的局限,对系统参数要求不高,适用于尚未统一的生态安全系统。但分辨系数的确定不易把握
	主成分分析法	确定的权数不受主观因素的影响,变量之间彼此独立,得到的分析结果具有客观性。但变量在降维过程中损失部分信息,易导致计算结果与实际不符

模型	代表性方法	特点
数学模型	BP 网络法	高速寻找优化解,但网络结构、初始参数难以确定
	突变级数法	运用简单,又较为客观,特别适用于内部机理未知的复杂大系统的多目标决策问题。需判断各评价指标间的主次关系,并对照绝对意义下的常规等级标准,制定出适应自身特点的等级标准
生态模型	生态足迹法	指标选取简单,容易操作,定量化程度较高,便于应用,但因其强调的是人类活动对生态环境的影响及其可持续性,没有直接反映社会、经济以及技术方面的影响,具有生态偏向性,不够全面
景观生态模型	景观生态格局法	从生态系统的角度分析生态安全内在机制,对各种潜在的生态影响类型进行综合评估
数字地面模型	数字生态安全法	RS 与 GIS 相结合,采用栅格数据结构,叠加容易,逻辑运算简单

5.5 生态安全的预警体系建设

生态安全关系到生物安全、环境安全以及生态系统安全,进而影响人类生活和生存安全,保障生态安全关系到人类的可持续发展。因此,通过有效的科学手段,对生态安全进行预测,并进行提前干预,消除破坏生态安全的因素,恢复受损生态系统,就显得尤为重要。生态安全预警是指通过对特定区域内的生态系统状态及演变趋势进行预测,识别影响因子,分析警源变化,提前对某种隐蔽存在或突发性警情进行预报,并及时响应与调控。

生态安全预警的核心在于对生态危险因素和危险程度预测的准确性和及时性。因此筛选能够反映特定区域生态安全特征的预警指标体系,建立能够科学预测的模型方法就成为生态安全预警体系建设的核心。从生态安全预警工作开展以来,大量研究都针对科学建立预警指标体系和预测预警判别方法,例如生态安全综合指数法、层次分析法、多目标优选法以及神经网络法等。在分析对象上,也覆盖了具有不同生态系统特征的自然保护区、森林、海湾、土地、旅游景点,以及人工环境特征明显的具体城市、养殖区、生态经济区等。

5.5.1 生态安全预警指标体系

生态安全预警指标体系的建立,是生态安全预警的基础。建立生态安全预警指标体系,需从不同层面、不同角度分析目标区域生态安全状况。因此,建立的指标体系需要具备科学性、代表性以及实用性,选取的指标需要能够客观真实地反映生态系统安全特征,并且需要反映特定区域的特定生态安全特征,选取的指标同时应该具有普遍性,而且容易获得。

在指标构建的过程中,OECD 提出的 PSR 或者 DPSIR 方法由于能够反映生态系统安全压力、状态和响应关系而被广泛应用。基于此种方法建立的指标体系具有清晰的因果关系,压力指标反映人类活动给生态系统带来的生态安全压力,状态指标反映生态系统在受到来于外界的压力之后的状态,响应指标则体现了人类面对这些压力和状态采取了怎样的措施来应对。DPSIR 模型则在压力、状态、响应关系的基础上又增加了对驱动力(压力产生的原因)以及影响(对生态安全造成的影响)的描述。此外,还有自然-社会-经济综合指标法、城市生态系统健康指标法等。例如，表5-5是基于层次分析法构建的某地森林生态安全评价指标体系。

表5-5　某地森林生态安全评价指标体系

目标层	分类层	指标层	指标计算方法
森林生态安全评价	森林资源	森林旅游开发强度/%	森林公园面积/森林面积×100%
		森林采伐强度指数/%	采伐限额/林木蓄积量×100%
		森林覆盖率/%	森林面积/土地调查面积×100%
		单位面积森林蓄积量/(m^3/hm^2)	森林蓄积量/土地调查面积
		公益林比重/%	公益林面积/森林面积×100%
		林业完成投资额指数/(万元/hm^2)	林业完成投资额/森林面积
	社会经济	人类工程占用土地指数/%	建设用地面积/土地调查面积×100%
		人口密度/(人/hm^2)	各地区年末人口数/土地调查面积
		单位面积GDP/(万元/hm^2)	地区生产总值/土地调查面积
		产业结构指数/%	第二产业生产总值/地区生产总值×100%
		单位森林面积人口数/(人/hm^2)	地区人口数量/森林面积
		单位GDP工业污染治理完成投资额/%	工业污染治理完成投资/地区生产总值×100%
	环境	CO_2排放量指数/(t/hm^2)	化石燃料消耗量×二氧化碳排放系数/土地调查面积
		SO_2排放量指数/(t/hm^2)	废气二氧化硫排放量/土地调查面积
		可吸入颗粒物年日均值/(mg/m^3)	直接获取
		空气质量指数/%	空气质量二级以上天数/365
		年降雨量/mm	直接获取
		环境保护投资额指数/%	环境保护投资额/地区生产总值×100%

5.5.2　生态安全预警度判别及分区

在生态安全预警指标体系构建之后，通过选择合适的评价方法，确定指标值及指标权重，计算出研究对象的生态安全指数。

对分析对象的生态安全警情指数进行分级，划分安全预警度范围，为判断安全程度提供度量依据。目前我国对生态安全等级的划分还没有形成一个通用的标准，各研究给出的生态安全评价标准的差异性较大，但是各种生态安全警情指数划分的核心原则都是要能客观区分出不同地区和研究对象的生态安全程度差异。划分生态安全预警度级别后，就可以判断计算出来的生态安全指数反映的研究对象的生态安全等级。例如，某森林生态安全预警度区间确定过程中，将生态系统安全综合指数划分为5个等级（表5-6）：巨警（很不安全）、重警（较不安全）、中警（不安全）、轻警（较安全）和无警（安全）。通过对比分析结果与各安全等级范围，从而判断研究区域的安全等级范围。

表5-6　某森林生态安全预警度划分

警度区间	<0.35	0.35～0.50	0.50～0.65	0.65～0.75	>0.75
等级	Ⅰ	Ⅱ	Ⅲ	Ⅳ	Ⅴ
警度	巨警	重警	中警	轻警	无警

5.5.3　生态安全预测预警

基于生态安全预警结果，生态安全预测预警得以科学判断研究区域生态安全状态，掌握生态安全主要威胁。在此基础之上，可以通过设置不同目标情景和调控方案，模拟不同调控情景下的生态安全变化，优选最佳调控方案。

针对生态安全现状以及基于现状分析得到的生态安全预警结果，结合研究区域生态条件、社会经济条件特征以及保护目标，针对生态安全潜在威胁，设置不同调控情景，以及各调控情景下的指标值，一般选取对该区域生态安全限制最为突出的问题设置调控情景。比如对于严重缺少水资源或者水体污染问题突出的区域设置水生态安全调控情景，对于生态资源严重短缺区域设置生态保护与恢复调控情景等。通过模拟不同调控方案下该区域生态安全预警指数的变化，筛选出一系列尽可能最大限度地提高区域生态安全程度的措施和方案，为该区域生态安全干预和调控提供科学依据，最终使该区域生态系统功能得到有效改善，人们能够获得更好的生态产品和服务，最大力度地促进环境生态系统向着积极良好的方向发展演变，逐步实现人类社会与环境资源的和谐发展。

5.6　生态安全体制改革展望

生态安全为中国人民提供了生存发展的基本条件，维护生物安全、保护粮食安全和生物多样性，是维护人类基本生存需求的保障，保护生态系统安全和环境安全是维护人类生命支撑系统的保障，也是中国经济发展的基本资源和环境需求保障；生态安全是中国社会稳定的坚固基石，评估生态系统安全状况、开展生态安全预警并及时应对，是妥善处理人民群众身边的生态环境问题、保障社会安定的重要工作之一；生态安全是全球治理的重要内容，积极参与区域和全球环境治理，贡献中国智慧、经验和解决方案，是维护我发展权益和国家利益的需要。

生态安全体制改革，要在国家《生态文明体制改革总体方案》框架下，坚持节约资源和保护环境的基本国策，坚持节约优先、保护优先、自然恢复为主方针，立足我国社会主义初级阶段的基本国情和新的阶段性特征，以建设美丽中国为目标，以正确处理人与自然关系为核心，以解决生态环境领域突出问题为导向，基于国家生态文明体制改革推进时间路线图，将生物安全、环境安全、生态系统安全体制改革，生态安全评估与预警体系建设，与国家空间规划体系建设、国土空间开发保护制度建设、自然资源资产产权制度建设、资源总量管理和全面节约制度建设以及生态保护市场体系建设相结合，推动生态安全体制改革，保障国家生态安全，改善环境质量，推动形成人与自然和谐发展的现代化建设新格局。

参考文献

[1] Costanza R，d Arge R，de Groot R，et al. The value of the world's ecosystem services and natural capital. Nature，1997，387：253-260.

[2] 毕绪岱，等.河北省森林生态经济效益研究.河北林业科技，1998（1）：1-5.

[3] 侯兆元，等.中国森林资源核算研究.世界林业研究，1995（3）：51-56.

[4] 欧阳志云，等.中国陆地生态系统服务功能及其生态经济价值的初步研究.生态学报，1999，19（5）：607-613.

[5] 欧阳志云，等.生态系统服务功能及其生态经济价值评价.应用生态学报，1999，10（5）：635-640.

[6] 谢高地，等.全球生态系统服务价值评估研究进展.资源科学，2001，23（6）：5-9.

[7] 谢高地，等.中国自然草地生态系统服务价值.自然资源学报，2001，16（1）：47-53.

[8] 赵宇翔.中国林业生物安全风险评价与管理对策研究.北京：北京林业大学，2012.

[9] 龚玉梅.林业领域中的生物安全性及其相关政策研究.北京：中国林业科学研究院，2007.

[10] 王书可.三江平原湿地生态系统健康评价与管理研究.哈尔滨：东北林业大学，2016.

[11] 王亮.盐城海岸带土地利用及其生态安全评价与优化研究.徐州：中国矿业大学，2016.

[12] 修丽娜.基于 OWA-GIS 的区域土地生态安全评价研究.北京：中国地质大学，2011.

[13] 王春叶.基于遥感的生态系统健康评价与生态红线划分——以浙江省海岸带为例.上海：上海海洋大学，2016.

[14] 赵燕伶.基于网格尺度的吴起县生态安全评价研究.西安：西安科技大学，2017.

[15] 冯蕊.陕西秦岭地区生态安全测度研究.西安：西安理工大学，2017.

[16] 徐羽.江西省土地利用生态安全格局.南昌：江西师范大学，2017.

[17] 梁二敏.玛纳斯河流域绿洲景观生态安全动态评价.石河子：石河子大学，2017.

[18] 徐松浚.居民视角下湿地旅游区旅游生态安全感知及其影响.广州：暨南大学，2017.

[19] 耿润哲，等.以环境质量改善为目标的贵安新区生态安全格局构建虚拟.中国环境科学，2018，38（5）：1990-2000.

[20] 卢媛媛.山西省生态系统安全评价、预警研究.太原：太原科技大学，2016.

[21] 王洁，等.基于生态服务的城乡景观生态安全格局的构建.环境科学与技术，2012，35（11）：199-204.

[22] 张凤太，等.基于物元分析-DPSIR 概念模型的重庆土地生态安全评价.中国环境科学，2016，36（10）：3126-3134.

[23] 余健，等.熵权模糊物元模型在土地生态安全评价中的应用.农业工程学报，2012，28（5）：260-266.

[24] 徐美，等.基于 DPSIR-TOPSIS 模型的湖南省土地生态安全评价.冰川冻土，2012，34（5）：1265-1272.

[25] 周岚.我国生物多样性保护的法律对策研究.福州：福州大学，2006.

[26] 王灿发，等.生物安全的国际法原则.现代法学，2003，25（4）：128-139.

[27] 舒帮荣，等.基于 BP-ANN 的生态安全预警研究——以苏州市为例.长江流域资源与环境，2010，19（9）：1080-1085.

[28] 杜忠潮，等.基于主成分分析的土地生态安全评价实证研究.水土保持通报，2009，29（6）：198-207.

[29] 王辉.平原水土流失引发环境生态安全及对策.水科学与工程技术，2018（2）：68-69.

[30] 黄锦辉，等.河湖水系生态保护与修复对策.水利规划与设计，2018（4）：1-4.

[31] 叶宏亮.基于国内外耕地资源有效供给的中国粮食安全研究.杭州：浙江大学，2013.

[32] 姚瑶.粮食安全综合评价体系的构建及应用.长沙：湖南农业大学，2016.

[33] 郭修平.粮食贸易视角下的中国粮食安全问题研究.长春：吉林农业大学，2016.

[34] 晏莹.中国粮食安全保障资源的国际配置研究.长沙：湖南农业大学，2015.

[35] 虞洪.种粮主体行为变化对粮食安全的影响及对策研究——以四川为例.成都：西南财经大学，2016.

[36] 车静.生物安全管理的基石：阿斯罗马重组 DNA 会议研究.杭州：浙江大学，2016.

[37] 杜威利.生物安全的法律保护研究.南宁：广西师范学院，2011.

[38] 李鹏山.农田系统生态综合评价及功能权衡分析研究.北京：中国农业大学，2017.

[39] 张赢月.吉林省辽河流域生态安全预警与调控措施研究.长春：吉林大学，2017.

[40] 尹文涛.基于水生态安全影响的沿海低地城市岸线利用规划研究——以天津滨海新区为例.天津：天津

大学, 2015.

[41] 肖长江. 基于生态位的区域建设用地空间配置研究——以扬州市为例. 南京: 南京农业大学, 2015.

[42] 柴艳芳, 等. 对生态安全的初步探讨. 环境保护与循环经济, 2009 (2): 48-50.

[43] 欧定华. 城市近郊区景观生态安全格局构建研究——以成都市龙泉驿区为例. 成都: 四川农业大学, 2016.

[44] 邓楠. 资源型城市生态安全预警体系构建及实证研究. 西安: 西安理工大学, 2018.

[45] 吴润嘉. 湖南省生态安全预警研究. 长沙: 中南林业科技大学, 2016.

[46] 陈妮, 等. 北京市森林生态安全预警时空差异及其驱动机制. 生态学报, 2018, 38 (20): 1-10.

[47] 王伟, 等. 生态系统服务功能分类与价值评估探讨. 生态学杂志, 2005, 24 (11): 1314-1316.

[48] 张振明, 等. 生态系统服务价值研究进展. 环境科学学报, 2011, 31 (9): 1835-1842.

[49] 彭建, 等. 城市生态系统服务功能价值评估初探——以深圳市为例. 北京大学学报 (自然科学版), 2005, 41 (4): 594-604.

[50] 刘勇, 等. 基于生物量因子的山西省森林生态系统服务功能评估. 生态学报, 2012, 32 (9): 2699-2706.

[51] 段晓男, 等. 乌梁素海湿地生态系统服务功能及价值评估. 资源科学, 2005, 27 (2): 110-115.

[52] 方瑜, 等. 海河流域草地生态系统服务功能及价值评估. 自然资源学报, 2011, 26 (10): 1694-1706.

[53] 张黎娜, 等. 黄淮海湿地生态系统服务与生物多样性保护格局的耦合性. 生态学报, 2014, 34 (14): 3987-3995.

[54] 丁冬静, 等. 海南省滨海自然湿地生态系统服务功能价值评估. 生态环境学报, 2015, 24 (9): 1472-1477.

[55] 谢高地, 等. 基于单位面积价值当量因子的生态系统服务价值化方法改进. 自然资源学报, 2015, 30 (8): 1243-1254.

[56] 白杨, 等. 海河流域森林生态系统服务功能评估. 生态学报, 2011, 31 (7): 2029-2039.

[57] 刘胜涛, 等. 泰山森林生态系统服务功能及其价值评估. 生态学报, 2017, 37 (10): 3302-3310.

[58] 胡有宁. 延安城市森林生态系统服务功能价值评估. 杨凌: 西北农林科技大学, 2015.

[59] 张婕. 东居延海湿地生态系统健康评价及服务功能评估. 兰州: 兰州大学, 2018.

[60] 马建章. 黑龙江红星湿地国家级自然保护区生态系统服务功能价值评估. 哈尔滨: 东北林业大学, 2015.

[61] 黄从红. 基于 InVEST 模型的生态系统服务功能研究——以四川宝兴县和北京门口沟区为例. 北京: 北京林业大学, 2014.

[62] 王洪成. 亚布力国家森林公园森林景观格局分析及生态评价. 哈尔滨: 东北林业大学, 2016.

[63] 陈姗姗. 南水北调水源区水源涵养与土壤保持生态系统服务功能研究——以商洛市为例. 西安: 西北大学, 2016.

[64] 刘兴元. 藏北高寒草地生态系统服务功能及其价值评估与生态补偿机制研究. 兰州: 兰州大学, 2011.

[65] 高燕. 生态服务功能导向的滨海地质公园开发与保护研究. 武汉: 中国地质大学, 2013.

[66] 武文婷. 杭州市城市绿地生态服务功能价值评估研究. 南京: 南京林业大学, 2011.

6　资源管理体制建设

【摘要】 生态文明建设要求"推进资源全面节约和循环利用，设立国有自然资源资产管理和自然生态监管机构，完善生态环境管理制度"，这些都需要改革原有的资源管理体制，建立适应生态文明内在要求的资源管理体制。本章以自然资源利用的全生命周期为主线，按照自然资源的源头保护、集约利用、有偿使用、公共服务和管理实践五个环节展开分析，综合运用法律、经济、技术等手段，突出企业、政府与市场三者的关系，探索资源管理体制改革的路线图。

生态文明建设是今后一个时期我国资源生态环境领域最重要的指导思想，要加快自然资源利用方式的生态化转型，从源头上对自然资源实行保护，一方面是指导思想的变化，另一方面是管理路径的变化。实现战略转型，是在科学、客观分析和判断我国经济社会发展与资源生态环境形势基础上做出的战略选择，是推动资源节约、环境友好更全面、更深入地融入经济社会发展全局，实现资源生态环境与经济发展并重的具体体现。

加快实现自然资源源头保护，应从国家宏观战略层面考量资源环境问题。我国正处于产业转型升级的关键阶段，自然资源源头保护为产业提供了一条可持续发展的出路，同时随着生态环保意识的不断增强，公众对自然资源的休憩价值提出了更高的要求，政府应当提供基本的带有资源属性的公共物品，自然资源的源头保护为满足公众的休闲娱乐需求提供了体制保障。

加快实现自然资源源头保护，迫切需要探索产业生态化规划和管理的新思路。针对我国结构型资源环境问题突出的特点，要从产业结构动态优化入手为规划和管理确定合理的目标定位。一方面，从产业结构合理化入手分析，产业结构的合理化标志着产业结构的生态化，经过生态化改造得以优化的产业结构有利于实现资源能源的高效利用、废弃物的最小化排放，同时增加生态型产业的比重。产业结构的生态化从不同产业间技术经济定量关系入手，分析资源环境硬约束下实现产业结构生态化均衡的内生动力和运行机制。另一方面，从产业结构的高级化切入，通过产业结构的生态化转型升级，产业链的合理延伸，生态型产品的开发及附加值提升，在技术进步核心驱动下不断优化提升产业结构。这种动态分析方法遵循产业结构演化的一般规律，考察产业结构在生态化要素影响下，由初级产业结构向中高级产业结构提升的全过程；同时对产业结构调整过程中生态产业规划和管理政策起到的规制作用进行全面分析。

6.1 自然资源的源头保护体制建设

建设自然资源的源头保护体制，需要充分融入生态文明理念进行顶层设计，探索区域差异化的资源管理体制是建设目标，严守资源利用上线是建设的前提条件和核心内容，同时在建设过程中充分发挥市场在资源配置中的基础性作用。

6.1.1 建设目标

6.1.1.1 产业定位

根据区域资源环境承载力进行产业定位。近年来经济持续快速发展和工业化、城镇化进程加快推进，造成了我国部分地区的耕地面积减少过多过快，导致生态系统功能严重退化。尤其是一些生态敏感区，资源环境十分脆弱，单纯追求经济增长，以发达地区的淘汰产业作为地区发展的主导产业和继续产业，带来森林破坏、湿地萎缩、河湖污染等资源生态环境问题。同时一些经济发达地区，在主导产业选择和产业布局上，与地区资源环境承载能力相脱节，从而进一步加剧了已有的资源环境危机。因此，未来自然资源源头保护应依据不同区域资源禀赋和生态环境基础，从社会、经济和技术等条件出发，确定区域主导产业，建立与之相适应的产业体系。

6.1.1.2 区域自然资源源头保护体制

探索差异化的区域自然资源源头保护体制。自然资源是一种特殊的生态环境，在经济社会发展过程中具有重要的地位和作用，决定了社会生产过程的各个环节和各项活动都必须遵循生态规律。我国国土空间呈现显著的多样化、非均衡性和脆弱性等特点，这要求在宏观层面的规划和管理中突出区域经济活动和资源环境承载力适宜性原则，即对那些不适宜进行大规模、高强度的工业化和城镇化开发的国土空间，应严格遵循自然生态规律，科学开发；对那些不符合当地实际情况的经济社会发展功能，必须因地制宜，分级开发，分类管理，全面考核。因此，区域的主体功能区类型是区域产业发展的战略原则和基本前提。产业发展应充分体现出不同类型区域间的分工协作，发展与当地资源环境相适宜的产业，突出区域特色产业优势，增强区域产业竞争力，缩小区域间贫富差距，进而实现产业发展与自然资源源头保护的良性互动。体现区域差异的自然资源源头保护规划管理政策主要包括三个方面的内容：一是区域资源环境承载力差异性产业选择，二是区域资源环境承载力差异性产业布局，三是区域资源环境承载力差异性产业政策。

6.1.2 建设核心内容

严守资源开发利用上线是建设区域自然资源源头保护体制的核心内容。资源开发利用上线是生态保护红线划定的重要组成部分，也是建立自然资源源头保护体制的前提条件和核心内容，是实现我国自然资源可持续利用的底线。生态保护红线是国家在重点生态功能区、生态环境敏感区和脆弱区等区域划定的，对区域内的生态环境和自然资源实行严格保护。生态保护红线包括从自然生态系统保护、环境质量安全保障和资源可持续开发利用三方面分别划定的生态功能保障基线、环境质量安全底线和资源开发利用上线。生态保护红线是加强我国生态环境和自然资源保护的重要举措，是强化生态环境和自然资源保护的规范性、强制性手段，对实现我国自然资源的可持续利用起着举足轻重的作用。对自然资源进行源头保护就是要严守资源开发利用上线，一旦划定资源开发利用上线，对自然资源进行开发利用时就必须严格执行，否则就要受到惩罚。

6.1.2.1 源头保护策略

根据资源禀赋确定源头保护策略。一个国家或地区的自然资源储量，是影响其经济发展的基础性因素。自然资源禀赋是指一个时期内，自然资源所能承载经济社会发展的最大承受能力，即资源承载力概念的重要参数，自然资源的供给水平对自然资源的源头保护体制建设产生决定性影响，一旦突破资源利用上线，超过资源承载力，就会造成资源枯竭等不可持续后果。

储采比是衡量资源禀赋的重要指标之一，同时也可以作为自然资源源头保护体制的核心建设指标。储采比是指年末剩余储量与当年产量之比，即按当前开采能力剩余储量还可开采的时间，能很直观地反映自然资源的开采利用状况。储采比值越高，说明自然资源存量越丰富，在相同开采水平下，自然资源可供开采的年限越长，支撑区域经济社会发展的能力越强；相反，储采比值越低，说明自然资源存量可供开采的年限越短，越需要加快建设自然资源的源头保护体制。以石油为例，我国油田开采时间普遍较长，新发现投入开采使用的油田储量及品质总体呈下降趋势，储采比较低。统计显示，2015 年我国石油储采比为 11.7，远远低于同年全球石油储采比的 51。根据计算，我国石油资源开发利用上线是每年总计开采 2 亿吨，如果超过这一限制，就需要启动源头保护机制，否则会进一步影响我国石油的可持续开采，威胁国家石油供给安全。

6.1.2.2 市场容量

市场容量是指在一定时期内，在给定的商品价格下，在既定的供给水平下，市场对某种商品的最大需求量，市场容量是影响自然资源源头保护体制建设的需求因素。例如，我国大宗矿产资源储量普遍相对不足，但其他一些矿产资源储量却相对丰富，如稀土矿、石墨等。从全球范围看，一般情况下稀土矿、石墨等矿产资源的市场容量较小，但这些矿产资源往往是高技术产业的重要原料，如果高技术产业的发展出现较大波动，例如某一矿种出现利好消息，很快会有大量企业进入该市场，对这些矿产资源的需求量会在短时间内迅速提高，很容易发生爆发性的市场饱和，这时这些矿产资源的利用上线完全取决于市场容量。为了有效防止市场需求量的爆发性上涨，进而突破矿产资源利用上线，需要建设源头保护体制，例如实施开采总量控制和生产总量控制。

我国已经初步采用了一些带有自然资源源头保护体制特征的做法。例如为保护稀土矿的可持续开采，按照保护性开发原则，工信部对稀土开采实行生产总量控制，国土资源部对稀土开采实行开采总量控制。钨矿方面，美国、日本和西欧各国是主要消费国家和地区，合计占世界钨矿总消费量的 65% 左右。我国是钨矿的生产大国，占据 80% 的国际钨矿供给市场份额，是世界上最大的钨矿石供应国，为保护我国钨矿的可持续开采，2011 年我国对钨矿实行开采总量控制。再如锡矿，我国面临比较严峻的锡资源保护形势，我国 2010 年锡资源基础储量静态开采年限为 10 年，到 2014 年下降到 6.7 年，世界平均开采年限为 17.9 年，可见我国锡资源保护到了刻不容缓的地步。因此，自然资源的源头保护体制建设，需要以市场容量为核算依据，确定相应的自然资源开采总量和生产总量。

6.1.2.3　环境容量

环境容量是决定自然资源源头保护体制建设的环境因素。环境容量是指在一定时期内，一个区域的生态系统所能承受的人类社会经济活动的最大值，是生态系统对人类活动提供生态服务功能的具体体现，是反映生态环境质量的核心参数。表征环境容量的方法之一是自然资源的开发利用所带来的环境问题是否超过了生态环境的自净能力。

实践证明，自然资源的开发和利用过程经常会对生态环境造成二次污染。以矿产资源为例，铁矿石平均品位为 20% 左右，其余部分以铁矿渣为主，而石油开采需要二次注水，这些都会对环境造成影响，自然资源的源头保护需要根据环境容量的大小评估与自然资源开发利用上线的关系。开发利用矿产资源会对大气、土地资源和水资源等环境资源造成不可逆的影响，并往往伴随着泥石流、地面塌陷滑坡等地质灾害，进而影响原有的地形地貌景观，这些某种程度上会对生态环境造成不良影响。因此，自然资源的源头保护体制还需根据环境容量进行具体设计。

在建设自然资源的源头保护体制方面，我国中央及各级政府已经开展了一些卓有成效的工作。2016 年 5 月，发改委联合其他八部委出台了《关于加强资源环境生态红线管控的指导意见》，要求各地区合理设定资源消耗上限，对能源、水、土地等战略性资源的消耗总量实施管控，对自然资源生态保护红线的划定从资源消耗总量管控和资源消耗强度管理两方面开展工作。

6.1.3　建设途径

通过政府开展自然资源源头保护相关的规划和管理工作，摸索政府引导、市场主导的自然资源源头保护发展机制。

6.1.3.1　政府引导

政府引导，增强自然资源源头保护的内生化与自运行动力。政府是自然资源源头保护的主要推动者，引导作为市场主体的企业开展自然资源利用方式转型升级工作，生态产业是自然资源利用方式转型升级的产业基础。目前我国生态产业发展等实践主要由政府主导，企业内生性实施生态化转型还未成为主动的行为选择方式，政府的生态化目标导向与企业的市场行为之间存在着多重障碍。发展生态产业的目标是实现经济发展与环境保护的双赢，其实践过程是在资源、生态以及环境承载力支撑下，通过一系列经济活动来转变经济发展方式。政府主导的经济发展方式是我国多年来经济快速增长的主要驱动力，但随着改革的深化，生态产业的可持续发展需要政府通过体制、机制创新，为产业部门创造适宜的制度环境，只有将生态产业规划和管理工作与按照市场化原则运作和实施相贯通，遵从经济规律，才能使政府引导角色与企业主体之间形成有利于生态产业发展的合力。

6.1.3.2　市场主导

加快形成市场主导的自然资源源头保护体制。在自然资源源头保护实践过程中，政府合理定位与有效引导，促成市场的主导地位，通过资源产品定价、财政补贴、税收减免、信贷与金融支持、技术共生与交易体系信息化平台建设、环境产权交易等市场化手段，使微观行为主体间形成互补互动、共生共利的类生态化关系，从而实现自然资源源头保护的动态均衡并形成长效发展体制。

第一，自然资源具有公共物品属性，要以市场化的思路进行规划和管理。针对公共物品和公共服务，给正外部性一个合理的正价格，形成使经济外部性内部化的价格管理机制，让企业将生态环境收益及社会效益纳入成本核算，在实现收益最大化原则下优化自然资源投入要素，使再生资源和废物资源等生态型资源能够像其他原材料一样，按照市场价格、通过市场交易来进行资源配置。

第二，继续探索资源型产品的价格形成机制，以市场化方式规划和管理资源型产业。对水、电、石油、天然气、煤炭、土地等资源价格继续实施市场化改革，特别是要逐步形成能够反映资源绝对稀缺程度和生态环境功能的价格形成机制；同时，采用物质流分析手段，创新资源管理机制，政府引导组成基于物质流分析的企业、专家间自愿性联盟，开展围绕资源高效利用、废物最小化排放等方面的技术经验交流、信息共享、方案改进等活动。

第三，以市场化方式规划和管理各种经济实体。企业和企业之间形成的物质流动关系，不论是正向物质流，还是逆向物质流，都要按照市场契约关系进行规划和管理，组织和实施，并进行后评估，逐渐形成良性竞争的生态资源配置市场，摸索出一套自我约束、自我管理和自我激励的市场机制，最终实现区域生态经济效率的可持续提升。

6.2 自然资源的集约利用体制建设

建设自然资源的集约利用体制，技术创新和政策激励是两个重要方面，相应的，自然资源的集约利用体制建设包括技术创新动力机制建设和政策激励体系建设。

6.2.1 技术创新动力机制建设

企业是技术创新动力机制的作用对象，是市场中的经济行为主体，追求利益最大化的目标驱动企业通过创新赢得创新收益，做出理性创新决策需要企业对经济信息、科技信息等创新变量进行分析预测。技术创新主要通过企业的市场化行为完成，企业进行技术创新的市场行为，其创新动机受企业自身和企业外部环境双重因素的影响。企业创新动机的源泉来自于追求利润最大化的内生动力，创新动机在外部环境的激发下进一步得到增强。在一定的社会经济技术水平下，外部激励主要来自市场与政府两个方面。市场激励运用价格机制、供求关系和利润率导向等市场手段，从外部引导企业进行技术创新；政府激励则通过政府对企业技术创新行为采取财政补贴、税收减免等激励措施，并建立相应的法律体系保障企业通过技术创新获得知识产权。

6.2.1.1 技术途径

社会技术水平是技术创新能力的关键影响因素，技术创新作为推动力的主要表现体现在我国的科研水平及相关的技术专利。推动建立技术创新动力机制的技术途径，主要包括：

第一，建立官产学研一体化的技术创新机制。国家应该通过顶层制度设计整合已有法律、政策和经济等手段，充分发挥政府在技术创新过程中的引领作用，主导促进科学研究与技术转化的高效结合，使自主研发的新技术、新工艺能通过自主设计迅速形成技术生产力。

第二，建立以自主研发为主的技术创新机制，同时跟踪国外最新技术动态。经过多年的发展，我国已经形成了比较完备的技术体系，在进行技术创新时，可以首先充分利用自身具备的技术基础，如果必须要从国外引进，在引进相关技术之前，就要制定技术消化吸收、开发创新方案，做好市场应用前景预测。

第三，依托项目建设，进行关键技术科研攻关。对于和自然资源集约利用相关的建设项目，应由政府主导制定技术创新方案，成立专家委员会对新工艺新技术创新方案进行科学论证，形成科学可行标准化的工艺技术流程。同时，政府应按市场化运作方式，组织相关科研机构全程参与建设项目的技术开发，并根据项目建设需要，开展自主二次技术攻关，在基础建设、技术改造等工程中尽可能地应用新技术、新工艺和新设备，从而通过科学研究与项目建设的有机结合提高技术创新效率。

第四，建立促进技术创新的专业管理机构。保障技术创新机制的高效可持续运行，需要将服务企业技术创新活动常态化，通过成立技术咨询跟踪服务机构及相关培训机构，开展对技术创新进行投融资的可行性分析，加强高校、科研院所等科研机构与企业的技术需求对接，对自然资源集约利用技术的最新成果及市场应用前景进行追踪。

6.2.1.2　市场途径

市场通过价格机制发挥市场经济功能，主要包括提供经济信息、进行经济激励和实现收益分配，这些经济功能都为企业进行技术创新营造了有利的市场环境。各种技术创新资源可以通过市场经济功能完成自组织过程，市场通过为企业确立超额利润的预期，提供了一个技术创新的正向激励目标，通过市场产生的正向激励及反向压力，与企业生存和发展的内生动力相结合，形成促使企业完成技术创新行为的基本动力机制，主要通过市场竞争和市场结构等方面实现。

技术创新动力机制的市场途径建设，要从以下四方面开展工作：

第一，引入市场竞争机制，最小化垄断行业的负面影响。垄断行业的负面影响主要表现为严重背离真实生产成本，形成价格垄断，我国的石油、电力和供水等行业垄断性较强，不利于形成自然资源集约利用的自我约束机制，应引入市场手段尽可能地减弱垄断带来的负面影响。

第二，建立和完善自然资源定价机制。价格机制是促使企业从物质投入、技术投入、资本投入等方面寻求最优比例等进行经济决策的核心机制。忽视自然资源的稀缺性，导致自然资源无价格、低价格是我国自然资源利用的突出问题，导致自然资源的价格远远低于真实价值。

第三，重视技术创新市场建设，促进技术创新信息共享。我国应分区域建立具有引领性、综合性的技术创新市场，政府通过统一规划、确定阶段性技术创新目标，充分整合各地区已有的技术交易、技术创新平台，形成技术创新网络，降低企业和科研机构发现技术创新合作的交易成本，真正成为网络中的重要节点，并与国际技术市场建立信息共享机制。

第四，推动建立技术创新市场管理相关的政策法规体系，为技术创新市场的运行创造一个良好的规制环境。

6.2.1.3　政府途径

政府通过制定激励政策，用非市场的手段形成有利于技术创新的政策环境，主要发挥政策诱发效应和导向作用，为企业进行技术创新规避各种风险，为加快技术创新成果转化为现实生产力消除政策阻碍。为推动技术创新动力机制建设，政府可以从三方面着手加快形成动力机制：

第一，制定鼓励技术创新的财政政策。技术创新资金投入高、回收期长，企业要从市场中筹集技术创新资金难度很大，这就需要政府为企业自身进行融资提供优惠政策，强化企业筹集资金的主体地位，并为投资者规避投资风险提供政策保障。政府还可以通过财政配套资金和税收减免等形式为企业技术创新提供政策性扶持，真正建立多渠道的技术创新资金保障机制。

第二，规范自然资源的产权初始分配制度。根据自然资源的自身特性和用途特性，利用产权制度基本规律，设计差异化的自然资源产权制度体系框架。自然资源带有较强的公共物品属性，产权是一束权利，一般包括所有权和经营权，清晰界定自然资源的产权，可以分别界定自然资源的所有权和经营权，经营权主体应享有权利带来的收益，同时应承担相应的责任，使自然资源的所有者和经营者之间形成法律、经济等方面的激励约束关系。

第三，整合执行各类产业技术政策与技术标准。政府主管部门可以组织相关部门从关键共性技术开发和产业化示范入手，围绕节水、节能和资源综合利用等重大工程，按照建立技术创新动力机制的目标，整合已有的技术政策和技术标准，努力突破自然资源集约节约利用过程中存在的技术瓶颈，通过技术创新带动产业结构调整升级。

6.2.2 政策激励体系建设

6.2.2.1 产权保护政策设计

知识产权的保护是产权保护政策的重要组成部分，也是保护技术创新的重要手段。知识产权赋予技术创新主体在一定时期内完全享有通过技术创新带来市场收益的权利，带有公共物品属性的技术创新成果，通过制度安排最大程度上减弱了溢出效应带来的搭便车问题。

我国还需进一步健全知识产权制度，加大知识产权保护力度，通过政府对产权的初始化设置，激励集约节约利用技术创新，促进成果推广，提高我国自然资源集约利用技术创新水平。

6.2.2.2 财政政策设计

财政政策是政府制定公共政策的重要组成部分，我国在自然资源集约利用技术的财政政策供给上还存在一些问题，突出表现在对石油、天然气等化石能源使用技术比较偏重，而对水、耕地等自然资源使用技术的扶持力度不足。企业享受优惠政策有时会受到某种程度的制约，财政政策设计的系统性和科学性有待进一步提高。

6.2.2.3 税收政策设计

税收优惠是政府推动技术创新所采用的基本手段。税收政策设计灵活，影响面广，作用周期短，对企业进行技术创新具有广泛的促进作用，通过经济手段为企业间开展技术创新竞争提供了公平透明的竞争环境。政府不直接干预企业的技术创新行为，而是通过税收减免等优惠措施引导企业自主进行技术创新，不会改变企业技术创新的主体地位。

税收政策一般采用两种方式。一是通过差别化的税率设置，鼓励企业更多地通过创新技术申请知识产权，获得的创新收益能以较低的税率缴税；二是政府通过税收返还、贴息贷款等优惠方式间接对企业技术创新进行补贴。

6.2.2.4　管制政策设计

政府制定的管制政策主要包括三方面。第一，通过保护知识产权，保护技术创新主体获得技术创新收益。第二，通过采用反垄断措施，为中长期实现技术广泛应用提供制度保障。政府设计管制政策要注意避免过度干预，过度干预会影响经济行为主体自主进行技术创新的主动性。第三，国家应通过制定相应的技术标准，提高行业准入门槛，促使企业提高技术含量，自主研发或购买自然资源集约利用技术专利。

6.2.2.5　市场培育政策设计

自然资源集约利用技术可以通过自发形成的技术市场进行资源合理配置，但市场本身对市场环境无法选择，政府可以通过政策的初始化设定为培育市场提供一个适宜的发展环境。我国市场体系正处于完善阶段，政府作为非市场力量，必须通过构建公平有序的市场环境，加速市场化进程，为企业创造公平竞争的市场环境，把竞争机制作为促使企业进行自然资源集约利用技术创新的核心机制。

6.2.2.6　自然资源产权制度设计

我国产权制度处在建设完善过程中，自然资源的产权制度建设相对滞后，自然资源产权不明晰，此外，缺乏保护自然资源的经济激励机制，也影响了自然资源集约利用技术的创新使用。产权制度的建立和完善很大程度上依赖政府的制度供给，政府应根据自然资源的资源属性和用途属性，设计出差异化的自然资源产权制度，使自然资源的所有者与使用者之间形成法律、经济等方面的激励约束关系，规范自然资源产权交易行为，提高自然资源利用效率，激励集约利用技术创新。

6.2.2.7　自然资源价格形成机制设计

长期以来，由于我国自然资源的无价格或低价格，既不能反映自然资源产品的真实价值，也不能反映自然资源产品的供求关系，使市场合理配置资源的功能得不到有效发挥，导致为了追求经济增长速度，过度依赖资源要素的投入，造成自然资源利用的低效率。政府应依托自然资源部的设立，进一步完善自然资源价格形成机制和管理体制，建立自然资源核算体系，用更能够反映资源环境消耗的经济发展指标取代传统的 GDP 指标。

6.3　自然资源的有偿使用体制建设

自然资源有偿使用的理论基础，在于自然资源的绝对稀缺性和具有使用价值两方面。目前，我国自然资源的有偿使用体制设计主要包括两类。一是政府引导模式，最典型的手段是征收资源税；二是市场主导模式，目标是建设市场综合调节机制。产权体系建设是这两种体制能够正常运转的基础性制度安排。

6.3.1　政府引导模式

征收资源税是政府引导模式的主要政策手段。资源税针对自然资源使用的外部不经济性，采用庇古税原理，进行合理定价，使外部不经济性内部化，从而使自然资源实现合理配置。在我国目前所处的自然资源高消耗阶段，资源税的征收具有不可替代的优势。资源税征收的实质是对自然资源的开采和消费进行综合成本量化的一种手段，能够较为全面准确地根据开采成本和外部性成本对自然资源进行定价，从而使外部成本内部化。同时，我国资源税的征收对衡量外部性成本的制度设计还有欠缺，从长远来看，有必要建立融入生态文明理念的资源税体制。

6.3.1.1　资源税征收的理论基础及优势

资源税征收的理论基础是自然资源使用存在外部不经济性。公地悲剧说明，带有公共资源属性的自然资源往往被过度使用从而导致外部不经济性。因此，有必要对自然资源使用所带来的外部性及相应产生的生态成本采取内部化手段。政府可以通过行政命令型政策手段或征收庇古税手段减缓自然资源使用的外部不经济性问题。可见，自然资源的公共物品属性决定应当由政府主要进行制度安排，减少自然资源开采及使用过程中的负外部性，这是资源税征收的理论依据。

资源税政策手段的优势有以下两个方面。首先，与征收资源补偿费比较，征收资源税更具普适性。从经济学理论分析，收费和征税没有本质区别，都是将自然资源使用的外部不经济性内部化，但从实施效率上看，征税的效率要高于收费，因为税收是以法律的形式执行，实施起来更具有普遍性、强制性和规范性。自然资源带有很强的公共物品属性，更适合用资源税来进行普适性的约束。其次，相对于污染物排放权交易，资源税更适合我国国情。目前我国污染物排放权交易制度还处于初期探索阶段，政策设计在许多方面还有待完善，例如确定总量控制目标、界定初始排放权、排放指标的初始化分配、污染物排放监测，以及相应的核证制度、监管制度和管理体系。

6.3.1.2　资源税的不足

资源税的不足集中反映在对资源税功能定位不清，应税产品没有包括自然资源本身。新修订的《中华人民共和国资源税暂行条例》于2011年11月1日开始在全国实施，将原油和天然气的资源税征收方式从以前的从量征收改为从价征收是这次修订的最大亮点，在一定程度上缓解了资源税从量计征的弊端，但是仍有完善空间。资源税只对生产和消费过程中涉及的资源含量进行征税，并没有对自然资源的开采进行征税，征收的范围远远小于自然资源的真实消耗，因此还需加大资源税的征收范围和力度。

例如，《中华人民共和国资源税暂行条例实施细则》第十一条规定，我国资源税应税产品包括资源性销售产品和资源性自用产品，远远小于自然资源的实际开采量；此外，我国资源税征税范围涵盖的自然资源种类很少，目前仅包括原油、天然气、煤炭等七个品目，并没有包括水资源、森林资源和土地资源等同样急需保护和节约利用的资源。

6.3.1.3　资源税改革路线图

资源税的改革必须用生态文明理念来指导资源税的征收目标，在未来的改革过程中，必须树立自然资源在资源税应税产品中的核心地位，资源税实施的功能定位应该通过调整人与自然资源的关系将自然资源的生态服务功能具体地体现到资源税的立法工作中。

在改革的具体措施上，首先明确资源税在生态环境保护中的功能定位，在应税产品上，逐步扩大资源税的征税范围，例如，征税范围扩大到不可再生的土地资源、生态服务功能显著的森林资源以及对人类生产生活和生态环境保护都不可或缺的水资源等，未来的改革趋势是把这些自然资源纳入到应税产品中。此外，在计税依据上，深化从价计征改革，复合型计税方式是改革的方向，即研究出台从价定率计税方式和从量定额计税方式相结合的具体征税办法，通过将资源税计税方式与资源型产品价格挂钩，促进自然资源的价格转变到包括生态服务价值和外部不经济性价值的真实价值上来。

6.3.2　市场主导模式

建设市场综合调节机制是市场主导模式的主要途径。市场综合调节机制是指在市场主导模式形成的不同阶段，根据自然资源的不同种类，有针对性地运用各种市场调节机制。

建设市场综合调节机制主要包括以下两方面工作：

第一，明确自然资源使用权，并对相关法律法规进行整合。目前我国在自然资源有偿使用及其市场建设实践中反映出的问题，主要与自然资源使用权不明确有关，具体包括是否明确使用权、谁有权明确使用权、如何明确使用权、如何保障已经明确的使用权等。因此，"确权"是自然资源有偿使用和市场建设的核心内容。首先要解决确权的初始化方式，只要"明确了权利"，就能够从技术层面将自然资源的国家所有权，交由全国各有关单位、企业或个人行使自然资源的使用权，相应地整合现有各项涉及自然资源产权的法律资源，规范从所有权到使用权、从国家到地方、从政府部门到企业个人开展具体确权工作。

第二，按自然资源的利用属性分阶段、分步骤建设市场综合调节机制。自然资源的有偿使用和市场建设应该本着差异化原则，先易后难。例如，对于不同种类的自然资源，优先考虑对土地资源、矿产资源、森林资源等建立有偿使用市场试点；在总结试点经验基础上，推进对水资源、大气资源等建立有偿使用的水权市场、碳交易市场。围绕使用权，对于各方面条件已经成熟的自然资源使用权实行有偿使用，例如建立国有土地使用权交易市场，对具备条件但时机不成熟的创造条件实行有偿使用，时机和条件都不具备的不要急于实行有偿利用和建立市场。

6.3.3　建设自然资源资产产权体制

6.3.3.1　建设目标

自然资源资产产权体制建设是我国生态文明体制建设的核心内容和基础制度安排。自然资源的资产产权类型丰富、功能各异、涉及面广，自然资源资产产权体制建设包括所有权体系建设和管理权体系建设两部分。所有权体系建设目标是"边界清晰、主体多元、利益协调"，管理权体系建设目标是"权责明晰、监管有效、运行规范"。坚持市场化方向，协同建立所有权体系与管理权体系，是我国自然资源资产产权体制改革的总目标。

6.3.3.2　建设原则

（1）全面统筹原则

自然资源与周围环境密不可分，具有整体性，而且自然资源利用受经济、社会、环境等多方面因素影响，自然资源的有偿使用需要全面统筹好各要素之间的关系。自然资源复杂多样，要统筹好同类自然资源不同功能之间、不同区域之间的关系，统筹好同类自然资源资产不同用途之间的产权关系；自然资源资产产权是一个多权利集合，要统筹好所有权与管理权等各项权利之间的关系，统筹好产权激励功能与约束功能的关系；自然资源涉及面广，要统筹好政府与市场的关系，统筹好国家、企业、社会组织及个人在自然资源资产优化配置中的角色与作用。

（2）综合效益原则

建立自然资源资产产权体制，要实现包括经济效益、社会效益与生态环境效益在内的综合效益。综合效益还可以分为短期效益和长期效益，市场效益和非市场效益，也包括由自然资源耗竭带来的损失或成本。对于自然资源定价、自然资源补偿等方面的制度安排要从综合效益出发，发挥产权制度的激励约束功能，将外部性影响内部化。在建设自然资源资产产权体制时，产权主体的合法权利收益要充分给予保障，同时在有偿使用过程中确保自然资源能够实现自我补偿、自我增值和自我积累。

（3）产权明晰原则

解决自然资源资产产权主体虚置问题，明确产权主体，是建设自然资源资产产权体制的难点。对于自然资源所有权，探索采用委托代理制度将权利以契约形式授权给地方政府、企业和社会组织，在契约中明确由谁代理，如何代理；对于自然资源使用权，为防止侵权行为的发生，保护使用者的正当利益，应清晰界定使用权的权利边界，并尽可能细化。目前，要根据自然资源开发利用周期，合理规划延长使用权年限，避免在使用年限内对自然资源过度开发利用，实现自然资源的可持续利用。

6.4 自然资源的公共服务体制建设

6.4.1 国外自然资源公共服务主要内容

国外自然资源公共服务主要内容包括财政资助、技术指导和信息服务，在不同国家，针对自然资源的管理者和使用者，具体设计上会有所不同。

6.4.1.1 财政资助

在国外，作为自然资源管理者的政府对自然资源使用者提供财政资助是政府公共服务的重要内容。财政资助主要有两种方式，一种是补贴，另一种是免息贷款。

补贴包括直接补贴和间接补贴，直接补贴是直接资助自然资源的所有者和使用者，间接补贴是通过资助第三方间接帮助所有者和使用者，这两种补贴方式都要采用合同契约的方式来履行提供。直接补贴由政府每年发布财政补贴计划，分为定向补贴和通过申请获得的补贴。有些地方由于政府工作人员有限，往往采用间接补贴的方式，由政府与第三方签订购买服务合同，长期向自然资源使用者提供专业技术服务。

免息贷款主要是指针对自然资源使用者在启动资金、设备购置、设施建设等用途上缺少资金而提供的一些小额贷款。

6.4.1.2 技术指导

对自然资源使用者进行技术指导是国外自然资源公共服务另一项重要内容。19 世纪末 20 世纪初，随着对自然资源的需求量快速升高，欧美国家很快认识到在自然资源的开发利用过程中，私人利益与公共利益是密不可分的，政府必须对个人开发利用自然资源进行规划和指导，否则个人的无序开发会破坏自然资源的整体性。因此，这些国家相继设立了隶属于政府的自然资源开发利用技术指导机构，如美国 1879 年成立地质调查局，1914 年成立农业技术推广局。经过一百多年的发展，国外一些国家已经建立了一整套自上而下的技术指导体系及相应的政策法规体系，例如美国从联邦政府到州、区、镇，都有专业人员进行技术指导，指导领域涵盖包括农业资源在内的大部分自然资源。

6.4.1.3 信息服务

信息服务是国外自然资源管理部门公共服务职能的基础内容。信息服务内容主要包括两大类，即自然资源的自然属性信息和社会属性信息（例如产权信息）。自然资源管理部门主要负责自然资源信息的调查与分析，同时，科研部门从专业角度对自然资源的专业信息进行深度挖掘。

6.4.2 我国自然资源公共服务体制建设主要内容

6.4.2.1 扩大自然资源公共服务范围和内容

随着我国自然资源部的成立，自然资源的行政管理体制改革进一步深化，改革的趋势是行政管理范围越来越小，而公共服务范围越来越大、内容越来越丰富。未来，我国的自然资源公共服务体制建设可以重点从两方面开展：一是用公共财政引导扩大公共服务范围，支持企业、社会组织可持续地开发利用自然资源，保护生态环境；二是提供专业性更强、附加值更高的自然资源公共信息，促进信息共享，丰富公共服务内容，降低社会总成本。

6.4.2.2 完善自然资源公共服务政策法规体系

借助公共财政支出的导向作用，以项目为平台，建立我国自然资源合理开发利用的激励机制，在技术研发、人才培养交流等方面提供资助、补贴，如矿产资源节约和综合利用项目，实行以奖代补政策；总结提炼适用于自然资源利益相关的法律体系，从自然资源开发利用目标、标准化流程、开发效果评估等方面形成系统的公共服务规范。

6.4.2.3 建设自然资源公共服务基础设施

自然资源公共服务基础设施主要包括自然资源存量监测网络、数据处理中心、数据共享平台等，以提高自然资源管理的系统性和实时性。在此基础上，鼓励公共服务机构依托信息技术平台开发自然资源信息产品，提高产品技术含量和信息化集成水平，使公共服务实现网络化、全覆盖，充分发挥自然资源公共服务基础设施作为公共物品的外部经济性。

6.4.2.4 开发自然资源公共服务产品

公共服务产品是提供公共服务的重要形式，公共服务产品开发机制是以产品开发为载体运行的。自然资源公共服务机构依托政府提供的自然资源基础信息产品，通过对某一特定领域开展调查、勘探、分析、预测等专业活动，将获取的最新数据按照不同需求特点开发成不同类型的公共服务产品。

6.5 资源管理体制建设实践

资源管理体制建设涉及方方面面，其中生态产业建设在我国开展较早，也是较为成熟的一项实践工作，本部分首先总结了生态产业规划管理的总体情况和重点领域，然后以天津经济技术开发区为典型案例，力图从一个侧面反映资源管理体制的建设实践。

6.5.1 总体情况

6.5.1.1 生态产业规划管理的内涵

对规划和管理的内涵进行系统梳理是科学界定生态产业规划管理研究范畴的基础工作，也是对生态产业规划与管理的发展变化趋势进行深入探讨的内在要求。

（1）规划的内涵

理性规划理论是目前规划理论中最重要的理论，其中以系统规划理论最具代表性。系统规划理论的核心思想出现于20世纪60年代，代表人物是麦克洛克林（J. Brain McLoughlin）和查德威克（George Chadwick）。他们充分吸收了系统论的精髓，认为"系统存在于自然和人类环境的各个领域，可以通过规划系统加以控制"。《牛津英语字典》中对系统的界定是"由一组相互关联的事物和部分组成的一个复杂整体，是一组便于形成一个整体的目标集合，这些目标集合相互关联、互相作用"。作为规划实施对象的城市、区域乃至整个国家，也可作为一个系统存在，各组成部分之间相互作用，形成一个不断变化的动态综合体。此外，麦克洛克林认为，应该从经济、社会、文化和生态等多方面全面理解规划，要将"社会规划""宏观经济规划"和"物质空间形态规划"作为同等重要的内容。英国1968年《城乡规划法》引入"结构规划"（Structure Plan）概念，强调在规划目标设置上既考虑物质空间布局，也考虑经济、社会发展乃至生态环境保护，是一种战略性规划。在美国，规划也不限于城市设计和物质空间规划，而是经济社会发展与物质空间及生态环境的结合。实际上，我国的发展规划内涵及演变也符合规划的最新变化趋势。总的来说，规划是政府确定公共目标、配置公共资源的重要工具，是政府管理经济和社会的重要手段。

（2）管理的内涵

对管理内涵的深入理解，大致经历三个阶段。第一阶段，以玛丽·帕克·福莱特（Mary Parker Follet）学者为代表，她认为管理是"通过其他人来完成工作的艺术"（Follet，1942），突出人作为一种生产要素在管理中的重要地位。第二阶段，把管理作为决策的工具，以哈罗德·孔茨（Harold Koontz）为代表，他认为"管理就是为在集体中工作的人员谋划和保持一个能使他们完成预定目标和任务的工作环境"，亨利·法约尔（Henri Fayol）则指出"管理是实施计划、组织、指挥、协调和控制"。第三阶段，认为管理是一门独立的学科和工作，代表性人物是管理大师彼得·德鲁克（Peter F. Drucker），他认为"管理是一种工作，它有自己的技巧、工具和方法；管理是一种器官，是赋予组织以生命的、能动的、动态的器官；管理是一门学科，一种系统化的并到处适用的知识；同时管理也是一种文化"。

在国内管理研究学者中，徐国华等编著的教材（徐国华等，1998）中对管理内涵的理解是："通过计划、组织、控制、激励和领导等环节来协调人力、物力和财力资源，以期更好地达成组织目标的过程。"

根据上述对管理内涵的研究和理解，总结出管理是在特定区域、特定系统中，在特定规划指导下，在内外资源环境禀赋条件的约束下，为了高效优化系统资源和实现系统目标，开展的组织、协调、规范和激励等工作的总称。

（3）生态产业规划管理的内涵

生态产业规划介于物质空间规划和产业发展规划之间。物质空间规划主要包括城市规划和土地利用规划。近年来，随着生态环境问题日益严重，物质空间规划逐渐将"生态环境"纳入规划范畴，从而产生了通常所说的"生态环境规划"。生态产业规划同时带有产业发展规划的特征，国家通过行政命令和产业调控政策，优化包括环境资源在内的资源配置，加快推动生态产业进程、培育生态产业市场、提升国家生态环境软实力的规划。

生态产业管理是指由各利益相关者参与运作，以产业生态化为综合管理目标，对生态产业中涉及的生产要素，以及物质、能量进行整体性、高效率的调控。它是对生产、流通、消费、服务的全过程所涉及的物质、能量流的优化方式。

按照对产业的划分方式，结合国内外生态产业的发展情况，将生态产业规划管理进一步划分成生态工业园区规划管理、生态农业园区规划管理、生态服务业园区规划管理以及复合生态园区规划管理等类型。

6.5.1.2 国外生态产业规划管理发展历程分析

国外生态产业规划管理的发展历程主要以西方发达国家为线索展开分析，主要包括日本推动以静脉产业为规划管理特征的生态工业园区建设、美国实行生态化改造型和全新规划型建设并举、德国实施重工业基地的生态化改造和英国推进国家层面的工业生态共生。

（1）日本——静脉产业为规划管理特征的生态工业园区

从 20 世纪 90 年代开始，日本在全国开展以静脉产业为主的生态工业园区规划建设。1997 年，日本政府首先选择经过多年实践效果良好的静脉产业类园区作为推进生态工业园区工作的切入点进行规划和建设。日本生态工业园区经过 20 多年的发展，园区建设已基本成熟，处于世界领先水平。日本建设生态工业园区在规划、管理中主要特点包括：

a. 将静脉产业作为生态产业规划和建设的核心内容。绝大部分生态工业园区都以推动再生资源产业的发展作为关键，围绕再生资源产业的发展建设相关基础设施，废弃物的资源化利用种类多达几十种。

b. 再生法有关规定的支持，使日本生态工业园区的废弃物再生利用产业得以有序、规范地发展。目前，生态工业园区内利用的废弃物大部分属于再生法规定的再生资源范畴。

c. 园区内专门规划出实验研究区域，官、产、学、研共同研究再生资源收运体系、废弃物无害化处理技术、资源化利用技术和环境复合污染控制技术，为企业开展废弃物再生、循环利用提供了政策保障和技术支持。

d. 生态工业园区规划建设均以废弃物资源化利用为重点，但各园区所利用的废弃物类型存在差异，有各自的主导产业方向。此外，同一类型的废弃物资源化利用也会在不同的生态工业园区以不同的模式实施。

e. 生态工业园区是一个多功能载体，除规划的常规产业活动外，还是地区资源节约、环境保护的宣传推广窗口。

f. 日本生态工业园区建设的管理模式主要表现为生态工业园区规划建设以地方自治体为主体，国家和地方政府共同负责运行和管理，企业、科研机构、政府部门积极参与，形成了官产学研一体化的园区管理和运作模式。

（2）美国——生态化改造型和全新规划型建设并举

自 20 世纪 70 年代起，美国环保署首先在美国提出生态工业园区概念，主要涉及新能源开发、废弃物资源化处理、清洁生产等领域。从 1993 年开始，总统可持续发展委员会专门成立"生态工业园区特别工作组"，重点推进生态工业园区的规划建设。截至 2006 年底，经认定的生态工业园区近 20 个。

a. 改造型的 Chattanooga 生态工业园区。田纳西州小城 Chattanooga 曾是以污染严重闻名全美的制造业中心，通过推行以杜邦公司的尼龙线头回收为核心的企业最小化排放的革新，不仅减少了污染，还带动了以工业废弃物再生利用为核心的再生资源产业发展，在老工业园区培育出新的产业发展空间。目前，原来的钢铁铸造车间已成为利用太阳能处理废水的生态车间，周边还配套有利用废水的肥皂厂和以肥皂厂副产品为原料的工厂。该革新方式对老工业企业密集的老工业区生态化改造有较好的借鉴意义。

b. 全新规划型的 Choctaw 生态工业园区。位于美国俄克拉荷马州的 Choctaw 园区将州内大量废旧轮胎采用热裂解工艺得到的炭黑、塑化剂和废热等作为核心产品，并进一步衍生出不同的产品链，这些产品链和辅助废水处理系统共同构成以废轮胎、废塑料、空墨盒、城市污水处理为核心的生态工业网络。该园区的特点是基于所在地丰富的特定再生资源，采用废弃物资源化技术构建核心生态工业链，并进一步扩展成工业共生网络。

（3）德国——重工业基地的生态化改造

莱茵-鲁尔工业城镇密集区的改造建设是德国生态工业成功发展的重要模式。莱茵-鲁尔工业城镇密集区的改造建设中所取得的主要经验包括：

a. 从调整工业空间布局入手，对老的工矿城市进行重新规划和转型升级。一方面对高消耗、高排放、高污染的比较优势较小的产业进行外迁或进行停产、转产、限产，另一方面积极引导区域发展高端制造业和高技术产业，对一些工矿业为主的城镇进行转型升级，整合优化产业定位，同时改造生产性建筑物，使其转为办公、居住或公益用途。

b. 大规模的生态环境恢复改造，复垦大量露天开采的煤矿、填埋矿坑、平整土地，人工种植树木、花草，建设公园绿地。该区域绿地面积由 1956 年的 460 多 hm^2，增加到 2000 年的 $2860hm^2$，绿地率也由 8% 左右提高至 24%。往日的矿区通过生态恢复，成为鲁尔地区的高产农业区。

c. 在实施生态恢复的同时，莱茵-鲁尔工业区一些能够反映工业发展历史变迁的建筑和遗迹也完整地保留下来。如位于莱茵河与鲁尔河交汇处的典型内河港口城市——杜伊斯堡，其内港的古老仓库和港口装卸设施得到很好的保护利用，市内新建的餐厅和酒吧室内外均保留着粮仓的特色，水道两边的高档住宅楼也与周围环境相协调，成为鲁尔区工业遗产旅游路线的一部分，是颇具吸引力的后现代地区。

（4）英国——国家层面的工业生态共生推进

英国也是世界上第一个国家层面的生态工业发展项目是国家产业共生项目（NISP）。该项目以公司化运营为主要特点，通过与当地政府的联系，免费为当地企业提供废弃物资源化利用项目信息，其经费来源于当地政府从垃圾处理税中拨付的专款和其他多个公益性组织。该项目遍及英国各地，现已有 70 多个地区开展工业共生项目，在提高废物资源化率、降低 CO_2 排放、降低生产成本等方面取得了显著成效。

为使项目顺利实施，并使参与企业履行社会责任，NISP 企业运营部门、政府机构以及专业的商业顾问团，共同为参与企业提供项目指导。现已有 4000 余家企业参与其中，这些企业涉及众多行业，而且企业规模差异较大（包括小型私企和大型跨国企业），追求环境、经济和社会效益的统一是项目开展的宗旨，政府主导是工业园区深入发展的核心推动力，也是推进产业共生实践的主要资金保障，此外，第三方中介的积极参与也是项目取得成功的重要因素。

6.5.1.3 国内生态产业规划管理发展历程分析

国内生态产业规划管理的发展历程主要以创建国家生态工业示范区为工作重点，国家生态工业示范区的规划管理将动脉产业和静脉产业相结合作为特色，努力构建"政府主导、市场引导、公众参与"的管理和运行模式，通过多年的实践，正在形成日趋完善的管理体系。

（1）建立多部门协同管理机制

2007 年 4 月和 12 月，国家环境保护总局、商务部、科技部三部局联合发布《关于开展国家生态工业示范园区建设工作的通知》（环发〔2007〕51 号）和《国家生态工业示范园区管理办法（试行）》（环发〔2007〕188 号），成立"国家生态工业示范园区建设领导小组"。

三部门协同管理，出台一系列扶持国家生态工业示范园区创建的政策法规，奠定了园区发展的政策法规基础，扩大了示范园区的社会影响，形成多部门、多方面联动推进生态工业园区建设的良好外部环境。

此外，在国家发改委、生态环境部（原国家环保总局）等六部委开展的循环经济试点中，生态环境部选择建设成效显著的在建国家生态工业示范园区，优先进入循环经济试点；商务部将国家生态工业示范园区建设工作纳入国家级经济技术开发区综合发展水平评价体系，积极推进金融机构参与园区创建，加大融资支持力度，重点支持园区参与国际节能环保合作；科技部加大国家科技计划项目对国家生态工业示范园区的支持力度。

（2）确定生态工业园区规划管理分类分区域指导原则

2003 年 12 月，国家环境保护总局先后颁布《国家生态工业示范园区申报、命名和管理规定（试行）》《生态工业示范园区规划指南（试行）》《循环经济示范区申报、命名和管理规定（试行）》和《循环经济示范区规划指南（试行）》4 项文件（环发〔2003〕208 号）；2007 年，国家环境保护总局颁布《生态工业园区建设规划编制指南》（HJ/T 409—2007）。

2006 年 6 月，国家环境保护总局针对行业类、综合类和静脉产业类三大生态工业园区类型，分别颁布《行业类生态工业园区标准（试行）》（HJ/T 273—2006）、《综合类生态工业园区标准（试行）》（HJ/T 274—2006）、《静脉产业类生态工业园区标准（试行）》（HJ/T 275—2006）3 项标准。根据试行结果，《综合类生态工业园区标准》分别于 2009 年 6 月、2012 年 8 月进行了修订。随着全社会对生态工业园区规划管理水平的要求不断提升，规划、指南、标准等技术规范的出台完善正在发挥有效的指导作用。

随着国家生态工业示范园区规划管理建设工作的不断开展，生态环境部（原环境保护部）、商务部和科技部三部门在深化和细化区域差异化原则指导下，针对我国目前不同区域资源环境禀赋存在的显著差异，经济社会发展不平衡，不同地区工业园区的工业布局、产业结构、技术水平等方面存在差异的现状，本着突出特色、彰显示范的原则，指导东部地区各类国家生态工业示范园区在产业结构优化，实施"腾笼换鸟""退二进三"等发展战略的同时，强化产业发展的质量和生态效益，倡导绿色经济；指导中西部地区各类国家生态工业示范园区提高环境准入门槛，实施绿色招商，在实行污染物总量控制的同时，重点关注污染物的强度控制，有选择地承接东部地区的产业转移，实现区域经济可持续发展。

（3）加快形成各具特色的生态工业园区区域管理机制

"十一五"时期，部分省市在充分参照生态工业园区国家标准的同时，结合本地产业和资源环境、经济社会发展特点，提出了一些区域差异化的生态工业园区管理政策。例如，北京、山东、上海、江苏、浙江、江西等省市相继出台关于推进省（市）级生态工业园区的考核标准。这些地方管理政策的出台，进一步增强了生态工业园区规划管理的针对性和可操作性。以江苏省为例，全省 125 家省级以上园区中约 80% 开展了生态工业园区创建工作，其中 22 家被命名为省级生态工业园区，52 家通过了省级规划论证，正式启动建设试点，苏州、常州、镇江、扬州、泰州 5 市辖区内的所有省级以上各类园区已全部启动生态工业园区创建工作。

（4）强化方法标准在生态工业园区规划管理中的核心作用

国家相关部门针对国家生态工业园区规划管理先后启动了"循环经济理论与生态工业技术研究""典型工业国家生态工业示范园区环境风险评估与环境监管技术研究""能源（煤）化工基地生态转型及其环境管理技术研究""区域工业系统物质代谢过程机理及其环境效应

研究""废液晶显示器处理与污染控制关键技术研究""我国静脉产业类国家生态工业示范园区布点规划技术研究"等项目和课题，对我国生态工业园区规划管理的理论和方法、评估指标体系、环境管理技术、产业布局、环境风险、环境效应、污染控制技术等方面进行专题研究。目前部分科研成果已转化为推进国家生态工业示范园区建设的管理工具，为国家生态工业示范园区的规划管理提供了科学的方法和标准支撑。

6.5.2　重点领域

生态产业规划管理的基本原则是以区域的资源环境承载能力为依托，根据物质流动规律和产业关联属性，结合本区域的产业和资源的比较优势，按照地方的实际发展情况，进行资源管理体制建设。针对我国资源管理体制中存在的产业链接不紧密、资源产出率不高、环境污染较为严重的问题，结合现有的工作基础，建议加强生态产业园区规划管理水平，重点抓好推进企业实施清洁生产、促进园区内和园区间的产业共生、加强园区资源-环境基础设施建设三个关键领域。

6.5.2.1　推进企业实施清洁生产

全面推进企业实施清洁生产，提升企业资源产出率。全面推进企业实施清洁生产是生态产业园区规划管理在企业层面的首要工作，通过促使企业按照"节能、降耗、减排、增效"的方针，不断优化生产工艺流程、提高清洁能源使用比例和原料利用效率、采用先进技术装备等方法，提高资源利用效率，使污染物排放最小化，持续降低产品全生命周期内的负面资源环境影响。目前，我国已经建立了较为完善的清洁生产政策法规体系和推进技术支撑体系，制定了重点行业中核心企业清洁生产推进机制，有效实现了污染防控和资源综合利用。在生态产业园区创建过程中，应采用经济激励方式鼓励企业实施清洁生产审核，强化技术指导，制定对清洁生产审核服务机构监督管理的具体规定，定期向公众公开具备审核资质的机构名单及其审核业绩，同时对问题严重的审核服务机构予以通报；同时，要严格执行清洁生产评估验收工作制度，加强对评估验收工作的日常管理。此外，鼓励科研单位深入企业生产一线，创新跨行业和跨领域的集成共性技术，解决资源高效利用和废弃物综合利用、无害化生产工艺等清洁生产技术难题，及时将企业自主创新的清洁生产技术总结、消化、提升，促进全行业企业广泛采用。

6.5.2.2　促进园区内和园区间的产业共生

促进园区内和园区间的产业共生，提高产业关联度。要促进园区内和园区间的产业共生规划工作，形成有利于"区内循环，区外共生"的管理制度。一方面按照产品链的正向物质流，通过整合完善园区已有产业链，使其实现生态化转型；另一方面采用经济激励机制，引导循环型企业进入园区，构建资源循环利用的信息化管理平台，促进企业间建立产业共生网络，通过副产品和废弃物的交换，实现互利共生以及跨区域的物质循环，促进能源、资源的高效利用，增强产业竞争力。促进生态产业的集群式发展，充分利用信息通信工具和交通网络，将生态产业集群内的生产者、消费者和分解者进行链接，打造一个超越空间束缚的虚拟产业共生链条。在管理上需特别关注园区生态产业链及由此形成的生态产业网络的动态适应性，使得生态产业园区中各子系统整体协调运转。此外，在园区层面，还应根据园区特点制定差异化的产业政策，例如区别对待规划新建园区与提升改造老园区，识别综合性产业园区与资源再利用产业园区的异同，按照各自产业规律制定工业园区与农业园区产业促进政策，以及高端、高新及战略性新兴产业与传统产业协同发展政策和评价指标体系，使园区真正实现可持续发展。

6.5.2.3 加强园区资源-环境基础设施建设

加强园区资源-环境基础设施建设，提高再生资源管理水平。在生态文明建设大背景下进行生态产业园区规划管理，本质上是以自然界物质循环流动的客观规律为指导，整合和优化园区的物质流动过程。从长远来看，再生资源产业将在国民经济体系里扮演着类似于自然生态系统中"分解者"的角色，承担着对人类生产、生活中产生的各类废弃物实现资源化和无害化的产业职责。因此，在进行生态产业园区规划管理的过程中，应加强园区资源-环境基础设施建设与管理，着重加强余热余压利用、水资源的循环利用、工业废弃物的综合利用和危险废弃物的安全处置，加强专业化水平高的废弃物回收处理及中介服务公司的培育力度，鼓励园区采用信息化手段实现副产品和废弃物的网上交易，实现园区层面的物质大循环。

总之，园区企业的清洁生产、园区内和园区间的产业共生、园区资源-环境基础设施建设共同组成了园区生态化规划管理的关键领域，它们不是孤立存在的，而是相互交叉、渗透、共同作用，把园区规划、建设成为"经济快速发展、资源高效利用、环境优美清洁、生态良性循环"的生态产业示范园区。

6.5.3 典型案例

天津经济技术开发区（以下简称泰达）是我国第一批国家级生态工业示范园区，资源管理实践主要集中在企业开展清洁生产工作和园区开展物质流分析工作两方面。清洁生产是企业层面提高资源产出率，实现污染物最小化排放的有效管理工具，它通过调研实测、统计分析、方案评估等环节，在产品全生命周期的各阶段，从物质流、能流、水流和信息流等方面融入物质流动思想，改进优化工艺技术，创新清洁生产技术，强化物质流管理，实现资源能源消耗尽量少、环境影响尽量小、企业效益尽量高的管理目标，这些都为我国开展资源管理实践提供了工作基础。

6.5.3.1 清洁生产实践

园区企业开展清洁生产工作，主要从两方面展开，一是依托园区资源高效利用重点支撑项目，二是依托清洁生产审核。

重点支撑项目方面，一是关键链接项目，包括①能量梯级利用项目；②能源梯级利用项目；③资源共享设施建设项目；④水循环使用项目；⑤资源共享设施建设项目；⑥物料闭路循环项目；⑦产业链接延伸项目。二是公共工程项目，包括①园区内污染物集中防治设施建设项目；②循环经济技术研发及孵化器项目；③废物交换平台项目。

开展清洁生产审核工作方面，依据目前所掌握的资料，泰达已有70余家企业开展清洁生产审核工作，其中30余家电子信息企业，10余家汽车制造企业，近10家化工企业，6家食品饮料企业，3家生物制药企业，2家新能源新材料企业，1家再生资源企业；清洁生产审核报告时间跨度大部分集中在2011年和2012年，最早在2005年，最近为2017年；行业细化分布方面，电子信息行业主要集中在具有三星企业集团背景的10余家企业，汽车制造行业主要集中在以天津一汽丰田有限公司第二工厂为核心企业的产业集群。

6.5.3.2 物质流分析实践

物质流分析是一种针对一定时空范围内特定系统进行物质输入、输出和利用情况分析的系统工具，它遵循质量守恒定律。物质流分析是基于特定系统物质流动情况展开的。特定系统可以是某个国家、城市、行业或企业等；物质也具有广泛的含义，可以是原材料、产品、废弃物或元素等，通常根据物质的来源或去向分为区内和区外两部分。

泰达园区开展具有物质流分析思想的工作，以已有的78家生产性、再生性和资源-环境基础设施企业的清洁生产审核报告为主要数据信息来源，以环境统计、排污申报登记、竣工验收报告、环评报告和能评报告等资料作为补充数据信息，梳理提炼出泰达重点企业开展具有物质流分析思想的工作基础。主要内容包括总体情况、行业分布特点、各行业已开展的主要工作内容、重点企业物质输入输出和利用情况分析，以及开展物质流分析过程中的重点、难点及可进一步深化的内容。

依据对泰达清洁生产审核报告及其他相关资料进行系统分析，结合泰达实地调研情况，泰达企业开展具有物质流分析思想的工作主要集中体现在以下八个方面：

① 国内外相关法律法规、技术方法标准、成功案例等基础资料汇总。在清洁生产审核报告中的筹划和组织部分，具有物质平衡思想的内容主要包括"清洁生产审核方法、法律法规和环境标准的培训"，其系统性、权威性方面有待进一步提高。未来，可依据物质流分析要求，提出规范化的资源管理基础框架体系，为下一步工作起到探索、积累经验的作用，建立"技术方法、标准、政策法规数据库"，为进行系统性的物质流分析提供基础信息支撑。

② 目标系统的确定及现状。在清洁生产审核报告中的预审核部分，具有物质平衡思想的内容主要包括"企业总体情况和设置清洁生产目标"，虽然在报告中没有明确提及目标系统，在确定评估对象过程中，实际上做了选定目标系统的工作。例如汽车制造业中核心企业有冲压、焊接、涂装、总装及成型五个车间，审核报告确定涂装车间为评估重点，即把它作为目标系统，进行物质流的输入、输出及利用情况分析，其他工艺环节并没有进行分析。原因在于生态环境部颁布的清洁生产行业审核标准中，针对汽车制造业只有涂装工序的国家标准，这就造成在审核过程中只能参照此工序中的指标要求进行目标系统的确定及分析，导致分析的系统整体性、规范性方面有欠缺。未来的发展前景和发展目标是探索企业整体层面物质流分析方法规范，为开展企业层面资源管理工作提供符合物质流分析原理的总体设计，并为实施区域资源总量控制提供依据。

③ 输入环节现状分析。在清洁生产审核报告中的预审核部分，具有物质平衡思想的内容主要包括"生产过程中主要原辅材（物）料使用现状及分析、生产过程中主要能源和耗能设备的使用现状及分析、能源管理现状审核、资源节约与环境保护工作现状分析"，这些内容体现了一定的物质流分析思想，但物料统计种类、统计周期不统一，造成分析的偏差。未来，应以清洁生产审核报告为数据资料主要来源，结合环境统计需求，设计《企业原辅材料统计规范》，调整丰富清洁生产审核报告内容，开发"数据信息补充调查表"，收集所需数据信息。

④ 目标系统内部物质综合利用现状分析。在清洁生产审核报告中的预审核部分，具有物质平衡思想的内容主要包括"清洁生产的潜力分析、废弃物产生的原因分析、产污和排污现状"，这些内容体现了一定的物质流分析思想，但物质综合利用状况还不全面。未来，以清洁生产审核报告中数据资料为主要依据，进行关键物质流的通量和路径及影响因素分析，开发企业物质流全生命周期分析，用以识别企业内部资源（能源）综合利用潜力及挖潜路径。

⑤ 输出环节现状分析。在清洁生产审核报告中的预审核部分，具有物质平衡思想的内

容主要包括"对照清洁生产标准评价产排污情况、实测输入输出物流",这些内容体现了一定的物质流分析思想,但物料统计种类、统计周期不统一,统计口径的准确性有待进一步提高。未来,应以清洁生产审核报告为数据资料主要来源,结合环境统计需求,设计《企业污染物排放统计规范》,建立"重点行业物质输出基础信息数据库"。

⑥ 物质平衡分析。在清洁生产审核报告中的审核部分,具有物质平衡思想的内容主要包括"物料平衡分析、能平衡分析、水平衡分析、蒸汽平衡分析、电平衡分析等各种物质平衡分析",还包括"根据物料平衡对废弃物产生原因分析产生方案",这些内容虽然体现了一定的物质流分析思想,但其分析科学性和规范性均有待进一步提高。未来,以清洁生产审核报告为数据资料主要来源,结合环境统计需求,设计《企业物质平衡统计规范》,建立"重点行业物质平衡分析基础信息数据库"。

⑦ 基于物质流分析的资源管理方案可行性分析。在清洁生产审核报告中方案的产生与筛选部分和确定实施方案部分,具有物质平衡思想的内容主要包括"国内外同行业先进节能降耗工艺技术、方案的可行性审核、技术审核、环境审核、经济审核,公司在清洁生产方案的努力方向"等部分内容,这些内容虽然体现了一定的物质流分析思想,但其系统性、权威性方面有待进一步提高。未来,以清洁生产审核报告为数据资料主要来源,设计《基于物质流分析的资源管理方案实施指南》,建立"基于物质流分析的资源管理决策支持系统",用于辅助资源环境管理决策。

⑧ 资源管理实施效果评估。在清洁生产审核报告中的审核总结与评价部分,具有物质平衡思想的内容主要包括"清洁生产审核实施效果、建立和完善清洁生产组织管理制度和今后清洁生产工作建议"等内容,这些内容一定程度上反映了对资源管理实施效果的评估。

通过开展物质流分析,能够直接描述目标系统的物质输入、输出的途径和通量,反映目标系统与生态环境的物质流动关系,从而为主动调控和优化物质流动路径提供依据,是建设资源管理体制的核心工具。

6.6 资源管理体制改革展望

(1) 展望一:优化制度安排,降低交易成本

诺斯认为,制度是不断演化的,其演化动力来源于经济行为主体对利润最大化的追求。制度演化是有方向的,该方向是沿着降低交易成本、实现帕累托最优状态路径前进。自然资源管理体制先后存在三种模式,即政府部门主导、私人部门主导和社区主导。我国在改革开放前,政府相关产业部门集中管理自然资源;改革开放后,政府通过明晰自然资源产权,特别是将自然资源的使用权分配给经济行为主体,从而逐步将自然资源的真实价值反映到价格中,为自然资源的可持续利用提供了制度保障。未来资源管理体制的改革方向,将更加重视区域资源禀赋、区域经济发展水平、社区及居民的参与以及文化传统。

(2) 展望二:对自然资源价值组成认识越来越全面

自然资源的价值由直接使用价值、间接使用价值和非使用价值组成。随着社会经济的进步,人们对自然资源的价值组成认识越来越全面。最初认为自然资源只具有直接使用价值,即经济价值;目前,自然资源的间接使用价值即生态价值,和非使用价值即社会价值,也越来越得到认同。这主要受自然资源内在的稀缺属性影响。经济发展初期阶段,自然资源相对充足,人们为了更好地生存,发展经济的愿望非常强烈,自然资源的经济价值被凸显;当经

济发展到一定阶段，对自然资源的需求水平下降，而人们对美好生活的向往，使得自然资源的生态价值和社会文化价值将比以往更加重要。

（3）展望三：管理内容从完全契约转向不完全契约

契约理论认为，所有制度都是一种契约关系，商品买卖是契约关系，法律制度也是一种契约关系，是政府与公民之间的契约。不完全契约理论进一步认为，契约是无法完备的，因为人的理性是有限的，不可能对未来发生的所有事情都准确预见，这意味着，由于不可预见性的存在，对自然资源的开发利用，不可能提前把所有内容都写进契约。不完全契约的客观性要求我们做好两方面工作：一是不断完善自然资源管理体制，以及相关的法律法规政策标准体系；二是处理好社会实践中的灵活性和法律规范的刚性，刚性制度往往不能及时反映社会实践的最新进展，这时，政府应以社会福利最大化为原则，充分保证对促进自然资源可持续利用贡献最大的市场主体的利益，同时补偿其他各方的利益，实现自然资源的可持续利用。

参考文献

[1] 牛文元.持续发展导论.北京：科学出版社，1994.

[2] 郑易生，钱薏红.深度忧患——当代中国的可持续发展问题.北京：今日中国出版社，1998.

[3] 谷树忠.资源资产//孙鸿烈.中国资源科学百科全书.北京：中国大百科全书出版社，2000.

[4] 曼昆.经济学原理（第二版）：上册.梁小民译.北京：北京大学出版社，2001.

[5] 余韵.“三因素”入手构建矿产资源利用上线.中国国土资源报，2017-09-28（005）.

[6] 高明，刘淑荣.自然资源集约利用技术创新的动力机制.华中农业大学学报（社会科学版），2005（1）：1-4.

[7] 王万山.中国自然资源产权混合市场建设的制度路径.经济地理，2003，23（5）：621-624.

[8] 蔡守秋.自然资源有偿使用和自然资源市场的法律调整.法学杂志，2004，25（6）：37-40.

[9] 高明.我国粮食主产区耕地可持续利用研究——以黑龙江省为例.经济纵横，2004（7）：15-17，11.

[10] The Natural Resource Commission of New South Wales, Australia. Standard for quality natural resource management，2005.

[11] U. S. Department of Agriculture. Natural resource management guide. Distribution，S. D. C，2010.

[12] 陈军，成金华.完善我国自然资源管理制度的系统架构.中国国土资源经济，2016，29（1）：42-45.

[13] 中央编办二司课题组.关于完善自然资源管理体制的初步思考.中国机构改革与管理，2016（5）：29-31.

[14] 刘伯恩.自然资源管理体制改革发展趋势及政策建议.中国国土资源经济，2017，30（4）：18-21.

7 生态经济体制建设

【摘要】本章从绿色经济体制建设入手，依据绿色循环低碳的发展理念，从绿色 GDP、绿色企业、绿色产业、绿色园区、绿色产品、绿色供应链、绿色价格、绿色贸易、绿色税收等方面介绍了绿色经济体制建设的主要途径。讨论了基于绿色 GDP 的经济增长模式的转变、企业清洁生产引导的绿色企业转型、产业生态化引导的绿色循环低碳产业发展、生态工业园区建设、绿色生态园区建设、绿色供应链引导的绿色产品供应以及绿色贸易/税收引导的绿色市场机制转变等相关内容。

7.1 绿色国民经济核算体制建设

7.1.1 绿色 GDP 的统计核算制度建设

7.1.1.1 绿色 GDP 与绿色 GDP 核算统计

　　绿色 GDP 是指从人类生产活动的角度出发，在可持续发展理念的指引下，综合考虑经济要素、自然资源要素和生态环境成本，计量一个国家或者地区生产活动最终成果的绿色国民经济核算。传统 GDP 核算虽然反映了经济活动为社会创造财富的正面效应，但没有客观反映经济活动对资源环境所造成的负面效应。与传统 GDP 相比，绿色 GDP 可用于衡量反映自然和生态环境成本的经济总体生产活动的最终成果。随着党和政府对生态文明建设的重视和推动，自然资源利用与生态环境保护相关内容也逐步在国民经济活动统计中得到更多关注。

7.1.1.2 绿色 GDP 统计体制建设

　　① 解决绿色 GDP 核算技术难题。首先，搭建跨学科、跨部门的核算机构，这是绿色 GDP 统计核算的保证。绿色 GDP 的核算是一项综合性很强的工作，并且核算技术相对比较复杂，涉及众多学科。因此，在推动绿色 GDP 核算过程中，在组织形式上搭建一个充分沟

通交流的工作平台，保障各部门、机构、单位的协调配合，至关重要。其次，在充分借鉴国际绿色国民经济核算经验的基础上，要建立适合我国生态文明发展的绿色 GDP 统计核算框架和方法。最后，依据能够持续推动我国生态文明建设的基本目标，有序选择适宜的核算对象和核算内容。

② 建立自然资源和生态环境资本统计指标体系，充分反映支撑经济活动的自然资源和生态环境资本的存量和流量。第一，指标体系应覆盖反映自然资源消耗的统计指标，对自然资源的存量和流量进行分别核算。第二，指标体系应该覆盖反映生态环境质量的统计指标。第三，指标体系应该覆盖反映环境污染排放水平的统计指标，可以包括环境监测、环境污染防治及环境污染造成的经济损失的相关统计指标。

③ 制定绿色 GDP 核算的试点政策。按照从点到面、从小到大、从易到难的原则，逐步开展绿色 GDP 统计核算工作。通过在试点地区开展试点工作，积累绿色 GDP 核算经验，完善绿色 GDP 核算理论框架，为在全国范围内开展绿色国民经济核算工作提供支撑。

④ 完善绿色 GDP 核算的制度安排。推动绿色 GDP 的相关法律法规条例的制定工作，逐步使我国的绿色 GDP 核算工作规范化、法制化。建立绿色 GDP 核算指标的部门分工方案，将绿色 GDP 的核算指标任务分配到各部门。与此同时，逐步建立绿色 GDP 的奖惩机制，对隐瞒事实、制造虚假信息等为核算带来障碍的行为予以严惩。

⑤ 建立绿色 GDP 核算公众参与机制。加强对公众的绿色教育，发展绿色理念；建立各个机构部门、企业、民间组织数据共享平台，疏通信息渠道，提升民间组织、企业、公众关于绿色 GDP 核算的参与意识和参与能力；认真收集和了解公众对绿色 GDP 核算的相关意见评价，建立并完善绿色 GDP 核算系统；向公众定期发布核算报告。

7.1.2 绿色 GDP 的政绩考核体制建设

7.1.2.1 传统 GDP 政绩评估中存在的问题

改革开放以来，我国人民的物质生活得到极大丰富和提升，国际竞争力日益增强，具体表现为 GDP 的飞速增长。在此过程中，GDP 也逐渐成为我国地方政府绩效评估的核心指标。虽然，GDP 指标对经济快速发展起到了重要的作用，但也面临新的挑战。第一，可能造成个别地方政府的 GDP 盲目崇拜。第二，个别地区的政绩评估可能形成"GDP 论英雄"的现象。第三，地方政府 GDP 评估可能存在使地方政府的生态环境保护职能弱化的风险。

7.1.2.2 绿色 GDP 纳入政绩考核范围的意义

绿色 GDP 纳入地方政府政绩考核，对于促进生态文明建设具有重要意义。第一，采用绿色 GDP 作为地方政府和官员的政绩考核指标，在一定程度上可以阻止个别地方官员将 GDP 增长作为唯一绩效目标，有利于地方政府在国家生态文明发展战略的引领下，树立正确的绿色发展政绩观，使政府的执政理念与保护地方自然和生态环境有机结合。第二，开展绿色 GDP 政绩考核体制有利于经济可持续发展。绿色 GDP 的核算不仅反映经济活动对自然环境的影响，而且可以围绕自然环境成本，在制度、技术革新、能源节约、生态保护等方面采取有力措施。第三，绿色 GDP 纳入地方政府绩效评估体系有利于生态文明目标的实现。绿色 GDP 纳入我国地方政府绩效评估指标体系，将生态环境作为评估的指标之一，有利于在政府层面倡导生态文明的执政观念，将生态环境保护与经济发展并重，自上而下地引导全社会建设生态文明。总之，开展绿色 GDP 政绩考核体制建设，将大大加快我国生态文明体制改革的进程。

7.1.2.3　绿色 GDP 政绩考核体制建设措施

第一，树立正确的绿色政绩观。各级政府官员应当树立绿色政绩观。首先，从思想上克服唯经济发展的执政理念，以人民群众的根本环境利益为出发点造福于民。其次，要从可持续发展的理念出发，树立能持续引领绿色可持续发展的绿色政绩观，政绩观应与全面可持续发展相适应，与人与自然和谐发展相适应。第二，建立有效的利益协调机制，分担地方政府保护环境的压力。充分考虑各地的实际发展状况，区别对待，对经济发达的区域赋予更多环境保护的责任。第三，发挥社会公众的监督作用。让社会公众参与到制度建设的各个环节，丰富绩效评估体系的公众基础，加强其有效性、公共性，从而激励政府实现经济增长方式的根本转变。第四，完善绿色 GDP 政绩考核相关的法律制度。通过法律的保障，维护绿色政绩考核制度的持续性和规范化，为绿色 GDP 绩效评估提供制度支持和保障。第五，完善绿色 GDP 政绩考核指标。从技术上不断完善绿色 GDP 政绩评估体系，使评估指标体系设计更加科学化、合理化，以科学客观的评估结果获得地方政府的认可和接受。第六，开展政策试点，建立推广机制。配合绿色经济核算的试点，同步开展绿色政绩评价考核的试点。加强经验总结和归纳，在更大范围内进行推广。第七，建立激励和奖惩机制。绿色核算与绩效评价体系的推动，需要建立与之相对应的干部激励和奖惩机制。同时，根据绿色政绩评价的结果进行财政支付，形成经济动力，推动绿色 GDP 政绩考核体制的实施。

7.2　绿色低碳循环产业体制建设

7.2.1　绿色低碳企业的制度建设

推进企业的绿色低碳发展是我国实现可持续发展的重要组成部分，但企业作为一个理性的经济体，其发展目标是实现自身利益的最大化，因此需要政府的外部干预，构建有效的制度保障体系和激励机制，引导企业进行绿色循环低碳发展，推动绿色可持续发展。

7.2.1.1　积极推进企业实施清洁生产

清洁生产不仅能够实现企业环境和经济效益的互利共赢，还可以实现企业从源头治理至末端控制，将污染物最大限度地消除在生产过程中，既节省成本又降低了能耗。为推动企业实施清洁生产，我国从以下几个方面建立了具有激励和约束作用的清洁生产制度：

① 建立强制与自愿结合的清洁生产审核管理制度。清洁生产审核是促进企业清洁生产的重要手段，通过一定技术方法找出企业中不符合清洁生产要求的问题，制定可行方案并解决这些问题。以自愿与强制审核相结合作为国家进行清洁生产审核的原则，支持并鼓励不同类型的企业依法开展清洁生产审核，实施清洁生产。

② 强化实施清洁生产的企业责任制度。实行企业清洁生产领导责任制，从源头控制污染源的排放，国家规定企业对污染负责制，进一步提高企业的清洁生产水平。

③ 构建环境管理的体系。国家帮助企业构建完善的环境管理体系有助于企业绿色低碳发展，能够帮助企业促进清洁生产，提高清洁生产水平，对推进企业清洁生产具有重要意义。

7.2.1.2　构建企业环境友好行为的经济激励制度

我国通过环境税收、排污权交易与补贴政策并行的激励制度，最大限度地使企业实现成本最小、污染最小、影响最小的减排，以实现其利润的最大化。

① 通过环境税政策促进企业绿色低碳发展。中国现有税收政策依据税种的不同可分为资源税、消费税、增值税、企业所得税等，政府运用税收征收、差别税率、税收减免等手段调节企业的行为，在实践中起到促进企业绿色低碳发展的作用。

② 建立和完善排污权交易市场促进企业绿色低碳发展。我国先后启动了排污权交易、碳排放交易体系、碳交易市场等机制。在建立环境类权益交易市场的过程中，政府充分发挥带头作用，努力健全法律法规体系，加强市场监管力度，通过利用市场机制对资源的优化配置，科学分配市场配额，建立起规范、科学、活跃、可持续的交易市场。

③ 实施补贴政策激励企业促进减排工作。政府通过减排补贴增加企业绿色低碳生产的利益，以此激励生产者自觉研发绿色低碳技术，进行绿色低碳生产，从源头减少和杜绝污染行为。

7.2.1.3 构建企业绿色低碳技术的创新机制

促进企业进行绿色低碳技术研发是企业绿色低碳发展的基础和保障。一方面，我国为鼓励企业进行绿色低碳生产，推动绿色低碳技术的研发和创新，通过财政支出、税收杠杆等手段不断加大对清洁能源和低碳产品的研发投入，努力突破技术瓶颈，从而提高清洁生产的效率；另一方面，通过建立和完善促进企业绿色低碳技术的政策机制，出台与绿色低碳技术研发有关的优惠政策，促进企业自身进行绿色低碳技术的研发。此外，国家积极推动清洁生产技术国际交流，促进国外的技术转让，增强技术引进与二次创新，逐步提高我国的绿色低碳技术水平。

7.2.2 工业生态化转型的体制建设

促进工业生态化转型体制建设是绿色经济体制建设中的关键环节。在现代市场经济体制的形成与发展过程中，建立生态与经济相协调的生态经济效益型工业发展模式，是现代工业的最佳发展模式。因此，加快工业生态化转型的体制建设，是促进生态文明发展的重要环节。

7.2.2.1 工业生态化转型的需求

从总体来看，工业生态化主要包含两方面的内容。一方面，从结果和目标来看，工业生态化指生态型的工业化。换言之，其所对应的工业化社会不仅有着发达的经济发展水平、先进的技术水平以及高效合理和可持续发展的工业体系，同时还应当具备良好的生态环境。另一方面，从过程来看，工业生态化是在遵循生态理念，应用生态技术的前提下，推进工业化进程的发展，进而保护生态环境的过程。

过去我国粗放型的工业发展模式，在带来 GDP 飞速增长的同时，也造成了资源消耗、环境污染和生态系统受损。工业发展的严峻现实迫切要求必须重构与市场经济相适应的新型工业发展模式。工业生态化正是发展这种工业发展模式的正确道路。这不仅由我国的经济基础、资源禀赋以及生态环境保护的客观事实决定，而且也符合我国长期的战略发展需要。党和政府对此也给予了高度重视。党的十八大以来，国家对新型工业化作出了明确的战略要求，强调在新型工业化的实现过程之中要加快我国工业生态化建设。

7.2.2.2 工业生态化转型体制建设的路径

① 完善我国工业生态化的法律及政策体系建设。经过十多年的发展，我国的环境法制

建设体系已初步形成，为实现工业生态化和可持续发展提供了强有力的法律保障，但整体而言仍旧不成熟，尚存在一些问题（比如法规不配套、不完善，执法力度不够等）。针对这些问题，首先，要做好顶层设计，加强顶层设计引领。要把推进工业生态化转型作为一项长期性和战略性的任务。其次，落实以"绿色生态工业"为主要内容的领导干部考核评价体系，将资源、环境等要素作为干部考核评价的重要方面。

② 将工业生态化融入供给侧改革。当前，我国工业生态化转型的主要问题在于资金、技术等关键要素有效供给不足，限制了转型的步伐。因此在推进供给侧改革过程中，需要综合运用金融、财政、税收、价格、行业准入等方式推动工业生态化转型。

③ 建立生态工业关键技术创新的激励机制。推动工业生态化转型需要科学技术的有力支撑，否则工业生态化所追求的目标也难以实现。基于此，政府有关部门需要制定优惠政策，创造一种压力与动力并存的生态化技术创新环境，迫使或激励企业进行技术创新。帮助企业研发生态友好型的新产品、新工艺、新设备，促进企业的清洁生产。

④ 完善生态工业园区建设与管理体制。随着党的十八大将生态文明纳入"五位一体"总体战略布局，国家加大了推进工业园区生态化、循环化和绿色化的发展力度。进一步完善生态工业园区建设与管理体制，要从以下几个方面考虑。在政策方面，应尽快建立基于工业园区层面生态化发展适用的政策、规范，实现法制化的长效管理机制，引导园区的生态化建设。在理念方面，要提升生态工业的意识，鼓励公众的广泛参与。同时，借助互联网云平台，搭建园区工业生态化信息服务平台，实现"互联网＋工业生态化"的有机结合，推动基于工业生态化建设的园区管理机制创新。总之，要探索一条适合中国国情的生态工业园区建设之路。

7.2.3 绿色生态农业体制建设

近年来，随着农业工业化和现代化的不断发展，农业生产率水平得到大幅度提高，并且绿色生态农业的开展也有了大幅度的进步，但仍需建立更加系统的绿色发展理论指导和制度体系，相关的生态破坏、水土流失、土地退化、生物多样性减少等生态环境问题尚需进一步改善。在这样一个发展背景下，推进绿色生态农业的体制建设，已经成为了当前推动我国农业生态化发展的必要条件，尤其是绿色生态农业相关的法律出台、标准制定，绿色农产品供给侧结构性改革，监管实施力度的加强，都极为重要。绿色农业的体制机制的改革，可以为发展绿色生态农业提供顶层设计和监督管理，从而更好地把握绿色生态农业的发展方向。

7.2.3.1 绿色生态农业概念

绿色生态农业是指充分利用先进农业技术、硬件设施和农业管理理论，以促进农产品、生态以及资源等一系列的安全和提高农业综合经济效益为目标，以倡导农业生产标准化为手段，推动农业可持续发展的绿色发展模式。主要特征包括无污染、无公害、健康，生产过程和产品使用安全无害，尤其强调从土壤、水源、种子、肥料、经营、管理的全过程安全，到全生产周期产出产品的安全。

7.2.3.2 我国绿色生态农业的现状

近年来，我国在绿色生态农业的发展上已获得显著成效。绿色农产品和有机农产品的产量不断增长，这些产品的销售额和出口额也呈现出稳步增长的态势。但大范围地推广实施绿色生态农业，也存在着一些困难和挑战：要进一步加大对农业绿色发展理论的研究，以指导更大范围的绿色农业生产活动，从而促进实现更好的经济效益和生态绿色的目的。此外，需进一步严格绿色农业的标准化及规范化管理，提升产业结构化程度，扩大规模。

7.2.3.3 绿色生态农业体制建设

① 制定绿色生态农业相关法律法规及政策。一些发达国家很早就开始重视绿色生态农业的发展，为此还制定了一系列法律法规以及相关政策，为绿色生态农业发展提供了重要的制度保障，如美国制定的《有机食品生产法》和《土壤保护法》，日本制定的《可持续农业法》和《食品废弃物循环法》等法律。我国也在逐步制定符合我国农业发展现状、推动绿色生态农业发展的相关法律法规和政策。在政策制定过程中，要注意积极提高和调动农民发展绿色农业的意识和积极性，使得政府和人民群众齐心协力发挥法律法规政策对于绿色生态农业发展强有力的作用。

② 制定绿色生态农业相关标准。绿色生态农业标准包括绿色生态农业生产标准和绿色生态农产品质量标准。通过制定相关标准，可使各生产部门和企业内部各生产环节有机地联系起来，保证有条不紊地进行绿色农业生产，保障绿色生态农产品的质量和安全。

③ 深化绿色农产品供给侧结构性改革。夯实粮食产业发展基础，要构建服务保障体系，推进绿色农业的产业转型升级，提升农产品的产品竞争力，优化绿色农产品发展方式，扩大绿色生态农业规模，以增加市场供给。要大力发展农业科技创新。

④ 制定切实可行的绿色生态农业活动监管机制并落实绿色生态农业发展政策。尽管当前我国高度重视绿色生态农业的发展，并建立了一系列的政策法规，但是在现实的农业活动的实施中，个别地区仍存在着可操作性不够、监管力度不足等问题。因此应加强监管相关的制度建设，成立专门的管理部门，联合执法、加强配合协调等，加强管理、监督，加大处罚力度，打击取缔非法生产行为，保障各项以绿色生态为导向的农业发展政策顺利落实。

7.2.3.4 绿色生态农业体制改革展望

习近平总书记提出"绿水青山就是金山银山"，绿色生态农业的健康发展更是促进我国经济绿色增长、居民生活水平提升、扩大国际贸易的重要动力源泉。要通过制定系统的法律体系和管理制度，有效地规范和监管绿色生态农业发展，在其快速发展的过程中保证周边生态环境质量和农业产品质量，为绿色生态农业可持续发展指明方向，为我国绿色生态农业更好更快地发展保驾护航。

7.2.4 绿色循环低碳产业发展的体制建设

7.2.4.1 绿色发展理念

在党和国家"五位一体"的总体布局下，绿色发展是我国践行生态文明理念的重要实践抓手。其核心是推进经济发展与自然生态环境和谐相处，强调尊重自然、顺应自然、保护自然。党的十八届五中全会在《中共中央关于制定国民经济和社会发展第十三个五年规划的建议》中，将"绿色"作为五大发展理念之一，强调要推动形成绿色发展方式和生活方式。绿色发展在当前新的时代背景下，已经上升为与"创新、协调、开放、共享"并列的五大发展理念，是今后我国经济社会发展的重要方向。然而，我国还处于快速的工业化、城镇化进程之中，这一现状使得推进绿色发展会面临更加繁重、复杂的任务。因此，建设系统的制度体系，并将其贯彻到经济社会发展的全过程、各方面，才能够保障实现绿色发展。

7.2.4.2 循环发展理念

距离 2005 年颁发的《国务院关于加快发展循环经济的若干意见》文件已经超过十年，《中华人民共和国循环经济促进法》已实施了多年。循环经济不但作为一种发展理念和工作任务，进入了国家和地方的社会经济规划及相关专项规划，而且，在企业、园区和区域三个层面，也培育了一大批示范试点，形成了具有中国特色的微观层面清洁生产、中观层面产业共生、宏观层面社会大循环的区域循环发展模式。

从生态文明建设角度看，推进循环发展是促进我国经济社会健康、持续发展最重要的手段之一，而且从长远来看，它是将自然界的物质循环流动的客观规律引入人类经济社会系统，这是人与自然复合生态系统资源供给能力有限的必然要求。循环发展今后也将持续成为经济社会转型升级的重要抓手，推进国家治理能力现代化的重要领域，实现绿色发展的必由之路。

7.2.4.3 低碳发展理念

应对气候变化，推进碳减排是基于全球范围的温室气体排放控制，是世界各国作为一个共同体协同推进，在总量上控制和削减碳排放量，从而缓解和遏制全球变暖趋势的重要举措。中国作为一个负责任的发展中国家，在 2014 年的《中美气候变化联合声明》中明确提出，中国碳排放将不晚于 2030 年达到峰值，非化石能源在 2030 年占一次能源消费比重提高到 20％左右；在 2015 年，我国作为《联合国气候变化框架公约》缔约方宣布"中国国家自主贡献"目标，即到 2030 年，中国碳排放强度比 2005 年下降 60％～65％，这彰显了我国作为一个发展中大国的责任担当。

与此同时，我们也看到，低碳发展强调以较低的碳排放水平推动经济社会发展，这对于改善能源结构、提高能源利用效率具有重要意义。它不但能够提升绿色发展水平，也是国家推进生态文明建设的实际需要。因此，在考虑到当前的宏观经济形势和技术条件，并履行国家承诺的基础上，需要认真谋划好低碳发展相关的立法、规划与行业实践，推进好低碳发展，用最小的经济社会成本取得最好的碳减排效果。

7.2.4.4 推进生态、低碳、循环体制建设

落实生态文明建设的要求，深入推进绿色发展、循环发展、低碳发展，对于促进社会经济转型，产业结构优化升级有着重要的意义。做好顶层设计和相关制度建设，处理好经济发展和环境保护之间的关系，在全社会树立"绿水青山就是金山银山"的价值观念，对于走向生态文明也至关重要。

① 提高全民意识。绿色发展是进行生态文明建设的一条必经之路，它包含低碳发展、循环发展。在发展理念上大力践行绿色发展、循环发展、低碳发展，这是解决国家自然资源紧缺与生态环境问题的起点与重点。绿色发展、循环发展、低碳发展，是我国进行生态文明建设过程中，针对需要着手处理的人与自然资源、人与能源气候、人与生态环境之间的重大关系提出的，应当首先解决的思想与价值观层面的认识问题，要做到理念先行、认识先行。

② 全面做好规划工作。规划是顶层设计的重要手段，体现的是在一定的时间和空间范围内的战略部署、总体谋划、重大安排和远景展望。我们要做好顶层设计，从"五位一体"的全局出发，按照生态文明建设的要求，提前做好系统的规划工作，将绿色、循环、低碳的想法和理念贯彻到全过程。

③ 加快绿色发展制度体系建设。在绿色发展的大框架下，应重点抓好完成自然资源确

权登记，使得自然资源的权属体系变得权责明确，能够逐步发挥市场机制的作用，更好地保护和开发自然资源。加快建立以环境容量和资源禀赋为基础的环境承载力预警机制和监测机制，保障生态功能的实现，综合应用行政、经济等手段改善区域生态环境状况。

④ 促进低碳发展制度体系建设。制定产业低碳化发展政策，积极推进产业结构调整，加强太阳能、风电等清洁能源的开发利用，推进能源供给体系的低碳化，加大力度促进电力等行业部门低碳发展的工作。开展低碳城市的试点工作，科学制定合理的碳排放量的目标，逐步建立全国性的碳排放权交易市场，并出台相应的制度措施，保障其有效运行。

⑤ 推进循环发展制度体系建设。要将城市作为工作重点。随着我国城镇化率不断提高、大型和超大型城市数量不断增长，大量的人口在城市聚集，大量的资源、能源、产品输入城市，城市因此也面临着废弃物处置压力，亟待进一步完善制度建设，尤其是针对生活垃圾、建筑废弃物、污泥、废旧纺织品等城市中低值典型废弃物，必须依靠制度体系落实相关主体的分类、回收和处理责任，建立规范、高效的回收利用体系。另外，考虑到工业园区对于我国经济发展的重要性，推进园区循环化改造相关的管理制度是在园区层面推进循环发展的实践抓手。今后应逐步建立服务于我国多种类型、不同区域园区的循环化改造范式、管理模式和支撑技术的制度体系。通过推行生产者责任延伸制度，推动废弃产品的有序回收和规模化、高值化利用，推进产品的生态设计，进而推动绿色产业体系的构建。

7.3 绿色产品供应和消费的体制建设

7.3.1 打造绿色产品体制建设

7.3.1.1 绿色产品的概念和特性

绿色产品是有机、再生、环保、节水等对环境友好产品的一个整合，它对于环境、经济、社会的可持续发展具有重要的意义。在全生命周期的各环节中，绿色产品具有低毒少害、排放的污染物少、易回收、对人类健康无害或危害小等高品质特征。现阶段，我国绿色产品类型以终端消费品为主，主要是消费者关注度高、消费升级急需、与生态环境相关度大的产品。绿色产品通常具有以下优点：在生产阶段消耗的材料资源和水资源少，产品本身以及外包装物易回收和利用；在制造和使用过程中，实现能源的节约；生产过程中，有毒有害物质排放少或无；产品使用期长，对人体健康无害。

7.3.1.2 建立统一的绿色产品认证标准体系

建立统一的认证、标识、评价体系对于绿色产品体系建设具有不可替代的重要意义。绿色产品认证、标准、标识体系旨在通过有关部门建立统一的评价清单，对同类产品制定相同的评价标准，在产品认证过程中使用统一规则，将涉及绿色指标（低碳、环保、节能、节水等）的认证过程合并，是一个基于产品的全生命周期，针对各项绿色指标的评价体系。

2015 年 11 月，《国务院关于积极发挥新消费引领作用加快培育形成新供给新动力的指导意见》提出尽快建立严格的生态环境保护政策体系，提高绿色标识在市场中的认可度，完善统一的绿色产品标准、标识、认证等体系，开展绿色产品评价。2016 年 3 月，《国民经济和社会发展第十三个五年规划纲要》中提出，完善绿色环保政策机制，推进绿色标识、绿色认证产品体系的建设，以此推动绿色环保产业的发展。2016 年 12 月，国务院颁布了《关于建立统一的绿色产品标准、认证、标识体系的意见》，提出开展绿色产品标准体系制定规划，编制标准体系框架和明细表，研究绿色产品评价标准。2016 年 11 月，国家发布《关于成立国家绿色产品评价标准化总体组的通知》(标委办工〔2016〕157 号)，指出国家绿色产品评价标准化总体组负责规划我国绿色产品标准化发展战略，制定我国绿色产品评价标准体系框架，推进评价标准制修订计划。2018 年，国家认监委正式发布了两个绿色认证基本标识和变形标识。其中，基本标识应用于列入认证目录并获得认证的产品，变形标识应用于具有部分绿色属性（低碳、节水等）的产品。同年，市场监管总局发布第一批绿色认证产品清单及认证目录。

7.3.1.3 绿色产品体系建立的保障措施

建立统一的绿色产品体系需要有力的保障体系。第一是协调内部机制。建立合作联盟，发挥行业中协调各方利益的平台作用；统筹相关政策措施，落实保障机制；建设产品认证的一系列规范性措施，营造健康发展的市场环境和充分竞争的秩序。第二是提供技术保障。充分利用互联网和实地调查的方法，收集、统计、分析与绿色产品相关的数据，建立信息平台，实现信息共享；加强技术创新，推广新产品新应用；更多地采用生态设计技术。第三是构建绿色引领机制。通过绿色产品体系传递社会责任、促进绿色消费，倡导绿色生活，形成整个民族的绿色价值观和社会前进的绿色驱动力。第四是促进政府的绿色采购，加快财政金融等对绿色采购、绿色生产的支持政策的实施，充分发挥企业自律、社会监督等多元化的绿色产品体系管理格局。

7.3.2 绿色供应链体制建设

在政府颁布的《关于积极发挥环境保护作用促进供给侧结构性改革的指导意见》中提到，我们应该推进绿色供应链环境管理，以企业采购、政府政策、公众消费为引导，带动绿色产业链上下游都采取节能环保措施。

7.3.2.1 构建绿色供应链产业体系

绿色供应链，一般情况下将其理解为在供应链过程中，对原材料、资金流和供应链企业间合作进行科学管理，充分结合可持续发展中经济、环境、社会的可持续性目标，并且能够符合消费者和利益相关者所提出的要求。它是以绿色制造理论和供应链管理技术为基础，中间关系到供应商、生产厂、销售商和用户，努力使环境和经济相互平衡的供应链管理方式。建设绿色供应链目的是使得产品在整个过程中对环境产生的负面影响降到最小，过程中包括物料获得、物料加工、包装、存储、运输、使用、报废处理。因此，绿色供应链就是从供给端和生产端着手推动全要素生产率稳步持续提升，真正解决经济发展过程中长期积累的供给侧结构性问题。

7.3.2.2 绿色供应链管理制度建设

从绿色供应链管理制度建设的全过程来说，主要分为绿色设计、绿色生产、绿色采购、绿色物流、绿色回收五部分。

绿色设计。绿色设计也称为生态设计、环境设计等。在我国《电子信息产品污染控制管理办法》《中华人民共和国清洁生产促进法》《中华人民共和国循环经济促进法》等法律中都做出明确要求：产品在设计阶段就要综合考虑产品原材料、所需设备、包装、存储、使用及回收处理等环节会对环境产生什么样的影响，在这些环节的加工过程中优先考虑无毒无害、容易降解、方便回收利用的方法。简单来说，绿色设计就是我们对产品及产品的生产过程进行重新设计，减少其环境污染。

绿色生产。绿色生产的目的同样是使污染物的产生量最小化，它指以节能减污为目标，以管理和技术为手段，在工业生产全过程实施污染控制的一种综合措施。绿色生产可以从一定程度上减少产品在生产中需要的水、材料、能源，同时还可以减少污染物排放，从而使产品更加绿色。环境保护类法律政策，比如《中华人民共和国环境保护法》《中华人民共和国大气污染防治法》《中华人民共和国节约能源法》等，都对企业的能源资源消耗和污染物排放提出了相应规定，是否遵守这些规定可以作为判断上游生产企业是否绿色的重要依据。

绿色采购。绿色采购是指政府用采购力量购买对环境造成负担较小的标志产品，推动企业环境行为的改善，是行动上对国家绿色发展的落实，同时也对全社会绿色消费起到了示范作用。采购产品是否对环境造成较小负担在很大程度上决定着供应链的绿色化程度，因此绿色采购是绿色供应链管理中最为关键的一步。很多政策都对此做出了规定，比如《中华人民共和国环境保护法》《中华人民共和国循环经济促进法》《中华人民共和国清洁生产促进法》《中华人民共和国政府采购法实施条例》《中华人民共和国大气污染防治法》，还有《企业绿色采购指南（试行）》《节能产品政府采购实施意见》等，这些政策既以财税金融手段作为引导，鼓励市场主体进行绿色采购，又要求政府以及国有企事业单位采购具有节水、节能、节材等特点的绿色产品，从而带动市场主体。

绿色物流。绿色物流是指在物流过程中既减少对环境造成的危害，又实现对物流环境的净化。物流环节在整体的供应链过程中是必不可少的，正因如此，物流环节往往导致了大量的能源消耗和污染物排放，而绿色物流主要基于环境保护和节约资源的根本目标改进物流环节，其中包括绿色包装、绿色运输、绿色流通等。在《中华人民共和国节约能源法》《交通运输节能环保"十三五"发展规划》《包装行业高新技术研发资金管理办法》《物流业发展中长期规划（2014—2020年）》等政策规定中，都对绿色物流做出了要求和规定，政府及企业要积极实施绿色物流，做好各运输工具之间的协调工作。

绿色回收。绿色回收是指对报废后的产品和零部件进行回收处理，使其可以循环使用或者再生利用，从而提高资源利用率，减少环境污染。《中华人民共和国固体废物污染环境防治法》《电子废物污染环境防治管理办法》《废弃电器电子产品回收处理管理条例》等都对绿色回收做出了规定。

除了国家层面的法律政策外，一些地方政府也开展了绿色产业链的管理制度建设工作，同时出台了一些地方性的法律政策，鼓励和引导企业配合并参与绿色供应链的管理工作。天津是我国首个开展绿色供应链管理试点工作的城市，天津市先后出台了《绿色供应链管理试点实施方案》《绿色供应链管理暂行办法》《绿色供应链管理工作导则》《绿色供应链产品政府采购目录》一系列政策，除此之外，还将绿色供应链管理工作纳入了天津"十三五"规划纲要，市政府充分发挥了引领和鼓励作用，率先在建筑和钢铁行业开展绿色供应链管理试点工作。政策的引领必不可少，但要想真正顺利开展绿色供应链管理工作，就要从政府和企业两个层面共同着手。

首先从政府层面来说，政府采用采购、税收等手段来鼓励各企事业单位参与到绿色供应链管理工作中去。《中华人民共和国环境保护法》36条中规定："国家机关和使用财政资金的其他组织应当优先采购和使用节能、节水、节材等有利于保护环境的产品、设备和设施。"法律政策要求政府机关奖惩有度：当出现污染超标、治污设备数量不足等情况时，政府要对相关企业进行适量处罚；相反，当其工作进展顺利，起到保护环境的作用时，政府应给予相应的鼓励。

其次从企业层面来说，企业生产和其相关活动的用水、用能、用材、污染物排放都必须符合规定的严格标准，企业必须公开其环境信息。结合相应的法律政策，企业做到了节能减排，就能获得相应的财税支持；相反，企业如果出现环境违法行为，则将会受到相应惩罚。虽然制度在不断完善，但事实是我国"绿色供应链管理"刚开始发展，调查数据显示我国部分企业的绿色供应链管理在原材料采购、废弃物再回收利用的环节中仍然存在一些问题，我们必须进一步强化企业的绿色产业链管理观念。

企业可以通过以下方式进行绿色供应链管理：第一，通过加强宣传的方式使企业更充分了解绿色产业链管理以及绿色供应链管理的必要性，从而鼓励更多企业人员充分学习绿色供应链管理的业务流程和管理模式。第二，企业应该将可持续发展作为指导思想，积极建立绿色文化、营造绿色形象，通过建立绿色企业形象向消费者传递绿色消费方式。第三，企业可以设计一套适合自身发展的绿色供应链管理流程。设计时应该关注供应链节点上的各个企业的重组、各个阶段的衔接，通过绿色供应链管理提高企业的市场竞争力。第四，企业可以增设绿色供应链管理部门，专门负责绿色供应链的开展、管理等工作，提高办事效率。

7.4　绿色园区体制建设

7.4.1　推进绿色园区体制建设的原因

绿色园区强调园区内生产企业的统筹管理和协同链接以实现布局集聚化、结构绿色化、链接生态化的绿色理念。推进绿色园区体制建设，有利于园区、园区企业落实绿色发展理念，在为园区内的生产企业带来经济效益的同时，降低对自然资源的消耗和生态环境的影响。绿色园区的建设是一个庞大的、复杂的系统工程。同时，有些绿色园区承担着地方经济转型发展的重任，需要政府政策的协调。在园区建设过程中对土地的利用、规划设计，基础设施的建设都需要政府政策的支持。推动绿色园区体制建设，可以有效应对园区建设过程中的"市场失灵"，有利于高效整合各种资源，降低园区建设的成本。此外，在《中国制造2025》中强调绿色园区的建设是绿色制造体系建设的重要部分。因此，推进绿色园区体制建设，有利于完善我国绿色制造体系，有助于《中国制造2025》行动纲领的实施。

7.4.2　绿色园区制度建设

7.4.2.1　绿色园区规划制度建设

① 建立绿色示范园区创建管理制度。我国绿色园区的建设还处于起步阶段。在起步阶段，要重视绿色示范园区的创建，从绿色园区的创建和发展过程汲取经验，逐步向全国工业园区扩展。具体的措施为：对全国的工业园区进行全面的评估，选择基础条件好、代表性强的工业园区，开展绿色园区创建示范工程。选择绿色示范园区后，要加强实时监督管理，定期总结绿色园区建设经验。

② 强化绿色园区系统规划的管理制度。绿色园区的规划要全面考虑到园区土地、能源、空间布局、产业布局、交通等诸多因素。土地是园区建设的重要因素。园区土地的利用应遵

循集约使用的原则，优化整合园区内的各类用地单位，使园区内土地利用最小化。园区的空间布局既要考虑园区内空间布局，又要考虑到园区周边的空间布局。优化整合周边地区的优势资源，有利于减少园区建设成本。园区内的产业布局根据园区的主要功能类型进行规划。园区内交通线路的布局要坚持运行平稳均衡原则，通过系统调节各产业链条，削减园区交通对外界市政、交通的波峰和波谷影响，从而实现园区对外界市政及交通的最小影响。

③ 分类推进绿色循环低碳园区建设。根据园区产业运作方式可以分为循环经济园区、低碳经济园区、生态工业园区等。生态工业园区重点推进综合性绿色发展模式，指导产业发展与生态环境保护的发展。循环园区重点推进资源节约与循环利用，促进园区循环发展。低碳园区重点推进碳减排与能源消费转型，对园区能耗总量和能源效率加以严格控制，将不同梯度的热能充分利用，实现资源节能化。建立物质能源综合利用系统，满足不同用户的需求，提高能源利用效率。建设示范性的低碳发展园区。

7.4.2.2 绿色园区指标体系建设

① 建立园区绿色政府绩效评估指标体系。对园区管理人员落实/践行绿色发展理念的行为进行评估，将个人的晋升加薪与园区绿色化管理相关联。对园区管理部门的绿色化管理进行科学引导、培训教育，使绿色理念扎根于管理活动的方方面面。管理部门绿色发展绩效管理的目标重点在于实现绿色园区的绿色增长，在统筹劳动力驱动、资本驱动、技术驱动等增长模式的同时，综合考虑自然要素和生态环境成本，在考评环节中重点关注节能环保指标的落实情况。

② 建立适应不同类型的绿色园区评估体系。园区的评价紧抓"绿色""生态"两个关键因素，权衡经济、环境、资源、社会四大领域的协同发展，建立多项多层次可量化的生态指标。评估体系的建设应坚持定量指标为主，定性指标为辅。构建适合园区的可量化、可操作的绿色园区指标体系。采用可以横向对比的相对性指标、必选指标、可选指标、调整系数的方式用于满足对不同类别和产业类型的园区的评价。

③ 建立绿色园区定期评估机制。绿色园区的评估指标体系并不是一成不变的，要根据园区实际发展过程的变化而变化。因此，要根据园区各个生产企业的发展情况以及在建项目的实施情况，对正在应用的指标体系进行动态评估。根据实际情况，可建立每年度常态化评估、三年中期评估和五年全面修正评估等多级动态评估机制，确保绿色生态技术指标的合理性。

7.4.2.3 绿色园区经济激励制度建设

① 绿色园区的财税政策。加大对绿色园区的资金投入力度，充分利用有关绿色建设的资金渠道、政府和社会资本合作模式（Public-Private Partnership，PPP），加大对园区内生产企业的节能技术创新研发的投入，对新能源利用的投资进行财政补贴、税收减免以及贷款贴息等。通过利用政府有关绿色园区的专项基金，引导市场机制发挥其配合作用，使更多的社会资本投入到绿色园区的开发和建设当中。园区相关部门要发挥带头作用，时刻关注跟踪绿色园区发展新动向、新举措与新政策，充分把握国家出台的相关产业经济政策，主动给园区的生产企业申请相关建设资金。

② 绿色园区的绿色金融。以绿色金融支持绿色园区的发展，建立金融和企业的协商对话机制。让金融机构认识到绿色循环经济发展的重大潜力，促使金融机构开拓创新，发展绿色信贷和绿色债券业务，发明绿色金融工具，积极开展绿色消费信贷业务。积极研究设立工

业绿色发展基金，鼓励社会资本投入绿色制造业。将园区内生产企业的绿色发展水平与企业信用等级评定、贷款相联系，引导金融机构为企业的绿色转型提供便捷、优惠的担保服务和信贷支持。设立"绿色产业发展基金""人才创业基金"等基金用于技术的创新和项目建设的担保。鼓励融资模式的创新，为绿色园区的建设开辟更多的融资渠道。对园区内采用新能源、新材料和新的环保技术的企业，根据企业的发展情况，帮助其进行项目包装，争取上市融资。

7.5 绿色市场经济的体制建设

7.5.1 发展绿色金融体制建设

7.5.1.1 绿色金融的内涵

绿色金融是指金融部门以环境保护为原则，在进行投融资决策的时候对项目中与环境相关的潜在回报、风险和成本等因素进行量化估算，并作为金融资源配置和金融活动评价的一个重要指标，以促进社会的可持续发展。可见，绿色金融不仅仅是对传统金融的延伸和扩展，更是现代金融发展的一个趋势。

随着投资机构对绿色投资关注的提升以及绿色指数影响力的增加，全球绿色可持续发展行业已经成为一项重要的金融投资产业。2016 年 G20 杭州峰会上发布的《G20 绿色金融综合报告》，为推动全球绿色金融的发展发挥了重要的作用。而后 G20 汉堡峰会上，德国发布了《2017 年 G20 绿色金融综合报告》，并指出 2016 年全球绿色债券发行量超过 800 亿美元，同比增长一倍多。

7.5.1.2 国家绿色金融制度建设

绿色金融是推动中国经济发展模式向绿色转型的关键。我国对绿色金融的发展十分重视，从 2016 年开始，出台了一系列的规划政策，逐步推进了我国绿色金融的发展。2016 年 3 月 17 日，《国民经济和社会发展第十三个五年规划纲要》中正式提出"建立绿色金融体系"。2016 年 8 月 31 日，《关于构建绿色金融体系的指导意见》中明确了绿色金融的定义及包含的内容，提出研究探索绿色债券第三方评估和评级标准，鼓励机构投资者在进行投资决策时参考绿色评估报告。2016 年 9 月 14 日发布的《绿色制造工程实施指南（2016—2020 年）》，将拓宽融资渠道作为实现绿色制造目标的重要保障措施，提出加强产融衔接，构建绿色金融体系。2016 年 12 月 5 日，《"十三五"生态环境保护规划》在加快制度创新部分，指出建立绿色金融体系。

同时，我国还将绿色金融发展纳入"一带一路"倡议当中。2017 年 5 月 9 日，《关于推进绿色"一带一路"建设的指导意见》正式发布，提出重点加强新疆等边境地区环保能力建设，并鼓励符合条件的绿色项目申请国家绿色发展基金等现有资金支持，发挥各类金融机构和基金等的支持作用。2017 年 5 月 12 日，环境保护部印发《"一带一路"生态环境保护合作规划》，促进绿色金融政策制定，探索设立"一带一路"绿色发展基金，引导投资决策绿色化。

7.5.1.3 地方绿色金融制度发展

在国家绿色金融战略布局和政策引导下，各地方政府积极推进绿色金融政策文件的制定和具体工作的开展。目前，山东省青岛市，青海省，福建省，广东省，内蒙古自治区，天津市，江苏省扬州市，江西省，贵州省，新疆维吾尔自治区哈密市、昌吉回族自治州和克拉玛依市，浙江省湖州市、衢州市等各省市地区均已出台绿色金融政策，提出建设绿色金融体系，并且出台了具体实施方案。绿色金融实施方案主要集中在以下几个方面：构建绿色金融组织体系，拓宽绿色产业融资渠道，建设绿色金融基础设施，发展环境权益交易市场，建立绿色金融风险防范机制，创新绿色金融产品等。

7.5.2 促进绿色发展价格机制体制建设

根据《中共中央国务院关于推进价格机制改革的若干意见》《国家发展改革委关于全面深化价格机制改革的意见》要求，以新发展理念和以人民为中心的发展思想为指针，以供给侧结构性改革为主线，攻坚克难、开拓创新，着力深化垄断行业和公共服务价格改革，着力健全和完善促进绿色发展的价格改革，着力推进农产品价格改革，着力营造公平竞争市场环境，适应引领经济发展质量变革、效率变革、动力变革，为构建市场经济机制有效、微观主体有活力、宏观调控有度的经济体制，建设现代化经济体系，创造良好的价格环境。

7.5.2.1 绿色发展价格制度建设目标

国家发改委制定了《关于创新和完善促进绿色发展价格机制的意见》。其中提出了两点要求：一是到2020年，基本上要建立能够有助于绿色发展的价格机制和完善的体系，促进资源节约和减少环境污染；二是截止到2025年，为了不断适应绿色发展的趋势，绿色价格机制体制的建设要更加完善，并能真正落实到社会生活的各个方面。

7.5.2.2 绿色发展价格机制建设的具体措施

坚持谁污染谁治理原则。原则核心是明确主体责任，完善资源环境绿色价格机制体制的建设，实现外部成本内部化，让污染者承担相应的治理成本，而治理者和环境维护者应得到相应的补偿。同时坚持激励措施和约束并重，通过合理的价格制定来进行各方利益调节，符合绿色发展的内在要求，也能进一步激发全社会保护环境、节约资源的热情。激励符合绿色发展的行为，约束违背原则的行为。在坚持国家大体方针的前提下，鼓励地方政府结合本地实际情况制定相关政策，促进绿色发展的价格机制全方位各方面扩散开来。

建立健全价格机制体制，能够体现生态环境自身价值和环境污染成本，在此基础上完善绿色价格政策，使其更有利于更符合绿色发展的整体状况。生产生活会消耗生态环境，将这一部分成本引入到总成本中，通过绿色价格促进经济发展。这是推动绿色价格形成的关键一步，其中，将环境消耗成本纳入经济发展总成本中是绿色价格机制建立的核心点。

实行污染付费差别化。建立生活垃圾收费管理制度，实行垃圾分类并促进生活工业垃圾减量化、资源化和无害化，实施过程中逐步完善危险废弃物的差别化收费政策。区分居民、非居民和特种行业用水调价原则和目标，推动有利于再生水资源利用的价格政策。调整拉大特种用水与非居民用水的价差，有序扩大差别电价、阶梯电价执行的行业范围，拉大峰谷电价价差。可根据不同地区实际需求，扩大电价的执行范围，提高电价加价标准，并结合污染者付费原则，让高污染、高排放者承担更多的责任。

7.5.3 推动绿色贸易体制建设

绿色贸易体制是指通过环境管理政策手段来提高贸易产品绿色化程度、调整贸易结构、扭转绿色壁垒的趋势。主要从产品、企业和行业三个层面着手，遵从政策和市场相结合的发展视角，减少并扭转贸易的资源环境逆差和促进绿色贸易发展的政策体制。

7.5.3.1 绿色贸易体制建设历程

中国的绿色贸易大致经历了贸易产品的绿色化、环境与贸易相协调和大力发展绿色贸易三个阶段。其政策体系不断完善，从产品的角度打破绿色壁垒，发展环境标志，再从企业的层面逐渐严格环境准入标准，促使行业不断提高其绿色化的可持续发展模式。

贸易产品的绿色化阶段，主要围绕打破绿色壁垒展开。自中国 2001 年加入 WTO 后，为克服国际绿色壁垒，我国通过环境标志认证制度提高产品的绿色化程度，并将其范围扩大至进出口产品。1994 年 5 月 17 日，伴随着中国环境标志产品认证委员会的成立，我国正式开始了"中国环境标志"的认证工作。这项工作标志着中国的绿色贸易进入产品绿色化阶段。中国环境标志在认证方式和认证程序上均严格按照 ISO 14020 系列标准规定的原则和程序实施，并积极开展与其他国家互认，有效应对国际绿色壁垒。2006 年 10 月 24 日，财政部和国家环保总局联合颁布《关于环境标志产品政府采购实施的意见》，推进了企业可持续生产绿色转型。与此同时，也采取了一系列促进贸易产品绿色化的政策，如开展 ISO 14000 认证、建立绿色包装体系、加强环境标志认证等等。这些政策的出台，有利于打破绿色贸易壁垒。

在环境与贸易相协调阶段，我国形成了进出口严格把关的绿色贸易政策体系，也实现了从打破绿色壁垒向环境与贸易的绿色发展的转变。2007 年《国家环境保护"十一五"规划》指出，打破绿色壁垒应从完善对外贸易产品的环境标准、建立进口货物有害物质监控体系和环境风险评估机制三方面来实现。自此，我国开始了从严格产品出口向防范有害产品进口的转变。《国家环境保护"十二五"规划》也曾明确指出了环境与贸易协调的政策措施：一方面，通过控制进出口关税政策调整"高污染、高环境风险"或"高耗能、高排放"产品的进出口门槛，以抑制或取消其进出口；另一方面，通过加强进出口贸易的环境监管，对产品、技术、设施等引进设置严格的环境保护门槛，从而推动绿色贸易的发展。

在大力发展绿色贸易的阶段，主要围绕建立绿色贸易政策体系协同其他环境经济政策实现可持续发展。自 2007 年，绿色信贷、绿色保险、绿色证券、绿色贸易等政策的陆续颁布，逐步构建了中国环境经济政策的基本框架。首先，对进出口贸易提出更为具体的要求。2008 年，我国调整纺织品等部分商品出口退税率，取消部分"双高"产品出口退税，"双高"目录将为绿色贸易等一系列环境经济政策的实施提供具体可操作的对象，在遏制高耗能高污染行业的盲目扩张，保护环境友好经济发展方面发挥了重要作用。其次，发展绿色贸易被更加明确地提及。《国家环境保护"十二五"规划》中提到了开展绿色贸易，应对贸易环境壁垒的要求。2011 年，聚焦经济发展绿色转型，将绿色供应链加入到绿色贸易的内容当中，倡导低碳经济，循环经济转型，大力发展环保产业。2012 年，《国务院办公厅关于印发国家环境保护"十二五"规划重点工作部门分工方案的通知》政策文件指出，协调各部门，大力推动绿色贸易。最后，健全绿色贸易体系成为生态文明的重要内容。《"十三五"生态环境保护规划》提出建立健全的绿色贸易管理制度体系，2015 年和 2017 年分别发布的《环境保护部发布环境保护综合名录》(简称"综合名录") 成为推动绿色贸易政策体系建立的有效动力，尤其是 2017 年版的综合名录包括 885 项"双高"产品和 72 项环境保护重点设备，有力地限制了企业对"双高"产品的采购、生产及使用，同时，也加大了企业对环保专用设备等方面的投资力度。

7.5.3.2 绿色贸易体制框架

中国绿色贸易体系按市场的角度划分，主要包括市场准入准出管理政策和市场调控政策；促进产品绿色化的相关政策是对市场政策的重要补充。这三类政策保证了产品的环境效益在生产、销售和消费三个环节中的增长。

提高市场准入与准出政策是利用市场杠杆来倒逼企业绿色化转型的有效策略。现阶段的绿色贸易体系中，市场控制政策主要包括环境认证（ISO 14000）和环境标准管理两类，从产品全过程管理的角度来保障市场产品的绿色化程度。以市场中的产品贸易为例，环境认证促使企业将环境影响纳入到产品的整个管理体系中，包括原材料获取、生产和销售，最大程度地降低对环境的不良影响。产品在生产过程中必须将环境标准纳入生产标准，以确保产品能顺利进入贸易市场。从产品原料的管理、产品生产过程的管理到行业监管都有具体的市场准入和准出政策来推动和保障产品的绿色化发展，对我国绿色贸易发展具有重要的推动作用。

市场调控政策主要是通过税收和与环境相关的市场政策的共同作用，促使贸易朝着绿色化发展。绿色贸易体制下的环境关税是通过降低绿色产品关税鼓励其发展，加征高污染产品出口环境关税，调节进出口产品结构，是适应产业结构升级、绿色贸易发展不同阶段的重要调控手段，以推动产品结构优化和产业升级。与环境相关的市场政策主要包括排污权交易和碳排放权交易制度，二者均基于产权理论，在政策层面强制性分配给企业有限的排放权，倒逼企业在环境管理方面升级，再通过市场上排放权的交易，以降低企业的环境管理成本，增强了企业在绿色贸易方面的竞争力，对企业的绿色化发展有更好的激励和导向作用。前者主要控制企业的污染物排放，后者主要是降低企业温室气体的排放，加强了我国企业的环境管理能力，从而避免在绿色贸易中处于不利地位。无论是税收还是与环境相关的市场政策都是以利益驱动的市场调控政策，可有效促进企业绿色化升级，通过政策导向来影响市场决策，将绿色发展意愿融入企业自我管理和发展的过程中，从而推动绿色贸易进一步深化。

促进产品绿色化是打破绿色贸易壁垒的重要措施。产品的绿色化是实行绿色贸易中最重要的目标，以促进产品在市场上更好地流通。通过环境标志和绿色包装对产品原料和技术等提出了更高的要求。环境标志作为市场化的重要措施，被广泛使用。逐步推动国际间的环境标志互认是突破绿色壁垒的有效手段。发展中国家的产品只有达到发达国家有关产品的环境保护标准或者要求，或者得到"环境标志""生态标签"等才能进入发达国家市场，因而环境标志又有"绿色通行证"之称。到目前，中国与韩国、日本、新西兰、泰国、北欧诸国、德国等国家和地区签署了环境标志互认的协议，对我国的绿色贸易起到了极大的推动作用。该协议作为 WTO 在《关于贸易与环境协定》中对各国产品流通提出的要求之一，是推广绿色包装以应对绿色贸易壁垒的另一个重要措施，也是应对我国资源紧缺，减少资源浪费的有效途径。《"十三五"生态环境保护规划》中，在促进绿色制造和绿色产品供给的章节中对绿色包装提出了单独的要求，要求从体系建设角度进一步完善绿色包装标准体系，通过包装的减量化、无害化、易回收三方面的改进对产品的包装进行绿色化升级。环境标志和绿色包装对绿色标准的制定与实施具有重要的推动作用，而且也释放了我国的贸易市场与国际环保发展趋势相适应的信号，对打破绿色贸易壁垒具有不可替代的作用。

7.5.4 推进绿色税收体制建设

7.5.4.1 绿色税收体制概述

绿色税收（环境税、绿色税），主要是指国家为了实现特定的环境保护目标，采用税收手段调控经济行为主体的各种税收总称，既包括以环境保护为基本目标的环境税收，也包括那些政策目标不是环境保护，但是起到环境保护作用的税收，还包括具有环境保护功能的税式支出政策。

国外"绿色税"主要有以下三种类型：第一，是企业层面上的，对污染物按量征税，它包括对废水、废气、废渣等征税；第二，对高能耗和高消耗产品的行为征税；第三，城市环境和生活造成的污染行为为税。目前，美国、荷兰和瑞典是绿色税收制度比较完善的国家，但其侧重点均有所不同。例如美国注重汽油生产和消费的消费税、与汽车相关的税收、采矿税和固体废物处理税。在美国，环境税计划大都是由州级政府实施的，每个州的标准都不同。荷兰设置的环境税种类多，主要侧重于汽车燃油税、噪声税、垃圾税、地表水和地下水污染税、土壤保护税、石油产品消费税。荷兰的绿色税制度的特点是专款专用，荷兰法律明确规定对于收取的排污费，也必须用于治理污染的整个过程，包括对污染源的监测、建立数据模型进行分析、证明定论、对排污进行的跟踪报道、最终的治理。瑞典环境税主要是与能源有关的税，如对燃料征收的一般能源税、CO_2 排放税、SO_2 税、电力税、机动车税等，还包括与环境有关的税，如对化肥、农药和电池的征税。

7.5.4.2 我国绿色税收制度建设

目前，我国设立与环境保护有关的税收条款是为了鼓励企业有效利用能源和资源，提高废物的利用效率。这种税收的目的更多是为了节约成本，但对于环境质量改善的效果有限。例如对产生废气、废水、废渣的企业征税；对环保技术的税收优惠和节能投资等；对产生高污染的产品增加税收；对有效利用自然资源的项目采取激励和减免措施。

相比于快速发展的经济来说，我国绿色税制的建设有待加强，主要体现在以下几方面：首先，目前尚未形成体系化的绿色税收体制。现行税制中没有根据环境污染行为的程度和产生污染的产品征收污染税。目前我国只涉及对水污染征费的政策，具体是将国家污染物排放标准作为门槛，对超过其规定污染物浓度的企业征收排污费和生态环境恢复费，这种方式缺乏强制性、准确性、稳定性，且难以度量，不利于实现我国定下的环保目标。其次，我国的税种相对独立，还未形成一个完整统一的体系。例如关于土地资源所征的税种具体包括城镇土地使用税和增值税、耕地占用税等，总体来看税种类型较多，并且每种类型的税收计算复杂；此外现行税制对于进口产品和国内产品有所不同，这不仅增加了复杂性还不利于不同类型的经济主体的竞争。最后，我国税收优惠的类型和方法相对单一，如和绿色产业相关的税收优惠条款很少并且不成体系，主要包括增值税、消费税和所得税中减免项目。

在绿色税制的推行中，我国还需要推动以下制度建设：第一，积极推动绿色税收制度的试点，从实际中发现问题从而推动制度的完善；第二，制定兼顾公平和效率的绿色税收制度，因此在绿色税制的设计中应该遵循污染者付费（PPP）原则、完全纳税原则、受益者补偿原则等公平原则，同时也应遵循经济效率原则、社会生态效率原则、循序渐进原则等来体现和实现绿色税收的效率；第三，逐步建立绿色税收和其他政策的协同作用机制。国外某些国家的环保工作之所以成效显著，主要原因是建立了完善的环境经济政策体系，在采取税收手段的同时，注意与其他绿色发展相关的经济手段包括市场交易、行政手段、法律手段等方法相互配合，使它们形成合力，共同作用。

7.6 生态经济体制建设展望

7.6.1 完善生态经济体制制度内容

生态经济体制建设应完善其制度内容。要重点推进以下几个方面：循序渐进地建立绿色经济增长模式；绿色企业的制度建设促进企业清洁生产；绿色循环低碳产业的体制建设推动产业的生态化进程；生态工业园区的体制建设带动绿色生态园区建设；绿色产品供应和消费的体制建设转变现有产品供应与消费方式、观念；绿色市场经济体制的建设引导绿色金融、绿色价格、绿色贸易以及绿色税收发展的统筹兼顾多方面的完整的生态经济体制。通过这些促进我国的经济发展方式逐步由粗放型向集约型转变，经济利益格局从相对单一向日益分化多元转变，居民消费结构和社会需求结构从温饱型向发展型转变，从根本上解决经济社会发展与资源环境的矛盾，让经济发展与生态环境保护紧密结合，从而实现经济的快速增长和生态环境保护的共同发展。

7.6.2 加大生态经济体制执行和监督力度

国家为了推进生态经济体制建设应加大其执行与监督力度，有必要建立有效的监督机制与执行问责制度。要使监督贯穿于生态经济体制建设的整个环节，充分发挥内部外部监督合力，构建生态经济制度监督主体的多元化体系。对于生态环境制度建设中的消极行为，需要建立责任追究机制。除此以外，应当完善生态经济政策制度的执行机制。加强学习型组织的建设，建立健全生态经济制度执行的培训机制，形成全方位、多渠道的培训。压缩政策执行层级，建立高效、和谐的政策执行运行机制。建立良好的沟通协调机制，使生态环境政策制度执行的各部门之间具有优秀的协调通道，降低环境制度执行中的内耗。最大限度地提高生态环境制度的有效性和可信度，确保生态环境制度可以有效协调经济发展与环境保护的关系，落实新时代生态文明建设。

参考文献

[1] 李红梅.绿色 GDP：核算沿革及路径依赖.对外经贸，2011（7）：67-69.

[2] 孙洪敏.将地方政府绩效评估纳入科学发展轨道.云南行政学院学报，2011，13（3）：120-123.

[3] 吴旻妍.浅谈清洁生产在绿色低碳经济发展的助推作用.污染防治技术，2016，29（5）：12-14.

[4] 吴宏涛，李立长，王湖坤，等.重点企业清洁生产审核公众参与机制的探讨.湖北师范学院学报（自然科学版），2016，36（2）：18-20.

[5] 郭廷杰.贯彻"清洁生产促进法"强化生产者责任制促进资源再生利用.再生资源研究，2003（4）：36-39.

[6] 易明，程晓曼.碳价格政策视角下企业绿色创新决策研究.软科学，2018，32（7）：74-78.

[7] 于平.企业低碳发展的税收政策研究.南京：南京林业大学，2011.

[8] 杨锦琦.我国碳交易市场发展现状、问题及其对策.企业经济，2018，37（10）：29-34.

[9] 杨仕辉，孔珍珠，杨景茜.碳补贴政策下低碳供应链企业一体化策略分析.产经评论，2016，7（6）：27-38.

[10] 牛晓叶.论我国激励企业自主低碳发展的制度安排.中国会计学会环境资源会计专业委员会.中国会计学会环境资源会计专业委员会 2014 学术年会论文集, 2014: 620-625.

[11] 范育鹏, 乔琦.基于工业生态化建设的工业园区环境管理研究.中国环境管理, 2016, 8 (5): 80-84.

[12] 王东.工业生态化与可持续发展.上海经济研究, 2007 (1): 98-100.

[13] 刘东皇, 陈晓雪, 李向东.新常态下中国产业生态化转型研究.经济论坛, 2016 (9): 70-83.

[14] 陈慧文, 杨峰.关于工业生态化技术创新的思考.山东农业大学学报 (社会科学版), 2013 (4): 85-87.

[15] 范育鹏, 乔琦.基于工业生态化建设的工业园区环境管理研究.中国环境管理, 2016, 8 (5): 80-84.

[16] 黄雪飞.工业产品的生态化设计: 内涵、方法与评价.设计艺术研究, 2015, 5 (6): 19-24, 44.

[17] 谢楠.浅论传统工业生态化策略研究.中国商论, 2015 (13): 181-182.

[18] 王玉华.工业经济的生态化发展道路研究.商, 2014 (4): 224.

[19] 郭而郛, 鞠美庭.工业生态化与中国经济转型研究初探.环境保护, 2013, 41 (s1): 63-64.

[20] 孔令夷.我国工业化与生态化融合发展的现状评析.西安欧亚学院报, 2012, 10 (2): 58-63.

[21] 杜雯翠, 宋炳妮, 隆重.生态文明建设下的"五化"协同发展问题研究.黑龙江社会科学, 2017 (6): 54-57.

[22] 赵晓雷.中国改革开放 40 年经济发展战略转型研究.经济与管理研究, 2018, 39 (11): 3-9.

[23] 梁锦秀, 周涛, 赵营, 等.宁夏数字化农业构建模式初探.情报杂志, 2009, 28 (s2): 64-65.

[24] 宋世明, 王君凯.我国政府机构改革历程与取向观察.改革, 2018 (4): 39-46.

[25] 黄钊.中国化马克思主义理论繁荣发展的强大动力——纪念改革开放四十周年.学校党建与思想教育, 2018 (16): 4-7, 12.

[26] 陈慧文, 杨峰.关于工业生态化技术创新的思考.山东农业大学学报 (社会科学版), 2013 (4): 85-87.

[27] 周世祥, 韩勇.我国工业生态化问题研究及对策思考.能源与环境, 2009 (4): 7-9.

[28] 徐大伟, 王子彦, 丁旭.基于演化理论的工业生态化制度变迁分析.管理评论, 2005 (8): 53-57.

[29] 戴怡富.工业生态化是我国新世纪工业发展的必然选择.生态经济, 2001 (8): 15-17.

[30] 苗雨君, 盛秋生.绿色农业可持续发展的障碍及对策研究.生态经济 (学术版), 2012 (1): 177-180.

[31] 李婧.绿色农业种植技术的推广方法探究.农技服务, 2017, 34 (18): 160.

[32] 叶芳.国外绿色产品发展.标准生活, 2016 (12): 16-27.

[33] 冯文雅.国务院办公厅印发《关于建立统一的绿色产品标准、认证、标识体系的意见》.新华社, 2016-12-08.

[34] 马奇菊.浅析我国绿色产品认证的现状与意义.质量与认证, 2016 (7): 37-39.

[35] 姜俊吉.国家认监委: 建立绿色产品体系 推动供给侧改革.新华社, 2016-06-30.

[36] 刘志峰, 刘光复.绿色产品与绿色设计.机械科学与技术, 1997, 15 (12): 1-3.

[37] 张新国, 杨梅.论绿色产品市场的监控和管理.财贸经济, 2001 (9): 78-80.

[38] 刘飞, 曹华军.绿色制造的理论体系框架.中国机械工程, 2000, 11 (9): 961-964.

[39] 王京歌, 邹雄.政府绿色采购制度研究.郑州大学学报 (哲学社会科学版), 2017 (6): 30-34.

[40] 朱坦, 高帅.推进生态文明制度体系建设重点环节的思考.环境保护, 2014, 42 (16): 10-12.

[41] 朱坦, 高帅.关于我国生态文明建设中绿色发展、循环发展、低碳发展的几点认识.环境保护, 2017, 45 (8): 10-13.

[42] 环境保护部.关于积极发挥环境保护作用促进供给侧结构性改革的指导意见.中国环保产业, 2016 (4): 9-12.

[43] 毛涛.我国绿色供应链管理法律政策进展及完善建议.环境保护, 2016, 44 (23): 57-60.

[44] 毛涛.用制度推进绿色供应链管理.中国环境报, 2016 (3): 10-14.

[45] 倪梓桐.探索绿色供应链的发展路径.环境保护, 2016 (1): 70-72.

[46] 工信部.工业绿色发展规划（2016—2020年）.2016.

[47] 付允."绿色园区"全面解读（含申请流程），2017.

[48] 工信部节函〔2016〕586号.工业和信息化部办公厅关于开展绿色制造体系建设的通知.2016.

[49] 工信部联节〔2016〕304号.绿色制造标准体系建设指南.2016.

[50] 工信部.绿色园区评价要求.2016.

[51] 邵辉.低碳园区建设的制度支持研究.南京：南京农业大学，2010.

[52] 剑波，焦丹，李井会，等.台州循环经济园区低碳建设指标体系研究.浙江建筑，2015，32（4）：37-41.

[53] 刘璐.基于知识共享的循环经济园区协同创新机制研究.绵阳：西南科技大学，2015.

[54] 龙惟定.绿色产业园区的需求侧能源规划.上海节能，2016（10）：533-539.

[55] 国家环境保护总局.《生态工业园区建设规划编制指南》.2007.

[56] 高建良."绿色金融"与金融可持续发展.金融理论与教学，1998（4）：20-22.

[57] 董昕，刘强."三位一体"推进我国绿色金融发展.宏观经济管理，2015（5）：53-56.

[58] 邵雪梅，张元鹏.绿色金融体系的构建：问题及解决途径.金融理论与实践，2014（9）：32-35.

[59] 丁爱平.地方小法人银行绿色普惠金融的实践探索.经贸实践，2018（6）：3-4.

[60] 高建良."绿色金融"与金融可持续发展.金融理论与教学，1998（4）：20-22.

[61] 王遥，孙司宇，唐一品.绿色金融的国际发展现状及展望.海外投资与出口信贷，2016（6）：14-16.

[62] 卜永祥.构建中国绿色金融体系的思考.区域金融研究，2017（6）：5-11.

[63] 吴玉萍，董锁成.构建中国的绿色经济制度.经济研究参考，2001（16）：21-24.

[64] 张晓彤，张子怡，卢佳倩.企业环保投资的问题研究——来自沪市上市公司的经验证据.现代商业，2018（6）：188-192.

[65] 徐辉.论绿色环境标志及我国出口贸易可持续发展的对策.湖南社会科学，2003（1）：93-95.

[66] 曾东宇.绿色贸易措施对中国出口贸易的影响分析.对外经济贸易大学，2007：14-17.

[67] 王立和.绿色贸易论——中国贸易与环境关系问题研究.南京：南京林业大学，2009.

[68] 岳丽鑫.我国城市居民生活垃圾收费问题研究.石家庄：河北经贸大学，2012.

[69] 本刊编辑部.《关于创新和完善促进绿色发展价格机制的意见》发布.中国能源，2018，40（7）：1.

[70] 李丽平，胡涛，吴玉萍，等.构筑我国绿色贸易的对策研究.中国人口·资源与环境，2008，18（2）：200-203.

[71] 文华.低碳经济下我国绿色贸易政策转型研究.现代经济信息，2014：188-191.

[72] 李丽平.促进环境与贸易协调构建绿色贸易体系.环境经济，2012（6）：61-65.

[73] 王谦.可持续发展中我国绿色税收制度的建立与完善.财贸经济，2003（9）：86-90.

[74] 吕敏，齐晓安.我国绿色税收体系改革之我见.税务与经济，2015（1）：99-105.

[75] 罗霞，王崇锋，郭少华.可持续发展视角下我国绿色税收政策研究.国际商务财会，2013（4）：59-63.

[76] 张锋.国外绿色税收制度对我国的启示.财经界（学术版），2014（17）：253.

[77] 汪成红，胡翔.绿色税收理念下我国消费税制改革研究.税收经济研究，2015，20（1）：1-10.

[78] 王庆丹.我国绿色税收体系问题及对策研究.纳税，2018，12（21）：19.

[79] 中华人民共和国环境保护税法实施条例.中国环境报，2018-01-01（002）.

[80] 刘隆亨，翟帅.论我国以环保税法为主体的绿色税制体系建设.法学杂志，2016，37（7）：32-41.

[81] 广西国家税务局课题组，李文涛，陶绍兴，等.政府和社会资本合作（PPP）模式的税收政策研究.经济研究参考，2016（41）：40-45.

[82] 王禹.西方国家环境经济政策的实践及启示.珠江论丛，2014（4）：33-41.

[83] 何志浩.西方国家环境税及其借鉴.统计与决策，2007（21）：149-150.

[84] 饶友玲，刘子鹏.西方国家绿色税收实践对我国绿色税收改革的借鉴意义.经济论坛，2017（7）：

147-152.

[85] 安福仁，李沫.中国绿色税收与经济增长关系研究.东北财经大学学报，2017（5）：65-70.

[86] 邓晓兰，王赟杰.提高中国税收制度绿化程度的思考.经济体制改革，2013（6）：127-131.

[87] 范丹，梁佩凤，刘斌，等.中国环境税费政策的双重红利效应——基于系统 GMM 与面板门槛模型的估计.中国环境科学，2018，38（9）：3576-3583.

[88] 卢洪友，刘啟明，祁毓.中国环境保护税的污染减排效应再研究——基于排污费征收标准变化的视角.中国地质大学学报（社会科学版），2018，18（5）：67-82.

[89] 程良开.中国环境税体系的完善建议.黑龙江省政法管理干部学院学报，2018（4）：126-129.

[90] 肖天柏.我国环境税法律制度构建问题研究.黄山学院学报，2018，20（2）：27-31.

[91] 张春晓.生态文明融入中国特色社会主义经济建设研究.北京：北京师范大学出版社，2018.

[92] Daniel J D，秦虎，张建宇.以 SO_2 排放控制和排污权交易为例分析中国环境执政能力.环境科学研究，2006，19（s1）：44-58.

[93] 王强，陈易难.学习型政府——政府管理创新读本.中国人力资源开发，2003（4）：65-65.

[94] 李政大，袁晓玲，苏玉波.中国经济发展方式转型效果评估——基于 EBM-Luenberger 模型.财贸经济，2017，38（1）：21-33.

[95] 张云江.我国环境政策执行困境及化解对策研究.秦皇岛：燕山大学，2016.

8　生态补偿体制建设

【摘要】生态补偿是以生态系统服务功能提升为目的，围绕保护和推进资源可持续利用的现实需求，采用经济手段调节相关者利益关系，有效推动生态系统功能提升及生态资源保护的各种制度、规则、标准及相关激励措施，目标在于追求"绿水青山"的保护者与"金山银山"的受益者之间的利益平衡。根据十九大报告，健全资源有偿使用和生态补偿制度已经成为我国生态文明"四梁八柱"制度体系的核心内容之一。本章立足于生态补偿的国内外探索经验及我国生态文明建设的实际需求，从法规制度、标准、管理、多元投入机制建设和体制创新改革等方面阐述了生态补偿的体制建设，梳理分析国内外不同地区、不同领域、不同范围对生态补偿已有的立法与政策实践，总结了不同视角下的补偿方式、利益相关方、补偿费用核算标准、生态补偿金的来源及管理，最后从法制保障、评估体系标准化、补偿机制创新及体制改革等角度对我国现行的生态补偿制度提出有效的建议。

进入 20 世纪以来，工业革命在推动社会经济快速发展的同时，也带来了日益严峻的生态环境挑战。面对严重的资源环境危机，人类开始反思自身发展的问题，谋求可持续发展的新道路。保护和建设生态环境，实现人与自然的和谐成为世界各国的共识。在不断地探索与实践过程中，人类逐步认识到建立生态补偿制度是防止生态环境破坏，增强和促进生态系统良性发展，调节对生态环境产生或可能产生影响的生产者、经营者、开发者、利用者等相关方关系，整治及恢复生态系统环境功能的重要制度性保障。

8.1　生态补偿的法制体系建设

8.1.1　生态补偿制度国际比较

随着世界各国生态环境保护相关的法规制度日益完善，参与生态系统开发利用、消费、保育与修复等生态功能服务价值实现的相关各方的行动规则日益清晰，生态补偿制度建设日益成熟。但由于发展水平与阶段、生态环境问题特征、政策体制机制、文化伦理观念及生态补偿问题本身的差异性，世界各国对生态补偿有着不同的理解和定位，从而导致生态补偿在不同的国家有着差异化的表现形式，生态补偿制度建设呈现多样化的态势。

8.1.1.1 国外生态补偿立法的发展

生态补偿得到了世界各国和国际组织的高度重视，实施生态补偿行动、建设生态补偿制度的国家既包括发达国家也包括发展中国家（见表 8-1）。发达国家主要聚焦生态环境改善和濒危物种的保护，政府和个人生态环境意识和保护的积极主动性都比较高，在一定程度上体现了生态环境优先的理念；发展中国家多聚焦影响国计民生的自然资源的保护与更新，并通过加入全球性环境公约争取可能的资金和技术援助，以换取发展机会和权利，主要通过政府推动的方式建立生态补偿机制，国民参与度整体上不高；跨国组织多以全球性环境问题为视角，关注全球碳减排、消耗臭氧层物质的减量化、濒危物种保护等具有全球意义的自然对象的保护与恢复，并通过缔结国际公约的方式建立不同国家的补偿方式和途径。

表 8-1 部分生态补偿参与国家/地区及国际组织、保护对象与补偿方式

国家/地区及国际组织	保护对象	补偿方式
欧盟	农业	欧盟内部农业环境政策的制定和组织通过配套的执行机构来实施，依据各国在立法和执行方面的集权程度可分为联邦政府形式、中央集中管理和区域分管三种模式。 ① 德国：以联邦形式制定联邦框架、16 个区域性计划； ② 西班牙：以中央集中管理形式出台中央的指导方针、每个区域的执行计划； ③ 意大利：以区域分管的形式差异化制定 15 个区域性的计划
澳大利亚	地下水盐分控制	政府代表受益方直接向受损方提供补偿 信贷交易 排放许可、排放权交易制度 环境服务投资基金制度
	森林	碳信用交易及 CO_2 超标排放付费制度 碳汇林种植及碳信用购买制度 森林产品生态认证制度
	矿区环境	复垦保证金制度
巴西	森林	生态增值税 税收减免、国家环境基金和农村信用评级制度 采伐权贸易 森林产品生态认证制度
	生物多样性	异地生态补偿制度
德国	森林	经营税收减免 森林产品生态认证制度
	生物多样性	受益方通过市场交易付费
	矿区环境	复垦专项资金
英国	生物多样性、良好景观和水环境	政府代表受益方向受损方提供补偿 受益方直接付费
	森林	收入不上缴、贷款优惠、补贴方式推进保护 森林产品生态认证制度
	矿区环境	复垦基金
	减少温室气体排放	《巴黎协定》之外的碳交易

国家/地区及国际组织	保护对象	补偿方式
加拿大	保护区	门票收入
	矿区环境	现金支付 资产抵押 信用证 债券 法人担保
美国	水、土壤、野生动植物等	政府代表受益方对退耕户实施补偿
	流域	水质信用市场 湿地银行 相关方直接市场交易 强化地役权
	森林	在国有林区征收放牧税 森林产品生态认证制度
	野生动物栖息地	征税 受益方支付租金
	矿区环境	废弃矿山恢复治理基金 复垦抵押金
墨西哥	森林	由政府代表受益方向受损方提供补偿
南非	流域水环境	政府和用水户共同雇佣工人以清除外来入侵植物
日本	森林	水源涵养林建设基金 水源税 森林产品生态认证制度
印度	生物多样性	产品标记
	水库水量	可交易水权
越南	森林	政府代表受益方进行森林保护与重建
联合国环境规划署（UNEP）	臭氧层	通过签订《关于臭氧层行动的世界计划》《保护臭氧层维也纳公约》《蒙特利尔议定书》推动消耗臭氧层物质减量化
	生物多样性	通过签订《濒危野生动植物种国际贸易公约》《生物多样性公约》《生物安全议定书》《卡塔赫纳生物安全议定书》推动地球生物资源保护
联合国政府间气候变化专门委员会（IPCC）	气候变化	通过签订《联合国气候变化框架公约》《京都议定书》《巴黎协定》推动全球碳减排

（1）德国的生态补偿立法

德国各州主要通过制定法规等手段限制非城市地区的开发，以保护自然资源。例如 Baden-Wurttemberg 州颁布州自然保护法，规定当恢复手段不起作用或作用不明显时征收补偿性的特别税，其收入用于建立一种特别的自然保护基金。德国生态补偿制度建设的最大特点是通过立法的形式确保资金到位、核算公平，同时在国家层面建立州际横向转移支付制度。

（2）美国的生态补偿立法

美国是世界上生态补偿法相对比较成熟的国家。20 世纪 30 年代左右为应对频繁发生的洪涝灾害及严重的沙尘暴，美国开始实行保护性退耕计划，对农民休耕或退耕的机会成本进行补偿，平均每英亩的补偿金为 47 美元。1978 年美国制定《合作林业援助法》，授权农业部为非联邦森林土地的植树造林、森林管理、森林土壤保护等提供款项援助，并实施一项鼓励非工业私有森林的开发、管理和保护的刺激计划，由农业部与私有林所有者就管理计划签订协议，确定补偿费用和方式。1970年颁布的《濒危物种法》、1977年颁布的《露天采矿控制和复原法》也都规定了类似的补偿制度。为加大流域上游地区农民对水土保持工作的积极性，建立了水土保持补偿机制，即由流域下游水土保持受益区的政府和居民向上游地区做出环境贡献的居民进行货币补偿。2018年颁布的《2018年农业提升法案》进一步完善了生态补偿的相关内容，提高了农业生态环境保护计划补贴标准，推动实施"保护性储备计划"（CRP）、"保护保障计划"（CSP）、"湿地保存计划"（WRP）和"环境质量激励计划"（EQIP）等。

（3）日本的生态补偿立法

日本战后经济的高速发展导致了严重的环境污染和人体健康损害，又加上日本是一个自然灾害频发的岛国，民众和政府对于森林资源的建设和保护制度以及实施效果非常重视。民间以设立"绿色羽毛基金"制度来支持森林建设事业。政府将保安林制度作为基本国策加以贯彻。1941年日本《森林法》第35条明确规定森林被指定为"保安林"后，林权所有者或经营者的经营活动受到一定程度的限制，由此带来的经济损失，国家给予补偿。具体做法是损失补偿，对于禁伐、择伐等采伐限制给森林所有者造成的经济损失，经过资质机构的评估，按年度给予全额补偿。而在税收优惠和财政补贴上也是双管齐下，特定区域税收得以减免，对于保安林的抚育和采伐后的再造，都给予高于一般林地的财政补贴，享受低利率、长期限的政策性贷款和诸多的项目支持。1984年日本进一步修订了《保安林临时措施法》，建立了较完备的保安林补偿制度，还通过《自然公园法》等法律建立了完善的公用限制补偿制度。同时为了解决缺水问题，充分发挥森林涵养水源作用，日本建立了水源林基金网，由河川下游的受益部门采取联合集资方式补贴上游的林业，用于河川上游的水源涵养林建设。

8.1.1.2 国外生态补偿模式

国际上生态补偿比较通用的是生态服务付费（PES）或生态效益付费（PEB），主要有四个类型，即政府购买模式、政府主导型、市场交易模式和生态产品认证计划。

（1）政府购买模式的生态补偿

政府购买模式的生态补偿的实质是直接公共补偿。它是指政府直接向提供生态系统服务的农村土地所有者及其他环境服务提供者进行补偿，主要针对地役权补偿，即对出于保护目的而划出自己全部或部分土地以提供环境服务的土地所有者或使用者进行补偿。就当前国际的实践情况而言，政府购买模式仍然是主导的和最为普遍的生态补偿模式。英国保护生物多样性的北约克摩尔斯农业计划、美国政府实施的"土地休耕保护计划"和德国易北河流域生态补偿，就是典型的政府购买环境服务模式的生态补偿实践案例。

（2）政府主导型的生态补偿模式

该模式充分考虑公共资源的特有属性，由政府代表全体国民就公共资源的使用建立相应的收费（即限额交易）制度，包括区域间的生态补偿和区域内的生态补偿，最典型的模式为限额交易计划。限额交易计划指政府或管理机构首先为生态系统退化或一定范围内允许的破坏量设定一个界限（"限额"或"基数"），处于这些规定管理之下的机构或个人可以直接选择通过遵守这些规定来履行自己的义务，也可以通过资助其他土地所有者进行保护活动来平衡损失所造成的影响。可以通过对这种抵消措施的"信用额度"进行交易，获得市场价格，达到补偿目的，如欧盟的排放权交易计划。欧盟于2005年1月建立了世界上第一个跨国排放权交易机制，并已经发展成为全球最大的碳交易市场，确定了"强制加入，强制减排"基本原则和分阶段实施的方案，为国际排放权交易提供了有益的尝试和借鉴。

（3）市场交易模式的生态补偿

在资源和生态系统服务产权界定较清楚的情况下，通过自由的市场交易，相关方按供求关系建立利益均衡机制，主要为私人直接补偿模式。私人直接补偿也被称为"自愿补偿"或"自愿市场"，指购买者在没有任何管理动机的情况下以市场方式进行自愿交易，各商业团体或个人消费者可以出于慈善、风险管理或准备参加市场管理的目的，参加这类补偿工作。最典型的是法国皮埃尔公司与水源地农户进行的生态补偿。作为世界最大的瓶装天然矿泉水企业，其水源位于农业比较发达的流域，由于农业的大力发展，农药污染、养分流失等问题威胁到公司赖以生存的蓄水层。为了保障水源水质，皮埃尔公司投资了约 900 万美元购买了水源区 $1500 \mathrm{hm}^2$ 的农业用地，以高于市场的价格吸引土地所有者出售土地，并承诺将土地使用权无偿返还给那些愿意改进土地经营措施的农户，鼓励农民采用有机农业技术来保护水源。同时，公司与那些同意将土地转向集约程度较低的乳业和草场管理技术的农场签订了 18～30 年的合同，公司每年向每个农场按每公顷土地 320 美元的价格支付补偿，连续支付 7 年，并且向农场免费提供技术支持，为新的农场设施购置和现代化农场建设支付费用。作为交换，公司在合同期内拥有这些设备和建筑的所有权，并有权监督它们的合理利用。项目实施后的监测结果显示，该公司成功地减少了非点源污染。

（4）生态产品认证计划

由独立的第三方按照特定的绩效标准和规定的程序，为认证的生态友好型产品提供补偿服务。较为典型的为森林认证体系认可计划（PEFC），它不断致力于通过独立的第三方认证来促进森林的可持续经营与管理，其工作贯穿于整个森林产品供应链条，旨在推广良好的森林经营实践及确保木材和非木质林产品在尊重生态、社会、道德的高标准前提下获得或产出。通过对认证的产品加载 PEFC 标签，将市场中的"绿色消费者"与可持续经营的森林有效地连接起来，消费者能够辨识源自可持续经营森林的林产品，实现原料来源的可追溯。

8.1.2　我国生态补偿立法的进程

我国对生态补偿进行了长期的探索，1953 年建立的育林基金制度中体现的补偿思想，为后来的生态补偿政策实践起到了指引作用。随着我国生态补偿实践的展开，立法工作在不断进步，正朝着更高效力、更具体的法律方向迈进。整体上看，我国在生态补偿制度建设方面所开展的工作可以概括为三个方面：一是由中央相关部委推动，以国家政策形式实施的生态补偿；二是地方自主性的探索实践；三是近几年来初步开展的国际生态补偿市场交易的参与。

8.1.2.1　国家层面的制度建设工作

自 20 世纪 90 年代以来，我国陆续在森林与自然保护区建设、矿产资源开发等方面建立了生态补偿有关的法规制度。1992 年国务院批准国家体改委《一九九二年经济体制改革要点》(国发〔1992〕12 号)，明确提出"要建立林价制度和森林生态效益补偿制度，实行森林资源有偿使用"。1993 年《国务院关于进一步加强造林绿化工作的通知》(国发〔1993〕15 号）中指出"要改革造林绿化资金投入机制，逐步实行征收生态效益补偿费制度"。1993 年国家环保局发布了《关于确定国家环保局生态环境补偿费试点的通知》。1998 年修订的《中华人民共和国森林法》第 8 条第 6 款规定："国家设立森林生态效益补偿基金，用于提供生态效益的防护林和特种用途林的森林资源、林木的营造、抚育、保护和管理。"2004 年正式建立中央森林生态效益补偿基金，并由财政部和国家林业局出台了《中央森林生态效益补偿基金管理办法》。2018 年修订后的《中华人民共和国森林法实施条例》第 15 条第 3 款进一步规定："防护林和特种用途林的经营者，有获得森林生态效益补偿的权利。"

我国从 1994 年开征矿产资源补偿费，目的是保障和促进矿产资源的勘查、保护与合理开发，维护国家对矿产资源的财产权益。国家和地方有将补偿费用于治理和恢复矿产资源开发过程中的生态环境破坏的情况，在政策设计上还需考虑矿产资源开发的生态补偿问题。1994 年实施的《中华人民共和国矿产资源法实施细则》对矿山开发中的水土保持、土地复垦和环境保护做出了具体规定，要求不能履行水土保持、土地复垦和环境保护责任的采矿人，应向有关部门交纳履行上述责任所需的费用，即矿山开发的押金制度。

其他领域的生态补偿制度也得到了一定程度的推进。2001 年公布的《中华人民共和国防沙治沙法》第 25 条第 3 款规定："采取退耕还林还草、植树种草或者封育措施治沙的土地使用权人和承包经营权人，按照国家有关规定，享受人民政府提供的政策优惠。"第 33 条规定："县级以上地方人民政府应当按照国家有关规定，根据防沙治沙的面积和难易程度，给予从事防沙治沙活动的单位和个人资金补助、财政贴息以及税费减免等政策优惠。单位和个人投资进行防沙治沙的，在投资阶段免征各种税收；取得一定收益后，可以免征或者减征有关税收。"2002 年公布的《退耕还林条例》第 35 条规定："国家按照核定的退耕还林实际面积，向土地承包经营权人提供补助粮食、种苗造林补助费和生活补助费。"2010 年修订后的《中华人民共和国水土保持法》第 31 条规定："国家加强江河源头区、饮用水水源保护区和水源涵养区水土流失的预防和治理工作，多渠道筹集资金，将水土保持生态效益补偿纳入国家建立的生态效益补偿制度。"2013 年修订后的《中华人民共和国草原法》第 35 条第 2 款规定："在草原禁牧、休牧、轮牧区，国家对实行舍饲圈养的给予粮食和资金补助，具体办法由国务院或者国务院授权的有关部门规定。"第 48 条第 2 款规定："对在国务院批准规划范围内实施退耕还草的农牧民，按照国家规定给予粮食、现金、草种费补助。"2016 年修订后的《中华人民共和国野生动物保护法》第 19 条规定："因保护本法规定保护的野生动物，造成人员伤亡、农作物或者其他财产损失的，由当地人民政府给予补偿。"2017 年修订后的《中华人民共和国自然保护区条例》第 23 条规定："管理自然保护区所需经费，由自然保护区所在地的县级以上地方人民政府安排。国家对国家级自然保护区的管理，给予适当的资金补助。"2017 年修订后的《中华人民共和国水污染防治法》第 8 条规定："国家通过财政转移支付等方式，建立健全对位于饮用水水源保护区区域和江河、湖泊、水库上游地区的水环境生态保护补偿机制。"

8.1.2.2 地方层面的制度建设工作

近年来，国家和各地在流域、自然保护区、矿产资源开发等多领域积极开展了多层次多类型的生态补偿试点，为顺应这些实践工作的需要，各地相继出台了流域、自然保护区、矿产资源开发生态补偿等方面的政策性文件。

1998 年 10 月 26 日，广东省人民政府通过并发布了《广东省生态公益林建设管理和效益补偿办法》，其中规定："禁止采伐生态公益林。政府对生态公益林经营者的经济损失给予补偿。省财政对省核定的生态公益林按每年每亩 2.5 元给予补偿，不足部分由市、县政府给予补偿。"根据北大法宝的数据库检索结果，截至 2018 年 7 月，涉及生态补偿的地方法规规章多达 168 部，其中 141 部现行有效。而且已从十几年前只在某一规章中涉及"生态补偿"

相近概念到如今专门以"生态补偿"为目标制定法律法规。地方立法文件名称各异，但基本实现各领域全面覆盖。比如《苏州市生态补偿条例》《安徽省环境空气质量生态补偿暂行办法》《合肥市地表水断面生态补偿暂行办法》《江西省流域生态补偿办法》《天津市湿地生态补偿办法（试行）》《山东省海洋生态补偿管理办法》《铜仁市林业生态补偿资金使用管理办法（暂行）》《湖南省人民政府办公厅关于建立湖南南山国家公园体制试点区生态补偿机制的实施意见》《济南市生活垃圾处理生态补偿暂行办法》《绍兴市汤浦水库水源保护区生态补偿专项资金管理办法》《新余市"五山"生态补偿暂行办法》《山东省省级及以上自然保护区生态补偿办法（试行）》等。

在针对各类生态要素进行的生态补偿地方立法实践中，"水资源类"生态补偿开展时间最早，实践成果最为丰富；而针对空气质量进行生态补偿是近几年的立法热点，相关立法文本数量仍在不断激增。生态补偿立法不仅涉及各领域，还区分各生态环境要素，对于资金管理也单独建立专门的管理条例。随着各地立法工作的持续推进，生态补偿取得的成效也稳步提升，生态补偿制度在我国渐成体系。

8.1.2.3　最新进展

（1）重点生态功能区生态补偿制度建设取得新进展

在重点生态功能区以及自然保护区和区域生态补偿等实践领域，2010 年青海省先于其他地区出台《关于探索建立三江源生态补偿机制的若干意见》和《三江源生态补偿机制试行办法》，首次探索并建立了三江源生态补偿长效机制，已陆续启动实施涉及 11 个方面的具体补偿政策，同时界定了区域生态补偿的范围、补偿资金测算指标、补偿资金计算公式、补偿资金下达和管理以及相关部门的职责等内容。2011 年青海省统筹安排资金 25 亿元，启动实施了"1＋9＋3"教育经费保障补偿、异地办学奖补、农牧民技能培训和转移就业、草畜平衡补偿、牧民生产资料补贴、扶持农牧民后续产业发展和农牧民基本生活燃料费补助等 7 项补偿政策，惠及 22.4 万名学生和 3.9 万名农牧民。

（2）地方性生态补偿条例的立法取得新突破

多地陆续出台地方生态补偿条例。2014 年 4 月 28 日，苏州出台全国首个生态补偿地方性法规——《苏州市生态补偿条例》（以下简称《条例》）。《条例》共 24 条，对适用范围、补偿原则、政府职责等内容进行了规定，还明确了资金使用的监管、监督。《条例》明确规定，生态补偿是指主要通过财政转移支付方式，对因承担生态环境保护责任使经济发展受到一定限制的区域内的有关组织和个人给予补偿的活动。《条例》积极推行体现生态价值和代际补偿的资源有偿使用制度，全面构建区域生态补偿机制，并且还对多元化补偿机制做出了规定，为建立多元化生态补偿机制和鼓励社会力量参与生态补偿活动预留了空间。该条例在生态补偿机制的法律化、规范化、制度化建设方面起到示范、引领、推动作用，填补了国内生态补偿立法方面的空白。

（3）《关于健全生态保护补偿机制的意见》应势而生

2016 年 5 月 13 日，国务院办公厅印发《关于健全生态保护补偿机制的意见》（以下简称《意见》）。《意见》明确，将推进七个方面的体制机制创新。一是建立稳定投入机制，多渠道筹措资金，加大保护补偿力度。二是完善重点生态区域补偿机制，划定并严守生态保护红线，研究制定相关生态保护补偿政策。三是推进横向生态保护补偿，研究制定以地方补偿为主、中央财政给予支持的横向生态保护补偿机制办法。四是健全配套制度体系，以生态产品产出能力为基础，完善测算方法，加快建立生态保护补偿标准体系。五是创新政策协同机制，研究建立生态环境损害赔偿、生态产品市场交易与生态保护补偿协同推进生态环境保护的新机制。六是结合生态保护补偿推进精准脱贫，创新资金使用方式，开展贫困地区生态综合补偿试点，探索生态脱贫新路子。七是加快推进法治建设，不断推进生态保护补偿制度化和法制化。

（4）生态环境损害赔偿制度的建设趋于完善

2015年12月3日，中共中央办公厅、国务院办公厅针对生态损害赔偿出台《生态环境损害赔偿制度改革试点方案》(中办发〔2015〕57号)。次年国务院发布的《关于健全生态保护补偿机制的意见》进一步提出"稳妥有序开展生态环境损害赔偿制度改革试点，加快形成损害生态者赔偿的运行机制"。2016年4月，环境保护部印发了《关于在部分省份开展生态环境损害赔偿制度改革试点的通知》，确定在吉林、江苏、山东、湖南、重庆、贵州、云南等7个省（市）开展生态环境损害赔偿制度改革试点。7省（市）在实施方案中均提出了相应的措施。重庆、贵州、云南3省（市）拟推进建立生态环境损害赔偿基金制度；吉林、湖南、重庆、云南4省（市）提出建立生态环境修复保证金制度或生态环境损害责任保险制度；湖南省还提出建立系统完整的生态环境损害赔偿资金管理制度。基于生态环境损害赔偿制度改革试点工作取得的明显成效，2017年12月，中共中央办公厅、国务院办公厅印发了《生态环境损害赔偿制度改革方案》，规定从2018年1月1日起，在全国试行生态环境损害赔偿制度。2020年5月28日通过的《中华人民共和国民法典》以专章规定了生态环境损害赔偿责任，从实体法层面上确定了生态环境损害赔偿的法律制度。

同时2014年修订颁布的《环境保护法》第31条规定："国家建立、健全生态保护补偿制度。国家加大对生态保护地区的财政转移支付力度。有关地方人民政府应当落实生态保护补偿资金，确保其用于生态保护补偿。国家指导受益地区和生态保护地区人民政府通过协商或者按照市场规则进行生态保护补偿。"这就从基本法上对生态补偿制度进行了确立。这些工作为我国《生态补偿条例》尽快颁布打下了坚实基础。

8.1.3 我国生态补偿机制法制化新探索

现如今我国涉及生态补偿的法律在结构方面单行法较多，相对分散，体系有待健全，急需专门的立法。在内容方面，补偿资金来源较为单一，主要还是依靠国家或地方财政资金的投入；同时还存在补偿主体不明确等多种问题。为解决以上问题，当前我国生态补偿机制需要在法律层面开展新的探索，进一步完善生态补偿的法律制度体系，为区域生态环境保护者提供更合理的生态补偿。

（1）确立生态补偿在《宪法》中的地位，完善法律制度建设

《宪法》是我国的根本大法，目前我国的环境法律体系即以《宪法》为基础，以《环境保护法》为主体建立的。目前，生态文明建设已成为国家发展的重大战略思路，生态补偿是推进生态文明建设，实现经济社会可持续协调发展的最重要举措之一。明确生态文明和生态补偿的宪法地位，有利于生态环境获得更好的保护和恢复重建。在时机成熟时，可以把生态补偿、生态文明建设，写入《宪法》相关内容。

① 积极考虑将《生态补偿条例》上升为"生态补偿法"。目前，我国还没有一部统一的有关生态环境补偿的法律，现有的立法比较零散，不全面，适应性不强。2010年国务院关于《生态补偿条例》立法的启动对促进生态补偿立法的建设起到了巨大的推动作用，《生态补偿条例（草稿）》的完成使相关立法工作向前迈进了一大步。在条件成熟的情况下，后续可以考虑进一步补充内容，将其升级为"生态补偿法"，使生态补偿形成"基本法-专门法-

单行法"相对完整的体系，这更有利于生态补偿在法律保障下得以实施。

② 构建全面系统的生态补偿法律体系。在《环境保护法》的基础上，结合《生态补偿条例》或"生态补偿法"的出台，进一步修改完善环境保护单行法，注意将《中华人民共和国森林法》《中华人民共和国草原法》《中华人民共和国野生动物保护法》《中华人民共和国水土保持法》等已有的法律法规中的生态补偿制度与《生态补偿条例》或"生态补偿法"中的制度衔接。通过对已有法律规定的整合，使之互相协调配合。同时，结合未来"可持续发展法""西部地区环境保护法"等法律规章的制定，与《生态补偿条例》或"生态补偿法"形成互相支撑，更好地服务于生态系统服务功能的提升和资源环境的可持续利用。

③ 健全完善生态税收制度体系。所谓生态税，是用于生态环境保护和建设的相关税费的总和。在现行税则的基础上，增收生态补偿税，开征新的环境税，调整和完善现行资源税。将资源税的征收对象扩大到矿藏资源和非矿藏资源，增加水资源税，开征森林资源税和草场资源税，将现行资源税按应税资源产品销售量计税改为按实际产量计税，对非再生性、稀缺性资源计以重税。生态税作为一种重要的经济手段，通过杠杆作用把资源环境使用同促进生态环境保护结合起来，有效防止生态环境受到不可恢复的污染，不断改善生态自然环境。

④ 完善地方生态补偿法规。我国幅员辽阔，由于政策、历史等原因各地区经济发展水平不尽相同，生态环境问题也有很大的差异，这就要求各地立法机关在遵守国家法律法规的前提下，借鉴已有经验，并根据当地的经济发展水平和环境问题的实际情况，在自己的职权范围内制定和完善与生态补偿相关的地方立法，用以规范当地环境保护和资源开发利用活动。

⑤ 完善相关配套法律制度。为扩大生态补偿资金来源的渠道，可以进一步完善财政转移支付制度、排污收费制度、生态补偿费制度、社会捐赠生态、福利基金制度等，从而实现生态补偿法律体制多样化、新颖化和全面化。

（2）建立环境财政

把环境财政作为公共财政的重要组成部分，加大财政转移支付中生态补偿的力度。在中央和省级政府设立生态建设专项资金并列入财政预算，同步推动地方财政加大对生态补偿和生态环境保护的支持力度。为扩大资金来源，可采用发行生态补偿基金、彩票等新金融手段。按照完善生态补偿机制的要求，进一步调整优化财政支出结构。资金的安排使用，应着重向欠发达地区、重要生态功能区、水系源头地区和自然保护区倾斜，优先支持生态环境保护作用明显的区域性、流域性重点生态环境工程，加大对区域性、流域性污染的防治，以及对污染防治新技术、新工艺开发和应用的资金支持力度。

积极探索区域间生态补偿方式，从体制、政策上为欠发达地区的异地开发创造有利条件。加大生态脱贫的政策扶持力度，加强生态移民的转移就业培训工作，加快农民脱贫致富进程。加大支持西部地区改善发展环境的力度，支持西部地区特别是重要生态功能区加快转变经济增长方式、调整优化经济结构、发展替代产业和特色产业，大力推行清洁生产，发展循环经济，发展生态环保型产业，积极构建与生态环境保护要求相适应的生产力布局，推动区域间产业梯度转移和要素合理流动，促进西部地区发展。

（3）明确资源环境的产权

在市场经济体制中，产权制度是生态补偿制度建设的核心内容，"确认生态效益的权属问题是明确生态效益补偿法律关系主体责、权、利的关键性因素"，相关主体只有拥有清晰的生态资源产权，补偿过程才能高效运转。在生态环境、自然资源归属国家和集体所有不变的前提下，可以按照市场产权制度的原则，明确生态环境保护重建的主体，对其经营权、管理权和收益权予以规定，从而有利于确定资源环境的质量、功能提供、保护建设或资源环境被损害程度，从质和量、近期和长期、局部和整体上，使生态补偿更具可操作性，也对生态环境和自然资源使用者的行为有约束力。

（4）规范各方主体责任和管理体制

生态补偿离不开有效的管理，在中央政府与地方政府的关系上，需要在相关法律体系中进一步界定中央政府与地方政府环境管理职责，明确地方政府对所辖区域环境保护负主要责任，明确地方政府在生态环境、自然资源补偿中的管理责任；进一步明确和完善地方政府领导干部对环境保护责任，积极推行生态补偿的规定；清晰界定中央政府和地方政府环境执法部门的权力与责任，确立执法部门独立严格执法、推动生态补偿开展的地位，对地方政府干扰执法的行为追究相应的行政责任。同时，在相关的法律条文中要清晰界定生态补偿的利益主体及其法律责任，对生态补偿的资金收取、使用要落实到相应主体上。

（5）建立科学的生态补偿标准

补偿的含义是由受益一方对受损一方所给予的一种利益的平衡，补偿的标准原则上应以受损一方的损失作为基准，另外辅以受益的一方所获得的利益进行衡量。与常规补偿的标准相比，生态补偿标准界定起来存在相当大的难度，这主要是因为生态受损主体的经济损失计算比较困难，特别是相对于直接经济损失，由于受损者发展权受到限制等造成的间接经济损失很难计算；同时生态受益方的受益往往体现的是非物质性的，无法用经济指标来量化，但是作为一种利益驱动机制，生态补偿所具有的激励功能还是十分明显，其实现的程度要取决于生态补偿标准的高低。因此需要借鉴国内外的理论研究和实践经验，综合运用效果评价法、收益损失法、随机评估法等方法来开展生态补偿标准研究，继而实现补偿标准的科学化。

8.2　中国各领域生态补偿政策与法律实践

当前，我国生态补偿涉及的主要领域包括流域、森林、草原、湿地、矿产资源等。

8.2.1　中国流域生态补偿政策与法律实践

以流域水环境质量改善为核心的流域生态补偿工作正在有序推进，各地陆续推出流域生态补偿管理办法，如《江西省流域生态补偿办法》《福建省重点流域生态补偿办法》等，大致都规定了目的、水质水量监测、双向补偿以及补偿资金专款专用等内容。

流域生态补偿就补偿机制建设大致可以分为两类。一类是跨行政辖区的，尤其是跨省流域生态保护补偿机制建设，着力于探索跨省生态保护补偿试点。新安江、九洲江、汀江-韩江、东江、引滦入津等流域签署跨省流域上下游横向生态补偿协议，由中央财政安排近12亿元生态保护补偿资金。原环保部联合财政部积极推进建立长江流域上下游横向生态补偿机制。另一类是行政辖区内部建立生态补偿制度，如北京、河北、山西、辽宁、江苏、浙江、广东、江西、湖北等9省（市）相继出台了生态补偿相关办法和意见，实现了行政区内全流域生态补偿。福建省建立了覆盖全省、统一规范的全流域生态保护补偿机制；河南省建立了水环境质量生态补偿奖惩机制；江西省紧扣绿色发展推进流域生态补偿探索；成都市实施岷沱江流域水环境生态补偿，强化地方政府治水主体责任；安徽省推行"水质对赌"生态补偿模式等。

8.2.2 中国森林生态补偿政策与法律实践

中国森林生态补偿制度的确立经历了一个曲折的过程，具体可分为四个阶段。

（1）探索阶段

1978—1998年为森林生态补偿的探索阶段。1978年改革开放后，我国由计划经济向市场经济过渡，森林资源保护与利用的矛盾逐渐凸显，森林生态效益补偿的概念和思想也逐渐被提出。1984年颁布的《中华人民共和国森林法》对林地使用权、林木所有权等问题作出规定，突出强调林地使用者和林木所有者的权益保护问题。1992年，国务院批准国家体改委《一九九二年经济体制改革要点》，该文件明确提出"要建立森林生态效益补偿制度，实行森林资源有偿使用"。1993年《国务院关于进一步加强造林绿化工作的通知》指出"要改革造林绿化资金投入机制，逐步实行征收生态效益补偿费制度"。1994年国务院第16次常务会议通过的《中国21世纪议程——中国21世纪人口、环境与发展白皮书》也要求建立森林生态效益补偿制度，实行森林资源开发补偿收费。

（2）试点阶段

1998—2004年为森林生态效益补偿的试点阶段。1998年《中华人民共和国森林法》修订案中明确规定"国家设立森林生态效益补偿基金，用于提供生态效益的防护林和特种用途林的森林资源、林木的营造、抚育、保护和管理。森林生态效益补偿基金必须专款专用"。1998—1999年为天然林资源保护工程的试点阶段。1999—2001年为退耕还林工程的试点阶段。2001—2004年为森林生态效益补助资金试点阶段。2001年起，国家每年拨付10亿元作为森林生态效益补助资金，并召开了全国森林生态效益补助资金试点启动工作会议。

（3）实施阶段

自2004年以来为森林生态效益补偿的正式实施阶段。2004年12月10日在国家林业局召开的森林生态效益补偿基金制度电视电话会议上宣布，正式建立中央森林生态效益补偿基金，并由财政部和国家林业局出台了《中央森林生态效益补偿基金管理办法》。中央森林生态效益补偿基金的建立，标志着我国森林生态效益补偿基金制度从实质上建立起来了。2006年发布的《国民经济和社会发展第十一个五年规划纲要》明确提出了在天然林保护区、重要水源涵养区等限制开发区域建立重要生态功能区，促进自然生态恢复。

（4）推进阶段

随着2007年集体林权制度改革的进一步顺利推进，支持集体林业发展的配套政策措施也在进一步完善。2009年的中央一号文件，进一步提出了要提高中央财政森林生态效益补偿标准。截至2011年，全国已有25个省（区、市）建立了地方森林生态效益补偿基金制度。在中央财政补偿国家生态公益林6.89亿亩、补偿基金58.81亿元的基础上，补偿地方公益林0.29亿hm^2，金额35.20亿元。

为进一步加强我国天然林资源保护，构筑森林生态屏障，中央财政深入贯彻落实习近平总书记"把所有天然林都保护起来"的指示精神，积极安排资金，健全完善天然林资源保护和森林生态效益补偿制度。一是对未纳入原政策保护范围的，实施天然林保护政策全覆盖，主要采取新的停伐补助和奖励政策。对非天保工程区国有商品林实行全面停伐，中央财政安排森林管护费补助和全面停伐补助；对非天保工程区集体和个人所有商品林实行停伐奖励，凡自愿选择停伐的农民，中央财政安排奖励资金。对天保工程区内仍在进行商业性采伐的内蒙古、吉林重点国有林区，全面停伐后比照黑龙江重点国有林区安排停伐补助。二是对已纳入政策保护范围的，适当提高补助标准。中央财政连续提高天保工程区国有林管护补助标准和国有国家级公益林生态效益补偿标准，从2014年的每年每亩5元提高到2017年的每年每亩10元，对集体和个人所有的国家级公益林每年每亩补助15元，并按照上述标准安排停伐管护补助。将社会保险补助费的缴费工资基数从2008年社会平均工资的80%提高到2013年的80%，国有天然林商业性采伐全面停止，森林资源管护切实得到加强，天然林保护基本实现全覆盖。2017年，中央财政共计安排533亿元（其中中央本级31亿元，补助地方502亿元），支持全面保护我国天然林资源，其中用于森林资源管护313亿元、停伐补助103亿元、天保工程区政策性社会性支出和社会保险补助117亿元。

我国在森林生态补偿的地方层面，实践开展较早，形式也比较多样，比如《广东省森林保护管理条例》规定各级政府每年应从地方财政总支出中安排不低于1%的资金用于造林、育林、护林、生态公益林建设和林业科技教育。《四川省森林生态效益补偿基金管理办法》规定中央和省财政补偿基金根据公益林权属实行不同的补偿标准，同时对补偿主体、补偿范围和补偿标准都做了规定。

8.2.3 中国草原生态补偿政策与法律实践

《中华人民共和国宪法》规定了国家为了公共利益的需要在征收、征用公民土地时的补偿制度，由国家对公民个人提供补偿。《中华人民共和国土地管理法》《中华人民共和国环境保护法》《中华人民共和国矿产资源法》《中华人民共和国防沙治沙法》《中华人民共和国农业法》对涉及草原生态的问题均做出了相应的规定，提出了补偿的政策和办法。《中华人民共和国草原法》对草原权属和使用做出了进一步细化规定，并将征收征用的补偿以及植被恢复的赔偿等写入条文之中，就实施方法、范围、标准的制定等方面做出了明确的规定。

2002年，国务院颁布《退耕还林条例》，规定对退耕还草者可以给予适当的税收优惠和补助政策。2003年，农业部、国家发改委等八部门联合发布《退牧还草和禁牧舍饲陈化粮供应监管暂行办法》，规定了退牧还草饲料粮补助暂定标准。2007年，《国务院关于完善退耕还林政策的通知》提出建立巩固退耕还林成果的专项基金。同年，《关于开展生态补偿试点工作的指导意见》提出有关生态补偿的基本原则和目标。2010年，国家发改委联合财政部下发了《关于同意收取草原植被恢复费有关问题的通知》以及《关于草原植被恢复费收费标准及有关问题的通知》。2011年农业部、财政部联合颁布《中央财政草原生态保护补助奖励资金管理暂行办法》，规定了补助奖励范围与标准等具体措施。2016年出台的《新一轮草原生态保护补助奖励政策实施指导意见（2016—2020年）》，将禁牧补助提高到每年每亩7.5元，草畜平衡的奖励提高到每年每亩2.5元。2017年，中央财政安排资金187.6亿元，继续支持实施草原生态保护补助奖励政策。资金主要用于实施禁牧补助、草畜平衡奖励和绩效评价奖励，其中用于实施绩效评价的奖励资金，以各地2016年度草原补奖政策绩效评价结果为主要依据安排，推动当地畜牧业发展和草原保护建设。

与此同时，地方也在国家草原生态补偿的法规框架下进行了有益探索。2007年甘肃省出台了《甘肃省草原植被恢复费收费标准》和《甘肃省草原植被恢复费征收使用管理办法》，甘南州进一步颁布了《甘肃省甘南藏族自治州草原管理办法》，做出了《关于加强草原生态环境保护的决议》，州政府制定了《加强草原生态环境保护的意见》《草畜平衡管理办法》《甘南州草场承包经营权流转管理办法》，确保草原保护工作有法可依。

8.2.4　中国湿地生态补偿政策与法律实践

自 1992 年加入《湿地公约》以来，我国现已认定国际重要湿地 46 块，总面积达 $4.05 \times 10^6 hm^2$。随着湿地生态服务逐渐受到社会的高度重视和关注，我国分别于 2003 年和 2011 年进行了两次湿地资源调查，相继出台湿地保护、补偿的法律和政策，如《全国湿地保护工程实施规划（2011—2015 年）》《中国湿地保护行动计划》《湿地保护管理规定》《国家湿地公园管理办法》《中央财政湿地保护补助资金管理暂行办法》和《关于切实做好退耕还湿和湿地生态效益补偿试点等工作的通知》。在此基础上，各省、自治区制定了湿地保护条例。

目前政府层面实施的湿地生态补助以国际重要湿地为主要对象，兼顾湿地类型自然保护区和国家湿地公园。湿地保护补助重点安排湿地监控监测和生态恢复项目，选择地方政府重视湿地保护、有健全的保护管理机构并取得一定成效的湿地开展湿地保护补助工作。2010年湿地保护补助资金为 2 亿元，补助范围为 21 个省（自治区）的 20 个国际重要湿地、16 个湿地类型自然保护区、7 个国家湿地公园。

2013—2016 年，财政部共计安排 50 亿元支持我国湿地保护。中央财政高度重视湿地保护工作，2017 年通过林业改革发展资金继续支持湿地保护恢复。在支持湿地保护与恢复方面，在林业系统管理的国际重要湿地、国家重要湿地以及生态区位重要的国家湿地公园、省级以上（含省级）湿地自然保护区，支持实施湿地保护与恢复，促进改善湿地生态状况，维护湿地生态系统的健康。在支持退耕还湿方面，支持林业系统管理的国际重要湿地、国家级湿地自然保护区、国家重要湿地范围内的省级自然保护区实施退耕还湿，扩大湿地面积，改善耕地周边生态状况。在支持湿地生态效益补偿方面，对候鸟迁飞路线上的林业系统管理的重要湿地因鸟类等野生动物保护造成的损失给予补偿，调动各方面保护湿地的积极性，维护湿地生态服务功能。在中央财政的大力支持下，部分湿地得到有效恢复和修复，保护面积有所扩大，湿地生态服务功能日益提升。

8.2.5　中国矿产资源生态补偿政策与法律实践

从 20 世纪 80 年代起，我国开始探索建立矿产资源生态补偿的政策法律制度，建立起了包括矿产资源有偿使用制度、矿山环境治理与生态恢复保证金制度以及矿产资源生态补偿费制度等的矿产资源生态补偿法律法规体系。1986 年通过的《中华人民共和国矿产资源法》中规定"国家对矿产资源实行有偿开采。开采矿产资源，必须按照国家有关规定缴纳资源税和资源补偿费"。1993 年《中华人民共和国资源税暂行条例》规定，"在中华人民共和国境内开采应税资源的矿产品或者生产盐的单位和个人都应缴纳资源税"。1994 年 2 月，国务院发布了《矿产资源补偿费征收管理规定》，具体贯彻落实《中华人民共和国矿产资源法》中有偿开采的原则。2006 年，《关于逐步建立矿山环境治理和生态恢复责任机制的指导意见》发布，从而在全国范围内陆续建立起了矿山环境治理和生态恢复保证金制度。2011 年修订的《中华人民共和国资源税暂行条例》将油气资源税征收由从量征收修改为从价征收。

党的十七大提出了要建立健全生态环境补偿机制，国家对矿产资源生态补偿政策法律建设更加重视，在此阶段，国务院及其所属部门先后出台或修订了《财政部、国土资源部、环保总局关于逐步建立矿山环境治理和生态恢复责任机制的指导意见》《关于深化煤炭资源有偿使用制度改革试点的实施方案》《关于加强国家矿山公园建设的通知》《关于建立和完善生态补偿机制的部门分工意见的通知》《国家环境保护总局关于开展生态补偿试点工作的指导意见》《全国矿产资源规划（2008—2015年）》《矿山地质环境保护规定》《国土资源部关于加强矿山地质环境治理项目监督管理的通知》《国土资源部关于贯彻落实全国矿产资源规划发展绿色矿业建设绿色矿山工作的指导意见》《中华人民共和国资源税暂行条例》《中华人民共和国资源税暂行条例实施细则》《土地复垦条例》等政策。这些政策使得矿产资源有偿使用制度逐步完善，矿产资源生态补偿政策更加细化。2016年至今，国务院及其所属部门针对矿产资源生态补偿和矿产资源有偿使用制度，先后印发了《关于加强矿山地质环境恢复和综合治理的指导意见》《全国矿产资源总体规划（2016—2020年）》《国务院关于全民所有自然资源资产有偿使用制度改革的指导意见》《矿产资源权益金制度改革方案》《关于加快建设绿色矿山的实施意见》等文件，确保生态红线的优先地位和强化生态保护补偿政策的落地。2017年4月13日，国务院发布实施的《矿产资源权益金制度改革方案》规定，在矿业权出让环节，将探矿权采矿权价款调整为矿业权出让收益；在矿业权占有环节，将探矿权采矿权使用费整合为矿业权占用费；在矿产开采环节，组织实施资源税改革，同时将矿产资源补偿费并入资源税；在矿山环境治理恢复环节，将矿山环境治理恢复保证金调整为矿山环境治理恢复基金。2017年7月18日，财政部、国土资源部、环境保护部共同发布《关于取消矿山地质环境治理恢复保证金　建立矿山地质环境治理恢复基金的指导意见》，明确取消保证金制度，以基金的方式筹集治理恢复资金。

8.3　生态补偿的标准体系建设

8.3.1　生态补偿原则

2007年国家环保总局印发了《关于开展生态补偿试点工作的指导意见》，该意见中提出五项基本原则：谁开发、谁保护，谁破坏、谁恢复，谁受益、谁补偿，谁污染、谁付费；责、权、利相统一；共建共享，双赢发展；政府引导与市场调控相结合；因地制宜，积极创新。2013年党的十八届三中全会明确提出"坚持谁受益、谁补偿原则，完善对重点生态功能区的生态补偿机制，推动地区间建立横向生态补偿制度"。经过长期的实践探索，2016年国务院发布实施《关于健全生态保护补偿机制的意见》，进一步确定生态补偿的四项基本原则：权责统一、合理补偿；政府主导、社会参与；统筹兼顾、转型发展；试点先行、稳步实施。

（1）权责统一、合理补偿

权利和义务是一致的，世界上没有不享受权利的义务，也没有不承担义务的权利。生态环境是公共物品，是人类共同的财富，人们的环境权应该是平等的，使用及发展权也应该是平等的。遵循市场经济的基本规律，谁受益、谁补偿，充分体现生态保护成本、发展机会成本和生态服务价值的均等性。

科学界定保护者与受益者之间的补偿标准和权利义务，确保生态效益补偿基金补偿的最低水平能够满足生态平衡和简单再生产所需的费用，推进生态保护补偿标准体系和沟通协调平台建设，加快形成受益者付费、保护者得到合理补偿的运行机制。

（2）政府主导、社会参与

保护生态环境、涵养自然资源、维护生态平衡是一个庞大的、复杂的社会工程，它需要政府、社会、公众的广泛参与，并且建立起科学的、持久的、切实有效的协调配合机制。发挥政府对生态环境保护的主导作用，加强制度建设，完善法规政策，创新体制机制，拓宽补偿渠道，通过经济、法律等手段，加大政府购买服务力度，引导社会公众积极参与。

（3）统筹兼顾、转型发展

将生态保护补偿与实施主体功能区规划、西部大开发战略和集中连片特困地区脱贫攻坚等有机结合，逐步提高重点生态功能区等区域基本公共服务水平，促进其转型绿色发展。

为实现平衡补偿者与受偿者之间利益冲突的补偿制度功效，可灵活采用不同的补偿模式和补偿方式。在补偿模式上应着重结合政府与市场的优势。在补偿方式的选择上，一般多以资金补偿为主，同时也应当灵活采用政策、资金、物质以及技术或智力等补偿方式，建立起全方位、多层次的长效生态补偿机制。

（4）试点先行、稳步实施

任何准则、规范、制度和法律的建立都不是一蹴而就的，都需要经历时间及实践的检验。生态补偿机制的建立主要应从核定生态价值、规范并推广补偿费的征收入手，合理收费，并逐步总结经验，循序推行。将试点先行与逐步推广、分类补偿与综合补偿有机结合，大胆探索，稳步推进不同领域、区域生态保护补偿机制建设，不断提升生态保护成效。

基于生态系统服务功能价值评估和生态资源可持续利用需求，生态补偿制度的建立和生态补偿活动的有序开展应充分考虑当地社会经济发展水平和资源环境禀赋条件循序渐进、有序推进。

8.3.2 生态补偿方式

按照生态补偿运行机制，可将生态补偿的方式分为行政补偿方式与市场补偿方式；按照被补偿者获得补偿的性质，可将生态补偿方式分为货币补偿方式、实物补偿方式、政策补偿方式及技术补偿方式。

8.3.2.1 运行机制视角下的生态补偿方式

（1）行政补偿方式

以国家或上级政府为实施和补偿主体，以财政补贴、生态基金、政策倾斜和人才技术投入等为手段的补偿方式。行政补偿方式是目前应用最为广泛的补偿方式，也是未来生态补偿立法中占主导地位的补偿方式。财政转移支付也称财政转移支出，主要是指上下级预算主体之间按照法定的标准进行的财政资金的相互转移，主要有三种：自上而下的纵向转移、横向转移、纵向与横向转移的混合。生态基金则是指为某种特定目的而设置的专款专用的资产。政策倾斜主要是政府根据区域生态保护的需要，实施差异性的区域政策，鼓励生态保护地区的经济社会发展，对生态保护地区因生态保护受到的损失进行政策性的弥补。

（2）市场补偿方式

主要包括一对一交易模式及市场贸易。一对一交易适用的典型情况是流域上下游之间，按照双方协议，由下游地区支付上游地区保护和改善环境的投入，或者是买断上游的发展权。我国典型的案例是浙江东阳与义乌之间的水权交易。市场贸易则是指将生态利益产品化、市场化，通过统一的市场定价使生态产品在市场上流通。

8.3.2.2 被补偿者视角下的生态补偿方式

（1）货币补偿

指补偿责任主体通过向被补偿者支付货币的形式补偿后者因保护生态环境而受到的损

失。货币补偿方式是最常见、最迫切、最急需的补偿方式。货币补偿普遍适用于所有类型的生态补偿，相对于其他类型的补偿方式，货币补偿最直接，操作起来也比较方便。常见的方式有通过补偿金、赠款、减免税收、退税、信用担保的贷款、补贴财政转移支付、贴息、资金补偿，来提高生态效益、加速折旧等。

（2）实物补偿

指补偿者运用物质、劳力和土地等进行补偿，解决受补偿者部分的生产要素和生活要素，改善受补偿者的生活状况，增强生产能力。实物补偿是由我国《退耕还林条例》确立的，其主要目的是保障退耕农户的基本生活。立法中还考虑了退耕地区农民的生活习惯，规定"省、自治区、直辖市人民政府应当根据当地口粮消费习惯和农作物种植习惯以及当地粮食库存实际情况合理确定补助粮食的品种"。实物补偿既是一项维护被补偿者根本权益的补偿方式，也是一项维护被补偿地区社会稳定的措施。

（3）政策补偿

指上级政府对下级政府的权力和机会补偿。在资金十分贫乏、经济十分薄弱的情形下，利用制度资源和政策资源十分重要，如通过规划引导、项目支持等方式。从补偿形式上看，主要包括两类：一是下级政府在授权的权限内，利用制定政策的优先权和优惠待遇，制定一系列创新性的政策，以利于本地区经济社会发展和人民生活水平的提高；二是上级政府直接给予优惠政策，使受补偿地区经济社会的发展与其他地区保持实质上的公平。

（4）技术补偿

指中央和当地政府以技术扶持的形式对生态环境的综合防治给予支持。如开展技术服务，培训技术人才和管理人才等。技术补偿方式可分为两种：一是对被补偿者进行直接培训，使其自身能力、素质得以提高；二是向被补偿地区输入高素质人才，推动该地区经济社会长足发展。技术补偿是以"授之以渔"的方式对被补偿者进行补偿，可以从根本上解决被补偿者的生存发展问题，也是被补偿地区持久发展的动力。

范围、层次、情节以及程度的不同，决定了生态补偿的方式也大不相同。正确适用的生态补偿方式，对于弥补生态维护建设者特别是牺牲者的损失有重要意义。补偿方式的确定有很大的灵活性，任何一种具体的补偿方式都不排除其他方式的运用，同一种生态补偿法律制度也可以利用不同的生态补偿方式。

8.3.3 生态补偿费用核算

生态补偿费用的确定是生态补偿制度实施的核心内容，确定生态补偿费用的核算方法一般有经济性支出法、生态系统服务价值法、恢复成本法和生态受益者的获利法等。

（1）按生态保护者的直接投入和机会成本核算人类在开始对生态环境产生实际生态补偿行为的过程中产生的经济性支出

生态保护者为了保护生态环境，投入的人力、物力和财力应纳入补偿标准的计算之中。同时，由于生态保护者要保护生态环境，牺牲了部分的发展权，这一部分机会成本也应纳入补偿标准的计算之中。从理论上讲，直接投入与机会成本之和应该是生态补偿的最低标准，核算过程通常考虑如下三个方面的因素。

① 生态保护所导致的直接经济损失。在生态保护中，保护生态者直接受到的经济损失，如可以通过野生动物破坏居民农作物造成的直接经济损失估算。

② 生态保护地区为了保护生态功能而放弃的发展经济的机会成本。由于生态保护的要

求，当地必须放弃一些产业发展机会，如水源保护区不能发展某些污染产业、沙尘暴控制区不能放养或限制牲畜的数量，而造成的间接经济损失，从而影响农牧民的经济收益。

③ 生态保护的投入。测算用于生态保护的直接经济投入，如用于退耕还林（草、湖）的补偿、保护天然林的补偿，其他用于生态保护的物质投入、劳动投入、管理费用等。

（2）按生态系统服务的价值计算

生态系统服务功能价值评估主要是针对生态保护或者环境友好型的生产经营方式所产生的水土保持、水源涵养、气候调节、生物多样性保护、景观美化等生态服务功能价值进行综合评估与核算，包括使用价值和非使用价值（图8-1）。国内外已经对相关的评估方法进行了大量的研究。就目前的实际情况，由于在采用的指标、价值的估算等方面尚缺乏统一的标准，且在生态系统服务功能与现实的补偿能力方面有较大的差距，因此，一般按照生态系统服务功能计算出的补偿标准只能作为补偿的参考和理论上限值。

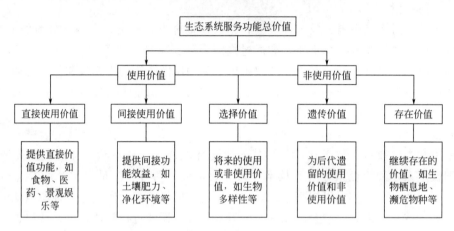

图 8-1　生态系统服务功能价值分类图

（3）按生态破坏的恢复成本计算

资源开发活动会造成一定范围内的植被破坏、水土流失、水资源破坏、生物多样性减少等，直接影响到区域的水源涵养、水土保持、景观美化、气候调节、生物供养等生态服务功能，减少了社会福利。因此，按照谁破坏谁恢复的原则，需要将环境治理与生态恢复的成本核算作为生态补偿标准的参考。

（4）按生态受益者的获利计算

生态受益者没有为自身所享有的产品和服务付费，使得生态保护者的保护行为没有得到应有的回报，产生了正外部性。为使生态保护的这部分正外部性内部化，需要生态受益者向生态保护者支付这部分费用。因此，可通过产品或服务的市场交易价格和交易量来计算补偿的标准。通过市场交易来确定补偿标准简单易行，同时有利于激励生态保护者采用新的技术来降低生态保护的成本，促使生态保护的不断发展。

针对上述生态补偿费用的核算方法，当前国际上形成了支付意愿核算模式（WTP，又称条件价值法）、机会成本核算模式、收入损失核算模式、总成本修正模型、费用分析模型、生态系统服务功能价值评估模型等典型的核算模式或模型，为准确确定生态补偿的费用提供了可靠依据。由于当前我国生态补偿模式主要为政府补偿和市场补偿两种，而政府补偿又占据主导地位，政府主要通过财政转移支付方式对生态补偿对象进行补偿，补偿的标准主要以协商洽谈结果为基准；市场补偿在具体实践中有时只考虑机会成本法，对个别受偿者的机会成本构成尚缺乏全面的考虑，结果就有导致受偿者的损失不能完全得到补偿的风险，有时会损害生态保护的积极性。因此，在社会经济技术条件允许范围内，科学的生态补偿标准的确定是我国生态补偿制度进一步完善的关键。

8.3.4 生态补偿模式

生态补偿实践已经在全国范围内逐渐铺开，在部分区域已经积累了较为丰富的经验。从类型学上看，目前的实践可以归纳为区分对象分类补偿、结合成效科学补偿及依托政府灵活补偿三种主要类型。

8.3.4.1 区分对象分类补偿

（1）对生态保护贡献者的"积极性补偿"

此类补偿模式以浙江省为例。浙江省在十几年的生态补偿机制运行过程中，逐步明确了"保护者受益""权责统一"的补偿原则。省政府依照法定程序确立生态补偿专项基金，并运用于农、林、水等各环节。以钱塘江上游区域为试点，对为积极保护水域生态环境做出贡献的农户给予专项补助，补偿对象主要集中于钱塘江干流并辐射至一级支流所涉及的贫困地区与农户。通过对生态保护者的积极补偿，浙江省逐步实现了产业结构调整与生态环境的改善。

（2）对生态利益受损者的"针对性补偿"

此类补偿模式常常存在于特定的生态功能区，如退耕还林区、退耕还草区、自然保护区、水域上游区域等。在生态功能区内，部分社会主体通过减损自身利益提高或恢复生态服务功能，生态补偿机制的施行化解了贡献者的损失与享受者的受益之间的矛盾。补偿对象集中于因国家政策或者法律规定而出让自身生态利益的群体，该群体的利益损失相对应地由政府或生态利益享受者支付及补偿。

（3）对减少生态破坏者的"激励性补偿"

下面以京津冀北地区为例介绍此类补偿模式。该地区的农业发展过去依赖环境资源的过度使用和消耗，比如过度的围垦和放牧，而缺失环境与资源良性发展，增大了陷入经济贫穷与环境破坏的恶性循环的风险。在恢复和保护生态资源的前提下，给予减少生态破坏的当事人经济补贴，成为当地改变资源环境使用模式的有效机制。以京津风沙源治理工程为例，政府采用了"以粮代赈"使农牧民从对农田、草地、林地过分依赖的困境中解脱出来，伴随着林木砍伐和草场使用的减少，以及水域区生态环境的恢复，当地经济的发展模式呈现出了经济发展与生态保护的良性互动。

8.3.4.2 结合成效科学补偿

（1）"输血型"补偿

"输血型"补偿包含资金补偿、实物补偿。"输血型"补偿将专项资金和实物从生态受益地区流转至生态产出地区。在实践中，此种类型的补偿模式能够在短期内获得有效和直接的补偿效果。涉及的程序可以归纳为：首先严格考察被补偿对象，对环境保护与改善的程度进行细致考核，如细化考察生态保护林面积、流域治理与周边生态恢复面积、大气污染防控面积等；其次是统筹安排补偿款与补偿物，涉及的资金和实物总量由省级财政统一编制预算，并以年为单位计算出补偿总量；最后补偿款与补偿物的兑现还需要结合补偿对象所属管辖区域的财力情况而定，依情况不同分档兑现。

（2）"造血型"补偿

"造血型"补偿呈现出多元化特色，其中包含项目补偿、政策补偿、智力补偿。与"输血型"补偿最大的不同是，"造血型"补偿更强调生态补偿的长效性：比如在项目补偿和政策补偿中，要求由生态效益受益区制定、提供项目与政策，用来补偿和扶持生态效益输出区；在智力补偿中，要求由受益区设计和完成智力性服务，比如配置和输送专业技术人才，针对受偿区的困难无偿提供技术和指导。伴随着当地专业技术的不断提高，实现受偿区增强劳动技术能力、提高环境管理水平的最终目的。上述"造血型"补偿着眼于自身"造血机能"的养成，注重各补偿方式的组合与优化，并最终开发出源源不断的发展潜力。

8.3.4.3 依托政府灵活补偿

（1）政府的"强干预"补偿

从政府层面来讲，政府的"强干预"可以依托财政转移支付——通过上级组织和机构将资金输入生态保护区和重建区。此项公共支付多以纵向转移支付的方式实现，补偿资金多由国家生态补偿基金构成。政府除依靠资金的输入补偿，还可以通过将绿色发展引入税费政策，完善现有的税收制度，支持和鼓励环境友好型的经济行为。

（2）政府的"弱干预"补偿

政府的"弱干预"要求市场替代政府主导补偿机制。生态利益的受益者与受损者间以自愿为前提，通过对接与协商充分表达双方的利益诉求，从而达成权利和义务的相对统一，优化资源配置。市场化运作强调民主决策，能最低成本迅速完成补偿双方的对接，故将其引入生态补偿机制，可以在较短时间和较大空间内实现补偿效果。但相较于政府的"强干预"补偿，"弱干预"补偿目前仍需加大法律保障力度，减少补偿的短期性带来的被补偿对象的受偿风险。

8.4 生态补偿的稳定投入机制建设

随着生态补偿实践不断推进，试点范围和领域不断扩大，生态补偿所需的资金也大幅增加。生态补偿资金的落实是推进生态环境改善的必经之路，也是确保生态补偿制度落实的前提。现阶段，筹集生态补偿资金不能简单地依靠政府税收，必须运用多种方式有效筹集生态补偿资金，建立多元化的资金来源渠道，形成生态补偿的稳定投入机制。目前，我国主要有政府补偿机制、市场补偿机制和社会补偿机制三种生态补偿资金的投入机制。

8.4.1 政府补偿机制

根据中国的实际情况，政府补偿机制是目前开展生态补偿最重要的形式，也是目前比较容易启动的补偿方式。政府补偿机制是以国家或上级政府为实施和补偿主体，以区域、下级政府或农牧民为补偿对象，以国家生态安全、社会稳定、区域协调发展等为目标，以财政补贴、政策倾斜、项目实施、税费改革和人才技术投入等为手段的补偿方式。政府补偿方式包括财政转移支付，差异性的区域政策，生态保护项目实施，环境税费制度等。财政转移支付有纵向和横向两种形式，纵向财政转移支付是中央财政向地方财政下拨资金，自上而下完成的；横向财政转移支付则是地方财政之间，基于协议而进行的水平形式的资金转移。在生态补偿实践中，不仅要进一步加大并适时调整纵向财政转移支付力度，而且要引导推行横向财政转移支付，建立有利于生态保护和建设的财政转移支付制度。

2011年，财政部、环保部牵头在新安江流域启动了全国首个跨省流域生态补偿机制试点，流域补偿方案约定，每年中央安排财政补偿资金3亿元，浙江与安徽各安排1亿元，只要安徽出境水质达标，浙江每年补偿安徽1亿元。2012年至2017年，中央财政及皖浙两省共计拨付补偿资金39.5亿元。试点实施以来，上下游建立联席会议、联合监测、汛期联合打捞、应急联动、流域沿线污染企业联合执法等跨省污染防治区域联动机制，统筹推进全流域联防联控。2016年3月21日，广西壮族自治区政府与广东省政府签署了《九洲江流域水环境补偿的协议》，协议有效期为2015—2017年，治理期间广西、广东两省各出资3亿元，共同设立九洲江流域生态补偿资金。此外，根据年度考核结果，地方政府完成协议约定的污染治理目标任务，将获得9亿元的专项资金支持。至此，九洲江流域合作治理资金投入累计超过15亿元。在环保部、财政部的组织协调下，2016年河北省与天津市就引滦入津上下游横向生态补偿达成一致意见，两地共同签订了《关于引滦入津上下游横向生态补偿的协议》：河北、天津共同出资设立引滦入津水环境补偿资金，资金额度为两省市2016—2018年每年各1亿元，共6亿元。为进一步统筹一般性转移支付和相关专项转移支付资金，建立激励引导机制，2018年财政部颁发《关于建立健全长江经济带生态补偿与保护长效机制的指导意见》（财预〔2018〕19号），建立了中央财政加大政策支持、地方财政抓好工作落实的协同机制，明确了中央和地方财政在生态补偿上的责权关系。

8.4.2　市场补偿机制

用于生态补偿的资本不能仅靠政府的财政资金投入，还需要引入市场机制来增加其灵活性与积极性。生态补偿投融资市场化机制强调市场在生态补偿中的作用，通过市场产权交易和金融工具运用，促进生态资源合理流动，达到生态资源优化配置和吸引社会资本投入生态补偿的目的。交易的对象可以是生态环境要素的权属，也可以是生态环境服务功能，或者是环境污染治理的绩效或配额。通过市场交易或支付，兑现生态环境服务功能的价值。

（1）生态资源产权交易制度

产权是经济所有制关系的法律表现形式，包括财产的所有权、占有权、支配权、使用权、收益权和处置权。产权制度是制度化的产权关系或产权安排，是划分、确定、界定、保护和行使产权的一系列规则。有效的产权制度能明确经济活动参与者在市场交易中的责、权、利关系，规范他们的经济行为，降低市场交易成本，最终实现资源的优化配置。明晰的产权制度是生态补偿市场化的基础性条件。

理论研究方面，科斯的产权理论在国内外生态补偿领域得到了广泛应用，如水权交易、碳排放权交易、森林采伐权交易、排污权交易等。资源性资产是支撑经济社会发展的物质基础，它对自然资源的依附性，决定了实物交易成本非常高或者说物理流动是不可能的。产权的可转让性与可分割性为资源性资产交易创造了条件。党的十八届三中全会提出"发展环保市场，推行节能量、碳排放权、排污权、水权交易制度，建立吸引社会资本投入生态环境保护的市场化机制，推行环境污染第三方治理"。所以在实践中，一定要建立归属清晰、权责明确、监管有效的生态资源产权制度，解决生态资源所有者、所有权边界模糊等问题，让使用者在获得资源利益的同时，承担起生态补偿责任。

（2）生态工程信托投资

构建生态补偿投融资机制的关键是通过参与投资各主体的协商，设计出高效的融资计划和公平的风险、收益共享方案，在这个过程中，可以引入信托方式，设立信托公司。信托公司作为金融中介机构参与设计融资计划，不仅拥有丰富的专业经验和技能优势，而且还能够参与发起项目公司，成为项目主办者。信托公司作为生态补偿项目的投融资中介，接受社会上分散的投资者的资金信托，可以采取下列几种方式参与生态补偿项目融资：

① 贷款信托。信托投资公司以发行债权型收益权证的方式接受投资者信托，汇集受托资金，分账管理，集合运用，通过项目融资贷款的方式对生态补偿项目提供支持。

② 发行债券直接融资。这种方式必须以项目公司作为载体，需要重点审查现金收入流的合法性和稳定性。

③ 股权融资。这种方式可以以环保产业信托投资基金为中介来进行。信托投资公司发起设立环保产业信托投资基金，并受托对基金进行管理，为生态补偿项目提供股权支持。

（3）绿色信贷

对信贷资金利用进行清晰合理的规划，适当引导银行资金投向生态环境保护与建设领域和生态补偿项目。通过制定有利于生态补偿建设的信贷政策，以低息或无息贷款的形式向有利于生态环境的行为和活动提供的小额贷款，可以作为生态补偿的启动资金，鼓励金融机构在确保信贷安全的前提下，由政府政策性担保提供发展生产的贷款。这样，既可刺激借贷人有效地使用贷款，又可提高行为的生态效率。政府要发挥其政策导向性和组织协调作用，把政府的组织协调优势和金融机构的融资优势结合起来，推动生态补偿投融资市场建设，为生态补偿区域提供大额政策性贷款支持。2013年，我国湘江流域首次实行绿色信贷制，《湖南省湘江保护条例》明确：建立企业环境行为信用评级体系，建立本行政区域内企业的环境行为信息动态数据库，并与金融机构实现信息共享。

（4）PPP模式

PPP（Public-Private-Partnership）模式，又称为政府与社会资本合作模式，是指政府与私人组织之间，为了提供某种公共物品和服务，以特许权协议为基础，彼此之间形成一种伙伴式的合作关系，并通过签署合同来明确双方的权利和义务，以确保合作的顺利完成，最终使合作各方达到比预期单独行动更为有利的结果，包含BOT、TOT、DBFO等多种模式。在PPP模式中，由于政府与社会主体建立了"利益共享、风险共担、全程合作"的共同体关系，广泛应用于公益性较强的市政基础设施建设和生态环境治理工程，已经成为生态补偿资金的重要来源之一。自2013年以来，PPP相关政策密集出台：《关于推广运用政府和社会资本合作模式有关问题的通知》《关于加强地方政府性债务管理的意见》《政府和社会资本合作模式操作指南（试行）》《关于开展政府和社会资本合作的指导意见》《基础设施和公用事业特许经营管理办法》《关于推进开发性金融支持政府和社会资本合作有关工作的通知》等有效推动了PPP项目的实施。财政部公布的统计数据显示，截至2018年7月底全国PPP综合信息平台项目库累计入库项目7867个，投资额11.8万亿元，其中已签约落地项目3812个，投资额6.1万亿元，已开工项目1762个，投资额2.5万亿元。

8.4.3 社会补偿模式

为建立常态化生态补偿机制，吸引更多的社会资本参与环境保护和生态建设，我国多地在实践中结合政府补偿机制和市场补偿机制的实施，通过地方政府、金融机构、企业等创新合作机制和投融资模式，形成了多样化的社会补偿机制。

（1）发行国债

通过发行国债筹集所需资金，相当于向未来借钱，并用未来的财政收入来还债。通过国债，形成能够调节当代和后代经济利益关系的生态补偿投入机制。但其也存在缺陷，因为国债作为一种融资手段，它的增长能力取决于融资条件和社会资金的应债潜力。另外，这种办法的运用有较高成本，即到期后需要还本付息。

（2）推行绿色贷款

对信贷资金利用进行清晰合理的规划，适当引导银行资金投向生态环境保护与建设领域和生态补偿项目；可考虑发行政府债券，把社会上闲置的资金集中起来，有效弥补资金缺口；搭建相关信息平台，扩大金融开放，创造良好条件，用好国际对相关工程项目的扶持。

（3）融入股票市场

我国居民储蓄数额庞大，可在资本市场上为其提供相应的投资渠道。可以考虑发行生态补偿基金彩票，或者提供各种优惠政策以鼓励更多的环保企业上市，在股票市场中形成环保板块，以筹集更多的生态补偿和环保资金。也可充分利用成熟的财务保险体系，引入生态保险，建立与生态补偿相关的生态保险体系。在处置破坏生态环境事件中引入生态保险，能降低参保人的风险，保护参保人的利益。

（4）向受益人收取生态补偿税费

开征新的统一的生态补偿税，建立以保护生态环境为目的、专门用于生态补偿的税种，消除部门交叉、重叠收费现象，完善现行保护环境的税收支出政策。如向用水户征收附加税，对环境友好型、有利于生态环境恢复的生产生活方式给予税费返还等税收上的优惠等。该税种可类比资源税，所征收的税金应主要用于资源所在地的生态恢复。

（5）面向社会公开募集生态补偿资金

资金主要来自于社会上各类团体、机构、个人的投资或赞助。可通过国际与国内两个层面积极争取国际援助和国内捐赠，以增加生态补偿资金。在国际层面，我国可申请国际援助项目，以期获得国际社会的资金支持；在国内方面，可借助中国绿化基金会、中华环境保护基金会等组织募集社会环保爱心资金，动员社会力量参与生态补偿。该资金可委托专业基金公司进行管理，由独立的第三方托管机构进行托管，在保证资金安全的前提下，并在一定的额度内进行投资以获得一定的收益，以利于生态补偿资金的保值增值。

（6）建立生态补偿基金

吸收民间资本，通过建立可行、科学的生态补偿机制与区域生态环境治理的绩效评价机制，形成以国家财政支出为辅、社会资本为主的生态补偿基金体系。2016 年，黄山市与国开行、国开证券共同设立全国首个跨省流域生态补偿绿色发展基金，按照 1∶5 比例放大，基金首期规模 20 亿元。这对于发挥财政资金撬动作用，完善投融资机制，建立健全社会化、多元化、长效化保护和发展模式，具有十分重要的推动作用，可为全国流域生态环境保护治理提供典范。

8.4.4　生态补偿专项资金的科学管理

我国最早在森林领域使用了专项基金制度。在 2004 年，国家就出台了《中央森林生态效益补偿基金管理办法》（财农〔2004〕169 号）。立足森林生态效益补偿基金管理，环保部门之后系统地提出通过在重点领域开展试点，逐步探索建立生态补偿基金管理体系。随着生态补偿制度的逐步完善，各地陆续出台了全域范围的生态补偿专项资金的管理办法。

（1）生态补偿专项资金制度的特征

生态补偿专项资金制度是指明确补偿主体和对象，明晰权利义务和资金使用原则，并对申报、分配、运行和监督等各个阶段进行规定的系列法律规范的总称。该制度的主要特征可以概括为：

公益性。由于环境的公共物品性质，生态补偿的相关制度公益性特征明显。因保护和恢复生态环境及其功能而使得经济发展受限的地区，必须要有相应财政支持维持地区基本的经济发展水平，并保障生态补偿长效机制的持续推进。根据相关主体的权利损益，政府给予公平的补偿额度。通过资金制度的激励，当地公众积极参与环境保护，维护当地的环境利益，为社会公共利益而努力。

专用性。生态补偿专项资金严格遵循专款专用原则。政府根据地区承担的不同层次生态保护职责合理分配资金，主要用于生态环境修复、环境基础设施建设等方面。资金实行专项预算管理，原则上用于该地区生态保护与修复的项目，不得挪作他用，并在年度预算中注明使用生态补偿资金的项目。

强制性。设立生态补偿专项资金是政府对地方财政支持的表现，由相应的规范细则约束，具有一定的强制性。大多数生态补偿实践先行的地方政府都规定，生态补偿资金由市、区共同承担或由各市、区独立承担。根据各地区的财力具体分配和划拨，每年一次定期下拨，并根据地区的经济情况和补偿实效对补偿额度做出调整。该制度的强制性还体现在监督过程中，即对生态补偿实施效果的评价。目的是通过对评价结果的综合运用，规范生态补偿资金的使用管理，提供下年度生态补偿金额发放的依据和处罚依据，最终推动生态补偿的实施为环境资源的保护发挥更有效的作用。

（2）生态补偿专项资金的使用及管理原则

权责统一的原则。生态补偿专项资金制度要强调权利与责任的统一性，必须坚持"谁受损，补偿谁""谁保护，谁受益""谁贡献大，谁受益多"的原则。

公平补偿及公开透明原则。因为专项资金用款对象的特定性，必须秉持公平受偿的原则。选取客观因素进行公式化分配，转移支付计算方法和分配结果公开。

因地制宜及分类处理原则。因地制宜选择生态补偿方式，实行分类补偿。对不同区域、不同级别、不同类型的生态保护区域采取不同标准进行补助。

突出重点及分步推进原则。以当地政府出台的相关生态保护政策为指导，结合区域自然资源和环境现状，突出生态补偿重点，对列入国家、省、市、区各级生态保护重点区域内的补偿对象给予重点补助，逐步扩大补偿范围，完善补偿机制。

政府主导及多元投入原则。坚持政府主导，社会参与，合力推进。各级政府应加大对生态补偿的投入力度，拓宽资金渠道，扩大资金规模，推进生态环境保护，促进人与自然和谐发展。

（3）生态补偿专项资金的使用及分配办法

生态补偿资金的使用要实行分类申报，逐级审核的制度。拟使用生态补偿资金的相关单位需要向当地财政部门进行申报，并由财政部门会同水利、农业、林业、环保等相关部门进行审核之后，最终由上级政府部门核定，拨付相应的生态补偿资金。

将补偿资金分为补助资金和奖惩资金。生态补偿资金采取补助与奖惩相结合的分配方法，以补助分配为主。补助部分作为生态补偿资金的主体，主要用于补偿因保护和恢复生态环境及其功能，经济发展受到限制的补偿对象，针对不同的利益群体，应当有针对性地进行资金补偿，合理计算各地生态补偿资金金额。奖惩部分为生态补偿资金的激励部分，以奖优惩劣为原则，根据各级政府制定的考核办法，对生态保护区域保护任务完成情况进行综合考核，依据考核结果，对满足奖励条件的地方进行奖励，分配奖励资金。

补偿资金实行专户存储、专账管理。各地方财政部门需在商业银行设立"生态补偿资金"专户，各级补偿资金全部纳入专户管理。

（4）生态补偿专项资金的监督管理

政府财政等部门应当按照各自职责，从制度建设、资金管理、监督检查等各个方面，采取有效措施，加强监督管理，及时了解掌握资金使用情况和生态保护、恢复等情况。对未尽到生态保护职责的单位或主管部门应当责令限期整改，在规定期限内未达到整改要求的，停止拨款并收回补偿资金。违反法律法规的，按规定依法对相关责任人员予以行政处罚。

8.5 生态补偿创新体制改革展望

8.5.1 损害生态者赔偿的运行机制

生态损害主要是指人们在社会经济活动中不合理开发和利用生态资源，超出生态系统的可承载能力，造成环境污染或生态破坏，进而导致公共环境资源受到损害，致使生态系统结构或功能发生不利变化的一种事实状态。目前，我国已经建立了以《宪法》《民法典》为指导，《中华人民共和国民法通则》和《环境保护法》为原则，环境单行法为主体，部门规章、地方性法规等相配套的环境损害赔偿法律体系。《环境保护法》主要针对起诉主体、起诉期限、赔偿范围进行了具体规定。此外，我国也出台了关于生态损害赔偿的单行法，如《中华人民共和国环境影响评价法》《中华人民共和国海洋环境保护法》《中华人民共和国大气污染防治法》《中华人民共和国水污染防治法》《中华人民共和国森林法》《中华人民共和国草原法》《中华人民共和国渔业法》等，对环境污染损害民事责任、赔偿方式等进行规定。但过去传统意义上的民事权益仅限于生命权、所有权等人身、财产权益，并不包括生态环境公共利益。我国环境立法中，尚需进一步对生态环境损害作明确的立法界定，出台关于生态环境损害救济的综合规定。2015年国务院出台《关于加快推进生态文明建设的意见》后，我国相继发布《生态文明体制改革总体方案》《生态环境损害赔偿制度改革试点方案》《关于健全生态保护补偿机制的意见》《关于在部分省份开展生态环境损害赔偿制度改革试点的通知》《生态环境损害赔偿制度改革方案》，均提出了建立生态环境损害赔偿制度的要求，并确定吉林、江苏、山东、湖南、重庆、贵州、云南等7个省（市）为生态环境损害赔偿制度改革试点省份，政策层面的改革号角已经吹响。

（1）设立环境公益诉讼制度

环境公益诉讼是20世纪70年代源于美国的一种新的诉讼形式，是保护环境的重要武器，各国对其称呼不一致，如环境民众诉讼、环境公民诉讼等，但其内涵基本一致。近几年，结合国际实践，我国在环境公益诉讼领域进行了许多有益的探索。江苏省无锡市两级法院相继成立环境保护审判庭和环境保护合议庭，无锡市中级人民法院和市检察院联合发布了《关于办理环境民事公益诉讼案件的试行规定》；云南省昆明市中级人民法院、市检察院、市公安局、市环保局联合发布了《关于建立环境保护执法协调机制的实施意见》，规定环境公益诉讼案件由检察机关、环保部门和有关社会团体向法院提起诉讼。2015年正式实施的新《环境保护法》对环境公益民事诉讼的主体资格作出了明确规定："依法在设区的市级以上人民政府民政部门登记"和"专门从事环境保护公益活动连续五年以上且无违法记录"的社会组织可以提起公益诉讼。

（2）完善损害鉴定评估制度

生态环境损害的评估是确认生态环境损害发生及其程度、认定因果关系和可归责的责任主体、制定生态环境损害修复方案、量化生态环境损失的技术依据，评估报告是生态环境损害赔偿诉讼的重要证据。为有效推进环境损害鉴定评估工作，自2016年6月环境保护部先后印发《生态环境损害鉴定评估技术指南　总纲》《生态环境损害鉴定评估技术指南　损害调查》《生态环境损害鉴定评估技术指南　土壤与地下水》，并联合司法部组织制定了《环境损害司法鉴定机构登记评审细则》，明确了损害评估工作程序，并分类建立了损害调查、因果关系认定、损害量化、修复方案制定等技术方法体系。

（3）建立生态损害责任保险体系

2013年2月，环境保护部与中国保监会联合印发了《关于开展环境污染强制责任保险试点工作的指导意见》，指导各地在涉重金属企业和石油化工等高环境风险行业推进环境污染强制责任保险试点。目前，我国已在十多个省（自治区、直辖市）开展了相关试点工作，投保企业达2000多家，承保金额近200亿元。运用保险工具，以社会化、市场化途径解决环境污染损害，有利于促使企业加强环境风险管理，减少污染事故发生；有利于迅速应对污染事故，及时补偿、有效保护污染受害者权益。但现行的环境污染责任险仅涵盖了部分生态损害赔偿责任，且处于初级阶段，未来可以借鉴国际经验、结合地方实际建立完善的生态损害责任保险制度。

（4）逐步由制度过渡为立法

一个完整的生态损害赔偿制度必须有立法支撑。在目前我国环境法典化潮流复起的背景下，相较而言，系统式立法则更加合适，由易到难可采取三种操作模式：一是通过修改《环境保护法》部分条款确立相关规则；二是在《民法典》或《中华人民共和国侵权责任法》中增加特别规定章节；三是制定综合性法律，适时推动《中华人民共和国生态补偿法》的制定。

8.5.2　生态产品价格形成机制

依据《全国主体功能区规划》（国发〔2010〕46号），生态产品指维系生态安全、保障生态调节功能、提供良好人居环境的自然要素，包括清新的空气、清洁的水源和宜人的气候等。生态产品同农产品、工业品和服务产品一样，都是人类生存发展所必需的，然而由于生态产品的价格优势不明显，我国提供生态产品的能力却在减弱。而随着人民生活水平的提高，人们对生态产品的需求在不断增强，这进一步加剧了人民群众美好环境需求和严峻的环境形势之间的矛盾。探索生态产品价值实现的有效路径，是建设生态文明的应有之义，也是新时代必须实现的重大改革成果。

（1）夯实生态产品价值实现的制度基础

健全自然资源资产产权制度。明确各类自然资源产权主体的界定办法及确权登记的组织模式、技术方法和制度规范，建成归属清晰、权责明确、监管有效的自然资源资产产权制度，为促进生态产品价值的实现奠定基础性制度。

建立生态产品价值科学评价体系。生态产品价值实现的一个难点是生态产品缺乏一套科学的、广泛接受的价值测算评价体系。建议以生态产品产出能力为基础，建立生态资源价值评价体系，研究形成森林、流域、湿地、海洋等不同类型生态系统服务价值的核算方法和核算技术规范，建立地区实物账户、功能量账户和资产账户，并将有关指标作为实施地区生态补偿和绿色发展绩效考核的重要内容。

健全资源有偿使用制度。坚持使用自然资源必须付费的原则，以明晰产权、丰富权能为基础，以市场配置、完善规则为重点，推进自然资源有偿使用制度改革，切实、全面、准确地反映市场供求、资源稀缺程度、生态环境损害成本和修复效益，进一步完善资源有偿使用制度、加大监管力度和充分发挥市场配置的决定性作用、明确所有权，不断提升自然资源保护和合理利用水平。

完善法律法规体系。针对当前生态环境资源损害鉴定时间长、费用高等难题，尽快制定生态环境污染损害范围认定与损害鉴定评估，污染损害修复与生态恢复、评估与监测等方面的技术规范与标准。

完善环境公益诉讼制度，加快培育具有原告资质的社会组织，鼓励和支持有资质的社会组织和法律中介组织积极参与环境公益诉讼。

（2）拓宽生态产品价值实现的途径和方式

健全生态补偿机制。生态产品本身所具有的公共性、外部性等特征，决定了其不易分隔、不易分清受益者。建议通过建立生态补偿机制，使保护生态环境、提供生态产品的地区，真正不吃亏、有收益、愿意干，享有与经济发达地区一样的经济收入和公共服务。这样才能最大限度地调动这些地区的政府、企业和民众保护生态的积极性。

培育发展生态保护和环境治理市场。进一步使市场在资源配置中起决定性作用，更好发挥政府作用，加快构建更多利用市场手段和经济杠杆治理环境和保护生态的有效机制，促进环境污染第三方治理、合同能源管理、合同节水管理、资源循环利用、环境综合治理服务托管等服务业及新业态加快发展，推进实行排污权交易、碳排放权交易、用能权交易、水权交易以及环境污染责任保险、企业环境信用评价、绿色信贷等环境政策，不断挖掘和实现生态产品的市场价值。

实行生态环境损害赔偿。针对企业和个人违反法律法规、造成生态环境严重破坏的行为，加快健全生态环境损害赔偿方面的法规规章、评估方法和实施机制，强化生产者环境保护的法律责任，大幅度地提高违法成本，让"环境有价、损害担责"的理念深入人心，让任何组织和个人都不敢越雷池一步，充分发挥制度和法治为生态文明建设保驾护航的作用。

（3）提升各主体参与生态产品价值实现的积极性

鼓励民间社会组织发展。要为民间社会组织的发展创设更加优良的环境，进一步激发其参与生态文明建设的积极性，对政府和企业实施监督和制约，同时参与政府重大环保政策方针制定前开展的调研论证，使政策更好反映公众对环境的要求。

设计生态产品价值实现的绩效评估和监管方式。指标体系开发的路径包括：基于利益相关者属性的社会规范标准（信任、公平、冲突处理、责任等）；基于生态产品不同属性的适应性治理标准（生态多样性、可持续性、生态恢复力）和经济成本标准（生产成本、供给成本、交易成本和信息成本等）。在此基础上，对原有的制度安排进行修正，并制定相应的配套落实政策和监管制度，如领导干部自然资源资产离任审计制度、生态环境损害责任终身追究制度等。

（4）积极推动地方先行先试

近几年，我国不断创新和完善促进绿色发展价格机制，努力探索生态产品价格形成机制，致力于将生态环境成本纳入经济运行成本。2016年8月，中共中央办公厅、国务院办公厅发布《国家生态文明试验区（福建）实施方案》，次年10月发布《国家生态文明试验区（贵州）实施方案》，两地均提出建设"生态产品价值实现的先行区"，并确定了基本思路：把绿水青山当作"第四产业"来经营，充分发挥市场在生态产品配置中的决定性作用，建立碳排放权、用能权、排污权交易市场体系，创新生态补偿机制，建立生态产品"评估-定价-交易（补偿）"的价值实现机制，开展生态产品认证，推进生态产品产业化开发，探索生态产品"创造-展示-营销-维护"的价值增值途径，通过市场化运作推进生态农产品、森林康养、生态旅游等生态产品产业化发展，延长生态产品产业链。贵州省提出进一步完善贵州生态产品数据库、开展环境保护和绿色发展立法、创新绿色金融工具、加强生态资源产权保护、加快生态人才培养，努力增强生态产品购买驱动力，推动绿色消费，以严格的制度和严密的法治推进生态产品价值实现和价值增值，守住发展和生态两条底线。2018年4月，习近平总书记在深入推动长江经济带发展座谈会上强调，要积极探索推广绿水青山转化为金山银山的路径，选择具备条件的地区开展生态产品价值实现机制试点，探索政府主导、企业和社会各界参与、市场化运作、可持续的生态产品价值实现路径。2018年7月，国家发展改革委发布《关于创新和完善促进绿色发展价格机制的意见》，明确了我国在这些领域的价格改革方向，提出：到2020年，我国将基本形成有利于绿色发展的价格机制、价格政策体系，促进资源节约和生态环境成本内部化的作用明显增强；到2025年，适应绿色发展要求的价格机制更加完善，并落实到全社会各方面各环节。2018年7月，生态产品价值实现机制国际研讨会上发布了《生态产品价值实现机制丽水实践典型案例集（一）》，围绕全链条生态产品的价值实现，分别从保护生态、标准量化、生态人文、涵养调节、绿道开发、金融支撑、品质溢价、触网联通等八个角度收录了41个案例，介绍了近五年来丽水市在生态产品价值实现机制建设上的经验、做法。

8.5.3　全球视野下的生态补偿合作机制

生态补偿问题牵扯到众多不同的部门和地区，又由于生态环境的影响分析和途径不同，生态补偿具有不同的补偿类型、补偿主体、补偿内容和补偿方式，因此应在国家层面建立一个具有战略性、全局性和前瞻性的生态补偿总体框架。从宏观尺度来看，生态补偿问题可分为国际范围的生态补偿和国内生态补偿。国际生态补偿主要针对全球性环境公约和跨界生态环境问题，如气候变化、全球森林和生物多样性保护、污染转移和跨国界水资源等引发的生态补偿问题；国内生态补偿则主要针对国域范围内的生态环境破坏，包括流域补偿、生态系统服务功能的补偿、资源开发补偿和重要生态功能区补偿等方面（表8-2）。

表8-2　生态补偿的地区范围、类型、内容和补偿方式

地区范围	补偿类型	补偿内容	补偿方式
国际补偿	全球、区域和国家之间的生态和环境问题	全球森林和生物多样性保护、污染物跨境转移、气候变化与温室气体排放、臭氧层破坏与保护、跨界河流污染等	全球性环境公约； 多边协议下的全球购买； 区域或双边协议下的补偿； 全球、区域和国家之间的市场交易

续表

地区范围	补偿类型	补偿内容	补偿方式
国内补偿	流域补偿	大流域上下游间 跨省界的中型流域 地方行政辖区的小流域	地方政府协调； 财政转移支付； 市场交易
	生态系统服务补偿	森林生态 草地生态 湿地生态 自然保护区 海洋生态系统 农业生态系统	国家(公共)补偿财政转移支付； 生态补偿基金； 市场交易； 企业与个人参与
	重要生态功能区补偿	水源涵养区 生物多样性保护区 防风固沙、土壤保持区 调蓄防洪区	中央、地方(公共)补偿； NGO捐赠； 私人企业参与
	资源开发补偿	土地复垦 矿产资源开发 植被修复	受益者付费； 破坏者负担； 开发者负担

生态补偿重点领域的确定，应根据当地资源环境禀赋条件和社会经济发展任务，统筹考虑生态文明建设和高质量发展的新要求，结合已有的工作基础和经济技术可行性进行考虑。一般来说，对纳入《全国生态脆弱区保护规划纲要》和《全国生态功能区划》的大面积森林、湿地、草地等重要生态功能区和国家级自然保护区等生态系统服务的补偿主要由中央政府重点解决，实施生态建设项目向脆弱区倾斜政策，建立有利于脆弱区生态保护的财政转移支付制度和资金横向转移补偿模式；对矿产资源开发和跨界中型流域的生态补偿机制应由政府和利益相关者共同解决，建立生态补偿基金，推动资源的可持续利用和生态恢复；地方政府的工作重点是建立好城乡饮用水水源地和本辖区内小流域的生态补偿机制，并配合中央政府建立并落实跨界中型流域的生态补偿机制。对于区域间以及重要生态功能区及脆弱区的生态补偿问题，应当是在流域和生态系统服务诸要素的生态补偿的基础上进行整合，并结合不同区域的特点和生态系统服务的贡献等进行综合考虑，推动生态补偿由被动落实向主动响应转变。

从利益相关方的参与角度来讲，生态补偿的国际合作机制，可以分为受损方-受益方合作方式、单一方主导方式和第三方介入方式这三种类型。

（1）受损方-受益方合作方式

受损方-受益方合作类型的生态补偿机制国际合作方式，是基于系统内部利益相关方之间的合作方式，与国内跨省、跨区域合作相似，以跨国流域的生态补偿合作方式最为典型。以易北河跨流域生态补偿实践为例，易北河生态环境整治仅仅涉及上游捷克和中下游德国两个利益相关方。两国政府签订跨境生态补偿协议：德国负责在易北河流域建立7个国家公园，并由德国环保部提供资金给捷克，用于建设捷克与德国交界处的城市污水处理厂。

（2）单一方主导方式

单一方主导的生态补偿方式，以国际组织和NGO的无偿援助、资助为代表。一些国际组织本着保护地球生态环境、保护生物多样性的宗旨，吸引企业的赠款、捐款等，对生态补偿项目进行无偿援助和资助，客观上是对生态补偿机制的极大促进和完善。典型案例如世界自然基金会（WWF）实施的帝王蝴蝶栖息地保护项目，WWF 与合作伙伴和资助方合作，创建了帝王蝴蝶保护基金，向帝王蝴蝶冬季栖息地的社区按所受保护的森林面积提供经济补贴，并根据是否拥有采伐证设置不同的补贴金额，这样就减少了社区居民因减少采伐量而带来的经济损失。通过帝王蝴蝶保护基金的努力，保护区面积从 16110 公顷增加到 56259 公顷，现在当地 38 个社区中有 31 个加入帝王蝴蝶保护基金，每年少砍伐 5 万立方米以上的木材。

（3）第三方介入方式

第三方介入的生态补偿方式，是利益相关方系统外的第三方起主导作用，制定具体补偿规则，由利益相关方共同遵守的补偿方式。其核心要求是第三方一般不应涉及具体利益，确保其具有说服力和权威性。第三方可以是联合国，也可以是其他具有权威性的国际组织。

联合国介入的生态补偿：联合国框架下的生态补偿合作方式中，以应对气候变化行动最为典型和有效。在共同的气候变化风险面前，每一个国家都成为了利益相关方，国际补偿不仅仅是确保发展中国家避免重走发达国家以能源高消费为支撑的老路，实现气候治理共同目标的需要，也是发达国家对其挤占发展中国家排放空间的补偿。

国际组织介入的生态补偿：国际上有很多公益性的组织，从保护地球生态环境、保护生物多样性等目的出发，以提供赠款、资助等方式，介入利益相关方的生态补偿，对国际生态补偿合作起了重要的推动作用。

在严峻的生态环境形势面前，我国必须充分运用国内国外两个市场、两种资源，趋利避害，充分运用国际生态补偿合作机制，维护国家利益。通过生态补偿国际合作，不仅要实现项目层面的生态修复或改善，提高资源环境效益，同时也要通过合作促进技术转移，从根本上优化国际分工体系，实现人类命运共同体长久、可持续、平等的发展。

参考文献

[1] 秦玉才，汪劲.中国生态补偿立法：路在前方.北京：北京大学出版社，2013.

[2] 李爱年.生态效益补偿法律制度研究.北京：中国法制出版社，2008.

[3] 中国 21 世纪议程管理中心.生态补偿原理与应用.北京：社会科学文献出版社，2009.

[4] 中国 21 世纪议程管理中心.生态补偿的国际比较：模式与机制.北京：社会科学文献出版社，2012.

[5] 科斯 R，阿尔钦 A，诺斯 D.财产权利与制度变迁——产权学派与新制度学派译文集.上海：上海人民出版社，1994.

[6] 中国 21 世纪议程管理中心.生态补偿：国际经验与中国实践.北京：社会科学文献出版社，2007.

[7] 任世丹，杜群.国外生态补偿制度的实践.环境经济，2009（11）：34-39.

[8] 何沙，邓璨.国外生态补偿机制对我国的启发.西南石油大学学报：社会科学版，2010，3（4）：66-69，127.

[9] 袁宁言.浅析我国的生态补偿立法及完善.法制与经济，2017（9）：13-15..

[10] 黄寰，周玉林，罗子欣.论生态补偿的法制保障与创新.西南民族大学学报：人文社会科学版，2011，32（4）：155-159.

[11] 蒋世奇，高建中.我国森林生态效益补偿的实践及试点.陕西农业科学，2005（6）：71-72.

[12] 刘晓莉.我国草原生态补偿法律制度反思.东北师大学报：哲学社会科学版，2016（4）：85-92.

[13] 孙博，谢屹，温亚利.中国湿地生态补偿机制研究进展.湿地科学，2016，14（1）：89-96.

[14] 操建华.湿地生态保护和补偿机制探讨——以洪湖湿地为例.林业资源管理,2016(3):13-17.

[15] 沈友华,徐成文.我国矿产资源生态补偿立法现状与完善.中国林业经济,2018(1):44-46,49.

[16] 张维宸.矿产资源生态补偿政策法律回顾.国土资源情报,2018(2):24-27.

[17] 高新才,斯丽娟.甘肃矿产资源开发生态补偿研究.城市发展研究,2011,18(5):6-8,12.

[18] 黄润源.论我国生态补偿法律制度的完善.上海政法学院学报:法治论丛,2010,25(6):56-61.

[19] 李静云,王世进.生态补偿法律机制研究.河北法学,2007(6):108-112.

[20] 黄寰,周玉林,罗子欣.论生态补偿的法制保障与创新.西南民族大学学报:人文社会科学版,2011,32(4):155-159.

[21] 王向阳.生态补偿法律制度完善.人民论坛,2015(8):116-118.

[22] 柳荻,胡振通,靳乐山.生态保护补偿的分析框架研究综述.生态学报,2018(2):1-13.

[23] 王左军.论生态补偿机制及利益兼顾原则.国土与自然资源研究,2008(3):65-66.

[24] 程玉.论我国京津冀区际大气环境生态补偿:依据、原则与机制.中国环境法治,2015:15-26.

[25] 国务院办公厅.国务院办公厅关于健全生态保护补偿机制的意见.当代农村财经,2016(6):44-46.

[26] 欧阳志云,郑华,岳平.建立我国生态补偿机制的思路与措施.生态学报,2013,33(3):686-692.

[27] 吕雁琴,马延亮.新疆准东煤田生态补偿费用估算及标准确定.干旱区资源与环境,2014,28(6):39-43.

[28] 林勇.草原生态补偿利益相关者博弈行为分析.西藏科技,2013(11):19-21.

[29] 车越,吴阿娜,赵军,等.基于不同利益相关方认知的水源地生态补偿探讨——以上海市水源地和用水区居民问卷调查为例.自然资源学报,2009,24(10):1829-1836.

[30] 王爱敏,葛颜祥,耿翔燕.水源地保护区生态补偿利益相关者行为选择机理分析.中国农业资源与区划,2015,36(5):16-22.

[31] 连娉婷,陈伟琪.填海造地海洋生态补偿利益相关方的初步探讨.生态经济,2012(4):167-171.

[32] 陈传明.自然保护区生态补偿的利益相关者研究——以福建天宝岩国家级自然保护区为例.资源开发与市场,2013,29(6):610-614.

[33] 马莹.基于利益相关者视角的政府主导型流域生态补偿制度研究.经济体制改革,2010(5):52-56.

[34] 马爱慧,蔡银莺,张安录.耕地生态补偿相关利益群体博弈分析与解决路径.中国人口·资源与环境,2012,22(7):114-119.

[35] 孔凡斌.完善我国生态补偿机制:理论、实践与研究展望.农业经济问题,2007(10):50-53,111.

[36] 宋敏.生态补偿机制建立的博弈分析.学术交流,2009(5):83-87.

[37] 朱丹.我国生态补偿机制构建:模式、逻辑与建议.广西社会科学,2016(9):108-112.

[38] 马天,王玉杰,郝电,等.生态环境监测及其在我国的发展.四川环境,2003(2):19-24,34.

[39] 罗泽娇,程胜高.我国生态监测的研究进展.环境保护,2003(3):41-44.

[40] 李松林.生态监测技术与我国生态监测工作现状综述.价值工程,2010,29(23):109.

[41] 张霖琳,薛荔栋,滕恩江,等.中国大气颗粒物中重金属监测技术与方法综述.生态环境学报,2015,24(3):533-538.

[42] 孙志伟,袁琳,叶丹,等.水生态监测技术研究进展及其在长江流域的应用.人民长江,2016,47(17):6-11,24.

[43] 陆泗进,王业耀,何立环.中国土壤环境调查、评价与监测.中国环境监测,2014,30(6):19-26.

[44] 陈涛,杨武年."3S"技术在生态环境动态监测中的应用研究.中国环境监测,2003(3):19-22.

[45] 尼玛卓玛,次仁央金,普布央金.遥感技术在大气、水、生态环境监测中的应用.西藏科技,2016(9):50,76.

[46] 屈红艳.生态环境监测及在我国的发展.中国新技术新产品,2009(10):185.

[47] 周葆华,操璟璟,朱超平,等.安庆沿江湖泊湿地生态系统服务功能价值评估.地理研究,2011,30(12):2296-2304.

[48] 岳思羽.汉江流域生态补偿效益的评价研究.环境科学导刊，2012，31（2）：42-45.

[49] 单薇，方茂中.基于主成分构建生态补偿效益评价模型.河南科学，2009，27（11）：1441-1444.

[50] 徐大伟，李斌.基于倾向值匹配法的区域生态补偿绩效评估研究.中国人口·资源与环境，2015，25（3）：34-42.

[51] 孙思微.基于AHP法的农业生态补偿政策绩效评估机制研究.经济视角（中旬），2011（5）：177-178.

[52] 金蓉，石培基，王雪平.黑河流域生态补偿机制及效益评估研究.人民黄河，2005（7）：4-6.

[53] 支玲，龙勤，李谦，等.中国西部天保工程集体公益林生态补偿效益评价指标体系研究.西南林业大学学报：社会科学，2017，1（1）：61-68.

[54] 姚小云.世界自然遗产景区生态补偿绩效评价研究——基于武陵源风景名胜区社区居民感知调查.林业经济问题，2016，36（2）：121-126.

[55] 李平，高原.发达国家生态效益补偿经验借鉴.环境保护，2011（4）：69-71.

[56] 王玲.我国地下水生态补偿资金筹措方式研究.财会研究，2012（19）：14-16.

[57] 王干，白明旭.中国矿区生态补偿资金来源机制和对策探讨.中国人口·资源与环境，2015，25（5）：75-82.

[58] 赵雪雁，李巍，王学良.生态补偿研究中的几个关键问题.中国人口·资源与环境，2012，22（2）：1-7.

[59] 潘华，徐星.生态补偿投融资市场化机制研究综述.昆明理工大学学报：社会科学版，2016，16（1）：59-64.

[60] 郑雪梅，韩旭.建立横向生态补偿机制的财政思考.地方财政研究，2006（10）：25-29.

[61] 钱凯.完善生态补偿机制政策建议的综述.经济研究参考，2008（54）：39-44.

[62] 毕亚斐.我国生态损害赔偿制度研究.河南财政税务高等专科学校学报，2015，29（6）：57-60.

[63] 刘倩.生态环境损害赔偿：概念界定、理论基础与制度框架.中国环境管理，2017，9（1）：98-103.

[64] 张梓太，吴惟予.我国生态环境损害赔偿立法研究.环境保护，2018，46（5）：25-30.

[65] 刘画洁，王正一.生态环境损害赔偿范围研究.南京大学学报：哲学·人文科学·社会科学，2017，54（2）：30-35.

[66] 丁瑶瑶.7地推进生态环境损害赔偿试点.环境经济，2017（3）：27-28.

[67] 胡欣欣，史会剑，苏志慧.论磋商制度在生态环境损害赔偿中的应用.环境与可持续发展，2017，42（4）：15-18.

[68] 程雨燕.美国生态损害赔偿：磋商和解是核心.环境经济，2017（3）：33-37.

[69] 陈小平.生态环境损害赔偿磋商：试点创新与制度完善——以全国首例生态环境损害赔偿磋商案为视角.环境保护，2018，46（8）：60-63.

[70] 任世丹.美国的生态损害赔偿制度.世界环境，2010（3）：62-64.

[71] 王金南，刘倩，齐霁，等.加快建立生态环境损害赔偿制度体系.环境保护，2016，44（2）：26-29.

[72] 彭真明，殷鑫.论我国生态损害责任保险制度的构建.法律科学：西北政法大学学报，2013，31（3）：92-102.

[73] 曾贤刚，虞慧怡，谢芳.生态产品的概念、分类及其市场化供给机制.中国人口·资源与环境，2014，24（7）：12-17.

[74] 彭本利，李爱年.气候变化生态补偿的路径选择及制度构建.时代法学，2013，11（5）：3-8.

[75] 杨稣，刘德智.生态补偿框架下碳平衡交易问题研究综述与分析.经济学动态，2011（2）：92-95.

[76] 薛晓娇，李新春.中国能源生态足迹与能源生态补偿的测度.技术经济与管理研究，2011（1）：90-93.

[77] 王微，林剑艺，崔胜辉，等.碳足迹分析方法研究综述.环境科学与技术，2010，33（7）：71-78.

[78] 董战峰，李红祥，葛察忠，等.环境经济政策年度报告2017.环境经济，2018（7）：12-35.

[79]　朱丽华. 生态补偿法的产生与发展. 青岛：中国海洋大学，2010.

[80]　王攀科. 论我国生态补偿法律制度的完善. 石家庄：石家庄经济学院，2014.

[81]　赵彦泰. 美国的生态补偿制度. 青岛：中国海洋大学，2010.

[82]　庞晓曦. 欧盟生态补偿法律制度研究. 西安：西北大学，2012.

[83]　南茜. 我国生态补偿地方立法分析. 太原：山西大学，2017.

[84]　李云云. 我国流域生态补偿的法律保障问题. 贵阳：贵州民族大学，2017.

[85]　杨红梅. 我国森林生态补偿法律制度研究. 成都：四川省社会科学院，2016.

[86]　咸金龙. 草原生态补偿法律制度研究. 兰州：西北民族大学，2015.

[87]　高俊英. 我国生态补偿法律制度研究. 杨凌：西北农林科技大学，2013.

[88]　江秀娟. 生态补偿类型与方式研究. 青岛：中国海洋大学，2010.

[89]　达哇永吉. 生态补偿法律制度研究. 北京：中央民族大学，2008.

[90]　潘娜. 流域生态补偿中的交易费用研究. 泰安：山东农业大学，2014.

[91]　聂晓文. 生态补偿过程中相关利益主体的博弈行为分析. 北京：北京工业大学，2010.

[92]　彭和求. 地质遗迹资源评价与地质公园经济价值评估. 北京：中国地质大学，2011.

[93]　吕杰. 土地资源环境价值核算研究. 昆明：昆明理工大学，2011.

[94]　苗莹. 长春净月潭国家级风景名胜区生态系统服务价值评估. 长春：东北师范大学，2011.

[95]　陶善军. 茅荆坝国家森林公园森林游憩资源价值评估. 长沙：中南林业科技大学，2011.

[96]　鲍婷. 安徽省生态补偿效益评价研究. 蚌埠：安徽财经大学，2016.

[97]　张辉. 我国林业生态补偿的绩效评价. 杭州：浙江理工大学，2016.

[98]　秦格. 煤炭矿区生态环境补偿机制研究. 徐州：中国矿业大学，2009.

[99]　钟绍峰. 生态补偿机制的比较研究. 长春：吉林大学，2010..

[100]　周林. 资源性资产的定价及交易问题研究. 北京：财政部财政科学研究所，2013.

[101]　李宝岚. 我国农业生态补偿融资法律制度研究. 武汉：华中农业大学，2011.

[102]　程晟. 生态补偿专项资金制度研究. 苏州：苏州大学，2013.

[103]　吴会贞. 生态价格的确定方法. 南京：南京林业大学，2010.

[104]　张厚美. 生态补偿应把握五原则. 中国环境报，2014-06-04（002）.

[105]　孙秀艳. 让环境从"无价"变"有价". 人民日报，2007-09-24（002）.

[106]　杜宣逸. 环保部发布四项土壤监测方法标准. 中国环境报，2017-09-27（001）.

[107]　黄玉环. 国内外专家齐聚丽水 探讨创新生态产品价值实现机制. 浙江在线，2018-07-30.

[108]　林坤伟. 创新生态产品价值实现机制 推进绿色发展. 丽水日报，2018-07-30（007）.

[109]　丁鑫. 长江经济带生态产品价值多少？采取多种价值实现路径. 经济日报，2018-07-14.

[110]　叶江. 生态产品价值实现机制国际研讨会在丽水举行. 丽水日报，2018-07-30（001）.

[111]　叶浩博. 丽水：探索生态产品价值实现机制的新路子，诠释绿水青山的生态价值. 丽水日报，2018-07-28（001）.

[112]　李禾. 我国应建立碳基金和生态补偿金制度. 科技日报，2008-11-13（008）.

[113]　叶佳. 日航将售"碳补偿"机票，乘客自己可以平衡碳. 新华每日电讯，2009-01-06（002）.

[114]　陈清. 加快探索生态产品价值实现路径. 光明日报，2018-11-02（010）.

[115]　Asquith N M，Vargas M T，Wunder S. Selling two environmental services：In-kind payments for bird habitat and watershed protection in Los Negros，Bolivia . Ecological Economics，2008，65（4）：675-684.

[116]　Farley J，Costanza R. Payments for ecosystem services：From local to global . Ecological Economics，2010，69（11）：2060-2068.

[117]　Muradian R，Corbera E，Pascual U，et al. Reconciling theory and practice：An alternative conceptual framework for understanding payments for environmental services . Ecological Economics，2010，

　　69（6）：1202-1208.

［118］ Heyman J，Ariely D. Effort for payment：A tale of two markets . Psychological Science，2004，15（11）：787-793.

［119］ Adhikari B，Agrawal A. Understanding the social and ecological outcomes of PES projects：A review and an analysis. Conservation & Society，2013，11（4）：359-374.

［120］ Huber R，Briner S，Peringer A，et al. Modeling social-ecological feedback effects in the implementation of payments for environmental services in Pasture-Woodlands. Ecology & Society，2013，18（2）：247-261.

［121］ Aall C，Groven K，Lindseth G. The scope of action for local climate policy：The case of Norway. Global Environmental Politics，2007（2）：83-101.

9 环境治理体制建设

【摘要】 本章从政府主导体制、企业主体责任、公众参与机制、区域协调以及统一监管制度等方面系统讨论了环境治理体制建设。从法律体系建设、管理体制建设、政府管理主体建设、保障体系建设四个方面论述了环境治理的政府主导体制建设；从企业责任建设、企业主体责任治理模式建设、企业主体责任治理模式效果保障体系建设三个方面论述了环境治理的企业主体责任体制建设；从公众参与模式建设、公众参与保障体制建设两个方面论述了环境治理的公众参与体制建设；从重点区域协同发展、全国生态功能区划、推行河长制三个方面论述了环境治理的区域协调体制建设；从国土空间开发保护基础制度、"三线一单"体制建设、生态环境损害赔偿制度、环境保护督察制度、建立生态文明建设目标评价考核办法五个方面论述了环境治理的统一监管体制建设。

随着中国社会经济发展，环境问题增多，对社会经济发展产生影响，给人民生活带来威胁。一直以来，面对环境压力，中国政府不断完善环境法律体系，探索有效环境治理机制，优化市场环境，寻求有效市场模式，充分发挥公众参与，积极应对环境治理问题。主要污染物减排扎实推进，重金属污染等严重损害群众健康的突出环境问题得到有效遏制，重点流域区域污染防治不断深化，农村环境整治和生态保护切实加强，核与辐射环境安全可控，环境保护的政策法制、规划、科技、监测、宣教等工作继续推进，环保体制机制和能力建设得到加强。

2015年国务院印发的《生态文明体制改革总体方案》明确指出了环境治理体系的改革方向，提出政府、企业和公众多元共治理念，政府充分发挥主导和监督责任，企业发挥积极性同时加强自我约束，公众和社会组织积极参与监督，依靠不断健全的市场机制，聚焦城市环境保护、工业污染防治、生态环境保护、农村地区环境治理等重点领域，推进环境治理体系建设。构建以空间治理和空间结构优化为主要内容，全国统一、相互衔接、分级管理的空间规划体系，着力解决空间性规划重叠冲突、部门职责交叉重复、地方规划朝令夕改等问题。

本章从政府主导、企业主体责任、公众参与的多元主体协同治理理念和建设内容方面论述环境治理体制建设，从区域协调体制、统一监管体制等方面论述推动环境治理的体制机制建设。

9.1 环境治理的政府主导体制建设

在中国环境治理中，政府发挥主导作用。环境保护是一项公共事业，具有公益性强的特点，因此政府需要发挥主导作用，完善环境保护法律体系，为环境治理提供法律保障，创新环境治理机制与管理模式，提高环境治理效率，确保环境治理体系及其各个要素始终处于良性运行和协调发展状态。

9.1.1 法律体系建设

法律是我国开展环境保护和环境治理的基本保障，我国环境治理法律体系随着应对环境挑战实践而不断完善，现在基本形成了《宪法》、环境基本法、环境单行法、各种环境行政法规、环境标准，以及政府签署或者参与的国际公约共同发挥作用的法律体系。

9.1.1.1 《宪法》

《宪法》是我国资源、环境、生态保护和环境治理的根本依据。《宪法》明确规定了自然资源和某些重要的环境要素为国家所有，同时国家负有保障生活环境、生态环境、自然资源的合理利用，保护珍贵的动物和植物的责任，禁止任何组织或者个人用任何手段侵占或破坏自然资源。《宪法》规定了国家应该承担的责任和义务，组织和个人对自然资源的责任，已有组织和个人与国家在环境资源和污染问题方面的部分关系。这些规定，为政府履行自然资源和环境保护与污染治理职责奠定了基本基础。

9.1.1.2 环境基本法

我国于 1979 年颁布《环境保护法（试行）》，规定了环境保护的基本原则和基本制度；1989 颁布实施了《环境保护法》，并于 2014 年进行了修订。通过制定和修订环境保护基本法，对我国环境保护的重要问题作了全面规定，为我国制定相关环境保护单行法提供了法律依据。主要内容包括：

提出生态文明理念，明确经济社会发展与环境保护相协调的环境优先原则，表明政府对解决环境问题的决心。

规定环境法的基本任务，环境保护对象和适用范围，规定环境保护的基本原则、基本制度和要求，以及保护环境的法律义务。

明确提出，国务院以及各级人民政府、环境保护主管部门对环境监督管理的权限、任务以及企业事业单位和个人保护环境的义务和法律责任。

9.1.1.3 环境单行法、各种环境行政法规

环境单行法是以《宪法》和环境基本法为立法依据，针对特定的环境要素或者特定环境保护对象而制定的专门法律法规，在我国主要分为以环境污染防治和公害控制为目的的法律法规，及以自然资源管理和生态保护为目的的法律法规。这些单行法律法规为我国开展环境保护、资源开发以及生态保护提供更加详细的规定和依据。

（1）环境污染防治和公害控制类法律法规

以各环境要素和保护对象为分类设置依据，主要包括水、大气、固废、噪声等污染防治、管理、资源保护等的法律法规。诸如，《中华人民共和国水污染防治法》(1984 年 5 月通

过，1996 年修正，2008 年 2 月修订，2017 年修正），《畜禽规模养殖污染防治条例》（2013 年 10 月通过），《城镇排水与污水处理条例》（2013 年 9 月通过），《太湖流域管理条例》（2011 年 8 月通过），《中华人民共和国大气污染防治法》（1987 年 9 月通过，1995 年 8 月、2000 年 4 月、2015 年 8 月和 2018 年 10 月修订），《中华人民共和国气象法》（1999 年 10 月通过，2009 年、2014 年、2016 年修订），《臭氧层物质管理条例》（2010 年 4 月通过），《消耗臭氧层物质管理条例》（2010 年 3 月通过，2018 年 3 月修订），《中华人民共和国固体废物污染环境防治法》（1995 年 10 月通过，2004 年 12 月、2013 年 6 月、2015 年 4 月、2016 年 11 月、2020 年 4 月修订），新版《国家危险废物名录》（2016 年 3 月通过），《危险化学品安全管理条例》（2002 年 1 月通过，2011 年 2 月、2013 年 12 月修订），《危险废物经营许可证管理办法》（2004 年 5 月通过，2013 年 12 月、2016 年 2 月修订），《废弃电器电子产品回收处理管理条例》（2008 年 8 月通过，2019 年 3 月修订），《医疗废物管理条例》（2003 年 6 月通过，2011 年 1 月修订），《中华人民共和国放射性污染防治法》（2003 年 6 月通过），《放射性废物安全管理条例》（2011 年 11 月通过），《放射性同位素与射线装置安全和防护条例》（2005 年 8 月通过，2014 年 7 月、2019 年 3 月修订），《放射性物品运输安全管理条例》（2009 年 9 月通过），《中华人民共和国环境噪声污染防治法》（1996 年 10 月通过，2018 年 12 月修正），《民用核安全设备监督管理条例》（2007 年 7 月通过，2016 年 2 月、2019 年 3 月修订），《中华人民共和国海洋环境保护法》（1982 年 8 月通过，1999 年 12 月修订，2013 年 12 月、2016 年 11 月、2017 年 11 月修正），《中华人民共和国海域使用管理法》（2001 年 10 月通过），《防止船舶污染海洋环境管理条例》（2009 年 9 月通过，2013 年 7 月、2013 年 12 月、2014 年 7 月、2016 年 2 月、2017 年 3 月、2018 年 3 月修订），《中华人民共和国防治海岸工程建设项目污染损害海洋环境管理条例》（1990 年 6 月通过，2007 年 9 月、2017 年 3 月、2018 年 3 月修订），《防治海洋工程建设项目污染损害海洋环境管理条例》（2006 年 8 月通过，2017 年 3 月、2018 年 3 月修订），《中华人民共和国自然保护区条例》（1994 年 10 月通过，2011 年 1 月、2017 年 10 月修订），《农药管理条例》（1997 年 5 月通过，2001 年 11 月、2017 年 2 月修订），《建设项目环境保护管理条例》（1998 年 11 月通过，2017 年 7 月修订），《排污费征收使用管理条例》（2003 年 1 月通过，已于 2018 年 1 月废止），《中华人民共和国土地管理法》（1986 年 6 月通过，1988 年 12 月、1998 年 8 月、2004 年 8 月、2019 年 8 月修订），《中华人民共和国土地管理法实施条例》（1998 年 12 月发布，2011 年 1 月、2014 年 7 月修订），《基本农田保护条例》（1998 年 12 月通过，2011 年 1 月修订），《中华人民共和国水法》（1988 年 1 月通过，2002 年 8 月修订，2009 年 8 月、2016 年 7 月修正），《中华人民共和国水土保持法》（1991 年 6 月通过，2010 年 12 月修订），《中华人民共和国节约能源法》（1997 年 11 月通过，2007 年 10 月、2016 年 7 月、2018 年 10 月修订），《中华人民共和国防沙治沙法》（2001 年 8 月通过，2018 年 10 月修正），《中华人民共和国森林法》（1984 年 9 月通过，1998 年 4 月、2009 年 8 月、2019 年 12 月修正），《中华人民共和国草原法》（1985 年 6 月通过，2002 年 12 月修订，2009 年 8 月、2013 年 6 月修正），《中华人民共和国渔业法》（1986 年 1 月通过，2000 年 10 月、2004 年 8 月、2009 年 8 月、2013 年 12 月修正），《中华人民共和国野生动物保护法》（1988 年 11 月通过，2004 年 8 月、2009 年 8 月、2016 年 7 月、2018 年 10 月修订），《中华人民共和国濒危野生动植物进出口管理条例》（2006 年 4 月通过，2019 年 3 月修订），《中华人民共和国野生植物保护条例》（1996 年 9 月发布，2017 年 10 月修订），《中华人民共和国矿产资源法》（1986 年 3 月通过，1996 年 8 月、2009 年 8 月修正），《中华人民共和国煤炭法》

（1996 年 8 月通过，2009 年 8 月、2011 年 4 月、2013 年 6 月、2016 年 11 月修正），《中华人民共和国可再生能源法》（2005 年 2 月通过，2009 年 12 月修改），《中华人民共和国城乡规划法》（2007 年 10 月通过，2015 年 4 月、2019 年 4 月修正），《中华人民共和国标准化法》（1988 年 12 月通过，2017 年 11 月修订），《中华人民共和国环境保护税法》（2016 年 12 月通过，2018 年 10 月修正），《中华人民共和国环境影响评价法》（2002 年 10 月通过，2016 年 7 月、2018 年 12 月修正），《中华人民共和国行政强制法》（2011 年 6 月通过），《中华人民共和国行政许可法》（2003 年 8 月通过，2019 年 4 月修正），《中华人民共和国循环经济促进法》（2008 年 8 月通过，2018 年 10 月修正），《中华人民共和国清洁生产促进法》（2002 年 6 月通过，2012 年 2 月修改），《中华人民共和国政府信息公开条例》（2007 年 1 月通过，2019 年 4 月修订），《规划环境影响评价条例》（2009 年 8 月通过），《全国污染源普查条例》（2007 年 10 月公布，2019 年 3 月修订），《国家突发环境事件应急预案》（2014 年 12 月公布）等。

（2）环境标准

我国以为制定环境目标和环境规划提供监督评价的基础规范和方法指南为目的，制定环境质量、污染物排放以及分析方法标准，主要包括环境质量标准、污染物排放标准、基础标准和方法标准。例如，《渔业水质标准》（GB 11607—89），《石油炼制工业污染物排放标准》（GB 31570—2015），《水质　二氧化氯和亚氯酸盐的测定　连续滴定碘量法》（HJ 551—2016 代替 HJ 551—2009），《集中式饮用水水源编码规范》（HJ 747—2015），《近岸海域水质自动监测技术规范》（HJ 731—2014），《集中式饮用水水源地环境保护状况评估技术规范》（HJ 774—2015），《水质　铬的测定　火焰原子吸收分光光度法》（HJ 757—2015），《铁矿采选工业污染物排放标准》（GB 28661—2012），《环境空气　酚类化合物的测定　高效液相色谱法》（HJ 638—2012），《环境空气质量指数（AQI）技术规定（试行）》（HJ 633—2012），《环境空气质量标准》（GB 3095—2012 代替 GB 3095—1996 GB 9137—88），《声环境功能区划分技术规范》（GB/T 15190—2014 代替 GB/T 15190—94），《声环境质量标准》（GB 3096—2008 代替 GB 3096—93，GB/T 14623—93），《建筑施工场界环境噪声排放标准》（GB 12523—2011 代替 GB 12523—90），《铁路边界噪声限值及其测量方法》（GB 12525—90），《城市区域环境振动标准》（GB 10070—88），《城市区域环境振动测量方法》（GB 10071—88），《机场周围飞机噪声测量方法》（GB 9661—88），《自然保护区管理评估规范》（HJ 913—2017），《生物多样性观测技术导则　水生维管植物》（HJ 710.12—2016），《生态环境状况评价技术规范》（HJ 192—2015），《建设项目环境影响评价技术导则　总纲》（HJ 2.1—2016 代替 HJ 2.1—2011），《建设项目竣工环境保护验收技术规范　粘胶纤维》（HJ 791—2016），《环境影响评价技术导则　地下水环境》（HJ 610—2016 代替 HJ 610—2011）。

9.1.1.4　国际公约

国际环境条约中环境保护规范属于我国环境法律体系的组成部分。我国缔结或参与的国际环境条约只要经全国人民代表大会常务委员会或国务院批准，即取得在我国国内适用的效力，任何单位和个人都必须严格遵守，其效力优于国内法。我国缔结或者参与的国际环境条约主要有：《联合国海洋法公约》《国际油污损害民事责任公约》《1969 年国际干预公海油污事故公约》《1990 年国际油污防备、反应和合作公约》《1972 年防止倾倒废物及其他物质污染海洋的公约》《跨界鱼类种群和高度洄游鱼类种群的养护与管理协定》《控制危险废物越境转移及其处置巴塞尔公约》《保护臭氧层维也纳公约》《联合国气候变化框架公约》《生物多样性公约》《关于特别是作为水禽栖息地的国际重要湿地公约》《濒危野生动植物种国际贸易公约》等。

9.1.2 管理体制建设

9.1.2.1 建立统一监督与分级分部门监督管理体制

我国环境管理体系产生和完善过程表现出明显的阶段性特征。

20世纪70年代之前，环境管理主要针对资源开发，旨在管理资源科学开发。这一阶段主要依靠制定的大量规范性文件，以自然资源开发利用和保护为主。

20世纪80年代，合理利用自然资源被写入宪法，资源管理和合理开发获得根本保证。1984年，资源税制度建立，标志着我国进入自然资源有偿使用阶段。80年代到90年代，又逐步颁布了《中华人民共和国环境保护法》《中华人民共和国水法》《中华人民共和国草原法》《中华人民共和国野生动物保护法》《中华人民共和国矿产资源法》等资源领域专门法，资源开发与利用逐步从盲目大强度开发，转到集约化生产。粗放式发展消耗巨量资源和能源，造成了较为严重的污染。在污染治理的核心理念指导下，污染问题得到了高度重视，各领域污染防治法与技术规范纷纷出台，建立了环境影响评价、排污收费和"三同时"三项环境管理制度。1989年，国家又在原有三项环境管理制度的基础上，推出环境保护目标责任制、城市环境综合整治定量考核、排污许可、污染物集中控制和污染源限期治理的新五项制度和措施，形成了八项环境管理制度。这一阶段环境管理直接面向排污企业或区域对象，对遏制污染起到了重要作用，有效缓解了经济发展与环境保护之间的矛盾。

90年代以后中国转变发展战略，提出可持续发展的理念，环境与资源保护委员会成立后，颁布、修订了一批环境资源法律、法规和行政规章。这一时期，污染排放速度快速增长、污染治理成本增加等问题逐步显露，污染预防思想逐步形成。1993年，清洁生产被提出，强调降低能耗，提高资源利用效率，提高技术水平，减少生产过程中污染物的生成。2000年以后，中国继续推进实施可持续发展战略，建立资源综合开发利用机制，更加注重提高资源利用效率。土地、矿产、海洋等资源被纳入国土资源主管部门管辖。水、石油、天然气、森林、动物等其他自然资源依然分部门管理，同时适用中央与地方分级管理。中央国土资源部负责统领三大国土资源的规划管理、保护和合理利用，地方国土资源厅则负责本地区内的实际事务。2003年《中华人民共和国清洁生产促进法》实施。同时，生命周期思想、产业共生理念开始从全生命过程、模拟自然生态系统自我循环考虑资源节约和污染控制，生命周期评价、生产者责任延伸、产品导向环境政策等管理工具进入环境管理实践。2009年，《中华人民共和国循环经济促进法》实施，循环经济强调了生产过程中资源、能源与污染物的减量化，以及副产品和废物的再利用和循环利用。

经过长期的探索与实践，结合国情，我国逐步形成了适合中国资源环境保护特色的环境管理体系，建立了统一监督与分级、分部门监督管理相结合的管理体制，形成了国际法规、《宪法》及《环境保护法》以及各单行法律和规章制度的法律保障体系。

我国现行环境管理体制是统一监督与分级、分部门监督管理相结合的体制。统一监督管理与分级、分部门监督管理相结合的管理体制是由我国环境问题的严重性、综合性以及行政管理的高效率要求决定的。《环境保护法》规定，国务院环境保护行政主管部门，对全国环境保护工作实施统一监督管理；县级以上地方人民政府环境保护行政主管部门，对本辖区的环境保护工作实施统一监督管理。国家海洋行政主管部门、港务监督、渔政渔港监督、军队环境保护部门和各级公安、交通、铁道、民航管理部门，依照有关法律的规定对环境污染防治实施监督管理；县级以上人民政府的土地、矿产、林业、农业、水利行政主管部门，依照有关法律的规定对资源的保护实施监督管理。

生态环境部和县级以上地方各级人民政府是行使统一环境监督管理职权的行政主体。生态环境部是国务院环境保护行政主管部门，是中央层面的环境保护行政主管部门，负责监督管理全国的环境保护工作，根据宪法和法律制定环境保护行政法规，编制和执行包括环境保护内容的国民经济和社会发展计划及国家预算，制定国家环境质量标准和污染物排放标准，负责环境污染防治的监督管理等。县级以上地方各级人民政府则依照法律规定负责本辖区的环境保护工作，领导所辖环境保护行政部门和行使环境保护职能的其他有关行政部门，对排污单位进行现场检查，负责重大环境问题的统筹协调和监督管理。

各省（自治区、直辖市）级、市级、县级人民政府分别设立环境保护行政主管部门，是二级监督管理主体，负责监督管理本辖区的环境保护工作。各省（自治区、直辖市）级、市级、县级人民政府环境保护行政主管部门实行双重管理体制，以地方人民政府领导为主，上级环境保护行政主管部门按照有关规定和权限协助地方人民政府对其进行管理。《环境保护法》规定县级以上人民政府环境保护行政主管部门的职责包括：调查并制定环境规划，会同有关部门对管辖范围内的环境状况进行调查和评价，拟订环境保护规划，经计划部门综合平衡后，报同级人民政府批准实施。县级以上人民政府环境保护行政主管部门或者其他依照法律规定行使环境保护监督管理职责的部门，有权对管辖范围内的排污单位进行现场检查。

9.1.2.2 探索推进生态文明建设新体制

（1）生态环境监管

客观评价环境质量现状、掌握污染防治效果、制定针对性的环境管理科学决策的前提条件，依赖于客观真实、科学准确的生态环境监测数据。为了确保环境监测数据全面、准确、客观、真实，2017 年中国出台《关于深化环境监测改革提高环境监测数据质量的意见》，2018 年生态环境部印发《生态环境监测质量监督检查三年行动计划（2018—2020 年）》，明确提出通过开展生态环境监测机构数据质量专项检查、排污单位自行监测质量专项检查、环境自动监测运维质量专项检查等专项检查，全面遏制弄虚作假的监测行为和监测数据。

（2）健全环境保护督察机制

通过完善督察体系，开展督察、强化考核问责、严格责任追究，健全环境保护督察机制，通过督察、考核、问责，确保生态文明建设和生态环境保护责任落到实处。完善督察、交办、巡查、约谈、专项督察机制，通过中央和省级环境保护督察，将重点区域、重点领域、重点行业专项督察落实到位，通过督察解决突出生态环境问题、改善生态环境质量、推动高质量发展。制定污染防治考核办法和考核实施细则，参照细则开展省党委、人大、政府以及中央和国家机关有关部门成效考核，将考核结果纳入综合考核和奖惩任免的依据。严格责任追究，通过依法问责和终身追责，通过约谈、责令检查、影响提拔升迁等方式，对生态环境保护责任执行不到位、污染防治攻坚任务完成严重滞后、区域生态环境问题突出的负责人进行追责。

（3）深化环境保护管理"放管服"改革

"放管服"改革强调简政放权、放管结合、优化服务，是处理好政府和市场关系的重大改革之举。深化"放管服"改革是新时代推动经济高质量发展的内在要求，是打好污染防治攻坚战的重要保障，也是推进生态环境治理体系和治理能力现代化的战略举措。

生态环境部积极推进"放管服"改革，大力清理规范行政审批事项，取消或下放本级行政审批事项、中央指定地方实施的行政审批事项、建设项目环评审批权限。加强行政事业收费和涉企收费监管，规范行政审批中介服务事项，推进环保系统环评机构脱钩。提出生态环境领域的负面清单。深入推进投资项目环评审批改革，加快培育农业农村污染治理等新兴环保市场，严厉打击环境监测数据造假等违法违规行为，推动出台《关于深化环境监测改革提高环境监测数据质量的意见》。联合有关部门制定《企业环境信用评价办法》等文件，建立健全生态环境领域失信联合惩戒机制。推动生态环境数据联网共享，进一步推进"互联网＋政务服务"，启动政务服务综合平台项目建设，整合集成行政审批系统，构建"一站式"办事平台。

9.1.3 政府管理主体建设

9.1.3.1 逐步确立独立的环境管理行政主体

中国政府环境管理主体随着环境保护工作的不断推进而逐步完善。1971 年，由国家计委成立的"三废"利用领导小组承担环境管理职能。1973 年，中国召开第一次全国环境保护工作会议，提出设立具备监督、检查职责的环境保护机构。1974 年，国务院设立"国家环境保护领导小组"，全面负责环境保护各方面工作。国务院发布有关环境保护的规范性文件，确立开展对"三废"污染的治理。在这一阶段，国务院颁布了第一个防治沿海海域污染的法规《中华人民共和国防止沿海水域污染暂行规定》，以及《工业"三废"排放试行标准》《生活饮用水卫生标准》等环境标准，为环境管理提供定量依据。确立环境影响评价、排污收费和"三同时"三项环境管理制度。

1982 年，国家组建城乡建设环境保护部，内设环境保护局。1984 年，成立国务院环境保护委员会，城乡建设环境保护部环境保护局改名为国家环境保护局，仍设在城乡建设部，作为国务院环境保护委员会的办事机构，全面负责领导和组织协调全国的环境保护工作。1985 年，各城市普遍开展了环境综合整治工作，结合企业技术改造，开展资源、能源的综合利用，优化产业结构，对重污染企业实行关、停、并、转、迁等，同时还大力加强城市基础设施建设，实行集中处理，控制污染排放，并不断完善城市环境管理法规。1988 年，正式成立国家环境保护局（副部级），从城乡建设部分离出来，为国务院直属机构，承担国务院综合管理环境保护的职能，也是国务院环境保护委员会的办事机构，设置 9 个司级机构和 1 个直属处级机构。1989 年，国家推出强化环境管理的新五项制度和措施，即环境保护目标责任制、城市环境综合整治定量考核、排污许可、污染物集中控制和污染源限期治理，与之前的老三项环境管理制度形成环境保护八项制度。

自设立环境保护机构以来，国家开展了广泛的环境外交活动，参加了《濒危野生动植物种国际贸易公约》《1972 年防止倾倒废物及其他物质污染海洋的公约》和《保护臭氧层维也纳公约》。

至此，国家环境管理机构成为独立的拥有环境管理权的行政主体。

9.1.3.2 形成国家环境保护部门与各级人民政府和环保部门分级、分部门监督管理主体

1996 年国务院提出实行环境质量行政领导负责制，发布《国务院关于环境保护若干问题的决定》，明确规定县级以上人民政府应设立环境保护监督管理机构，独立行使环境保护的统一监督管理职责。1998 年，国家撤销国务院环境保护委员会，将国家环境保护局升格为国家环境保护总局（正部级），主管全国环境保护工作。2008 年，国家环境保护总局升格为环境保护部，成为国务院组成部门，各地方政府以及环境管理部门承担环境管理任务，形

成环境保护行政主管部门统一监督管理，地方人民政府和各部门监督管理相结合的"统一管理、分级分部门管理"环境管理模式。

经过多年发展与逐步升级，我国基本形成了国家环境保护部门与各级人民政府和环保部门分级、分部门监督管理体系。环境保护部是国家环境保护主管部门，对全国环境保护工作实施统一监管，职责包括编制国家环境保护规划，制定国家环境质量标准和污染物排放标准，制定监测规范，组织监测网络，共享监测数据，进行监测管理以及发布相关环境信息。各级政府和环境保护部门对本行政区域环境保护工作实施统一监督管理，并对本行政区域的环境质量负责，具备制定地方环境质量标准和污染物排放标准的资格，具有开展或委托开展环境状况调查评价的权利，具有提供环境保护财政投入义务，具有环境保护宣传、监督检查、发布信息职责，具有统筹环境保护基础设施服务、组织公众参与义务。

9.1.3.3　组建生态环境部，整合分散职能

2018 年 3 月，中国组建生态环境部，整合分散的生态环境保护职能，整合环境保护部的职责，国家发展和改革委员会的应对气候变化和减排职责，国土资源部的监督防止地下水污染职责，水利部的编制水功能区划、排污口设置管理、流域水环境保护职责，农业部的监督指导农业面源污染治理职责，国家海洋局的海洋环境保护职责，国务院南水北调工程建设委员会办公室的南水北调工程项目区环境保护职责。生态环境部统一行使生态环境监管者职责，重点强化生态环境制度制定、监测评估、监督执法和督察问责四大职能。

9.1.4　保障体系建设

9.1.4.1　健全生态环境保护经济政策体系

资金投入向污染防治攻坚战倾斜，坚持投入同攻坚任务相匹配，加大财政投入力度。逐步建立常态化、稳定的财政资金投入机制。扩大中央财政支持北方地区清洁取暖的试点城市范围，国有资本要加大对污染防治的投入。完善居民取暖用气用电定价机制和补贴政策。增加中央财政对国家重点生态功能区、生态保护红线区域等生态功能重要地区的转移支付，继续安排中央预算内投资对重点生态功能区给予支持。各省（自治区、直辖市）合理确定补偿标准，并逐步提高补偿水平。完善助力绿色产业发展的价格、财税、投资等政策。大力发展绿色信贷、绿色债券等金融产品。设立国家绿色发展基金。落实有利于资源节约和生态环境保护的价格政策，落实相关税收优惠政策。研究对从事污染防治的第三方企业比照高新技术企业实行所得税优惠政策，研究出台"散乱污"企业综合治理激励政策。推动环境污染责任保险发展，在环境高风险领域建立环境污染强制责任保险制度。推进社会化生态环境治理和保护。采用直接投资、投资补助、运营补贴等方式，规范支持政府和社会资本合作项目；对政府实施的环境绩效合同服务项目，公共财政支付水平同治理绩效挂钩。鼓励通过政府购买服务方式实施生态环境治理和保护。

9.1.4.2　健全生态环境保护法治体系

依靠法治保护生态环境，增强全社会生态环境保护法治意识。加快建立绿色生产消费的法律制度和政策导向。加快制定和修改土壤污染防治、固体废物污染防治、长江生态环境保护、海洋环境保护、国家公园、湿地、生态环境监测、排污许可、资源综合利用、空间规划、碳排放权交易管理等方面的法律法规。鼓励地方在生态环境保护领域先于国家进行立

法。建立生态环境保护综合执法机关、公安机关、检察机关、审判机关之间的信息共享、案情通报、案件移送制度，完善生态环境保护领域民事、行政公益诉讼制度，加大生态环境违法犯罪行为的制裁和惩处力度。加强涉生态环境保护的司法力量建设。整合组建生态环境保护综合执法队伍，统一实行生态环境保护执法。将生态环境保护综合执法机构列入政府行政执法机构序列，推进执法规范化建设，统一着装、统一标识、统一证件、统一保障执法用车和装备。

9.1.4.3　强化生态环境保护能力保障体系

增强科技支撑，开展大气污染成因与治理、水体污染控制与治理、土壤污染防治等重点领域科技攻关，实施京津冀环境综合治理重大项目，推进区域性、流域性生态环境问题研究。完成第二次全国污染源普查。开展大数据应用和环境承载力监测预警。开展重点区域、流域、行业环境与健康调查，建立风险监测网络及风险评估体系。健全跨部门、跨区域环境应急协调联动机制，建立全国统一的环境应急预案电子备案系统。国家建立环境应急物资储备信息库，省、市级政府建设环境应急物资储备库，企业环境应急装备和储备物资应纳入储备体系。建设规范化、标准化、专业化的生态环境保护人才队伍，打造政治强、本领高、作风硬、敢担当，特别能吃苦、特别能战斗、特别能奉献的生态环境保护铁军。按省、市、县、乡不同层级工作职责配备相应工作力量，保障履职需要，确保同生态环境保护任务相匹配。加强国际交流和履约能力建设，推进生态环境保护国际技术交流和务实合作，支撑核安全和核电共同走出去，积极推动落实2030年可持续发展议程和绿色"一带一路"倡议。

9.1.4.4　构建生态环境保护社会行动体系

把生态环境保护纳入国民教育体系和党政领导干部培训体系，推进国家及各地生态环境教育设施和场所建设，培育普及生态文化。公共机构尤其是党政机关带头使用节能环保产品，推行绿色办公，创建节约型机关。健全生态环境新闻发布机制，充分发挥各类媒体作用。省、市两级要依托党报、电视台、政府网站，曝光突出环境问题，报道整改进展情况。建立政府、企业环境社会风险预防与化解机制。完善环境信息公开制度，加强重特大突发环境事件信息公开，对涉及群众切身利益的重大项目及时主动公开。2020年年底前，地级及以上城市符合条件的环保设施和城市污水垃圾处理设施向社会开放，接受公众参观。强化排污者主体责任，企业应严格守法，规范自身环境行为，落实资金投入、物资保障、生态环境保护措施和应急处置主体责任。实施工业污染源全面达标排放计划。2018年年底前，重点排污单位全部安装自动在线监控设备并同生态环境主管部门联网，依法公开排污信息。到2020年，实现长江经济带入河排污口监测全覆盖，并将监测数据纳入长江经济带综合信息平台。推动环保社会组织和志愿者队伍规范健康发展，引导环保社会组织依法开展生态环境保护公益诉讼等活动。按照国家有关规定表彰对保护和改善生态环境有显著成绩的单位和个人。完善公众监督、举报反馈机制，保护举报人的合法权益，鼓励设立有奖举报基金。

9.2　环境治理的企业主体责任体制建设

企业通过生产来获取经济利益，同时也排放污染物，在创造社会财富的同时也造成环境污染。《环境保护法》明确企业具有环境保护主体责任，包括承担采取措施防止污染和危害、损害的责任，遵守环境影响评价和"三同时"要求的责任，严格按照排污许可证排污，不得超标、超总量的责任，规范排污方式，严禁通过逃避监管方式排污的责任，全面建立环境保护责任制度，强化内部管理的责任，安装使用监测设备并确保正常运行的责任，主动实施清洁生产、减少污染物排放的责任，按照国家规定缴纳排污费的责任，全面如实公开排污信息，接受社会监督的责任，切实履行环境风险防范责任等。短期来看，企业通过购置新的治污设备或选择绿色技术创新来降低环境污染，会带来经济的损失，但长远来看，环境效益好、产品绿色的企业能够获得公众认可，增强品牌知名度，巩固消费者对企业产品的忠诚度，扩张消费群体的规模，从而又能获得更好的社会赞誉和更多的经济利益。企业承担环境治理主体责任，既是消除生产行为负面影响外部化的必然要求，也是法律明确规定的责任，同时也是企业能够健康发展的必要选择。

9.2.1　企业责任建设

9.2.1.1　环境管制企业治污

环境管制是指政府通过制定法律法规来干涉和干预企业环境相关行为。企业的本质是追逐利益，本身治理污染的动力不足，而环境公共物品属性就要求必须借助政府主体的力量对企业进行管制，促进环境污染治理成本内部化，保护公众利益。政府管制具有强制性特征，强调管制的效果，有命令控制政策和利用市场机制的方式，前者诸如总量控制和减排技术，后者诸如排污收费。

推动生态文明建设，在强化企业责任方面，要在推行控制污染物排放许可制、生态环境损害赔偿制度的同时，健全环保信用评价、信息强制性披露、严惩重罚等制度，推动企业自觉履行生态环境保护的主体责任。

9.2.1.2　公众压力促进企业治污

企业作为经济组织，追求的是利益最大化，对污染进行治理需要投资，因此，从利润角度考虑，企业缺乏治污主动性。企业通过销售产品获益，公众作为消费者在一定程度上影响企业利润，如果公众选择购买产品时，更倾向于具有良好治污记录、乐于承担社会责任、产品更加环境友好的企业，就能够在生产的末端倒逼企业承担治污责任，实施治污行为。

9.2.1.3　企业治污成本内部化后的利润平衡

企业生产产品和产品使用过程中，由于对环境生态形成的污染、破坏而造成环境损失所形成的由社会公众所承担的成本，称为环境外部成本，常常外部化后由公众承担。实际上，企业通过环境成本内部化，主动或被动增加环保投资，承担环保投资成本，降低甚至消除企业产品生产环节和消费环节对环境所产生的污染和破坏，将环境外部成本的一部分甚至全部转化为企业内部成本，即环境外部成本的内部化。

与此同时，政府和公众也会鼓励和配合企业采取环境成本内部化行为，如政府给予环保补贴和环保相关的税收优惠，加强公众购买其环保产品和服务的意愿，提高产品销量，通过制定政府采购清单推荐绿色化企业等。那么由于环境成本内部化对企业造成的短期利润损失，就有可能通过政府补贴带来的直接利润平衡以及公众更多购买产品带来的潜在利润平衡得以弥补。在企业综合收益提高，或者损失不大的情况下，同时获得公众认同和社会声望，企业就会获取参与治污的主动性。

9.2.2 企业主体责任治理模式建设

9.2.2.1 控制污染物排放许可制

控制污染物排放许可制（以下简称排污许可制），是依法规范企事业单位排污行为的基础性环境管理制度，环境保护部门通过对企事业单位发放排污许可证并依证监管实施排污许可制。环境保护部门基于企事业单位守法承诺，依法发放排污许可证，作为生产运营期排污行为的唯一行政许可，并明确其排污行为依法应当遵守的环境管理要求和承担的法律责任义务，向企事业单位核发排污许可证。企事业单位依法申领排污许可证，持证排污，按照所在地改善环境质量和保障环境安全的要求承担相应的污染治理责任，多排放多担责、少排放可获益。实施排污许可制，解决个别企业污染控制定位不明确、个别企事业单位治污责任不落实、部分环境保护部门依证监管不到位，使得管理制度效能难以充分发挥的问题，将成为固定污染源环境管理的核心制度。

到 2020 年，完成覆盖所有固定污染源的排污许可证核发工作，全国排污许可证管理信息平台有效运转，企事业单位环保主体责任得到落实，基本建立法规体系完备、技术体系科学、管理体系高效的排污许可制，对固定污染源实施全过程管理和多污染物协同控制，实现系统化、科学化、法治化、精细化、信息化的"一证式"管理。

通过实施排污许可制，落实企事业单位污染物排放总量控制要求，控制的范围逐渐统一到固定污染源。环境质量不达标地区，要通过提高排放标准或加严许可排放量等措施，对企事业单位实施更为严格的污染物排放总量控制，推动改善环境质量。生态环境部依法制订并公布排污许可分类管理名录，对不同行业或同一行业内的不同类型企事业单位，按照污染物产生量、排放量以及环境危害程度等因素进行分类管理，对环境影响较小、环境危害程度较低的行业或企事业单位，简化排污许可内容和相应的自行监测、台账管理等要求。

9.2.2.2 合理利用财税政策，提高企业环境投资的使用效益

利用包括税收在内的各种手段来规范和约束排污行为，拓宽环境财政、环境价格、生态补偿、环境权益交易、绿色税收、绿色金融、环境市场、环境与贸易、环境资源价值核算、行业政策等多种方式，出台支持政策，例如《中华人民共和国资源税法》的公布推动环保费向环保税改革。

通过投入专项资金，激活企业动力。在污染防治方面，环境财政贡献较大。2017 年，中央财政投入大气、水、土壤污染防治等专项资金规模接近 500 亿元，新能源、绿色农业等领域企业可以获得环保补贴。各地也纷纷出台补贴政策，北京市为"煤改清洁能源"提供补贴，天津市为居民"煤改电"工程提供补贴。

通过环境保护治理专项基金、财政补贴、贷款额度、贷款利率、还贷条件等给予企业优惠。借助财政补贴、贷款贴息、物价补贴、亏损补贴、税前还贷等措施给予企业财政补贴。充分利用污染罚款作为政府补贴或者奖励、政府优先购买等手段，为企业生产销售扩展空间。

通过绿色税收、绿色金融、环境价格等政策推动企业内化环境成本、实现产业转型升级。正式向企业征收环保税，发行环境债券及环境基金，鼓励和引导社会资源向环境产业流动。利用阶梯电价政策，对某些产业实行差别电价和阶梯电价，迫使违规产能退出，依靠市场竞争出清低效产能。

完善绿色消费政策，助推生活方式转变。出台《关于促进绿色消费的指导意见》，发布节能产品政府采购清单、环境标志产品政府采购清单，发布行业能效"领跑者"企业名单，实施居民阶梯水价制度，为新能源汽车提供补贴，引导公众选择更加绿色产品，从消费段倒逼企业实施可持续生产模式。

9.2.3 企业主体责任治理模式效果保障体系建设

9.2.3.1 加强监督管理

通过依证监管为排污许可制实施提供保障，重点检查许可事项和管理要求的落实情况。通过执法监测、核查台账等手段，核实排放数据和报告的真实性，判定是否达标排放，核定排放量。按照"谁核发、谁监管"的原则定期开展监管执法。现场检查的时间、内容、结果以及处罚决定记入排污许可证管理信息平台。

严厉查处违法排污行为。根据违法情节轻重，依法采取按日连续处罚、限制生产、停产整治、停业、关闭等措施，严厉处罚无证和不按证排污行为，对构成犯罪的，依法追究刑事责任。综合运用电价等价格激励措施，环保、资源综合利用优惠政策，排污权交易等市场机制政策。

9.2.3.2 强化信息公开和社会监督

提高管理信息化水平。2017年建成全国排污许可证管理信息平台，将排污许可证申领、核发、监管执法等工作流程及信息纳入平台，各地现有的排污许可证管理信息平台逐步接入。通过排污许可证管理信息平台统一收集、存储、管理排污许可证信息，实现各级联网、数据集成、信息共享。形成的实际排放数据作为环境保护部门排污收费、环境统计、污染源排放清单等各项固定污染源环境管理的数据来源。在全国排污许可证管理信息平台上及时公开企事业单位自行监测数据和环境保护部门监管执法信息，并通过企业信用信息公示系统进行公示。依法推进环境公益诉讼，加强社会监督。

9.2.3.3 开展绿色信贷业务、支持企业环保改造

2016年，印发《关于构建绿色金融体系的指导意见》，探索建立正向激励政策，研究通过再贷款和宏观审慎评估等机制支持绿色信贷，推动将企业环境信息纳入征信系统，大力发展合同能源管理、未来收益权、排污权、碳排放权抵押贷款等绿色信贷业务，加大对清洁及可再生能源利用等领域的信贷投入。2017年，印发《"十三五"节能减排综合工作方案》，明确提出鼓励金融机构进一步完善绿色信贷机制，支持以用能权、碳排放权、排污权和节能项目收益权等为抵（质）押的绿色信贷。

9.2.3.4 提供综合金融服务

实施稳健的货币政策，保持流动性合理充裕，为供给侧改革营造适宜的货币金融环境。综合运用公开市场操作、中期借贷便利、抵押补充贷款、临时流动性便利等工具灵活提供不同期限流动性，保持流动性基本稳定，强化稳健中性货币政策信号，有效增加实体经济信贷供给，降低实体经济融资成本。

创新金融产品和服务，对企业兼并重组提供资金支持。引导银行业金融机构完善并购贷款业务，逐步扩大并购贷款规模，合理确定贷款期限，对兼并重组企业实行综合授信，多角度满足企业需求。

9.2.3.5 建立健全企业环境信用评价体系

环境保护领域信用建设是社会信用体系建设的重要组成部分。近年来，生态环境部不断强化企业环境信用制度建设，建立和完善环保守信激励、失信惩戒机制，并从企业环境信用信息归集和技术支撑方面持续提升制度执行力。

注重顶层设计，抓好重点领域。发布《企业环境信用评价办法（试行）》，印发《关于加强企业环境信用体系建设的指导意见》，提出企业环境信用信息归集共享、信息公示、系统建设，以及企业环境信用评价、建立环保守信激励和失信惩戒机制、环境服务机构信用建设等方面的具体工作要求。聚焦环评、环境监测、环境信息公开和公众参与等重点领域推进诚信制度建设。出台《建设项目环境影响评价资质管理办法》，对环评机构及其环评工程师建立诚信档案。印发《关于推进环境监测服务社会化的指导意见》《关于开展环境监测服务社会化试点工作的通知》等文件，明确要求加强环境监测机构诚信建设，完善环境监测机构信用记录并向社会公开，对篡改伪造监测数据的违法行为将依法严惩。发布《建设项目环境影响评价信息公开机制方案》，大力推动完善建设项目环境影响评价信息公开机制。

推动信用信息共享，构建联合惩戒机制。签署《社会信用信息系统共建共享合作备忘录》，提供共享信用信息，推动构建联合惩戒机制。提出《环境保护领域失信生产经营单位联合惩戒合作备忘录（草案）》，加快建立环保领域失信生产经营单位联合惩戒机制，健全企业环境信用评价体系，加强信用信息公开，切实引导企业承担社会责任。

9.3 环境治理的公众参与体制建设

由于环境资源的公共物品属性和外部性特点，公众既是环境资源的享有者，同时也会受到环境问题的直接影响。公众参与是公众直接参与环境和环境问题活动的有效方式，有利于实现公民环境权利，提高决策部门的责任感，防止决策失误，提高国民的环保意识，有利于环保事业的发展。因此，联合国环境规划署、世界银行、联合国环境与发展大会，以及多个国家出台的文件中，都将公众参与作为环境保护的一项重要原则，甚至作为环境法中的一项法律原则。

公众参与是生态文明建设的重要内容。《生态文明体制改革总体方案》明确提出，构建以改善环境质量为导向，多方参与的环境治理体系。中国政府积极出台政策、拓展途径，引导公众参与生态文明建设，完善国家治理体系现代化。我国《宪法》《中华人民共和国行政许可法》《环境保护法》等明确对环境公众参与做出了规定。

《中华人民共和国环境影响评价法》（2003 年实施）明确规定了环境影响评价公众参与的程序、方式以及效力。《环境保护行政许可听证暂行办法》首次对环保领域的公众听证进行专门规定，政府部门在规划和决策过程中需要指定环保部门通过听证会的形式征求有关单位、专家和公众关于环境影响评价报告的意见。《环境影响评价公众参与办法》为公众切实参与环境影响评价的各个具体环节提供了规范性政策依据。《环境信息公开办法（试行）》明确规定政府环保部门和企业有公开环境信息的义务，公众有权维护自身的环境权益包括环境知情权，为公众对环境信息的查阅提供政策支撑。《关于推进环境保护公众参与的指导意见》提出公众参与的源头参与和全过程参与理念，指出公众参与要覆盖环境法规和政策制定、环境决策、环境监督、环境影响评价、环境宣传教育等五大领域，要将公众的环保参与置于制度化、法制化的框架下运行。《环境保护公众参与办法》专门针对环境保护的公众参与，规定了公众参与环境保护的适用范围，参与原则，参与方式，各方主体权利、义务和责任，配套措施等。此外，各级地方政府也积极探索有效的公共参与模式，出台政策办法，如《北京市环境保护局关于对环保违法行为实行有奖举报的规定（试行）》《陕西省环境保护公众参与办法（试行）》《河北省环境保护公众参与条例》等。2018年，生态环境部通过《环境影响评价公众参与办法（草案）》，对公众参与责任主体以及信息公开内容、时限、载体等进行优化设计，保障广大人民群众知情权、参与权、表达权和监督权。

9.3.1 环境治理公众参与模式建设

9.3.1.1 强化信息公开

2016年，国务院印发《关于全面推进政务公开工作的意见》（以下简称《意见》）实施细则的通知，2017年发布《关于修改〈建设项目环境保护管理条例〉的决定》（以下简称《决定》），强化信息公开和公众参与。《意见》和《决定》进一步细化了公众参与事项的范围，以确保公众能够更大程度、更大范围地参与到政策制定、执行和监督全过程中。《意见》和《决定》特别提出，对于涉及重大公共利益和公众权益的重要决策，除依法应当保密的以外，须通过征求意见、听证座谈、咨询协商、列席会议、媒体吹风等方式扩大公众参与。

原环境保护部制定《关于培育引导环保社会组织有序发展的指导意见》《关于推进环境保护公众参与的指导意见》和《环境保护公众参与办法》，组织修订《环境信息公开办法（试行）》，加大重点领域环境信息公开力度。制定环境保护部贯彻落实《〈关于全面推进政务公开工作的意见〉实施细则》的方案，印发《2018年全国环境宣传教育工作要点》，明确要积极推进环保设施向公众开放，从政策、法规层面支持和保障公众参与环境保护公共事务的权利，拓展公众参与环保渠道，确立了征求意见、问卷调查、座谈会、论证会、听证会等参与方式。积极引导环保社会组织和高校环保社团参与环境保护，形成环保工作的合力。组织开展"绿色中国年度人物"评选及颁授工作，发挥典型引领示范作用。向社会发布《公民生态环境行为准则》，着力引导公众履行自身环保责任，推动形成践行绿色生活方式的良好社会风尚。

9.3.1.2 强化公民实际参与

《中华人民共和国大气污染防治法》明确"公众参与"原则，提出"公民应当增强大气环境保护意识，采取低碳、节俭的生活方式，自觉履行大气环境保护义务"。倡导公民绿色出行，出行多骑自行车，或者乘坐公共交通工具，少开车，或者开小排量的车，减少汽车尾气对大气环境的污染。倡导公民节约用电，生活用煤要用优质煤炭和清洁型煤，使用节能环保炉灶，节约使用纸张、木材，减少对树木的采伐，保护森林等自然生态环境，改善大气环境质量，减少垃圾的产生，减少垃圾处理对环境的污染，尽量减少燃放烟花爆竹、户外烧烤等面源污染。

积极推进重点领域信息公开。围绕环境质量、环保审批、企业污染治理、环境监管执法等重点领域，2015年，环境保护部大力推进空气质量、水环境质量、污染物排放、污染源减排、建设项目环评、重点监管对象目录、区域环境质量状况等信息公开。自2015年起，通过环境保护部政府网站、中国环境监测总站网站向社会发布京津冀、长三角及珠三角重点区域空气质量预报和重污染天气预报信息。2015年实时发布全国主要水系 149 个重点断面水质自动监测站 pH 值、溶解氧、高锰酸盐指数和氨氮四项指标监测数据。实施《建设项目环境影响评价政府信息公开指南（试行）》，定期对建设项目环境影响评价文件、建设项目竣工环境保护验收和建设项目环境影响评价资质申报情况在环境保护部网站公示受理情况，发布拟审查公示和审批决定公告。原环境保护部加强污染源监测及污染减排信息的发布。在环境保护部政府网站公开国家重点监控企业污染源自动监控数据传输有效率考核结果。要求地方每季度上报企业自行监测结果公布率、监督性监测结果公布率信息公开情况。对环境监管和执法信息的发布，要求各地环保部门作出行政处罚决定、责令改正违法行为决定后，在 7 个工作日内通过环保部门政府网站或当地主要新闻媒体向社会公开。

此外，原环境保护部开通"12369"微信举报平台，方便群众监督、举报环境违法行为，扎实推进环境保护公众参与工作。

9.3.2 环境治理公众参与保障体制建设

9.3.2.1 依靠环境教育提升公众意识

公众参与环境保护工作和生态文明建设，不但需要具有积极性和主动性，更需要深层次的环境保护和可持续发展理念的支持。首先，公民需要通过宣传和教育途径掌握一定的生态环境方面的专业知识。在此基础之上，科学理性认识环境与社会经济发展的关系，客观看待历史上曾经出现的极端环境事件，建立正确的资源价值观、环境价值观，培育生态权利意识，自觉地将生态权利主张与生态保护行动联系在一起，为生态文明建设公众参与提供基本的知识保障。

此外，还应该提升公众的生态道德意识和法制意识。人与其他自然界万物，都是生态系统的组成部分，只有真正树立生态道德观，才能形成尊重自然、敬畏生命理念，才能建立尊重生命、保护生态环境的责任感和使命感，做到在生态保护中时时自省，自觉承担起保护自然、恢复生态的责任和义务。

9.3.2.2 依靠现代宣传手段提供公众参与媒体途径

深刻认识做好生态环境宣传和舆论引导工作的重要性，统筹好生态环境正面宣传和舆论监督的关系，利用政务新媒体等方式，为公众参与提供多样化便利途径，包括发布权威信息，听取网民呼声，引导网络舆论，关注和响应公众意见。利用新媒体产品，传播生态环境专业内容，建立公众互动。

9.3.2.3 完善公众参与的表达机制

继续保持公众参与表达生态权益的政治渠道和公共舆论渠道，诸如人民代表大会制度、人民政治协商会议制度、信访制度等，确保这些渠道的通畅有效，公民的意愿和诉求得以准确有效表达。完善信访制度，改进信访工作的方式方法，提高对公众反映的生态环保问题处理的及时性和处理效率。加强公众听证会、利益诉求司法救济、协商对话等方面的制度建设，拓宽公众生态意愿和权益表达渠道。

9.3.2.4 完善公众参与介入机制

重视调查公众意见。积极采用书面问卷调查、电话问卷调查、入户访谈、互联网公共论坛等形式征求公众对相关内容的看法、意见和建议。选择有代表性的调查对象，科学设计调查内容，确保调查过程公开、透明，严谨使用调查结论。重视咨询专家意见。生态环境问题具有专业性和复杂性特征，相关领域专家能够从科学视角审视生态环境问题和解决方案，充分考虑专家学者的意见，尊重生态文明问题的科学属性，有助于提高判断和方案的合理性。依靠听证会、座谈会、论坛、圆桌会议等多种方式，为公众参与提供更多途径。

9.4 环境治理的区域协调体制建设

9.4.1 重点区域协同发展

9.4.1.1 京津冀协同发展

2015年，中共中央、国务院印发《京津冀协同发展规划纲要》，明确提出要按照"统一规划、严格标准、联合管理、改革创新、协同互助"的原则，打破行政区域限制，健全生态环境保护机制，联防联控环境污染，率先建立系统完整的生态文明制度体系。将加强生态环境保护作为推动京津冀协同发展重点领域率先突破的一项重要内容。同年，国家发展改革委、环境保护部联合印发《京津冀协同发展生态环境保护规划》，明确"统筹谋划、整体推进；划定红线、严格标准"等基本原则，提出了京津冀区域生态环境保护与修复的指导思想、主要目标和重点任务，明确京津冀生态环境保护与修复的重大工程，并对重点工程进行年度任务分解，推进重点工程项目实施。

9.4.1.2 建立京冀跨界水环境生态补偿机制

2016年，财政部、环境保护部、国家发展改革委、水利部四部门联合印发《关于加快建立流域上下游横向生态保护补偿机制的指导意见》，明确了流域上下游横向生态保护补偿的指导思想、基本原则和工作目标，就流域上下游补偿基准、补偿方式、补偿标准、建立联防共治机制、签订补偿协议等主要内容提出了具体措施。在政策保障方面，明确提出对达成补偿协议的重点流域，中央财政给予财政奖励；在组织实施方面，明确了各有关部门的职责分工，以及流域上下游地方政府的工作目标任务。

通过加快建立京津冀地区（海河流域）上下游横向生态保护补偿机制，促进流域水环境质量改善。河北省、天津市积极探索完善引滦入津横向生态保护补偿政策措施，签署《引滦入津上下游横向生态保护补偿协议》《关于加强经济与社会发展合作备忘录》《关于进一步加强经济与社会发展合作会谈纪要》等文件，明确资金补偿方案。北京市与河北省张家口市、承德市积极协商，共同建立潮河、白河流域上下游横向生态保护补偿机制。

9.4.1.3 长三角区域大气协调治理

为满足长三角区域大气治理需求，按照"协商统筹、责任共担、信息共享、联防联控"的协作工作原则，共同制定了协作机制工作章程，建立会议协商机制、分工协作机制、共享联动机制、科技协作机制、跟踪评估机制，共同加快落实国务院《大气污染防治行动计划》和区域实施细则，不断完善协作机制，有力推进了大气污染联防联控，为区域协作取得了良好的开端。

按照党中央、国务院有关部署及国家行动计划、目标责任书要求，加强长三角区域大气污染防治整体工作规划要求，长三角各成员单位结合区域实际，在三省一市行动计划和协商共识的基础上，聚焦共同关注的重点领域，突出整合资源、强化合力、联防联控，研究制定了《长三角区域落实大气污染防治行动计划实施细则》，制定区域协调治理重点方案，主要内容有：一是控制煤炭消费总量，大力发展清洁能源；二是加强产业结构调整，优化空间布局；三是统筹区域交通发展，防治机动车船污染；四是实施综合治理，强化污染协同减排；五是强化政策引逼，加强科技支撑；六是加强组织领导，强化监督考核，推动区域空气质量共同改善。

9.4.2 全国生态功能区划

为落实《环境保护法》《中共中央关于全面深化改革若干重大问题的决定》《中共中央 国务院关于加快推进生态文明建设的意见》等关于加强重要区域自然生态保护、优化国土空间开发格局、增加生态用地、保护和扩大生态空间的要求，2015 年，中国修编《全国生态功能区划》，出版《全国生态功能区划（修编版）》。

生态功能区划以全国生态系统调查评估为基础，根据区域生态系统格局、生态环境敏感性与生态系统服务功能空间分异规律，综合分析确定不同地域单元的主导生态功能，将区域划分成不同生态功能的地区，制定全国生态功能分区方案。通过全国生态功能区划，能够对不同生态功能的地区实施区域生态分区管理，从而构建国家和区域生态安全格局。全国生态功能区划为全国生态保护与建设规划、维护区域生态安全、促进社会经济可持续发展与生态文明建设提供科学依据。

区域生态功能的确定以生态系统的主导服务功能为主。全面贯彻"统筹兼顾、分类指导"和综合生态系统管理思想，改变按要素管理生态系统的传统模式，增强生态系统的生态调节功能，提高区域生态系统的承载力与经济社会的支撑能力。

2018 年江苏《江苏省太湖流域水生态环境功能区划》获国务院批复，该区划转变流域水环境管理的思路与模式，引领从水质管理向水生态管理理念的转变，是从流域尺度开展环境管理的积极探索和尝试。区划将山水林田湖看成一个生命共同体，根据其状态，江苏省将太湖流域划分为 4 个等级，分别赋予不同的环境目标，针对不同分区实施差异化的产业结构调整和准入政策，同时，还计划将水生态环境功能管理目标逐步纳入考核体系，对未通过年度考核、水生态环境受到重大损害的市、区，提出限期整改要求，限期整改不到位的，暂停审批区域内除环境基础设施外的建设项目。

9.4.3 推行河长制

2016 年，中共中央办公厅、国务院办公厅印发《关于全面推行河长制的意见》，明确提出在全国范围全面建立河长制。在河长制体系中，设置省、市、县、乡四级河长，省（自治区、直辖市）由党委或政府主要负责同志担任总河长，在所辖行政区域内主要河湖设立由省级负责同志担任的河长，各河湖所在市、县、乡再分级分段设立由同级负责同志担任的河长。各级河长负责组织领导相应河湖的管理和保护工作，包括水资源保护、水域岸线管理、水污染防治、水环境治理等工作。

河长主要工作任务包括水资源保护和水环境污染防治。水资源保护主要包括水资源保护和河湖水域岸线管理保护，水环境污染防治包括水污染防治和水环境治理、加强水生态修复，此外河长还负责执行执法监督。通过河长制，建立责任机制，确保河长负起责任，建立督察机制，形成全覆盖的督察体系。

河长制推行之后，各地均按照要求建立了河长会议制度、信息共享制度、信息报送制度、工作督察制度、考核问责与激励制度、验收制度等 6 项制度，出台河长巡河、工作督办等配套制度，初步形成了党政负责、水利牵头、部门联动、社会参与的工作格局，保障了河长制顺利进行。各级河长开始履职，通过巡河调研，掌握河湖的基本情况，针对河湖存在的突出问题，组织开展了河湖整治，水利部及时部署了入河排污口、岸线保护、非法采砂、固体废物排查、垃圾清除等一系列专项整治行动。

9.5　环境治理的统一监管体制建设

9.5.1　国土空间开发保护基础制度

出台《关于完善主体功能区战略和制度的若干意见》，提出建设主体功能区是我国经济发展和生态环境保护的大战略。完善主体功能区战略和制度，要发挥主体功能区作为国土空间开发保护基础制度作用，推动主体功能区战略格局在市县层面精准落地，健全不同主体功能区差异化协同发展长效机制，加快体制改革和法治建设，为优化国土空间开发保护格局、创新国家空间发展模式夯实基础。

《关于完善主体功能区战略和制度的若干意见》（以下简称《若干意见》）明确，到 2020年，我国符合主体功能定位的县域空间格局基本划定，陆海全覆盖的主体功能区战略格局精准落地，"多规合一"的空间规划体系建立健全；基于不同主体功能定位的配套政策体系和绩效考核评价体系进一步健全，主体功能区制度保障体系基本建立。《若干意见》要求，2017 年年底前，国家发展改革委牵头制定实施按主体功能区安排的投资政策和人口政策，国土资源部牵头制定实施适应主体功能区要求的土地政策并落实用地指标，财政部、环境保护部、农业部等细化完善财政、生态环境保护、农产品主产区建设等配套政策。地方各级党委政府建立健全主要领导同志负总责的协调机制，研究提出具体实施方案，编制统一的空间规划，实施差异化绩效考核评价机制。

9.5.2　"三线一单"体制建设

"三线一单"是指为了协调中国社会经济发展与生态环境保护之间的矛盾，中国政府提出的设定并严守资源消耗上线、环境质量底线、生态保护红线三条底线和环境准入负面清单。通过设置"三线一单"，将各类开发活动限制在资源环境承载能力之内。为了推动"三线一单"工作，国务院、中共中央办公厅、国务院办公厅等部门出台《中共中央 国务院关于加快推进生态文明建设的意见》《关于划定并严守生态保护红线的若干意见》《省级空间规划试点方案》《关于建立资源环境承载能力监测预警长效机制的若干意见》等系列文件，明确提出，要强调加快构建生态功能保障基线、环境质量安全底线、自然资源利用上线"三大红线"，编制环境准入负面清单，推动形成绿色发展方式和生活方式。原环境保护部印发《生态保护红线划定指南》《生态保护红线划定技术指南》《"生态保护红线、环境质量底线、资源利用上线和环境准入负面清单"编制技术指南（试行）》（以下简称《指南》）等文件，为"三线一单"编制提供技术指南，为各地落实"三线一单"工作提供技术支持。此外，《指南》还提出，将生态保护红线、环境质量底线、资源利用上线转化为空间布局约束、污染物排放管控、环境风险防控、资源开发效率等要求，编制环境准入负面清单，并将其与主体功能区战略相结合，将行政区域划分为若干环境管控单元，构建环境分区管控体系。

9.5.3 生态环境损害赔偿制度

生态环境损害赔偿制度，是中国实行的最严格的生态环境保护制度之一，是中国共产党的十八届三中全会明确提出的对造成生态环境损害的责任者严格实行的赔偿制度，旨在有效破解企业造成的污染由公众受害和政府买单的困局。生态环境损害主要是指因污染环境、破坏生态造成大气、地表水、地下水、土壤、森林等环境要素和植物、动物、微生物等生物要素的不利改变，以及上述要素构成的生态系统功能退化。

2015 年，《关于加快推进生态文明建设的意见》提出，"加快形成生态损害者赔偿、受益者付费、保护者得到合理补偿的运行机制"，开启了生态环境损害赔偿制度的探索。同年，印发《生态文明体制改革总体方案》，提出"严格实行生态环境损害赔偿制度"。2015 年 12 月，国务院印发《生态环境损害赔偿制度改革试点方案》，之后出台《关于健全生态保护补偿机制的意见》，提出"稳妥有序开展生态环境损害赔偿制度改革试点，加快形成损害生态者赔偿的运行机制"，印发《关于在部分省份开展生态环境损害赔偿制度改革试点的通知》，确定在吉林、江苏、山东、湖南、重庆、贵州、云南 7 个省（市）开展生态环境损害赔偿制度改革试点工作。2016 年 11 月，《"十三五"生态环境保护规划》指出，2017 年年底前，完成生态环境损害赔偿制度改革试点，自 2018 年起，在全国试行生态环境损害赔偿制度，到 2020 年，力争在全国范围内初步建立责任明确、途径畅通、技术规范、保障有力、赔偿到位、修复有效的生态环境损害赔偿制度。在试点阶段，各试点省（市）纷纷出台生态环境损害赔偿制度改革试点实施方案，明确生态环境损害范畴和生态环境损害责任认定，制定生态环境损害赔偿方案，包括赔偿范围、责任主体、索赔主体、损害赔偿解决途径等内容，以及相关配套制度，并选择企业进行生态环境损害赔偿试点。例如，贵州发布《贵州省生态环境损害赔偿制度改革试点工作实施方案》，成为全国首个启动生态环境损害赔偿制度改革试点工作的省份，制定了贵州省进行生态环境损害赔偿制度改革试点工作的时间表，确定启动条件和管辖职责、赔偿范围、赔偿义务人、赔偿权利人、生态环境损害鉴定评估、建立健全生态环境损害赔偿基金管理使用制度等 9 项试点内容。《贵州省生态环境损害赔偿制度改革试点工作实施方案》还建立了行政协议司法登记确认制度，提出可以到有管辖权的生态环境法庭进行司法登记确认赔偿协议；建立了贵州省生态环境损害赔偿基金会，有效规范管理和合理使用赔偿金。吉林省成立吉林中实司法鉴定中心，作为生态环境损害司法鉴定评估机构，开展污染物性质、地表水和沉积物生态环境损害、空气污染生态环境损害、土壤与地下水生态环境损害，以及其他类（噪声、振动生态环境损害）的鉴定工作，为生态环境损害赔偿提供技术支持。2017 年 12 月中共中央办公厅、国务院办公厅印发《生态环境损害赔偿制度改革方案》，提出自 2018 年 1 月 1 日起，在全国试行生态环境损害赔偿制度，以从全国范围提高生态环境损害赔偿和修复的效率，标志着生态环境损害赔偿制度从先行试点阶段进入到全国试行阶段。

《生态环境损害赔偿制度改革方案》明确了生态环境损害赔偿制度改革的总体要求和目标，明确生态环境损害赔偿范围、责任主体、索赔主体、损害赔偿解决途径，形成相应的鉴定评估管理和技术体系、资金保障和运行机制。制定了生态环境损害赔偿的工作原则、适用范围、工作内容、保障措施等。

生态环境损害赔偿范围包括直接费用和间接损失，直接费用包括清除污染费用、生态环境修复费用、生态环境损害赔偿调查鉴定评估费用等，间接费用包括生态环境修复期间服务功能的损失、生态环境功能永久性损害造成的损失等。本着应赔尽赔、谁损害谁赔偿的原则，确定赔偿义务人和赔偿权利人。赔偿义务人是指违反法律法规，造成生态环境损害的单位或个人，为损害主体、赔偿主体和责任主体。赔偿权利人是指省级、市地级政府（包括直辖市所辖的区县级政府），是受损主体和赔偿客体。

9.5.4 环境保护督察制度

2015 年，中国通过了《环境保护督察方案（试行）》《关于开展领导干部自然资源资产离任审计的试点方案》和《党政领导干部生态环境损害责任追究办法（试行）》等文件，建立环保督察机制，明确环保督察的对象、组织、内容和程序，是推进生态文明建设和环境保护工作的一项重大制度安排和重要创新举措。

建立督察制度以来，中央环保督察组对北京、天津、内蒙古、黑龙江、江苏等多个省（区、市）开展环保督察，督察中央、国务院环境保护重大决策部署，督察环境保护法律法规和国家环境保护计划、规划、重要政策措施，督察突出环境问题及处理情况，督察责任落实情况，以及《大气污染防治行动计划》《水污染防治行动计划》的落实情况和近年来发生的环境污染重大事件。

政府高度重视督察整改，认真研究制定整改方案。目前整改方案已经党中央、国务院审核同意。为回应社会关切，便于社会监督，传导督察压力，根据《环境保护督察方案（试行）》要求，经国家环境保护督察办公室协调，7 省（市）统一对外全面公开督察整改方案。

各省（区、市）均十分重视督察整改意见，迅速确定整改任务，制定整改措施，内容包括：树立绿色发展理念和提高环保意识，加快产业结构和能源结构调整；打好大气、水、土壤环境治理攻坚战，解决突出环境问题；建立健全环保长效机制；等。保障措施主要包括加强组织领导、严格责任追究、强化督办落实、加大整改宣传等内容。整改方案还进一步细化明确责任单位、整改目标、整改措施和整改时限，实行拉条挂账、督办落实、办结销号，基本做到了可检查、可考核、可问责。

环境保护督察制度的实施以及整改方案的落实是深入推进生态环境保护工作的关键举措，重点解决省级党委和政府突出环境问题等情况，强化环境保护党政同责和一岗双责制度落实，推动督察地区生态文明建设和环境保护，促进绿色发展。

9.5.5 建立生态文明建设目标评价考核办法

改革考核评价制度，建立完善体现生态文明和环保要求的政绩考核评价体系，对于引导地方政府和领导干部树立正确的政绩观、更加重视环境保护工作、推动环境治理取得实效具有重要作用。

为落实党的十八大和十八届三中全会要求，落实《关于改进地方党政领导班子和领导干部政绩考核工作的通知》《环境保护法》《关于加快推进生态文明建设的意见》等法律及文件要求，改革和完善干部考核评价制度，建立体现生态文明要求的目标体系、考核办法、奖惩机制，将环保目标完成情况纳入政府政绩考核内容，2016 年中办、国办印发《生态文明建设目标评价考核办法》，明确提出要考察各地区生态文明建设重点目标任务完成情况，强化党委政府生态文明建设的主体责任。各省、自治区、直辖市纷纷制定省级生态文明建设目标评价考核办法，将其作为党政领导干部环保目标责任考核的重要参考，并纳入生态文明建设目标考核。

9.6　环境治理体制改革展望

政府在环境治理体系中发挥主导作用，通过完善法律体系、建立管理体制，引导企业和公众开展环境治理，保护生态环境。但政府在提供环境治理监管和服务时会面临政府失灵的风险。企业是环境治理的主体，既是环境污染的排放主体，也是环境治理的重要贡献力量，有来自环境成本内部化和公众环境需求满足的双重驱动力，同时也面临成本和利润压力，企业参与环境治理离不开公众的监督和政府主体提供的市场方式支持。环境污染直接威胁公众健康和安全，公众具有参与环境治理主动性，但公众的环保意识和环境教育以及参与渠道限制我国公众参与环境治理的程度。环境治理体系的建设需要构建多中心参与环境治理的模式，共同发挥政府、企业、公众的作用，形成政府主导法律制度以及市场支撑作用和监督职能，企业控制排污并增加环境治理投资，公众多途径参与局面。

在具体制度上，制定完善国土空间开发保护、国家公园、空间规划、海洋、耕地质量保护、草原保护、湿地保护、排污许可、生态环境损害赔偿等方面的法律法规，建立重点区域协调发展、环境治理统一监管制度，积极开展试点试验，充分发挥中央和地方两个积极性，引导舆论，加强督促落实，服务于污染防治攻坚战，不断完善优化治理体系和保障体制。

参考文献

［1］　王尔德.新时代生态环境管理体制改革和完善治理体系的路线图——专访中国科学院科技战略咨询研究院副院长王毅.中国环境管理，2017，9（6）：20-22.

［2］　罗会钧，许名健.习近平生态观的四个基本维度及当代意蕴.中南林业科技大学学报（社会科学版），2018，12（2）：1-5，18.

［3］　王名，邢宇宙.多元共治视角下我国环境治理体制重构探析.思想战线，2016，42（4）：158-162.

［4］　周利海.对我国环境法"三同时"制度的分析与反思.长春：吉林大学，2014.

［5］　袁鹰.论我国政府环境保护目标责任制.长沙：湖南师范大学，2014.

［6］　窦欣童.论政府环境保护目标责任制和考核评价制度.长春：吉林大学，2017.

［7］　朱雷.污染集中控制中存在的问题及对策研究.科技创新与应用，2015（27）：175.

［8］　贾文涛，章宇，李佳瑶.浅谈排污权有偿使用与排污收费制度的发展.法制与社会，2018，（23）：38-39.

［9］　西安市雁塔区西北政治大学　许阿九.浅谈排污收费制度的现状和完善建议.山西青年报，2017-07-22（004）.

［10］　赵银慧.浅析"城市环境综合整治定量考核"制度.环境监测管理与技术，2010，22（6）：66-68.

［11］　章维超，林晓东.完善我国环境影响评价制度的研究.低碳世界，2018（5）：23-24.

［12］　赵嘉贝.我国"三同时"制度存在的问题及解决对策研究.开封教育学院学报，2017，37（12）：236-237.

［13］　陈蕃.我国环境影响评价制度研究.长沙：湖南大学，2018.

［14］　环境保护部，中国科学院.全国生态功能区划（修编版）.2015.

［15］　环境保护部.全国生态脆弱区保护规划纲要.2008.

［16］　铁燕.中国环境管理体制改革研究.武汉：武汉大学，2010.

［17］　齐珊娜.中国环境管理的发展规律及其改革策略研究.天津：南开大学，2012.

［18］　左佳.完善中国环境规制法律体系研究.沈阳：辽宁大学，2009.

［19］ 刘爱军.生态文明视野下的环境立法研究.青岛：中国海洋大学，2006.

［20］ 冯亮.生态文明进程中的环境法制建设.沈阳：中共辽宁省委党校，2009.

［21］ 岳文飞.生态文明背景下中国环保产业发展机制研究.长春：吉林大学，2016.

［22］ 张庆彩.当代中国环境法治的演进及趋势研究——基于国际环境安全视角的分析.南京：南京大学，2010.

［23］ 韩杰.政府环境法律义务研究.重庆：重庆大学，2013.

［24］ 严平艳.我国政府环境责任问责制度研究.重庆：重庆大学，2013.

［25］ 朱国华.我国环境治理中的政府环境责任研究.南昌：南昌大学，2016.

［26］ 吕怡然.我国环境保护政府职责研究.沈阳：辽宁大学，2014.

［27］ 史越.跨域治理视角下的中国式流域治理模式分析.济南：山东大学，2014.

［28］ 王兆平.环境公众参与权的法律保障机制研究——以《奥胡斯公约》为中心.武汉：武汉大学，2011.

［29］ 覃西藩.地方政府环境责任论——以融水县融江水质调查为例.南宁：广西大学，2012.

［30］ 卫益锋.《环境保护法》中政府环境责任问题研究.重庆：西南大学，2014.

10 生态金融体制建设

【摘要】 生态文明建设应考虑建立高效生态经济系统，即可以与生态相融合的生态经济体系。生态金融是生态文明体系的重要组成部分之一。生态金融也称为绿色金融，是指为支持环境改善、应对气候变化和资源节约高效利用的经济活动所提供的金融服务。生态金融体制建设旨在有效协调生态与金融的关系，运用金融工具和金融市场功能来推进生态文明建设，将资源能源节约理念落实到企业微观层面，加大企业环境保护力度，增加企业环境违法成本，从而更好应对气候变化，实现人与自然和谐共生的目标。本章讨论了如何建设绿色信贷体制，完善动态跟踪监测机制和信息沟通机制，提升绿色金融支持高质量发展和绿色转型的能力；如何建设绿色保险体制，推进环境污染强制保险制度、巨灾保险制度、农牧业灾害保险制度，加快绿色保险产品和服务创新；如何建设绿色证券体制，完善上市公司环保核查制度、上市公司环境披露制度、上市公司环境绩效评估制度；如何建设环境权益交易体制，加快完善包括碳排放权交易制度、排污权交易制度等在内的环境权益交易制度体系。

10.1 绿色信贷体制建设

10.1.1 绿色信贷的内涵

绿色信贷，是指银行等金融机构，在对客户开展授信业务时要考察客户的环境影响，据此采取差别利率的贷款政策，即金融机构通过信贷手段控制资金流向，落实生态文明建设的政策和制度安排，推动节能减排和绿色发展实践。绿色信贷也被称为可持续融资或环境融资。

绿色信贷的概念最早起源于联邦德国，其于1974年成立了世界上第一家政策性环保银行。绿色信贷是一种融资政策导向，对于环境友好型企业、项目和环保产业进行政策扶持并建立激励机制，限制破坏环境、过度消耗资源和高污染性产业企业和项目的贷款。绿色信贷制度就是将金融市场工具与环境保护政策融合的一种调控手段，也是生态文明建设下促进可持续发展，推进人与自然和谐共生的一种政策。绿色信贷的发展目标包括：第一，将生态环境保护相关指标纳入信贷投放决策和银行业等金融机构业绩考核。运用金融杠杆推动企业转变生产经营方式，主动放弃破坏环境、消耗资源的粗放型经营模式，实现向节能降耗、节约资源的集约化发展方式转型，使整个社会跳出"先污染后治理、再污染再治理"的发展怪圈。第二，出于人类发展的长远利益，以金融手段支持环保产业、低碳经济等社会效益大于经济效益的相关产业发展，用良好的生态环境所产生的经济效益回馈金融业，实现现代金融业与生态经济的相互支撑、共生共荣。

我国绿色信贷的发展主要从不断完善国家政策体系和不断推广银行相关业务两个层面进行实践。国家通过宏观信贷政策的制定，对不同类型的企业制定差异化政策，引导商业银行在向企业提供贷款时要对企业是否符合国家环保标准进行评估，起到国家宏观调控推动绿色发展的作用。银行在落实国家绿色信贷政策具体实践时，主要有两方面的举措：一是对于高耗能、高污染以及不符合国家环境保护标准的企业，制定较高的贷款利率和较短的贷款期限，甚至可以拒绝为其授信。银行通过控制高污染企业资金来源限制其扩张，加快其退出市场。二是对于严格遵守国家环境保护标准的企业，通过降低贷款利率和提供较长期限的贷款促进其快速发展壮大，引导社会资本共同参与支持低碳循环产业、新能源产业以及绿色产业发展。

10.1.2 绿色信贷政策体系构建

10.1.2.1 中国绿色信贷政策发展历程

（1）绿色信贷政策雏形阶段

1995 年出台的《关于贯彻信贷政策与加强环境保护工作有关问题的通知》（银发〔1995〕24 号），明确规定银行要把环境保护有关内容纳入信贷审核标准中，要求银行在发放贷款时考虑企业的资源耗损和对环境的污染程度，要求银行对于环保标准未达标企业和没有执行环境影响报告审批制度的企业项目，坚决不能发放贷款；对于有利于环境保护的项目，银行等金融机构应提供优惠的政策，积极给予融资支持。这一政策的推出标志着我国绿色信贷政策初具雏形，体现我国开始运用现代金融手段来推动企业在生产经营过程中更加重视对资源环境的保护。

（2）绿色信贷起步发展阶段

2006 年，国务院制定并出台了国家"十一五"期间有关节能减排工作方案，明确要求金融部门制定促进节能减排的政策措施。2007 年出台的《关于落实环境保护政策法规防范信贷风险的意见》强调金融、环保等相关部门加强合作与联动，实现通过严格信贷管理支持环境保护，通过强化环境监管促进信贷安全。这项政策的出台标志我国绿色信贷政策开始起步。

2007 年 11 月出台的《节能减排授信工作指导意见》要求金融业从自身业务出发，贯彻落实国家节能减排战略，调整优化信贷资金流向和结构，确保银行业安全稳健运行，有效防范信贷风险，防范高耗能、高污染企业和项目对银行造成的各类风险，推动国家整体经济结构转型升级。

2008 年我国颁布了《中华人民共和国循环经济促进法》，提出信贷政策要促进循环产业和绿色经济发展，要求银行业在信贷审批中加入环保审查，通过拒绝提供信贷支持推动对环境造成重大污染的企业和项目退出市场。

2010 年我国工业和信息化部出台了《关于钢铁工业节能减排的指导意见》，要求钢铁行业加快产业结构调整和升级，实现节能减排。文件提出要加强对节能服务公司的资金和政策扶持，引导金融信贷机构加强信贷支持。

（3）绿色信贷体系不断完善阶段

党的十八大以来，在"五位一体"总体布局的引领下，我国将生态文明建设作为发展的核心内容，提出"创新、协调、绿色、开放、共享"的新发展理念。在此背景下，为了贯彻落实绿色发展理念，实现"五位一体"的总体布局，2012 年出台的《绿色信贷指引》提出发展绿色信贷。《绿色信贷指引》将发展绿色信贷上升至战略高度，要求银行业金融机构大力促进节能减排和环境保护，并更好地服务实体经济。同年，中国银监会发布《银行业金融机构绩效考评监管指引》(银监发〔2012〕34 号)，要求银行业金融机构在绩效考评中设置社会责任类指标。

2013 年出台的《关于绿色信贷工作的意见》(银监办发〔2013〕40 号)，要求将绿色信贷理念融入银行经营活动和监管工作中，银行业主动自觉从生态文明建设大局出发，积极开展绿色信贷业务。同年，中国银监会制定了《绿色信贷统计制度》(银监办发〔2013〕185 号)，要求银行统计自身所涉及的环境、重大安全风险企业贷款，节能环保项目及服务贷款。

2014 年，修订版《环境保护法》颁布，为保护和改善环境提供法律支持。2014 年发布的《绿色信贷实施情况关键评价指标》(银监办发〔2014〕186 号)，明确了绿色信贷实施关键评价指标，要求银行业开展绿色信贷实施情况自评价工作。

2015 年 1 月 19 日，中国银监会与国家发改委联合发布《能效信贷指引》。同年，中国银监会下发《中国银监会办公厅关于下发绿色信贷实施情况自评价两个模板的通知》。2015 年 5 月，国务院授权发布《关于加快推进生态文明建设的意见》，落实"五位一体"总体布局和新发展理念，将生态文明建设放在中国特色社会主义建设核心位置，从国家层面高度重视生态文明建设。

2015 年出台的《生态文明体制改革总体方案》被社会各界誉为生态文明建设和相关深化改革的顶层设计和总体规划部署。方案提出建立绿色金融体系，推广绿色信贷，鼓励各类金融机构加大绿色信贷的发放力度。

2016 年，中国银监会授权银行业协会制定并出台绿色银行评价制度，督促银行业金融机构积极拓展绿色金融业务，并加强环境和社会风险管理。2015 年至 2016 年，全国二十一家主要银行进行了两轮绿色信贷实施情况自评价。2016 年 3 月，全国人大通过了《国民经济和社会发展第十三个五年规划纲要》，明确提出"建立绿色金融体系，发展绿色信贷"等内容，增加了环境质量的考核指标，并首次将 $PM_{2.5}$（细颗粒物）写入指标。

2018 年，中国人民银行颁布了《银行业存款类金融机构绿色信贷业绩评价方案（试行）》，旨在进一步推动绿色信贷发展，助力向绿色经济转型，实现高质量发展。绿色信贷业绩评价设置定量和定性两类评价指标。中国人民银行依据定性指标体系并综合考虑银行业存款类金融机构日常经营情况确定绿色信贷业绩评价定性得分。绿色信贷业绩评价每季度开展一次，定性指标和定量指标在业绩评价中的权重占比分别为 20% 和 80%。

除此之外，国家还陆续颁布了"水十条""气十条""土十条"，即《水污染防治行动计划》《大气污染防治行动计划》《土壤污染防治行动计划》等政策法规。伴随着国家生态文明建设不断推进，中国的绿色信贷政策体系也开始加快发展和不断完善。

10.1.2.2　中国绿色信贷体系的构建

中国目前的绿色信贷体系架构已经确立，其中核心纲领性文件为《绿色信贷指引》（银监办发〔2012〕4号），同时确立了绿色信贷统计制度和考核评价机制，并据此开展绿色信贷绩效评价，激励相关机构拓展绿色信贷业务。

（1）《绿色信贷指引》

《绿色信贷指引》既是我国绿色信贷制度体系的核心文件，也是境内所有银行业金融机构开展绿色信贷业务的纲领性文件。该指引适用于任何在我国境内依法设立的开展信贷业务的金融机构，包括商业银行、政策性银行、农村合作银行、农村信用社等。

《绿色信贷指引》认为绿色信贷应发挥三个方面的作用：一是银行发挥金融资产配置的功能，将资金重点配置到低碳、循环、绿色、生态、环保等领域，推动绿色产业、环保产业、循环产业的发展。二是推动建立全面的环境和社会风险管理体系，通过银行等金融机构加强环境和社会风险管理。银行等金融机构在向客户提供融资服务时，揭示评估企业和项目潜在的环境与社会风险。三是银行制定相关融资政策，提升自身防控环境和社会风险水平，促进银行业的可持续发展。《绿色信贷指引》要求银行业金融机构从党和国家大局出发，站在中国经济发展整体向高质量发展转型的战略高度，通过增加对生态文明建设相关领域的信贷支持，降低信贷环境风险和社会风险，提高环境效益和社会效益，优化信贷结构，提高服务水平，促进经济发展方式转变。

该指引的发布不仅具有指导作用，而且具有重大的现实意义。第一，将资本导向绿色产业。引导银行业和金融机构减少或退出高污染、高能耗、产能过剩的产业，鼓励加大对低能耗、低排放、低污染地区以及节能环保产业、新能源、可再生能源等绿色产业的投资。第二，引导企业绿色发展。银行金融机构在指引的指导下，面对企业和项目融资时，将考虑到企业的环境和社会风险，对企业和项目的环境和社会风险做出动态评价和监测，绿色信贷形成的外部压力将迫使企业规范运作，从而防止和减少环境和社会风险。第三，促进银行自身的可持续发展。银行客户对环境和社会的损害，可能导致经营风险上升，损害银行的社会声誉，从而危及银行的可持续发展。实施绿色信贷，将环境和社会责任标准纳入银行与客户的合作中，不断进行动态评估和监测，有利于银行业金融机构环境和社会风险管理，从而实现可持续发展。

（2）《绿色信贷统计制度》

银监会的《绿色信贷统计制度》对银行业开展绿色信贷业务建立统一标准，进行总体规范，要求银行业等金融机构对绿色信贷服务等进行汇总分类，同时确立12类节能环保项目和服务的绿色信贷统计口径。

绿色信贷统计的意义在于，作为一项系统性、基础性工作，绿色信贷统计通过收集绿色信贷项目相关信息，为银行识别项目环境和社会风险，制定绿色信贷政策，创新绿色信贷产品等方面提供量化依据，是绿色信贷体系重要的内容之一。

该制度主要对如下四个方面的内容进行统计：第一，银行对产能落后，存在环境、安全等重大风险的企业信贷状况进行统计。第二，银行对生态环保相关项目实行绿色信贷情况进行统计。其中，节能环保项目的信贷服务主要是支持工业节水环保、可再生能源和清洁能源、节能建筑和绿色建筑工程、垃圾处理和污染防治工程、自然保护、生态修复和灾害防治、资源循环利用、绿色交通、城乡水项目、节能环保服务、绿色农业、绿色林业12类贷款项目。第三，银行对绿色信贷资产的质量评价。第四，银行对贷款支持的环保项目减排能力进行系统测算，包括标准煤、二氧化碳减排当量、化学需氧量、氨氮、二氧化硫、氮氧化物和节水 7 项指标。

（3）绿色信贷实施评价

未来我国绿色银行评级的依据和基础是 2014 年出台的《绿色信贷实施情况关键评价指标》（简称"绿色信贷 KPI"），该文件是目前绿色信贷评估的核心文件，具有很强的指导性。《绿色信贷实施情况关键评价指标》也是我国绿色信用体系的重要组成部分。

"绿色信贷 KPI"要求银行独立开展绿色信贷实施情况自我评价，并将绿色信贷理念融入银行的经营活动中，增强银行业绿色信用建设，促进生态文明的直观性和主动性，推动银行积极开展节能、环保等绿色金融产品创新。

银监会绿色信贷实施情况关键评价指标的设计主要集中在支持绿色低碳循环经济发展、加强环境和社会风险管理、改善环境和社会绩效等三个方面来评价银行的绿色信贷工作。评价指标主要包括定性评价指标和定量评价指标两类。

10.1.3　绿色信贷的运行机制建设

10.1.3.1　信贷准入机制

我国商业银行根据国家各部门出台的政策，对企业申请获得信贷支持进行环保相关审查。

一是进行企业分类管理。银行机构实施客户登记管理制度，并对不同表现的企业实施分类管理和差异化对待。对于严格落实环保政策、积极保护环境并且环保评价优良的企业，银行积极提供信贷支持；对于不执行国家环境保护政策或执行不力的企业，银行不发放贷款。依据出台的国家产业政策和环境政策，坚决遏制高能耗、高污染、产能过剩的行业企业过度增长，促进经济结构调整和增长方式转变。

二是对环境违法企业实行监督。银行针对已经发放贷款中受到环保监督的企业进行地毯式排查分析，确保银行资金安全，严格防控信贷风险。银行机构的检查分析，能够起到监督企业环境行为的作用，有利于促进全社会的生态文明建设。

三是拒绝对污染企业授信。严格限制银行业等金融机构向高污染行业企业授信，确保商业银行贷出资金的可回收性，避免因为贷款企业的环境污染增加银行的信贷风险。银行业已经建立起完善的企业信用信息数据库，企业的环保违法相关行为将被录入信用信息，环保不达标严重失信的企业将很难获得银行的金融信贷支持。

10.1.3.2　信贷管理机制

（1）信用管理机制

银行等金融机构切实将企业环境保护行为与企业或项目的信用获得与信用评级相挂钩。主要从以下三个方面推进：

第一，所有向银行等金融机构申请贷款的企业或项目必须事先取得环境影响评价合格报告，必须符合区域总体规划和污染排放目标的要求，未经环境影响评估、评估不合格或未经环境影响评估主管部门审批的企业和项目不能获得贷款。第二，在批准贷款申请前，银行必须充分了解企业的环境保护评价情况。禁止银行业对存在环境违法行为并且受到环境保护部门处罚的企业发放贷款。第三，企业环保信息纳入信用评级、信用审查。降低存在环境违法行为企业的信用等级，银行不得对其增授信用，并根据企业实际情况适当压缩授信。

（2）动态跟踪监测机制

按照要求，银行对企业进行动态跟踪，针对企业的环保信息进行收集、分析、核实、预警、跟踪监督，对企业环境管理、整改验收各环节进行评估和风险监测。商业银行在绿色信贷中充分使用信息技术。在日常信用管理中，通过利用中国人民银行信用信息系统，随时更新企业环境信用；系统监督"区域限制审批"企业、国家环保总局发布的"绿色信贷黑名单"企业和项目；系统监测国家发展和改革委员会与国家安全生产监督管理总局联合公布的存在环境保护违法行为的煤矿。

（3）快速审批机制

开展节能环保、绿色生态类项目的企业在申请银行机构信贷支持时，可以申请纳入绿色信贷审批快速通道，优先审批发放，必要时启动联合评价程序，提高审查审批工作效率。

10.1.4 中国绿色信贷创新实践

10.1.4.1 中国绿色信贷总体规模效益

2007 年，我国绿色信贷制度正式确立，标志事件为中国人民银行、中国银行业监督管理委员会等部门出台《关于落实环保政策法规防范信贷风险的意见》。经过十多年的发展，我国绿色信贷市场已经初具规模，并取得良好的环境效益。

截至 2017 年 6 月底，我国银行业绿色信贷余额已经超过 8 万亿元，自 2013 年以来年均增长 14.5%。其中，节能环保项目和服务类贷款增速最为显著，2017 年已经超过 6 万亿元，年均增长 19.2%。绿色信贷在我国的环境效益正在逐步显现。以节能环保项目和服务贷款为例，截至 2017 年上半年，节能环保项目和服务贷款预计每年减排二氧化碳（CO_2） 4.91 亿吨、二氧化硫（SO_2） 464.53 万吨、氮氧化物（NO_x） 313.11 万吨、化学需氧量（COD）283.45 万吨、氨氮（NH_3-N） 26.76 万吨，节约标准煤 2.15 亿吨，节水 7.15 亿吨。

绿色信贷质量整体良好。总体比较，绿色信贷不良率远低于各项贷款整体不良水平。自 2013 年末至 2016 年末，21 家国内主要银行节能环保项目和服务贷款不良率分别为 0.32%、0.20%、0.42%、0.49%。截至 2017 年上半年，我国 21 家大银行的节能环保项目和服务不良贷款余额总量 241.7 亿元，不良率 0.37%，比各项贷款不良率低 1.32%。中国银保监会每半年通过网站披露 21 家大银行绿色信贷的总体情况，形成常态化绿色信贷统计信息披露机制。

10.1.4.2 代表性商业银行绿色信贷实践

兴业银行是中国第一家"赤道"银行，在国内商业银行中绿色信贷发展极具代表性。早在 2008 年，兴业银行就开始实施赤道原则。截至 2016 年末，兴业银行累计使用赤道原则完成项目 307 笔，所涉项目总投资为 11458.47 亿元，涉及 272 个客户，项目不良贷款率不足 0.1%。同期，该行累计为超过一万个环保企业或项目提供绿色信贷融资，融资金额超过 1 万亿元，支持的项目已可实现每年节约标准煤 2647 万吨、减排 CO_2 7408 万吨、节水 3.04 亿吨，实现了银行、企业、环境、社会等多方面共赢。

目前，兴业银行在金融业务的各个部门都提供绿色融资服务，涵盖低碳经济、循环经济和生态经济三个主要领域。兴业银行在包括长江三角洲、珠江三角洲、环渤海区域、东北地区、中部和西部、海西等主要的经济区开展绿色融资项目，切实履行金融业的环境保护责任，支持绿色发展。通过遵守践行赤道原则，兴业银行在运营管理、风险防控和盈利能力等方面全方位实现了改进和提升。

第一，在制度体系方面，兴业银行以节能环保为重点，分析和总结相关行业、地区和客户群体的特点，规范经营管理、指导业务操作，提升风险控制能力，初步建立健全绿色信贷体系。兴业银行建立了"赤道原则"项目执行制度体系，具体包括基础制度、管理办法、操作规程等内容。对于符合"赤道原则"的项目，兴业银行对其进行抽查评价、现场检查、第三方机构审计，通过这些方法，发现"赤道原则"项目执行制度体系潜在的缺陷，进一步完善管理流程，提升项目执行制度的可操作性。第二，在组织架构方面，兴业银行坚持走专业化发展道路，将绿色信贷纳入全行整体组织架构设计，建立绿色信贷专职业务管理部门，以此为核心完善全行绿色信贷组织架构。兴业银行总行设立环境金融部，专业化主管绿色金融相关业务开展情况。同时，兴业银行在分支机构也设立了相应的管理部门和经营机构，配备了专职人员，并设立了专门的企业社会责任管理部门。第三，在技术更新方面，兴业银行积极发展电子银行，上线了"环境与社会风险管理模块"系统，运用现代化信息技术实现项目评审和分类更加高效、精确。第四，在服务增值方面，兴业银行不仅提供信贷服务，还帮助客户创造价值，帮助企业管理和防范潜在的环境和社会风险，运用"赤道原则"倡导的环境和社会风险评估工具做出风险评估，促进市场、客户、经营理念和模式创新，实现客户、银行、环境和社会的合作共赢。第五，在风险防控方面，兴业银行运用"赤道原则"，严格防范产能过剩行业贷款的环境与社会风险，不断调整业务模式和盈利结构，不断开拓新的盈利方式，实现绿色可持续发展。

10.2　绿色保险体制建设

10.2.1　绿色保险的概念与内涵

绿色保险是指把企业因环境污染、生态环境破坏或食品安全等问题造成的第三者的人身伤亡、财产损失等侵权损失，依法应承担的赔偿责任作为保险标准的内容的保险。绿色保险也被称为生态保险。

绿色保险有三个层面的内涵。第一，绿色保险是指与环境保护直接相关的保险产品和与生态环境保护有关的保险业务。第二，绿色保险也意味着保险公司可以发挥其风险管理功能，减小损失事故发生的概率，减少环境污染相关事故造成的损失，从而起到防灾减灾、节约资源和保护环境的作用。第三，绿色保险代表了保险业的发展理念。保险公司将绿色发展理念融入产品设计、资金利用、管理和服务中，树立绿色友好的企业形象，有利于市场环境的健康发展，最终达到企业与绿色经济共同发展的局面。按照保险内容来划分，绿色保险主要分为环境污染责任保险、生态责任保险和食品安全责任保险。

10.2.2　发达国家绿色保险制度

西方发达国家建立的绿色保险制度主要包括强制责任保险、任意责任保险、强制保险制度与财务保证相结合等内容。

10.2.2.1　强制责任保险

美国是采用强制责任保险的代表性国家。美国实施污染法律责任保险，用来赔偿被保险人因其所在地污染而给第三方造成的人身伤亡损失和财产损失。美国的污染法律责任保险制度包括自有场地管理责任保险和环境损害责任保险。自有场地管理责任保险能够在约定的限额内赔偿被保险人因为污染自有场地而产生的环境治理费用。环境损害责任保险能够在约定的限额内赔偿被保险人因为污染环境而导致的他人生命财产损失。同时为了维护保险人的利益，积极敦促被保险人保护环境，保险人一般情况下把恶意污染作为责任免除情况，而且对保险单的保障范围作出严格规定。而且，环境责任保险的保单一般也将被保险人本人所有及其照顾的财产由于受到环境污染而遭受的损失视为排除责任。美国有专门的机构负责销售并承保绿色保险产品，采用强制责任保险模式。环境损害赔偿责任主要适用于有毒物质的排放和废弃物处理，尤其是重污染行业，如石油、农药等。

20 世纪 70 年代，根据《资源保护和恢复法案》，美国环境保护署署长可以为废物的处置、储存制定相关的控制标准。美国颁布行政命令后，要求所有业主估计对他人造成损害的赔偿责任费用，并将索赔的时效延长至 30 年，包括污染控制治理费用和属地的清理费用等。对突发性事故和意外事故的保险额度也制定了差异化的标准。

10.2.2.2　任意责任保险

法国是采取任意责任保险模式的典型代表国家。法国采取灵活渐进的方式，绿色保险主要以自愿保险为主，强制保险为辅。一般来说，企业自己决定是否投保环境责任险，并对法律有特殊规定的情况，依法强制执行责任保险。法国采用两种方式来限定环境责任保险的承保责任范围。一种是列举法，即明确列举出在保障范围内的风险。另一种是排除法，明确列出排除在外的风险，除此以外的所有民事责任风险都受到保障。

早在 20 世纪 60 年代，法国还没有专业的环境污染损害保险，只有在必要的情况下，才会用传统的一般责任保险来承保企业可能发生的突发性水污染事故或空气污染事故。1977 年，法国组建污染再保险联盟（GARPOL）。GARPOL 借鉴英国在 1974 年提出的环境损害责任保险政策，承保累积的、连续的、协同的、潜在的环境污染事故。GARPOL 推出了污染特别保险产品，保险范围从意外、突发污染损害事故扩大到包括一次性、重复性、持续性事故所造成的环境破坏。法国还设立了技术委员会，提供面向保险人与被保险人的咨询服务，同时严格审查有关保险的多方面内容，如：保险人拟定的保单内容，包括风险的类型、性质和保险费用等；保险公司提出的加强污染防治设施等要求；被保险人对保险合同提出的修改要求等。

10.2.2.3　强制保险制度与财务保证相结合

在欧洲国家中，德国是实施环境责任保险较早的国家，也是采用强制责任保险与财务保证或担保相结合制度的代表性国家。1965 年，德国保险公司就开始赔偿由于水面逐渐污染而造成的损失。自 1991 年 1 月 1 日起，德国开始实施强制责任保险与财务保证或担保相结合的制度，以确保环境侵权行为的受害人能够得到及时有效的赔偿。

德国的《环境责任法》规定，"特定设施"的所有者因为存在重大环境责任风险，必须采取预防措施来履行特定义务，渠道包括与保险公司签订损害责任保险合同，或者获得州政府、联邦政府金融机构提供的财务担保或保证。对于违反规定的情况，相关部门可以全部或者部分禁止使用该设施，也可以对设施所有人判处有期徒刑或者罚款。由于法律层面的强制性规定，参保环境责任保险实际上成为持有特定设施企业的强制性法定义务，因为德国《环境责任法》规定，企业对环境污染负有推定责任（严格责任），即如果企业不能证明自己没有责任，就必须承担责任。企业有义务通过购买保险、获得政府担保、获得银行担保等必要的防范措施，来防范、化解环境风险。但在实践中，企业很难获得政府或银行的担保，因此在德国无论是公营还是私营企业，都采取购买保险的方式来满足法律的要求。德国保险公司规定，环境责任险的赔偿范围仅包括企业因生产经营的意外事故而产生的责任，并且规定受害人必须要求赔偿。对于那些对环境漠不关心的企业，即使是购买了保险也得不到经济补偿。

10.2.3 中国绿色保险制度的发展

我国经济迅速发展，有时会出现重大环境污染事件。有些环境事故爆发后企业直接倒闭，环境修复和补偿的费用无人承担，这也进一步增加了地方政府的财政风险。为了有效化解环境事故风险，发展绿色保险制度在我国受到广泛重视。2007年12月，《关于环境污染责任保险工作的指导意见》出台，标志着绿色保险制度在中国正式建立起来。

10.2.3.1 环境污染强制责任保险制度

20世纪90年代初以来，为了应对日益严重的污染和环境问题，我国提出了绿色保险制度。1991年，我国开始在东北地区的长春、吉林、大连、沈阳等城市进行绿色保险试点。2007年我国出台了《关于环境污染责任保险工作的指导意见》，正式开展环境污染责任保险的试点工作。2008年6月国务院出台《关于保险业改革发展的若干意见》，各级环保部门和全国各地保险公司开始积极落实绿色保险制度，创新绿色保险产品。2008年全国环境污染责任保险试点工作在江苏、湖北、湖南、重庆、深圳等地积极展开。2016年《关于构建绿色金融体系的指导意见》出台，要求在环境高风险行业建立环境污染强制责任保险制度。

2017年6月，环境保护部和保监会公开征求《环境污染强制责任保险管理办法（征求意见稿）》的意见，标志着我国环境污染责任险开始走上立法的轨道。2018年《环境污染强制责任保险管理办法（草案）》出台，进一步规范健全了环境污染强制责任保险制度，丰富了生态环境保护市场手段。

当今，全国大部分省份已经开展了环境污染强制保险，重点覆盖了重污染高风险行业。我国保险机构已累计为相关企业提供风险保障资金超过1300亿元。2016年，全国企业投保环境污染责任险达到1.44万家次，累计缴纳保险费用总额达到2.84亿元。保险公司总共为企业提供263.73亿元的风险保障金。与投保企业缴纳的保费相比，企业的风险保障能力扩大近93倍。我国国内的主要保险公司都积极参与了绿色保险试点工作，推出的保险产品从开始时的四种拓展到现在的二十多种。

绿色保险在防范环境风险，补偿污染受害者，推动环境保护事中、事后监管方面发挥了积极作用。第一，如果一家企业造成生态环境破坏，将依照"环境有价、损害担责"的原则，严格按照规定的标准、程序和补偿的范围，承担赔偿责任。这必然会促使企业通过购买环境责任保险来化解环境风险，保证生产经营的正常进行。第二，保险机构积极参与绿色保险制度实施，能够促进企业全面风险管理体系的建立。第三，保险机构参与绿色保险制度实施，为了规避自身存在的潜在风险，保险机构将有动力建立完善的环境实时动态监测和预警机制。第四，保险机构利用价格的杠杆作用，将绿色保险费率与企业环境风险管理能力相挂钩，推动企业更新技术、淘汰落后产能，实现绿色发展。

10.2.3.2 巨灾保险制度

巨灾保险制度是绿色保险的重要组成部分。2013年11月，党的十八届三中全会明确提出建立巨灾保险制度。2014年8月13日，《国务院关于加快发展现代保险服务业的若干意见》确立了"建立巨灾保险制度"的指导意见。2014年7月，深圳在全国开展第一个巨灾保险试点，此后宁波、云南、四川、广东、黑龙江、厦门、河北等地相继开展巨灾保险试点。巨灾保险试点的开展，有效提高了抗灾救灾能力，切实发挥了巨灾保险补偿和保障作用。宁波市2015年、2016年发生台风，保险公司共赔付8900多万元；云南大理2015年、2016年发生两次地震，保险公司共计赔付了3500多万元；广东省2016年出现台风，保险公司赔付了2100万元；黑龙江农业财政巨灾保险2016年赔付金额超过7200万元。2016年5月，保监会和财政部联合印发《关于建立城乡居民住宅地震巨灾保险制度实施方案的通知》，标志着巨灾保险制度开始在更广的范围推行。与此同时，地震巨灾保险运营平台正式运营，截止到2016年年底，总共出售保单数量达到18万笔，提供风险保障金达177.6亿元。

10.2.3.3 农牧业灾害保险制度

目前农牧业灾害保险已经覆盖全国，成为绿色保险的重要组成部分。各地都结合本地实际，开展各类涉农牧业灾害保险，并实现病死牲畜无害化处理与农险理赔联动。贵州已先后启动了烤烟、茶叶、中药材、火龙果、母牛、育肥猪、猕猴桃、辣椒、梅花鹿等多个涉农保险，广西启动糖料蔗价格指数保险试点，大连已开展玉米、水稻、海珍品养殖风力指数、藻类养殖风力指数、海水鱼养殖等26个涉农保险。截至2016年，农业保险的保费收入达到417.7亿元，参保农户达到1.9亿户次。农业保险累计提供风险保障金总额达到1.42万亿元。仅南方洪涝灾害一项，农业保险就支付理赔款超过70亿元。农产品目标价格保险试点拓展到全国31个省市，"保险＋期货"试点在6个省推开。

10.2.3.4 绿色保险产品和服务创新

2016年《关于绿色金融体系建设指导意见》（简称《指导意见》）出台，明确提出发展绿色保险，鼓励和支持保险机构参与环境风险管理体系建设，为发展绿色保险指明了方向和路径。在保险产品开发领域，《指导意见》鼓励和支持保险机构创新绿色保险产品和服务。该《指导意见》还包括保险资金的使用，建议鼓励养老基金、保险基金和其他长期基金进行绿色投资，并鼓励投资者发布绿色投资责任报告，提高机构投资者分析与其投资产品有关的环境风险和碳排放的能力，并针对环境和气候因素对机构投资者（特别是保险公司）的影响进行压力测试。保险机构在承保绿色保险的同时，充分发挥风险管理专业优势，积极面向企业开展风险监测、风险评估，及时提示风险隐患，并向社会公众宣传和普及风险管理知识。绿色保险作为绿色金融体系的重要组成部分，是履行社会责任和创造社会价值的主体，在推动国家绿色金融战略中发挥着越来越重要的作用。

10.3 绿色证券体制建设

绿色证券制度是仅次于绿色信贷和绿色保险的生态金融制度，旨在通过引导社会资本流向，限制高能耗高污染行业发展，培育绿色生态环保产业发展，推动我国生态文明建设。绿色证券制度的出台，能够降低绿色经济相关企业的融资成本，拓展企业融资渠道和来源，推动中国实现高质量发展和绿色转型。自2001年以来，我国绿色证券制度内容不断调整和完善，已经成为生态金融体系的重要组成部分。

10.3.1 上市环保核查制度的建立与退出

上市公司是资本市场价值创造的主体和源泉，其总体规模和社会影响力较强，如果上市企业出现环境污染行为，其破坏力和影响范围较为深远。考虑到上市公司对环境的重大影响，我国开始建立绿色证券机制。我国绿色证券机制的建立始于2001年《关于做好上市公司环保情况核查工作的通知》的出台，开始针对拟上市公司开展环保检查工作，防止资本市场资金投入重污染行业，继续破坏环境。该制度的推出对资本市场产生了较大的社会影响。2003年，国家环保总局进一步规定了环保核查的对象、内容，以及具体实施的要求和操作流程等。自2007年开始，重污染行业企业申请在资本市场上市，必须首先通过环保核查。2008年《关于加强上市公司环保监管工作的指导意见》出台，提出在上市公司环境信息披露制度、上市公司环境绩效评估等方面进行探索，逐步建立和完善我国的绿色证券制度。从2001年到2014年，上市环保核查制度成为当时防范和治理环境污染的重要政策工具。

10.3.1.1 上市公司环保核查的内容

上市公司环保核查涉及的企业数量多、行业范围广，进行核查的项目复杂，业主的要求高、时间要求紧。2003年，国家环境保护总局发布了《关于对申请上市的企业和申请再融资的上市企业进行环保核查的规定》，要求重点针对提出上市融资和再融资申请的重污染行业企业，及其分公司、全资子公司、控股子公司等进行环保核查。

原国家环境保护总局将火力发电、水泥、钢铁、电解铝、采矿等行业的企业认定为重污染行业企业。重污染行业的企业申请首次公开上市，以及上市后申请再融资并投资于重污染行业，必须接受严格的环保核查。

环保核查的内容主要包括：环境影响评价与"三同时"制度执行情况，污染物排放总量控制、工业固体废物和危险废物处置、重金属污染防治情况，企业经营活动中环境保护设施的运行、禁用物质的使用、环境污染事故的发生、企业的环境管理、清洁生产和环境信息披露情况，上次环保核查所承诺的环境任务是否完成。

10.3.1.2 上市公司环保核查的退出

2014年，我国废止了之前印发的关于上市环保核查的相关文件，停止受理及开展上市环保核查，上市环保核查制度正式退出。取消上市公司环保核查制度，一方面是由于在实践中发现上市公司环保核查制度存在一些问题。部分拟上市的污染企业采取"变通"的手段通过上市环保核查，完成企业上市以后，由于缺乏后续的监管，有的污染企业将募集所得资金继续投入高污染行业，反而加大了环境污染，有的污染企业成功获得融资之后拒不履行环保承诺，企业屡屡出现环境违法行为，引发的环境事故不时涌现。另一方面，党的十八届三中全会提出简政放权、转变政府职能的要求。取消上市公司环保核查制度也是落实十八届三中全会精神，减少政府行政干预，落实市场主体负责制的重大举措。

取消上市公司环保核查制度意味着我国绿色证券制度更加侧重于运用市场经济手段，通过信息公开披露的办法，达到强化上市公司和企业的环境保护主体责任的目的，进而推动环境治理体制和治理能力现代化。政府环境监管制度从严格控制市场准入向加强事中和事后监管转型。2015年《生态文明体制改革总体方案》出台，提出加强资本市场生态环境相关制度建设，我国绿色证券制度的主要内容转变为上市公司强制性环境信息披露制度。

10.3.2 上市公司环境信息披露制度

上市公司是市场经济中的佼佼者，其环境违法行为会对整个社会产生更大程度的影响。正因如此，公众有权知道上市公司在生产经营过程中是否合法履行了社会责任。上市公司应该充分满足公众的知情权，主动披露企业生产经营涉及的相关环境信息。如果企业存在严重的破坏环境行为，社会公众有权要求其纠正或停止侵权行为。

环境信息的披露对于企业自身发展、政府管理以及市场投资者也意义重大。企业可以根据披露的环境信息调整自身生产经营模式，实现企业经济效益和社会效益的协调。政府部门也能够依据披露的环境信息对企业的环境行为进行监督和管理。投资者和债权人能够依据企业披露的环境信息做出投资策略。如果企业存在严重的环境违法行为，投资人出于规避风险的考虑，将会降低对企业进行投资支持的意愿。

10.3.2.1 发达国家的经验

随着工业化进程的不断推进，全球性环境问题不断爆发，气候变化导致极端天气、突发性自然灾害不断涌现。发达国家首先意识到生态环境保护的重要性，纷纷开始要求上市公司披露环境信息。发达国家主要从两个方面具体进行推进：通过不断完善法律法规制度，强制上市公司披露环境信息；通过一些非政府组织（NGO）制定环境信息披露标准。NGO公布的标准包括披露形式、主题和详细的绩效指标等，要求的内容往往比强制性披露标准更详细。企业也可以选择自愿披露的标准和框架。

海外资本市场非常重视企业履行社会责任情况，并将其作为企业竞争力的重要方面。企业通过披露自身环境信息，提醒自身严格履行保护环境的社会责任，通过积极改造升级生产技术，提升企业资源能源利用效果，更好地防范企业环境风险，提升企业发展质量与竞争能力，促进国家长期绿色可持续发展和竞争力提高。1992年，欧盟要求企业必须在会计统计中加入环境信息，并作为企业重要的决策依据。1993年，美国在全世界率先将环境会计制度引入证券市场。美国证券交易委员会要求上市企业进行环境会计统计并上交环境绩效报告。

2014年欧盟修订了其审计准则，要求拥有500名以上员工的公司在审计报告中披露企业的环境、社会责任和公司治理信息（简称ESG信息）。2014年，近百家美国的上市公司提交了110份股东大会决议，论述气候变化、供应链问题与水资源相关风险等方面对企业可持续发展的挑战。全球主要证券交易所开始制定ESG信息披露标准和流程，并将ESG信息真实完整披露作为企业上市的先决条件。伦敦证券交易所、香港证券交易所等国际上知名的证券交易所，都纷纷将可持续发展报告视为公司长期盈利能力的一个重要因素。

10.3.2.2 环境信息披露的内容与形式

针对我国现行环境相关的法律法规尚需健全的现状，考虑到企业、民众、社会组织等有时难以获取全面、精确的环境信息，我国采用了政府主导型环境信息披露制度，由政府部门对环境信息进行管理和审查。根据环境信息内容、基本属性与内容特征，对环境信息披露提出不同的要求，一类为国家强制性披露环境信息，一类为企业自愿披露环境信息。

2017年6月，银监会与环境保护部通过签署合作协议的方式开展跨部门合作，共同推动上市公司强制性环境信息披露制度的建立和完善，敦促上市公司切实履行环境保护方面的社会责任。此后，证监会又进一步细化了上市公司环境信息的披露方式和内容。

证监会明确要求上市公司环境信息披露实施差异化分级制度，不同类型的上市公司差异化披露信息。证监会强制性要求上市公司中重点排污企业披露环境信息，需要详细披露排污信息、防治污染设施的建设和运行情况、建设项目环境影响评价情况，及其他环境保护行政许可情况、突发环境事件应急预案以及环境自行监测方案等具体信息。重点排污单位以外的其他上市公司参照上述要求披露其环境信息，实施"不遵守即解释"的原则，鼓励上市公司自愿披露环境信息，推动企业保护生态环境，防治环境污染。

10.3.2.3　环境信息披露的运行机制

第一，上市公司环境信息披露审核机制。上市公司披露环境信息应遵循特定的审核程序，依次进行企业内部审核、外部审核和监管部门审核。我国现行法律法规没有对企业环境信息披露的内部审计做出直接规定，但可以从部分政策规定中获得相关依据。内部审核方面，《上市公司信息披露办法》规定"上市公司应当制定可执行的信息披露管理制度，并明确披露程序以及相关负责人员的相应职责"，《中华人民共和国证券法》和《中华人民共和国会计法》也有企业内部审核、审计方面的相关规定。监管部门审核方面，我国主要采取事前登记与事后审查相结合的办法，按照辖区进行例行的巡回和专项检查。

第二，环境信息通报机制。生态环境部和中国证券监督管理委员会已经尝试建立跨部门信息通报机制。环境保护部门定期向证监会通报上市公司的环境信息披露落实情况，通报未按规定要求披露环境信息的上市公司名单，并同时向社会公众公布。

第三，监督与奖惩机制。在中国，证监会与环境保护部门相互配合进行有针对性、侧重点不同的企业环境监督管理。中国证券监督管理委员会、各级环境保护部门联合规定上市公司环境信息披露的具体内容和流程。我国在上市公司环境信息披露制度的执行中，主要以奖励为主，对于自愿进行环境信息披露并完成较好的上市企业，以优先安排资金等方式给予奖励。

10.3.3　上市公司环境绩效评估制度

上市公司环境绩效评估是指采用科学的评价方法建立完善的环境指标体系，并对上市公司的环境行为进行评价，得出相应的绩效，从而获得每家上市公司以及不同行业上市公司的平均环境绩效。

2008年，我国正式提出积极研究建立上市公司环境绩效评估制度。环境绩效评估制度是全球普遍采用的环境管理工具。许多国际环保组织将环境绩效评估引入中国，并用来评价中国的企业和项目，推动了我国整体环境管理水平的提升。例如，亚洲开发银行、经济合作与发展组织（OECD）等国际组织曾先后在云南省和广西壮族自治区等地区开展过区域环境绩效评价。我国也逐渐认识到建立包含环境绩效在内的上市公司绩效评价制度的必要性和重要性。我国现行环境绩效评价相关的法律法规仍有进一步健全的空间，针对企业进行定期环境绩效评价是绿色证券体系建设的重要组成部分。

上市公司环境绩效评估包括环境问题识别和环境指标体系分析两个步骤。首先，针对企业自身生产经营特点，构建相应的环境绩效指标体系。然后，根据企业生产经营中的相关环境数据，分析企业目前与既定的环境目标之间的差距。环境绩效评估的意义不仅仅是针对上市公司环境绩效做出客观评价，同时还为投资人提供了一种投资方向和环境风险控制的引导。上市企业可以通过参考环境绩效评价结果，全面梳理分析并改正企业在生产经营中存在的环境方面的问题和不足之处，从而制定相关措施进行改进。

10.3.4　完善绿色债券制度

绿色债券是绿色金融体系中的一种金融工具，绿色债券与普通债券的不同之处在于绿色债券将募集到的资金用于支持绿色产业项目的发展。

10.3.4.1 国外绿色债券制度实践

早在 2008 年全球金融危机之前，欧洲投资银行就发行了全球第一张气候债券。这是一个为期 5 年、价值总额为 6 亿欧元、信用评级为 AAA 级的债券，所筹资金用于可再生能源和能效项目的发展，为绿色债券制度的建立进行了有益探索。2008 年，世界银行发行了全球第一只绿色债券。自 2013 年以来，全球绿色债券市场开始快速发展，市场规模不断增大，产品不断创新。

2014 年，由全球主要商业银行和投资银行普遍公认的绿色债券原则（简称 GBP），为市场中的参与各方提供了指导性标准。GBP 由绿色债券原则执行委员会与国际资本市场协会共同制定。绿色债券发行机构、投资机构和承销商共同构成 GBP 执行委员会。绿色债券原则是一项自愿性指导方针，旨在提高绿色债券资讯披露的透明度，推动绿色债券市场健康发展。2014 年 4 月，国际资本市场协会（ICMA）被任命为 GBP 秘书长单位。2015 年 3 月，ICMA 与全球 130 多家金融机构共同推出了最新版的绿色债券原则。截至 2015 年年底，全球已有 103 家绿色债券发行人、承销商和投资者成为 GBP 的成员，50 多家机构遵守 GBP。

气候债券倡议组织（Climate Bond Initiative，CBI）是在全球市场上推广绿色债券的最活跃的非政府组织之一，旨在确保筹集到的资金能够满足低碳经济的要求。CBI 的目的是制定补充 GBP 的标准，并通过提供具体的实施指南，在行业层面界定什么是"绿色标准"。CBI 还在标准制定进程中与其他机构进行合作，以监督绿色债券的认证过程。

GBP 认为绿色债券作为一种绿色融资工具，应该突出其绿色属性，其收益应该完全或部分用于为新的或现有的绿色项目融资或再融资。绿色债券原则有四个部分的内容，包括资金用途、项目评价与过程选择、收益管理、报告。在国际市场上，国际金融公司（IFC）、亚洲开发银行（ADB）、欧洲投资银行（EIB）等国际性金融组织，以及一些主权国家政府都开始发行绿色债券。绿色债券已经发展为成熟的绿色金融产品。绿色债券具有融资时间长、融资成本低等方面的优势，因此受到投资者和项目融资者的普遍欢迎。

10.3.4.2 中国绿色债券制度发展

2015 年年底发布的绿色金融债券公告正式给出了绿色金融债券的界定标准。绿色金融债券是指金融机构法人依法发行的、募集资金用于支持绿色产业并按约定还本付息的有价证券。自此中国的金融机构和企业开始发行绿色债券。按照规定，绿色债券的发行和购买限制相对较少，企业、各级政府、银行均可发行，任何市场内的机构投资者、散户等均可购买。绿色债券的主要优点在于融资成本较低，资金错配的风险相对较小。2015 年 1 月，兴业银行申请发行绿色债券，并获准发行 300 亿元人民币的绿色金融债券。2015 年 6 月，贵州省贵阳市启动了价值 100 亿元的绿色债券的申报和发行。2015 年 7 月，北京市金融工作局、中国人民银行和北京节能环保中心等 16 家机构联合成立绿色债券联盟，旨在帮助国内外环保企业发行债券，拓展融资渠道。同月，中国银行帮助金风科技发行了价值 3 亿美元、票面利率为 2.5％、期限为 3 年的境外债券，这是中国企业发行的首只绿色债券。

2015 年 10 月，中国农业银行在伦敦发行了美元和人民币双币种的绿色债券。2015 年年底，我国国内发行的绿色金融债券产品正式进入银行间债券市场，当年中国绿色债券市场规模跃居世界首位，成为中国重要的生态金融市场之一。2017 年，我国绿色债券市场规模快速增长，相关政策法规不断完善，债券发行结构逐渐均衡，信息披露有所加强，第三方认证得到规范，国际合作不断推进，促进了中国绿色债券市场的持续健康发展，更好地服务实体经济的绿色可持续发展。自中国绿色债券市场启动以来，截至 2017 年末，中国境内和境外累计发行绿色债券 184 只，发行总量达到 4799.107 亿元，约占同期全球绿色债券发行规模的 30%。其中，境内发行 167 只，发行总量达到 4097.107 亿元。2017 年，中国绿色债券市场规模位居世界第二位，仅次于美国市场规模。美国、中国和法国的绿色债券发行规模占据全球总量的 56%。其中，2017 年中国在境内和境外累计发行 123 只绿色债券，包括绿色债券与绿色资产支持证券在内的资金总体规模接近 2500 亿元，同比增长 7.55%，占全球总量的四分之一左右。

10.4　环境权益交易体制建设

作为一种重要的解决资源和环境问题的政策工具，环境权益交易制度充分发挥市场在资源配置中的决定性作用，发挥市场"看不见的手"的调控机制，将政府的政策导向与市场机制相结合，是环境保护制度方面的重大创新。

10.4.1　我国环境权益交易制度的发展

近年来，我国环境权益交易制度逐步完善，其内部制度种类不断丰富。目前，中国的环境权益交易系统建立了包括碳排放权、排污权、用能权、用水权、节能量和绿色电力证书交易在内的六种具体交易制度，相互之间既有共性也有差异性，具体体现在建设目标、监管对象和监管手段等方面。根据不同类型的环境权益和建设目标，上述六套制度可分为排放权管理控制制度和资源开发利用权益管理控制制度。

我国颁布了一系列针对环境权益交易制度建设的相关政策法规，有效促进了环境权益交易制度的发展。顶层设计方面，中国阐明了一般框架下的环境权益交易制度建设方向，"十三五"规划、《生态文明体制改革总体方案》、《关于构建绿色金融体系的指导意见》等一系列政策文件明确了环境权益交易制度系统的相关内容，指出了建设的基本方向。此外，针对一个特定的环境权益交易制度系统，有关部门也阐明了该系统建设的主要内容并从国家层面通过引入相应政策法规予以保证。试点地区在遵循国家法律法规政策思想和基本要求的基础上，相继推出一些地方性的法规、政策进行配套，由此保证试点地区相关工作的开展。

中国从 2007 年开始展开排污权交易试点工作，此后又陆续推出了碳排放权、用水权、用能权等制度试点。经过试点经验的完善与改进，依托环境权益交易制度，我国从不同层次、不同角度进行了试点实践和试验探索，积累和总结了开展环境权益交易的实践经验，这对我国节约能源资源、保护生态环境、进行大气治理和严格控制污染物排放等工作的有效推进发挥了不可替代的作用。

2017 年年底开始，碳排放权交易制度开始在全国范围内实施推广，除这一项制度以外，其他包括排污权、用水权、节能量、用能权交易等在内的大部分环境权益交易制度系统仍然是地区性的，仅仅在国内的一些局部地区或某一特定行业进行试点试验，尚未在全国范围内推广。

10.4.2　碳排放权交易制度

碳排放权交易制度在遵循《联合国气候变化框架公约》《京都议定书》等国际性公约的前提下，以减缓气候变化为核心，通过引入市场交易规则和机制，在确保全球温室气体总量的前提下，降低减排成本。

《京都议定书》在控制温室气体排放的实施中引入了商品交易市场机制，将温室气体排放权看作一种在全球市场上可以自由交易的普通商品，允许各国企业就温室气体排放权进行买卖，由此建立了以市场为主体的减少温室气体排放的新模式和新途径。

10.4.2.1 基于《京都议定书》的灵活交易机制

在缔约国共同签署的《京都议定书》中严格界定了发达国家作为缔约方的碳减排义务，规定了发达国家的碳减排总量，提出了建立和交易碳排放配额的三种灵活的交易（买卖）机制，即联合履行机制（Joint Implementation，JI）、排放交易机制（Emissions Trade，ET）和清洁发展机制（Clean Development Mechanism，CDM）。

联合履行机制旨在鼓励参与该机制的各国企业以项目作为合作基础，进行减排技术和减排经验的转让与交流，其减排量通常被称为减排单位（ERU）。联合履行机制的减排目标国主要是经济转型期的国家，鼓励发达国家与经济转型期国家开展相互合作，通过项目投资实施技术支持从而完成减排任务。

排放交易机制允许发达国家之间以自愿为基础的碳排放量转移，根据碳排放总量上限，针对负有减排义务的缔约国，给予其企业一定量的分配数量单位（AAU）。针对缔约国企业分配到的数量，如果在承诺期内使用的分配数量单位小于其分配数量，作为结余的差额可以转移到还没有完成自己的减排承诺的缔约国相关企业，然而这种转移（转让）是有偿的。相反，如果在承诺期内缔约国企业使用的分配数量单位大于其分配数量，它们将需要从其他缔约国的企业购买，否则将受公约规定的款项约束乃至制裁。

清洁发展机制允许发达国家投资发展中国家的项目，通过实施项目，以技术支持和资金支持的方式减少发展中国家的碳排放，从而能够部分抵消发达国家承诺的减排数量，实现经核实证明的减排量（CER）。减排核算是在科学论证和严格计算的基础上进行的。清洁发展机制为发达国家和发展中国家共同应对减排问题搭建了合作平台。在清洁发展机制框架下，发达国家通过该机制的运作，以投资项目的形式向发展中国家转让相关技术，不仅可以促进出口收益，获得贸易顺差，而且可以以低于直接减排成本的投入履行减排承诺。另一方面，发展中国家的技术水平限制了能源利用效率，因此发展中国家可以通过参与项目的实施，实现超过自身能力范围的减排目标，实现可持续发展。清洁发展机制可以在促进实现减排目标的同时，降低全社会减排的总成本。从这个角度来看，清洁发展机制是一个双赢的机制。

碳排放权交易体系由上述三种碳交易机制构成，形成了较为完整的交易体系，为缔约国开展国际气候合作提供了平台。通过碳排放权交易，各缔约国选择成本最低的减排方式，从而将自身的温室气体排放对环境的影响降到最低。碳交易市场目前有四个，分别为欧盟排放交易体系（EUETS）、英国排放权交易制（ETG）、美国芝加哥气候交易所（CCX）和澳大利亚国家信托基金（NSW）。

10.4.2.2 我国碳排放权交易制度建设

中国作为全球第二大经济体和负责任的发展中大国，向国际社会做出了积极应对全球气候变化的庄严承诺。中国提出"到2020年，中国单位国内生产总值的碳排放量与2005年相比，将下降40%～45%"。2012年1月，我国出台《关于开展碳排放权交易试点工作的通知》，开始在多个城市启动建设强制性碳排放权交易市场试点。2015年9月25日，习近平主席在发表的《中美气候变化联合声明》中正式宣布中国将于2017年在全国范围内启动碳交易体系，涉及钢铁、电力、化工、建材、造纸、有色金属等六大产业。2017 年 12 月 19 日，国家碳排放权交易市场正式启动。截至 2017 年年底，我国国内共有 2.1 亿吨碳量在碳排放权交易市场成功交易，成交金额达到 47.14 亿元，其中网上成交量为 9800 万吨，成交额达到 22.34 亿元人民币。

10.4.3　排污权交易制度

排污权交易（pollution rights trading）意味着在一定的地理范围内，在保证污染物总体排放量不超过特定要求的前提下，可以统筹考虑区域内部的所有污染源，通过市场交易的手段将排污量在内部进行转移与调剂，以此实现污染物减排并保护环境。其主要目的是确立一项合法的污染物排放机制，由此形成排放权利（排污权），这种权利通常是以发放排污许可证的方式体现，同时可以在市场上进行买卖，就像买卖商品一样，从而实现控制污染物排放的目标。

排污权交易制度主要是针对区域内部污染排放总量进行严格控制，通过给区域内部所有合格企业发放排污许可证的方式进行管理，推动企业通过技术进步、污染控制、污染治理等手段来减少污染产生或排放，由此形成对企业的激励机制。如果将该指标以"环境容量资源""有价资源"的形式预先"储存"起来，可作为企业未来扩大生产规模时应对环境容量问题的需要，也可以通过在企业之间的转移进行有偿买卖，增加企业收入。与此同时，新的污染源或者缺乏污染排放指标的旧污染源企业都可以向已经拥有污染排放指标并存在富余且已经在排放交易市场上进行出售的企业购买。西方发达国家已经开始实施排污权交易制度，在建立排污权交易市场来保障污染物总量控制方面积累了很多成功经验。排污权交易的主要思想是在满足环境质量要求的条件下明确污染者对环境容量资源的使用权，即污染物的合法排放权（排污权）。通过允许这种权利的买进与卖出，从而优化环境容量资源的配置。

10.4.3.1　国外排污权交易制度发展经验

1968 年，美国经济学家戴尔斯（Dales）在《污染、财富与价格》一文中首次提出了污染物排放交易理论，之后美国环境保护署（EPA）首次将该理论应用在大气污染源和河流污染源的管理方面，从而形成了最初的排污权交易制度。面对二氧化硫对环境污染的紧迫形势，EPA 提出了排污权交易计划，同时设计出"减排信用"方案，由此解决新建企业经济发展和环境保护之间的矛盾，同时也实现了《清洁空气法案》中所要求的空气质量相关目标。自 1977 年以来，围绕"减排额度""减排信用"制定了一系列政策法规，实现了污染物在不同工厂之间的转移和交换，不但大幅减少污染物的排放总量，而且也为企业在降低成本的同时实现减排目标提供了新的选择。

美国自 1990 年将排污权交易引入二氧化硫总量控制以来，取得了巨大的经济和社会效益。据不完全估计，美国的二氧化硫排放、污染情况得到了明显控制并逐步好转，而治理污染的成本节省了大约 20 亿美元。目前，美国已经建立了一套完整的以补偿政策、泡泡政策、排污银行和容量节余为核心内容的排污权交易制度体系，同时该交易制度体系已在实践中取得了显著的社会、环境和经济效益。在美国近 30 年环境管理的经验成果中，EPA 采取了三种排污权交易政策，分别为补偿政策、泡泡政策和酸雨控制计划，这些政策、计划取得了许多成功的经验。在此之后，德国、英国、澳大利亚等国家根据美国的管理经验也实施了排污权交易制度。可以说，排污权交易制度是目前各国最关注的一项环境经济制度。

10.4.3.2 我国排污权交易制度的发展

排污权交易引入我国以后，首先是在水污染领域进行试验实施。1985 年，上海市环保局将水污染总量控制制度应用于黄浦江流域，并在 1988 年正式开始实施排污权交易。继上海之后，中国许多污染严重的城市相继在水污染问题上开展了排污权交易试点。1993 年国家环保局开始探索实施大气排污权交易政策，并将太原市、包头市等城市作为首批试点城市。随着试点的不断深入，全国人大常委会第九次会议于 2000 年 4 月 29 日通过了《中华人民共和国大气污染防治法》。

从 2007 年开始，财政部、环保部和国家发改委批复了江苏、浙江、天津、湖北、湖南、内蒙古、山西、重庆、陕西、河北、河南等 11 个省（区、市）开展排污权交易试点的工作。在排污权交易试点的推广实施过程中，排污权交易制度的使用已在环境治理实践中取得了明显成效。全国人大常委会第三十二次会议于 2008 年 2 月 28 日对《中华人民共和国水污染防治法》进行修订。

2014 年我国提出建立排污权有偿使用和交易制度，推进相关体制机制建设，要求各地区政府、各有关部门应高度重视排污权有偿使用及交易制度的建设。三部委（财政部、国家发改委、环境保护部）于 2015 年 7 月联合发布了《排污权出让收入管理暂行办法》。根据《国务院办公厅关于进一步推进排污权有偿使用和交易试点工作的指导意见》（以下简称《指导意见》），中国排污权交易体系主要包括如下内容。

（1）排污权有偿使用制度

《指导意见》规定，"试点地区实行排污权有偿使用制度，排污单位在缴纳使用费后获得排污权，或通过交易获得排污权"。也就是说，试点地区的排污权必须是有偿取得的。有偿取得又分为两类，一种是缴纳使用费后取得，另一种是通过购买取得。针对现有排污企业和新增排污企业，《指导意见》提出了三种获得初始排污量的方式方法：

第一，以当地排污总量作为基数予以统筹安排，即根据国家环保部门的污染普查数据作为现有企业取得排污量的直接依据。单独地区排污量与国家节能减排大环境存在紧密联系，这就要求各级地方政府及相关职能部门依据当地已经建立的污染普查数据中的污染排放总量、国家环境保护部门发布的污染普查数据，特别是现有排污量数据，作为各排污企业获得初始排污量的法律依据。新增排污量部分要符合地区总量控制要求，由地方政府对企业新增部分统一安排。

第二，通过排污权交易获得。各地政府应积极搭建排污权交易平台，鼓励地方企业在平台上开展排污权买卖交易，在此过程中，政府不应通过行政手段扰乱市场交易。排污企业通过实施工程治理减排项目减少污染物的排放，在此基础上，鼓励企业将剩余的排放指标出售获得经济效益，也支持企业将剩余指标储存以备日后扩大规模时使用。虽然企业通过技术改造升级能有效降低企业排污量，但是这种行为不能改变该企业根据污染普查基数获得的排放指标数量。在排放指标购买量上，企业可根据其历史排放数据，在不高于污染普查基数的前提下购买指标。然而企业的新增排放量指标需要地方政府根据当地的排放总量来审核，只有得到地方政府批准的企业才能付费购买相应的新增排放指标。

第三，参考排污企业采取节能减排措施的资金投入和效果分配初始排污权。节能减排的主力是生产企业。针对这一事实，政府在鼓励促进企业节能减排过程中主要存在两种方式，包括制约和奖励。在这一过程中，政府设置排污量以及颁发排污许可证，以此来遏制、限制企业污染物排放，与之相对应的是，政府通过各种激励机制鼓励企业通过技术创新、升级改造来自发地减少污染物排放。针对积极主动提高企业环保标准、投入资金进行技术升级改造的企业，由于减少了污染物的排放，政府可酌情给予这类具有社会责任的企业一定的鼓励，如提高其排放权购买指标等。由此可使得致力于污染物减排的企业通过获得多余的污染物排放量，在市场中交易获得经济效益，从而促进其进一步投入资金来提升技术并节约能源，形成良性循环，使节能环保成为企业的自主行为。

（2）排污权储备制度

《指导意见》要求全国各地区建立排污权储备制度，政府相关部门回购排污企业多余的排污权，并在恰当的时候投放相关交易市场。根据意见的要求，当市场上对排污权没有需求时，政府应承担责任回购企业掌握的富余排污权，回购应以原价或溢价方式进行。

如果污染企业采取技术改造、设备更新、清洁生产等手段，增强污染控制和环境管理水平，实现排放污染物的减少，即通过技术改造使每年的实际排放量低于排污许可证规定的数值，由此产生的剩余排污权指标可以在市场上进行交易或储备，此外污染企业因自身原因发生转产、破产或其他情况而自行关闭的，这些企业已具有的排污权指标也可以在市场上交易或储存。区域排放相关管理部门对区域内主要污染物排放总量的控制满足规定要求的前提下，根据市场需求、购买方所在地的环境质量和经济发展状况可出售储备的主要污染物排放权指标，以此来调节企业的生产需求。

（3）排污权交易市场制度

排污权交易市场的核心是排放交易系统，将排污权视作普通商品，并能够在市场上自由买卖。企业根据自身需求进入交易市场自主买卖，而排污权的价格则根据市场的供需关系自主调节，由市场决定，严格遵守竞争、公平、公开、公正的市场规则，对非法交易和幕后操纵严格禁止。与此同时，政府相关的管理部门在进行交易管理过程中，严格执行信息公开、透明化操作的原则，及时针对出现的重大问题进行反馈。

10.4.4 加快完善环境权益交易制度体系

环境权益交易制度建设是一项复杂的制度性系统工程，是我国建设生态文明强国的重大创新领域。环境权益交易制度从无到有，制度内容不断丰富和完善，总体顶层设计不断完善，总体规划不断推进，不断接近制度设计的总体目标。我们不仅要加强建设每个特定环境权益交易体系，阐明发展目标、监管对象和职能，同时针对系统内不同制度间的并行、衔接、协调和配合等问题应给予足够的重视。

10.4.4.1 加强环境权益交易制度的基础性研究

（1）加强整体性研究

逻辑框架是研究环境权益交易制度的基础，环境治理及污染物减排是该制度体系的目标，以此为基础研究系统内部各制度的优先级，并以国家、区域的环境容量、生态承载力，特别是以提高科学技术和经济发展的水平为根本，强化环境权益交易制度的顶层设计研究，不断完善制度内容。

（2）加强内部各制度之间关系研究

首先，深入研究制度内各种环境权益的权责利的内涵界定、法律属性和性质。其次，针对系统内环境权益制度规则及实施开展深入研究，具体包括总量设计、分配制度设计、交易制度设计等。再次，研究系统内部各交易制度的关联性、衔接性以及相互协调配合机制，形成系统的联动性。最后，针对交易制度衍生产品（绿色金融体系）进行深入研究，以期发挥其对经济、社会和环境的调节作用。

10.4.4.2 加强环境权益交易制度的系统化建设

（1）强化顶层设计

首先，统筹环境权益交易制度体系的内容，科学建立每个环境权益交易制度的内涵和外延，科学确定其覆盖范围，有效避免因重叠、交叉、混淆导致的监管问题。其次，有必要对现行交易制度内容进行系统梳理，取消不合理的制度内容，不断丰富内部制度种类，根据实际发展不断进行制度创新。

（2）强化沟通协调机制

首先，在现有的环境权益交易机制下尽快建立相应的衔接沟通机制，强化不同地区试点单位之间的沟通协调，强化不同试验制度之间的相互借鉴，强化我国国内制度与国际通行制度之间的协调对接，避免因制度缺失和实施不顺畅导致的负面影响。其次，应该重视内部系统之间建立的协调机制，重点连接环境权益交易系统和其他政策工具，这一机制包括排污权与环境税之间、碳排放权交易与温室气体减排政策工具间的协调与沟通体制。再次，应意识到环境权益交易系统之间的协调以及它们与国家重大战略方针的协同关系，特别是当前我国改革开放不断深化且深度融入世界经济，我国应积极推进中国环境权益交易市场国际化进程，并以此为契机为人类环境保护事业做出更大的贡献，提供中国智慧和方案，推动构建人类与自然和谐共生的生命共同体。

（3）强化协作机制

在中国，与环境权益交易制度系统内各项制度建设相关的主管部门有多家，需要积极推动建立相关主管部门之间的协同机制，实现相关职能高效整合，实现精兵简政，满足机构改革的要求。首先，随着自上而下的机构改革的深入推进，负责碳排放交易的政府管理部门和管理模式必然进行相应调整，这就要求各部门在工作调整交接过程中做到规范、有序衔接，应注重环境权益交易制度建设的系统性、连续性，并将相关职能和业务进行整合、简化与无缝对接。其次，要建立统一的大数据平台，打破部门之间的信息数据壁垒，减少数据孤岛现象，打破行政壁垒，解决部门间信息不对称和重复开发建设的问题。最后，有必要加强跨部门的监督管理合作与协同，实现监管的高效和便捷，特别是针对同一企业主体同时涉及的各种环境权益交易问题，主管部门应该做好部门间的协调互助，形成联合监督与合作，在有效监督管理的前提下，通过各项制度的运行保证环境权益交易制度系统高效运转。

10.4.4.3 加快试点的推进工作

（1）推广经验总结

目前，我国环境权益制度试点工作正在全国范围内的多个地区和多个不同的行业全面展开。其中，碳排放权、排污权和用水权这三种交易制度试点试验最为成熟，已经进行了长期试验，取得了丰硕的成果和经验，通过梳理成功经验，同时分析之前的失败教训，通过不断完善制度，制定政策法规，采取有针对性的措施，形成在全国可复制的、可推广的经验。

（2）差异化制度建设

环境权益交易制度涉及的试点地区多，产业和行业多，不同地区和行业存在多方面明显的差异，因此不同试点的交易制度建设需要差异化推进。首先，已经开始建设的、试点成熟的全国推广性的交易制度体系，应严格遵守顶层设计的时间表和路线图加快推进，在全国范围内进行复制推广，提高制度覆盖范围，对其他试点政策形成示范效应，不断总结建设过程中的宝贵经验，通过分析基础数据，为其他交易制度建设提供依据。其次，对已有较长试点时间且较完善的制度，如排污权交易制度，应尽快突破试点，形成统一效应，从国家层面加快建立国家排污权交易制度。最后，部分试点的试验过程中仍然存在试验时间过短、机制不完善等问题，应在充分论证的基础上拓展试点广度与深度，加快试验进程，通过逐步扩大区域、行业的方式，在实践中逐步完善机制，等待条件成熟时形成示范效应，大面积地展开或全部展开。

（3）绿色金融产品创新

为确保绿色金融改革创新工作加快推进，需要加快发展绿色保险市场和环境权益交易市场，并不断开发相关绿色金融产品。2016 年《关于构建绿色金融体系的指导意见》出台，明确支持相关金融机构进行绿色金融产品创新，推动开发新型绿色融资工具。随着金融创新不断深入，2017 年包括新疆在内的五省区成为绿色金融改革创新试验区。在制度平稳运行的前提下，适度进行金融创新，从现货交易、金融衍生品交易、现货衍生品交易等多个方面发展，推动远期、掉期、期货、期权等绿色金融产品创新。

10.4.4.4 完善政策法规体系

制度建设是交易有序运行的根基。我国仍需不断完善环境权益交易制度，加强相关制度和法律法规政策的建设，对交易内容和交易规则、流程等进行细化，站在国家、地区以及行业高度来协同推动制度的完善。

（1）国家层面

为了完善环境权益交易制度的法律、法规和政策等，需要具有前瞻性，通过立法来促进不同交易制度的发展，构建完善的法律法规体系，同时通过细则指引，加强环境权益交易制度体系的顶层设计和制度安排建设。不断完善环境权益交易评估机制，对制度运行情况与取得的经济效益和社会效益进行全方位、系统性分析，根据情况及时调整并完善。

（2）区域行业层面

当前，相关的法律法规尚不完善，客观条件不完备，作为试点区域可依托地方人大制定相关配套技术与细则。结合当前国家已有的政策法规，依托地方区域基础条件，对环境权益交易的各个环节出台明确的支撑条件。加强区域间、行业间的主动交流与合作，通过信息共享、经验交流，有效推动相关工作进行。

10.4.4.5 加强主体能力建设

（1）政府层面

由于我国市场化机制是由行政行为引导的，因此在构建环境权益交易制度时要明确政府与市场的边界，明确建设过程中所扮演的角色和定位，确保政府有所为有所不为，发挥市场对资源配置的决定作用。环境权益交易制度涵盖了环境、金融、产业等多个领域，这对不同政府部门之间的协调配合提出了很高的要求，相关部门需要加强合作，在树立环境保护意识和加强服务意识的前提下，在公平性原则的指引下，积极服务企业，提供技术指导并培育第三方机构。

（2）企业层面

环境权益交易制度的贯彻落实离不开产业和企业，通过营造良好的营商环境，为产业创新发展提供基础条件。在此基础上，产业部门要增强自身技术创新能力，探索发挥不同行业优势的差异化绿色发展道路。此外，企业要深入分析自身的污染物排放现状和生产特点，通过加快技术更新换代实现转型发展与创新，管理好企业环境资产，使企业生产运行与资源环境保护相协调，实现经济利益和社会环境效益相统一，积极把握环境权益交易制度带来的机遇。

（3）公众层面

公众的监督职责是社会公众权利义务相统一的体现，公众应积极参与环境治理，对违法行为进行监督和举报。同时，公众也要提高自身素养，践行节约和环境保护理念，切实转变观念，将自身从旁观者转变为参与者和环保贡献者。

10.5 生态金融体制改革展望

在生态文明建设过程中，我国已出台一系列政策方针，指引着金融向环保领域倾斜，同时在业务、产品等方面进行创新，不断完善如绿色信贷、绿色保险、绿色证券等制度，且已显示出一定成效。

2016年，《关于构建绿色金融体系的指导意见》（银发〔2016〕228号）出台，为未来我国生态金融体制改革指明了方向。综合我国社会经济与资源环境发展趋势、生态金融发展规律，未来生态金融体制改革将进一步完善生态金融市场机制与运行模式，不断加强生态金融政策与法制环境的顶层设计。

我国正在不断完善绿色信贷等金融创新方面的政策和运行体系，建立并完善了银行绿色评价机制。该机制的实行，通过评价来引导金融机构对符合绿色发展的企业和项目进行扶持，从而有力地引导金融机构发展绿色金融，有效推动了经济和产业结构转型升级。

我国将不断完善环境污染强制责任保险制度体系，扩大强制保险投保范围，在环境污染风险较高的重点领域推行环境污染强制责任保险。根据保险的责任与义务，通过保险形式鼓励和支持不同行业特点、不同环境风险的企业发展。保险机构根据风险控制和政策方向，开发新型金融创新产品，优化产品结构，简化办理手续，助力企业改制升级，加大企业对环境责任的重视程度，促进企业良性发展。在此基础上，保险企业也应做好事前风险管控和事后保险理赔服务工作。

我国将不断完善绿色证券体制，不断完善分层次的上市公司环境信息披露制度，不断细化和完善上市公司环境信息强制披露的具体内容，加强对上市公司环境信息披露的监管和处罚。我国将不断完善绿色债券制度建设，不断扩大绿色债券市场规模，完善绿色债券认证制度，进一步规范评估认证，进一步统一债券发行标准，加强信息披露的透明度，积极推动绿色债券产品创新。

我国将进一步完善环境权益交易市场，在条件成熟时应及时建立全国性的碳排放交易市场，建设具有全球竞争力的交易定价中心。将推动建立排污权、用能权、用水权等环境权益交易市场，在市场机制下完善定价机制，结合已有的经验建立抵押、质押登记和公示系统，加强相关的制度建设和体制创新。针对排污权，将加快交易制度建设，并同步完善市场化的价格形成机制。

中国将继续创新和丰富生态金融产品和服务。伴随着"一带一路"建设的推进，绿色金融产品创新将成为银行业海外拓展的利器。为此，我国已重点培育了绿色证券、绿色保险、绿色基金等行业，从生态金融衍生工具出发，通过借鉴国内外经验实现创新发展，完善并形成符合我国生态系统的金融衍生品体系。

参考文献

［1］　张雯.优化我国银行业绿色信贷体系的对策研究.北京：首都经济贸易大学，2017.

［2］　王遥，王文涛.碳金融市场的风险识别和监管体系设计.中国人口・资源与环境，2014，24（3）：25-31.

［3］　方智勇.商业银行绿色信贷创新实践与相关政策建议.金融监管研究，2016（6）：57-72.

［4］　蒋先玲，徐鹤龙.中国商业银行绿色信贷运行机制研究.中国人口・资源与环境，2016，26（5）：490-492.

［5］　郝睿.我国银行业绿色信贷的发展现状及问题研究.北京：首都经济贸易大学，2017.

［6］　陈海若.绿色信贷研究综述与展望.金融理论与实践，2010（8）：90-93.

［7］　徐芳.商业银行践行绿色信贷政策运行机制研究.青岛：中国海洋大学，2009.

［8］　李致远，许正松.发达国家绿色金融实践及其对我国的启示.鄱阳湖学刊，2016（1）：78-87.

［9］　游春.绿色保险制度建设的国际经验及启示.海南金融，2009（3）：66-70..

［10］　刘航，温宗国.环境权益交易制度体系构建研究.中国特色社会主义研究，2018（2）：84-89.

［11］　毛锐.碳排放权交易制度的若干问题研究.经济纵横，2016（9）：73-77.

［12］　彭亮，伍庄.低碳金融发展模式研究.企业经济，2011（5）：107-110.

［13］　马骏.论构建中国绿色金融体系.金融论坛，2015（5）：18-27.

［14］　俞岚.绿色金融发展与创新研究.经济问题，2016（1）：78-81.

［15］　屠行程.绿色金融视角下的绿色信贷发展研究.杭州：浙江工业大学，2014.

［16］　马鹏举.国际生态金融产品发展综述及启示.西部金融，2010（10）：32-33.

［17］　钱立华.我国银行业绿色信贷体系.中国金融，2016（22）：70-71.

［18］　刘诚.我国碳排放权交易市场存在的问题与建议.产权导刊，2018（3）：31-34.

［19］　郝雅菁.论我国绿色证券法律制度的完善.杭州：浙江财经大学，2014.

［20］　马险峰，王骏娴.加快建立绿色证券制度.中国金融，2016（6）：60-62.

［21］　金佳宇，韩立岩.国际绿色债券的发展趋势与风险特征.国际金融研究，2016（11）：36-44.

［22］　孙晓晶.商业银行开展绿色信贷的运行机制研究.山东社会科学，2011（s2）：11-12.

［23］　单国俊.我国绿色金融的发展：执行标准、市场状况与政策演进.商业经济，2018（10）：156-159.

［24］　吴静.我国林业绿色信贷标准研究.北京：中国林业科学研究院，2018.

［25］　冷云竹.对推进甘肃银行业绿色金融发展的思考.甘肃金融，2018（3）：4-10.

［26］　安国用，俞莺.绿色金融助力强国建设.中国金融，2018（4）：65-66.

11　绿色消费体制建设

【摘要】本章从宣传教育、法律政策、政府绿色采购、绿色产品认证等方面对我国绿色消费体制建设的现状和发展方向进行了讨论分析。第一节介绍了消费者、政府、企业等绿色消费参与主体及其价值，并从政府宣传、教育体系、公众宣传三方面介绍了绿色消费宣传教育体系建设情况。第二节从生态文明体制与绿色消费的关系、绿色消费法律政策体系原则、现行的绿色消费法律政策体系三个方面对绿色消费法律政策体系建设做了梳理。第三节介绍了政府绿色采购的概念及其意义、现行的绿色采购法律法规体系、政府采购绿色化措施。第四节介绍了绿色产品认证体系在我国的发展历程与现状，以及常见的绿色产品认证标志，并且梳理了为建立统一的绿色产品认证标准目标出台的支持性政策。第五节对绿色消费体制建设的完善做了展望，并从完善绿色消费立法、政府绿色采购制度、建设生态文明全民终生教育体系等方面提出建议。

　　随着工业文明的发展与资本的大量积累，消费问题开始进入人们的研究视野，成为思考人类生存方式和资源环境问题的关注点。"绿色消费"概念可以追溯到 1987 年英国学者出版的《绿色消费者指南》一书，此时过度消费已经被视为一种危害健康、浪费资源的商品消费行为。1992 年，里约热内卢世界环境与发展大会将绿色消费理念推广向全世界，各参与国共同通过的《21 世纪议程》明确提出，"所有国家均应全力促进建立可持续的消费形态"。从此，绿色消费概念内涵和外延不断丰富，基本达成了 5R 原则，即：节约资源、减少污染（Reduce）；绿色生活、环保选购（Reevaluate）；重复使用、多次利用（Reuse）；分类回收、循环再生（Recycle）；保护自然、万物共存（Rescue）。同时，各国积极探索有利于促进绿色消费的有益实践，在绿色消费利益相关方行为特征，推动政府绿色采购、绿色产品标志体系，以及绿色消费保障体系建设几个重点方面开展了卓有成效的深入研究。

　　作为发展中国家，中国将绿色消费定位为从消费末端倒逼产业结构调整、转变经济增长方式的重要途径。2001 年，国家《国民经济和社会发展第十个五年计划纲要》明确提出，

"开展全民环保教育，提高全民环保意识，推行绿色消费方式"。2015 年《中共中央国务院关于加快推进生态文明建设的意见》提出，"培育绿色生活方式。倡导勤俭节约的消费观。广泛开展绿色生活行动，推动全民在衣、食、住、行、游等方面加快向勤俭节约、绿色低碳、文明健康的方式转变，坚决抵制和反对各种形式的奢侈浪费、不合理消费"。2017 年，中国政府明确提出，"加快建立绿色生产和消费的法律制度和政策导向，建立健全绿色低碳循环发展的经济体系"，"倡导简约适度、绿色低碳的生活方式，反对奢侈浪费和不合理消费"。

绿色消费已经被列为中国生态文明建设的重点内容之一，明确了从培育居民生活方式入手推动绿色消费，并尽快建立法律政策保障体系。本章从绿色消费的宣传教育体系、法律政策保障体系，以及政府绿色采购、绿色产品认证等方面讨论生态文明体制建设下绿色消费体系的建设。

11.1　绿色消费的宣传教育体系建设

11.1.1　绿色消费主体及价值

如图 11-1 所示，在绿色消费体系中，消费者、企业分别构成绿色消费的消费终端、产品供应端，重点即为绿色产品的消费与生产。另外，政府作为绿色消费的重要参与者、监督者，履行制定绿色产品标准、规范技术方法、发布政策法规、对企业提出要求与规范的责任。市场、非政府组织（NGO）以及媒体，通过经济规律、咨询服务、宣传、监督等方式影响政府、企业和消费者各主体，是推动绿色消费的重要外部因素。

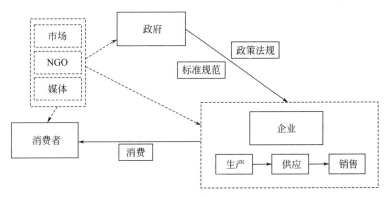

图 11-1　绿色消费的利益相关者构成示意图

11.1.1.1　政府

对于日益严重的环境污染和资源短缺，政府提出资源节约、最大化利用、循环利用和绿色消费理念，为推行绿色消费奠定了基础。政府要求企业重视社会责任，在政府采购中考虑产品的环境效应以推动绿色消费。政府通过积极制定绿色产品标准、推行绿色标志、发布政策推进绿色消费进程，开展政府绿色采购支持绿色消费运动的发展。

第一，政府可以通过宣传教育营造崇尚绿色低碳的社会文化环境，提高公众绿色消费意识。绿色消费是一种现代的、新型的消费观，强调既满足当代人的需求，又不损害后代人满足其需求的权利，将个人利益与保护人类的整体生存环境的利益相结合。只有形成了崇尚绿色低碳的社会氛围，绿色消费意识深入人心，才能使绿色消费成为每一个消费者自觉的选择。

第二，政府可以通过制定相关政策，从供给和需求两端扩大绿色消费市场规模。需求层面，政府可通过推荐、补贴等形式鼓励消费者进行绿色消费，同时需要规范个别消费者的过度消费、奢侈消费、攀比消费等不当消费行为；供给层面，政府应在市场准入、税收优惠、财政补偿政策上引导企业提供绿色产品和服务。

第三，政府可以通过政府采购的消费行为起到良好的示范作用。政府公共采购具有规模大、示范效应强、政策调控作用显著等特征。2015 年全国政府采购规模为 21070.5 亿元，首次超过 2 万亿元，较 2006 年的 3681 亿元增长了 472%。但与发达国家相比，我国政府采购规模还有极大增长空间。近年来欧盟各级政府采购的金额约占欧盟 GDP 的 1/5，远高于我国 3.1% 的水平。因此，政府采购中心作为政府采购的具体执行机构，通过大力推动政府可持续采购发展，充分发挥可持续政府采购的影响力，对于扶持绿色企业发展、促进绿色产品生产、健全绿色消费市场、引导绿色消费行为具有重大意义。

第四，政府应当建立健全绿色消费法律法规和标准体系，促进绿色消费的长效机制的构建，为绿色消费提供制度保障。我国政府相继出台了《中华人民共和国可再生能源法》《中华人民共和国清洁生产促进法》《中华人民共和国环境保护法》《中华人民共和国节约能源法》等法律法规，提倡节约型消费方式，鼓励和引导消费者选择有利于保护环境的产品。此外，完善的绿色产品认证和技术标准体系对于提高绿色产品质量、保护企业和消费者利益、扩大绿色消费市场规模具有重要作用。

11.1.1.2 企业

企业作为现代社会商品和服务的提供方，在绿色消费中扮演着重要角色。第一，企业的生产经营是绿色消费的基础，缺少了企业提供的绿色商品和服务，绿色消费将无从谈起。企业提供更多质优价低的绿色商品与服务，为消费者提供更多选择，是扩大绿色消费市场规模的重要推动力量。第二，企业提供的商品与服务质量将直接影响消费者的消费选择，只有企业提供商品与服务达到环境友好的基础要求，并为消费者带来健康、经济等方面效用，才能真正提高消费者对于绿色消费的认可度，促进绿色消费市场的良性发展。第三，现阶段绿色产品与一般产品相比价格较高，客观上影响了消费者的消费欲望，如果企业在保证产品质量的前提下，通过采取先进技术工艺、优化管理等方式降低生产成本与产品价格，将提高绿色产品对消费者的吸引力。

因此，企业要首先树立绿色营销理念，以市场为导向，调整产品结构，扩大绿色商品和服务的供给，满足消费者的绿色消费需求。其次，企业在生产过程中积极推行清洁生产和绿色制造，实现生产、采购、配送、销售、回收等各个环节的绿色化。与此同时企业还应该努力加大对绿色技术创新投入，加快绿色产品开发速度，不断降低绿色产品成本，改善绿色产品使用性能，提高绿色产品的性价比，吸引更多的绿色消费者。最后，企业还应坚持诚信原则，生产真正的绿色产品，正确使用绿色标志，客观宣传绿色产品，培育和维护好绿色消费市场，不断提高消费者的绿色消费满意度。

11.1.1.3 消费者

消费者是绿色消费的直接参与者和执行者，是绿色消费在消费端的最终落脚点。扩大绿色消费市场，推广绿色消费模式，最终依赖于消费者的消费行为去实现。实际上，受到收入水平、消费观念、消费行为等因素制约，绿色消费尚未成为我国主流的消费方式，推动绿色消费发展依然任重道远。

第一，收入水平的制约。绿色产品一般具有较高的成本，与普通产品相比存在一定的溢价。而我国居民整体收入水平与发达国家尚存在一定差距，尚不足以支持绿色产品成为日常的消费选择。

第二，消费观念的制约。伴随着生态文明建设，我国居民的生态意识、环保意识近年来有了显著提高，绿色、环保、可持续的消费理念越来越得到认可。然而攀比消费、过度消费的现象仍然存在。总体上，我国居民的环保意识、生态意识并未达到实现绿色消费的要求。只有绿色、环保、可持续的消费理念深入人心，绿色消费才能成为消费者自觉的选择。

第三，消费行为的制约。我国部分消费者对于绿色消费的概念理解还不够。因此，我国部分消费者的绿色消费行为有待成熟，对绿色产品的选择缺少主动性，对绿色产品的鉴别能力有待提高。

消费者应努力培养绿色消费观念，学习环保知识，积极参加环保行动，正确理解绿色消费的意义，主动选择绿色消费模式。对普通消费者而言，现阶段践行绿色消费的措施首先是从转变自身消费观念开始，改变铺张浪费的消费观，在日常生活中厉行节约，采取环保健康的生活方式。

11.1.2 绿色消费政府宣传

绿色消费的发展和推广需要政府相关部门的支持和指导。近年来，随着社会经济不断发展、人民生活水平不断提高，我国已进入消费需求持续增长的重要阶段，帮助消费者树立正确的绿色消费观正当其时，绿色消费具有巨大发展空间和潜力。

国家先后出台了《关于加快推动生活方式绿色化的实施意见》《关于促进绿色消费的指导意见》等一系列专门性政策文件支持绿色消费理念的普及和实践。2015年11月，环保部发布《关于加快推动生活方式绿色化的实施意见》（环发〔2015〕135号），明确提出需要对公众进行绿色消费方式的教育与培养，倡导勤俭节约，引导社会消费方式向绿色化、节约化、资源化转变。2016年2月，国家发改委、中宣部、科技部等十部门联合制定的《关于促进绿色消费的指导意见》（发改环资〔2016〕353号）提出加强宣传教育，在全社会厚植崇尚勤俭节约的社会风尚，大力推动消费理念绿色化的要求，到2020年，绿色消费理念成为社会共识。

政府的宣传教育应当向广大消费者传递正确的消费观念，主要包括以下内容。

绿色消费不是限制消费。限制消费虽然能减少环境污染和资源消耗，但与社会发展、提高人类生活质量的追求不符。实际上，绿色消费应当在不降低生活质量的前提下，通过提高资源利用效率、减少污染物排放，达到减少环境负荷的目标。鼓励消费者进行绿色消费应当使企业和消费者都能从中受益，这也是顺应消费升级趋势、推动供给侧改革、培育新经济增长点的重要手段。

绿色消费是理性消费。绿色消费倡导消费者进行理性消费，倡导绿色健康的生活方式和消费方式，减少对物质的过度依赖，反对过度消费、奢侈消费、攀比消费。与过度的物质享受相比，绿色消费理念更加注重精神生活的丰富。

绿色消费是可持续的生活方式。绿色消费有利于转变经济增长方式，是实现可持续发展的必由之路。绿色消费不仅对消费者提出要求，也对生产者提出要求：要注意环保、注重资源节约与可持续利用，做到无污染、无公害、少废、无废。要实现这些要求，就必须转变经济增长方式，实施可持续发展战略。

同时政府还应当利用组织优势，组织主题活动、走进消费者、提升参与感，如组织开展绿色家庭、绿色商场、绿色食堂等活动，表彰先进个人和先进集体、树立优秀典范。另外还可以把绿色消费宣传与全国节能宣传周、科普活动周、全国低碳日、世界环境日等活动相结合，全方位向消费者传递绿色消费理念、普及绿色消费知识。我国在环保日举办"绿色消费知识竞赛"等活动，为消费者从环保、生态等方面介绍消费知识，普及能源与资源常识，进行废弃物回收相关知识的教育工作。辽宁政府通过环境日进行绿色生活之旅主题宣传活动，结合汽车等消费热点进行绿色消费知识宣传，同时举办社区知识竞赛，围绕生活中的点滴日常向群众宣传限塑常识。2012年世界环境日中国主题即为"绿色消费，你行动了吗？"，呼吁大家在提高生活质量的同时，减少资源浪费与环境污染，崇尚可持续消费行为。

11.1.3 绿色消费教育体系构建

构建全社会的绿色消费体系，离不开针对青少年的绿色消费教育体系建设。青少年正处于消费观、人生观、价值观形成的重要时期。培养青少年良好的绿色消费价值观和消费行为，有益于在全社会范围树立绿色消费新风，产生长远的积极影响。绿色消费教育体系的构建应当以校园教育为主要渠道，配合家庭教育与社会教育，培养当代青少年绿色消费价值观，引导青少年形成合理的绿色消费行为习惯。安徽省淮南附属小学通过改造废旧生活用品制作时装等活动为学生培养绿色消费、回收再利用理念。河南省内各市县级环保局联合各中小学，开展"环保知识进校园"活动，普及低碳生活与绿色消费等基础环保知识，目前已经超2000名学生通过该活动接受环保知识教育。

学校作为青少年接受教育的主要场所，拥有完整的教学体系，是青少年绿色消费教育的主要渠道。我国应当将绿色消费教育纳入教育大纲和教育体系，将勤俭节约、绿色低碳的理念融入到思想道德建设教学体系。各级学校应当组织专家制定相关课程，对学生的消费观念进行合理引导，教导绿色消费相关知识。目前许多省市已经联合各地高校开展有关绿色消费、绿色产品等主题社区宣传活动，通过分发环保知识手册等方式进行绿色产品科普知识宣传，通过科普游戏等方式促进家庭环保意识的提高、培养小朋友的绿色消费意识。

绿色消费的教育体系构建应当包括以下方面：

（1）消费伦理价值观教育

消费价值观念是人们对待其可支配收入的指导思想以及对商品价值追求的取向。消费伦理价值观对消费者的消费行为有着重要影响。因此，教育当代青少年树立绿色、科学的消费观念是极为重要的，有助于引导青少年自发地进行绿色消费。

绿色消费价值观要求人与社会、自然的和谐统一。绿色消费价值观反对限制消费者的合理需求，支持消费者消耗资源满足个人需求，实现个人发展；同时又反对过度消费，反对不加节制地注重物质享受，忽视生态环境制约，忽视社会公正制约，即忽视消费的"可持续性"。

（2）普及绿色产品知识

绿色产品是指在其设计、生产、运输、消费、使用、回收处理过程中符合环境保护要求，生态环境友好、资源利用率高、能源资源消耗低的一类产品。与普通的产品相比，绿色产品更符合保护自然环境、改善社会生活品质的要求。在绿色产品的生产阶段要求企业选用清洁原料，采用能耗低、污染少的清洁工艺；用户在使用产品时不产生或很少产生环境污染；在绿色产品的回收处理中，能最大限度地减少废弃物的产生，提高资源再利用的效率。

我国推出了"绿色标志"制度以区分绿色产品与传统产品，目的在于扩大绿色产品与绿色服务的市场份额。不同于一般商标，绿色标志被用来标明该产品是在制造、配置使用、处置全过程中符合特定环保要求的产品类型。1990 年，我国农业部率先推出了"绿色食品"标志。在工业领域，我国从 1994 年开始全面实施"绿色标志"工作。目前，我国主要的绿色标志认证包括能效标识认证、绿色食品认证、节能产品认证、节水产品认证、环境标志产品认证等，建立了较为全面的绿色产品认证体系。对青少年进行普及绿色产品知识的教育，需要让青少年了解和熟悉常见的绿色标志，并自觉应用在日常生活消费当中。

家庭教育是绿色消费教育体系中不可或缺的重要一环。家庭是社会最小的组成单位，家长的言行举止将潜移默化地影响青少年的道德品质、生活习惯。家长应当发挥示范作用，在日常生活中融入绿色环保的理念，实现家庭生活方式的绿色化，将绿色消费从点滴做起。例如：尽量少使用一次性用品，垃圾分类回收，尽量选择公共交通出行，选购绿色商品和服务。

11.1.4 绿色消费公众宣传

绿色消费模式的形成是一个长期的过程，绿色消费的宣传教育更是一项复杂的系统工程，除了加强政府、学校的宣传教育外，还应动员社会各方力量，建立政府组织、学校教育、社会宣传的全方位体系。

大众媒体在文化传播、舆论监督方面具有独特优势，具有覆盖面广、形式生动、方法灵活的特点。充分发挥大众媒体的宣传教育作用，有利于在全社会营造绿色消费氛围，培养消费者绿色消费意识，推广绿色消费生活方式。大众媒体进行公众宣传的形式可以是灵活多样的，可以减少生硬的说教，增加趣味性、互动性，潜移默化、寓教于乐地宣传绿色消费意识、传输绿色消费知识。例如，在黄金时段、重要版面制作发布公益广告，及时宣传报道绿色消费的理念经验和做法；开设专栏节目，介绍绿色消费小知识，在生活的点滴细节中践行绿色理念；对攀比消费、过度包装等行为进行曝光批判；建立绿色消费相关信息发布平台，让消费者在选择绿色产品的时候能掌握更为充分的信息，引导和激发绿色消费需求，广泛收集其需求和意见，有利于加强绿色消费市场监管。

除了大众媒体外，也不能忽视非政府组织、高校社团等社会组织的影响力。不同于政府部门自上而下的宣传组织方式，非政府组织、高校社团的产生往往是自下而上的，具有植根基层、贯通社会、联系群众的特点和优势。通过组织宣传活动进社区、进校园，各类社会组织可以走近消费者，让广大消费者参与其中，推广绿色消费观念，普及绿色消费知识。作为具有独立性的社会团体，通常情况下，环保公益组织还可以代表公众监督企业的环境行为，并为政府的决策建言献策。另外，非政府组织、高校社团也应该提高自身的专业性、组织管理水平，以便更高效地为绿色消费的宣传贡献力量。2015 年北京市开展大篷车巡游活动宣传节能环保低碳生活，以讲堂、竞赛等多种生动的形式提高群众的参与程度与效果。

11.2 绿色消费的法律政策体系建设

11.2.1 生态文明体制与绿色消费

根据研究分析，我国消费水平未来仍有大幅度的提升空间。至 2020 年，我国潜在居民消费需求可达到 50 万亿元，2025 年将约占 GDP 的 50％，我国消费总量在全球份额中约提升 11％～13％。中国即将转至消费型大国，成为世界最大的消费市场。同时伴随着国家扩大内需的战略部署，消费增速持续加快，消费将成为我国经济增长的主动力。然而当前社会中存在一些不合理的消费行为，奢侈型、浪费型消费等不良消费习惯会加剧资源环境问题。居民消费总量的增多、以物质消费为主的消费结构都将给脆弱的生态环境、紧张的社会资源增加负担。在此情况下，以生态文明要求为指导，加快推动我国消费绿色转型成为新的发展方向与发展要求。绿色消费要求社会各参与者树立新消费观念，选择绿色消费模式与绿色产品。

（1）绿色消费是一种生态行为文明的消费模式

中国消费者协会将绿色消费界定为：倡导消费者在消费时选择未被污染或有助于公众健康的产品；在消费过程中注重对垃圾的处理，不造成污染；引导消费者转移消费观念，崇尚自然，追求健康，在追求生活舒适的同时，注重环保，节约资源和能源，实现可持续消费。绿色消费从消费观念、消费选择、消费过程等方面进行了全面规制，是一种生态行为文明的消费方式，以尊重自然规律为基础，顺应了社会与自然环境协调发展的趋势，保护了人类赖以生存的生态环境，是加强生态文明建设的重要途径之一。

（2）戒除不良消费嗜好，树立"新节俭主义"消费理念

奢华已成为个别现代人生活和消费中流行的价值观，但这种消费价值观给资源与环境增加了巨大的负担。因此绿色消费观要求大家要戒除"一次性消费""面子消费""炫耀性消费""奢侈消费""挥霍性消费"。在人与环境矛盾愈发突出的情况下，我们所倡导的改变不可持续的消费方式并不是要求降低人们的生活水平，而是力图以日常消费为突破口，通过改变不适当的享乐主义、奢侈主义的生活方式，确立绿色的、科学的、可持续的消费模式。

（3）建立政府绿色采购制度

政府绿色采购是生态文明建设的重要举措。政府绿色采购可以对倡导绿色消费起到示范效应。当前我国政府正在大力推广绿色采购制度，依靠法律法规的强制力、政府引导与监督、公众监督等手段，逐步提高政府绿色采购在我国政府采购中所占比例。我国的政府绿色采购规模仍处于相对较低水平，相关配套政策仍需不断完善，需要出台完善的绿色采购专项法律为其发展提供保障。

（4）健全企业技术创新激励制度

由于绿色技术创新需要企业持续、大量的资金、人力投入，且其利润回报周期长、风险较大，只依靠市场调配不能满足企业的绿色化生产转型，因此需要政府建立对应的政策保障体系，从财政、信贷等政策性经济方面激励企业自主研发，调控市场向绿色产品倾斜，为企业绿色技术创新保驾护航。当前应用的手段包括排污收费、排污许可、排污权交易、节能交易等经济措施。

个人消费行为基数庞大，影响社会氛围与企业生产行为；企业提供的服务和生产的产品为绿色消费提供更广阔的选择；政府的政策引导、奖惩措施可以促进个人消费与企业生产的可持续化，同时政府采购行为也可以加速企业生产模式、产品性质的"绿色化"进程。由此可见，生态文明建设应与绿色消费的原则有机结合，这是因为绿色消费不仅为生态文明建设提供了可知可感的现实图景，而且为生态文明建设提供了重要的切入点和着力点。建设生态文明，必须在全社会形成绿色消费的消费模式。

11.2.2 绿色消费法律政策体系原则与基础

2016年国家发展改革委等十部门联合印发《关于促进绿色消费的指导意见》，为我国开展绿色消费提供了基本指南。为了更好更快地推进绿色消费在我国的适用进程，绿色消费的专项法律法规需要不断根据国内绿色消费状况进行修订。

绿色消费法律政策体系构建的基本原则可概括为五点：①可持续发展原则。可持续发展原则是绿色消费法律制度的核心原则，也是绿色发展和绿色消费在经济、法律等各方面都应坚持的基本原则。②资源优化配置原则。十八届三中全会公报明确表示要充分发挥市场在资源配置中的决定性作用。确定资源优化配置原则就是重视市场在社会发展中的作用，也就是重视市场在绿色消费中的作用。从社会发展来看，资源优化配置能保证有限的资源得以最大限度利用，确保社会生产的顺利进行。③科学性原则。绿色消费法律制度应遵循的科学性原则是指遵守绿色消费中的社会学、核算经济学、环境经济学等基础学科的规律和原理。④国家宏观调控原则。市场调节是对经济进行调节的基础手段，但因具有盲目性、滞后性等缺点，可能带来市场的不正当竞争和垄断行为，此时需要国家对经济活动进行宏观调控，保障经济健康发展，实现国家整体利益和长远利益。⑤政府引导与公众参与相结合原则。《21世纪议程》指出，实现可持续发展的先决条件之一是公众广泛参与决策。绿色消费中的公众参与包含相关法律法规的立法层面、促进绿色消费的政策层面、法律法规的实行层面等。如今绿色消费理念未深入人心，绿色消费行为需要政府加以引导。政府是引导社会进行绿色消费最重要的责任主体。因此，应当将政府引导与公众参与两者结合起来，发挥最大功效。

可持续发展理论、"生态人"假设理论、消费者责任理论为绿色消费法律法规构建提供了理论基础。

① 可持续发展理论。以可持续发展为理论基础构建绿色消费法律制度，可以从人与自然的关系和人与人之间的关系两方面来理解。从人与自然的关系来看，绿色消费要求人们正确处理自身与自然的关系，在资源和环境的承受范围之内向自然索取资源，通过循环利用提高资源利用率，实现人类与自然协调发展。从人与人之间的关系来看，绿色消费要求当代人的消费活动不能威胁后代人的生存发展，自己的消费活动不能危害他人的利益。

② "生态人"假设理论。"生态人"是绿色消费法律制度建立的前提性假设。"生态人"从人与自然、人与社会整体两方面的关系出发，坚持人与自然、社会之间的互动关系，以此来把握人类自身活动的价值取向。"生态人"以全面整体的视角审视问题，以生态利益、整体利益、长远利益为发展的根本原则。

③ 消费者责任理论。消费者在消费中应当承担相应的义务和责任。消费者责任包括三方面的内容：第一，消费者对自身的责任，即消费者应当为自身的消费行为承担后果；第二，消费者对他人的责任，即消费者的消费行为不能危害他人的合法权益；第三，消费者对生态环境的责任，即消费者的消费行为应当符合节约资源和保护环境的要求，不给生态环境带来负担。因此需建立绿色消费法律责任制度用以规范消费者的行为。

11.2.3 绿色消费现行法律政策体系

以宪法为指导，以现行的涉及绿色消费的全部法律规范为主体的，相互补充相互促进、有机融合的法律法规，初步形成了包括环境产品认证制度、政府绿色采购制度等多层次的法律政策体系框架，构成了我国绿色消费的法律体系。

11.2.3.1 现行法律

现行法律体系中对绿色消费过程及消费后的资源回收相关规定主要由《中华人民共和国宪法》《中华人民共和国环境保护法》《中华人民共和国固体废物污染环境防治法》《中华人民共和国循环经济促进法》《中华人民共和国环境保护税法》《中华人民共和国水法》《中华人民共和国节约能源法》构成。其中《中华人民共和国宪法》作为根本法，指明了资源合理使用与分配、反对浪费的原则。其他各项法律针对整体环境、能源、环境要素、废弃物处理等情况，从环境与资源保护、生产与消费促进、社会宣传教育、政府采购、税收与经济鼓励等方面做出相关规定，鼓励消费者选择绿色产品或绿色服务，鼓励企业进行产品绿色升级，在全社会形成绿色生产、绿色消费、环境与资源保护的氛围，以达到生态与社会和谐的最终目标。

11.2.3.2 其他法规与政策

我国有多部行政法规和部门规章对绿色产品采购及资源回收利用进行规范。其中，行政法规包括2008年制定的《中华人民共和国消费税暂行条例》，2009年制定的《废弃电器电子产品回收处理管理条例》，2014年制定的《中华人民共和国政府采购法实施条例》等。部门规章如国家认证认可监督管理委员会与商务部于2003年联合发布的《绿色市场认证管理办法》，于2004年联合发布的《绿色市场认证实施规则》，环境保护部于2008年发布的《中国环境标志使用管理办法》，财政部与国家税务总局于2008年联合发布的《中华人民共和国消费税暂行条例实施细则》，农业部于2012年发布的《绿色食品标志管理办法》，建设部于2007年发布并于2015年修正的《城市生活垃圾管理办法》，由工业和信息化部牵头的八部委于2016年发布的《电器电子产品有害物质限制使用管理办法》等。

我国还制定了一系列政策性文件来引导和推动绿色消费。国务院于2005年发布了《关于加快发展循环经济的若干意见》，指明了绿色消费的实现路径。该文件强调要形成有利于节约资源、保护环境的生产方式和消费方式，推进绿色消费，完善再生资源回收利用体系，鼓励选择能效标识产品、节能节水认证产品和环境标志产品、绿色标志食品和有机标志食品，减少过度包装和一次性用品的使用，同时要求政府机构实行绿色采购。为了细化落实该意见，国家部委陆续出台政策性文件，包括：环境保护部等四部委于2006年发布的《废弃家用电器与电子产品污染防治技术政策》，国务院办公厅于2007年发布的《关于限制生产销售使用塑料购物袋的通知》、于2009年发布的《关于治理商品过度包装工作的通知》，国家新闻出版总署、环境保护部于2011年联合发布的《关于实施绿色印刷的公告》等。

近几年来，更多涉及绿色消费的政策性文件陆续出台，如国家发展和改革委员会等十部委于2016年发布的《关于促进绿色消费的指导意见》，环境保护部于2015年发布的《关于加快推动生活方式绿色化的实施意见》，工业和信息化部于2015年发布的《关于在消费品生产领域倡行勤俭节约、反对奢华浪费的通知》，中国绿色食品发展中心于2014年发布的《绿色食品标志使用证书管理办法》《绿色食品颁证程序》，国务院办公厅于2016年发布的《关于建立统一的绿色产品标准、认证、标识体系的意见》、2017年发布的《关于转发国家发展改革委住房城乡建设部生活垃圾分类制度实施方案的通知》等。国务院出台《关于加强质量认证体系建设促进全面质量管理的意见》对认证组织机构间合作、技术与人才交流、在新消费中推进绿色低碳提出了要求。2011年中国环境与发展国际合作委员会就"可持续消费与绿色发展课题组"主题召开相关会议，为课题组内中外研究者提供合作基础，促进双方在框架构建、中国绿色消费模型构建、可持续消费建议等方面进行开放且深入的合作。在金融领域中，《重点用能单位节能管理办法》要求金融机构对企业节能生产、清洁生产项目进行信贷、融资等方面的倾斜。2018 年以来，我国继续出台政策性文件促进绿色消费，加快对生态文明建设的部署。在众多的法规、政策、中央文件中，发改委等十部门于 2016 年联合制定并出台了《关于促进绿色消费的指导意见》，该意见对于绿色产品、绿色服务从生产、消费、金融、政策等方面进行了较为全面的规定，是当前绿色消费的主要依据。

11.3 政府绿色采购

11.3.1 政府绿色采购及其意义

政府绿色采购激励绿色技术开发，降低绿色产品成本，倡导绿色消费观念，促进绿色产业形成。欧盟委员会将政府绿色采购概括为"政府当局利用其购买力选择环境友好型产品、服务、工程，从而促进可持续消费和生产"，即政府绿色采购主要包含绿色技术、绿色产品、绿色功能和绿色采购过程四大要素。政府绿色采购是将政府采购的政策目标与绿色发展的理念和要求相结合，通过政府主体发挥作用，主动促进绿色产品消费。政府绿色采购通过选择符合国家绿色标准的产品和服务，引导企业产品全过程符合环保要求。实施政府绿色采购是引领绿色消费的重要手段，将绿色理念纳入消费产品中，推动改变传统的"大量生产、大量消费、大量废弃"的生产消费模式，促进资源节约、绿色生产、废物循环利用。政府绿色采购强调提供绿色产品和服务，与政府采购政策和资金工具联合作用，形成综合放大效应，能够促进全社会绿色消费，推动生活方式绿色化转型，对于我国转型阶段意义重大。

十八大"大力推进生态文明建设"战略决策的提出，实际上是将可持续发展提升到绿色发展高度。"十三五"规划纲要中将"生产方式和生活方式绿色、低碳水平上升"作为今后五年经济社会发展的主要目标。《关于促进绿色消费的指导意见》提出要全面推进公共机构带头绿色消费，政府绿色采购将是我国未来几年引领绿色消费方式转变的重要方式。2015年《关于加快推进生态文明建设的意见》中提出推广节能环保产品拉动消费需求，建立与国际接轨、适应我国国情的能效和环保标识认证制度。《生态文明体制改革总体方案》中明确要求建立统一的绿色产品体系，将目前分头设立的环保、节能、节水、循环、低碳、再生、有机等产品统一整合为绿色产品，建立统一的绿色产品标准、认证、标识等体系。2015年《关于积极发挥新消费引领作用加快培育形成新供给新动力的指导意见》、2016年《关于促进绿色消费的指导意见》和"十三五"规划纲要都提出以健康节约的绿色消费方式引导生产方式变革，要完善绿色采购制度，扩大政府绿色采购范围与规模等要求。

近年来，我国政府绿色采购清单产品涵盖品类与产品增多，采购规模大幅度增加。"节能产品政府采购清单"自 2004 年至 2016 年 1 月更新了 19 期，从 8 类产品发展到 28 大类、35 小类；"环境标志产品政府采购清单"自 2006 年至 2016 年 1 月更新了 17 期，产品从 14 类增加到 44 大类、54 小类。如今，两项清单中的产品已经囊括了电子设备、汽车、生活用电器、照明设备、办公用品、建筑材料、节水设备和动力设备等多个行业和领域。在采购规模方面，2006 年到 2014 年，我国政府节能环保产品采购规模及占我国政府采购资金的比例都逐年扩大。但是我国政府绿色采购规模所占比重还非常小，我国政府采购的金额至今未超过 3%。而发达国家政府采购金额占 GDP 的比重为 15%～25%，社会性支出和环保支出在财政支出中所占的比重较大，很多国家达到 50%～60%。由此，我国政府绿色采购规模仍需扩大，促进绿色市场的拓展，树立"绿色消费者"的形象，引领企业、公众的绿色消费。

当前我国推行政府绿色采购的主要依据为《中华人民共和国政府采购法》《中华人民共和国政府采购法实施条例》《环境保护法》等，《中华人民共和国政府采购法》和《中华人民共和国政府采购法实施条例》中确定了政府的采购活动应该满足环境要求、达到环境保护的目标。《中华人民共和国清洁生产促进法》和新《环境保护法》提出政府采购应该选择能源节约、资源节约、利于回收等有利于环境、资源的产品。目前实践中开展的政府绿色采购主要依据2004年出台的《节能产品政府采购实施意见》和2006年出台的《环境标志产品政府采购实施意见》，给出"节能产品政府采购清单"和"环境标志产品政府采购清单"。当前我国各省市政府也正积极推进政府绿色采购进程，青岛市出台并实施《青岛市绿色采购环保产品管理暂行办法》，山东省发布《山东省节能环保产品政府采购评审办法》，天津市政府采购中心对政府采购产品做出节能产品限定范围，沈阳市多部门联合推出了政府采购绿色产品确认计划，同时各省市依据所出台的方案、规定也确立了对应的评审方案、评审机构、评审流程等，并对绿色产品认证与标志认定做出规定。然而当前我国政府绿色采购认证工作对绿色产品的认证主要停留在节能、环保单个方面，尚需出台范围更大的绿色产品清单。同时绿色产品在我国仍需扩大使用范围，个别省市对绿色产品政府采购的执行未能带来规模效应；在政府绿色采购的监管方面，还需设立专门的管理与监督部门、监管规章与流程，避免造成单一价格为导向的评价结果，避免产品的环境效益、资源利用效益等评价结果容易受到忽视，不利于绿色采购的推进。

当前政府绿色采购的产品范围取自清单——"节能产品政府采购清单"和"环境标志产品政府采购清单"。如今消费品更新换代速度快，我国两项清单的更新速度尚未达到绿色消费品更新换代的速度，导致部分绿色产品未能被列入清单，影响我国政府绿色产品采购，影响我国绿色产品创新、技术开发进度。清单中只规定强制或者优先购买的制造商和产品型号，有时不符合市场实际情况，放宽新产品、新业态市场准入是十分必要的。当前我国绿色产品认证标准主要是由各认证中心颁布，如中国质量认证中心颁布的强制性产品国家标准，中标认证中心颁布的环保产品标准，中环联合认证中心颁布的国家环境保护行业标准等。认证中存在绿色产品认证标准种类较多、认证标准不统一、国内认证要求低于国际标准等问题，影响了绿色产品的认可度。同时，绿色产品认证程序复杂也降低了企业的积极性，增加了相同功能绿色产品选择的难度，不利于提高采购效率。目前国内尚需搭建绿色产品的评估体系，从而为采购人员提供更多的意见。

政府绿色采购同时推进了企业的绿色化转型。2009年北京市正式通过财政手段推广新能源汽车的购买与使用。自2011年起，北京市正式推广电动出租车运营。自2012年起，北京市政府公务车采购开始考虑新能源汽车。北京市政府采购新能源汽车，不仅提高了北京市空气质量，更推动了新能源汽车的科技成果转化。研究表明：北京市政府对于新能源汽车的支持与采购，有效推进了福田公司在新能源汽车领域的自主创新水平，对福田汽车公司开发项目支出及专利批准数量增加的贡献度分别高达86.16%和56.25%。而福田新能源汽车自主创新水平的提高又促进了相关科技成果转化，对福田汽车公司主营业务收入及主营业务利润率增加的贡献度分别达到17.89%和74.24%。

11.3.2　绿色采购法律法规体系

中国可持续政府采购是以法律法规与政策规定相结合为基础的。目前中国的相关立法、政策体系涵盖可持续政府采购相关的宏观战略、技术方法、采购管理、节能环保、绿色产品、信息公开等多个方面。目前我国颁布的绿色采购法律法规、现行政策如表 11-1：

表 11-1 我国目前已经颁布的促进政府绿色采购相关法律法规及政策

类别	颁布/修订日期	名称
法律法规	1999 年 8 月 30 日	《中华人民共和国招标投标法》
	2002 年 6 月 29 日/2014 年 8 月 31 日	《中华人民共和国政府采购法》
	2002 年 6 月 29 日	《中华人民共和国清洁生产促进法》
	2007 年 10 月 28 日	《中华人民共和国节约能源法》
	2008 年 8 月 29 日	《中华人民共和国循环经济促进法》
	2008 年 7 月 23 日	《公共机构节能条例》
	2009 年 9 月 29 日	《中华人民共和国招标投标法实施条例(征求意见稿)》
	2014 年 4 月 24 日	《中华人民共和国环境保护法》
	2015 年 1 月 30 日	《中华人民共和国政府采购法实施条例》
政策规定	1999 年 4 月 17 日/2006 年 3 月 30 日	《政府采购管理暂行办法》
	1999 年 6 月 1 日	《国务院办公厅转发国务院机关事务管理局关于在国务院各部门机关试行政府采购意见的通知》
	1999 年 6 月 24 日/2004 年 9 月 11 日	《政府采购货物和服务招标投标管理办法》
	2000 年 3 月 27 日	《中央国家机关政府采购实施办法(试行)》
	2001 年 7 月 27 日	《关于进一步贯彻＜中华人民共和国招标投标法＞的通知》
	2004 年 5 月 21 日	《国务院办公厅关于开展资源节约活动的通知》
	2004 年 12 月 17 日	《节能产品政府采购实施意见》
	2005 年 7 月 2 日	《国务院关于加快发展循环经济的若干意见》
	2005 年 10 月 11 日	《中共中央关于制定国民经济和社会发展第十一个五年规划的建议》
	2005 年 12 月 3 日	《国务院关于落实科学发展观加强环境保护的决定》
	2006 年 8 月 6 日	《国务院关于加强节能工作的决定》
	2006 年 10 月 24 日	《关于环境标志产品政府采购实施的意见》
	2007 年 2 月 8 日	《环境信息公开办法(试行)》
	2007 年 6 月 3 日	《国务院关于印发节能减排综合性工作方案的通知》
	2007 年 7 月 30 日	《国务院办公厅关于建立政府强制采购节能产品制度的通知》
	2008 年 8 月 1 日	《国务院关于进一步加强节油节电工作的通知》
	2009 年 4 月 10 日	《国务院办公厅关于进一步加强政府采购管理工作的意见》
	2010 年 4 月 14 日	《关于进一步加强中小企业节能减排工作的指导意见》
	2010 年 5 月 4 日	《国务院关于进一步加大工作力度确保实现"十一五"节能减排目标的通知》
	2010 年 10 月 18 日	《中共中央关于制定国民经济和社会发展第十二个五年规划的建议》
	2011 年 2 月 16 日	《2011 年政府采购工作要点》
	2011 年 3 月 16 日	《国民经济和社会发展第十二个五年规划纲要》
	2011 年 8 月 31 日	《国务院关于印发"十二五"节能减排综合性工作方案的通知》
	2011 年 12 月 12 日	《国务院办公厅关于加快发展高技术服务业的指导意见》
	2012 年 4 月 19 日	《国务院关于进一步支持小型微型企业健康发展的意见》

续表

类别	颁布/修订日期	名称
政策规定	2012 年 6 月 28 日	《国务院关于印发节能与新能源汽车产业发展规划（2012—2020 年）的通知》
	2012 年 7 月 9 日	《国务院关于印发"十二五"国家战略性新兴产业发展规划的通知》
	2012 年 8 月 6 日	《国务院关于印发节能减排"十二五"规划的通知》
	2013 年 1 月 1 日	《国务院关于印发能源发展"十二五"规划的通知》
	2013 年 1 月 23 日	《国务院关于印发循环经济发展战略及近期行动计划的通知》
	2013 年 8 月 1 日	《国务院关于加快发展节能环保产业的意见》
	2013 年 11 月 25 日	《党政机关厉行节约反对浪费条例》
	2014 年 6 月 11 日	《政府机关及公共机构购买新能源汽车实施方案》
	2014 年 6 月 14 日	《社会信用体系建设规划纲要（2014—2020 年）》
	2014 年 7 月 14 日	《国务院办公厅关于加快新能源汽车推广应用的指导意见》
	2014 年 7 月 28 日	《国务院关于加快发展生产性服务业促进产业结构调整升级的指导意见》
	2017 年 7 月 11 日	《政府采购货物和服务招标投标管理办法》
	2018 年 6 月 23 日	《关于中央国家机关 2018—2020 年工程集中采购有关事宜的通知》
	2018 年 6 月 23 日	《政府采购代理机构管理暂行办法》

11.3.3　政府采购绿色化措施

政府采购程序是我国政府采购过程当中必须遵循的法定程序，是政府采购顺利进行和完成的关键。对政府采购程序进行绿化设计，将绿色采购的思想纳入政府采购程序中，构建明确、规范、完备、严密的政府绿色采购程序，也是推行政府绿色采购的关键所在。

政府采购程序是表现政府工作顺序、联系方式以及各要素之间相互关系的一种模式。一般情况下，政府采购活动起始于政府采购主体对产品或服务的需求，结束于使用机关对所购物品的消费和处置或对采购服务的支付完毕。具体包括下列主要步骤：编制政府采购预算、确定政府采购计划、选择采购方式并组织采购、订立及履行采购合同、验收、结算付款、产品分配和使用。我国政府绿色采购程序设计，是以政府采购程序为基础，通过向政府采购程序中几个关键节点中加入绿色采购的价值、技术和方法，完成对绿色产品和绿色供应商的选择，从而实现政府绿色采购的可持续性。我国的政府绿色采购程序主要从以下几个方面进行绿化。

① 政府采购预算绿化。绿色的最理想状态是从源头控制，而政府采购的源头控制就是采购预算。具体措施包括：政府采购预算编制时，根据历年采购记录对预算进行分析，减少不必要的采购预算，从源头减少政府采购对环境的影响；在政府采购预算中，规定绿色采购预算的最低比例；在政府采购预算审核过程中，根据前两项的要求进行绿色审核。

② 政府采购计划绿化。绿化措施具体为：国家禁止采购的，一律不得列入采购计划。今后应完善"国家禁止采购产品清单"，将那些环境影响大、能耗大、工艺落后的"非绿色

产品"阻隔在采购计划之外，将"绿色产品"优先列入采购计划，将符合"中国环境标志产品政府采购清单""中国节能产品政府采购清单"的产品优先列入采购计划，将产品的"绿色指标"作为技术参数纳入采购计划中。

③ 公开招标程序绿化。首先应对供应商的选择进行绿色化，确认企业是否通过 ISO 14001 认证，确认企业的生产技术是否环保高效、节能减排工作是否到位等；其次为评标过程的绿色化，在评标过程中对于绿色产品进行采购标准上的适当倾斜。

④ 监督管理阶段绿化。采购完成后，在产品分配和使用过程中采取的绿化措施包括：对绿色采购产品的使用状况、售后服务和废弃处置情况进行调查和评价，根据调查结果对绿色供应商及绿色产品进行评价，并将调查结果向采购人员、采购主管部门和供应商进行反馈；对绿色采购理念进行宣传，推广绿色消费行为，倡导节约、简朴的工作方式，以提高使用者的环境意识。

11.4　绿色产品的认证标准体系建设

绿色产品主要有绿色食品和绿色节能产品，是指生产过程及其本身节能、节水、低污染、低毒、可再生、可回收的一类产品。绿色产品对比传统产品，其优势在于在产品的设计、生产、运输、使用与回收过程中做到环境友好、符合环境保护要求，对生态环境无害或者危害极小，能够通过节约与回收再利用等方式大幅提高资源利用率、减少能源消耗。因此，绿色产品在改善环境、提高社会生活品质等功能上与传统产品产生了根本区别。如今绿色产品消费在发达国家发展迅速，成为消费潮流的引领者。

为了推动绿色产品被大众广泛认可，不少国家相继实行开展绿色标志与认证，以提高产品的环境品质和特征。绿色标志是企业生产绿色产品的身份认证，是企业获得政府支持、获取消费者信任、顺利开展绿色营销的重要保证。而对于消费者，绿色产品认证便于消费者在购物时辨别绿色产品，增强环保意识，满足其绿色消费需求，有助于消费者获取准确、权威的信息，保护消费者的合法利益。德国、加拿大、日本、美国、法国、瑞士、芬兰、澳大利亚等国家纷纷实行绿色标志，中国于 1989 年开始实行绿色食品标志制度。为了统一绿色标志与认证的定义、标准以及测试方法，国际标准化组织环境战略咨询组于 1991 年成立了环境标志分组，以促进社会、经济与环境的协调发展。

11.4.1　绿色产品认证标准体系发展历程与现状

加大绿色产品的研发、设计、制造的投入，增加绿色产品供给，引导企业建立环保、节能、生态的绿色产品供应体系是构建绿色消费体系的重要一环。绿色产品能够有效区分于一般商品，有赖于绿色产品认证标准体系。绿色产品认证要求企业生产的产品在全生命周期过程中达到绿色、环保标准，引导消费者选择健康、优质的产品，这保障了企业和消费者的利益。

我国绿色产品认证体系建设始于 20 世纪 90 年代。国家环境保护局于 1996 年开始建立环境保护资质认可制度并实施环保产品认定制度。国家环保总局为此制（修）订了环保产品认定标准，同时建设并发展了一批环保产品检测机构，逐步建立起我国的环境保护产品的监测体系、认定标准等，推进了我国环保产品标准化、系列化的进程，为绿色产品认证体系奠定了基础。同时，环保产品认定制度为提高产品质量、提高环境保护投资效益、引导技术进步、发展绿色消费市场起到了积极作用。自 2002 年起中国环境标志产品认证委员会秘书处在全国十余个城市开展"中国公众绿色消费调查",从环保意识、绿色消费认知、绿色产品选购等多角度对中国群众进行广泛调查与了解。调查结果显示中国群众对于绿色产品、产品认证的认知程度得到了大幅度提升,这得益于我国对于绿色产品认证、节能产品认证、绿色食品认证的大力推广,但同时仍有近半数群众对绿色产品认证标志表示迷茫,众多的认证标志会对其选购造成困扰,因此仍需不断推进构建统一的绿色产品认证体系的工作进程,拓宽群众绿色消费知识宣传范围。

当前,我国形成了涵盖环境与能源的产品与服务领域,第三方认证、自我声明等多种认证模式并存的认证体系,以提供绿色产品的统一化认证。

第三方认证是指产品认证由生产企业外的第三方机构完成,其要求为产品质量满足相关规定,在产品的生命过程中符合相关环境保护、资源节约、绿色产品标准要求。第三方认证中,部分认证由国家部委牵头组织,并纳入相关的采信体系。如中国环境标志认证,以认证标志的加贴为最终呈现形式,为符合生态环境部行业标准、获得认证的产品进行环境标志认证。该认证获得财政部的认可与引用,并构成了政府采购的清单范围,即政府采购清单中选择的产品只能在通过中国环境标志认证的产品中进行选择。部分第三方认证由非政府第三方机构进行管理,如中国质量认证中心的环保产品认证、方圆认证集团方圆标志认证、赛西认证公司的绿色低碳评价。

另一类被广泛使用的认证模式为自我声明。在此模式下,企业可自行测试产品的质量、能耗等指标,并标示其测试结果,自己为标示信息的可靠性负责,而无须申请第三方认证。目前,我国能耗标识属于自我声明标识。以能耗标识为例,由国家发展改革委、国家质检总局和国家认监委负责建立并实施标识认证制度。目录内产品在销售与使用过程中,企业应在产品的最小包装或产品本身显著位置标明统一的能耗标识,并对其能耗情况进行详细说明。能耗等级由企业自行检测、标记,主管部门负责备案监督。

11.4.2 常见绿色产品认证标志

各类绿色产品认证标志是标示在产品或其包装上的"证明性商标",用于区别一般商标,表示该产品在制造、使用、处置全过程中符合各类环保标准。以下列举常见绿色产品认证标志:

(1) 中国环境标志

中国环境标志(俗称"十环"),以绿色为底色,由青山、绿水、太阳以及十环图案组成,是国内综合性绿色产品认证标志。中国环境标志的含义为产品合格并符合环保要求。寓意为"全民联系起来,共同保护人类赖以生存的环境"。目前家电、日用品、汽车等产品进行中国环境标志认证。

保护环境为环境标志发放的最终目标。为实现这一目标,一般采取如下两个步骤:①以环境标志为载体向消费者传递产品的环境友好属性的信息,引导消费者购买并使用有益于环境保护、资源能源节约的产品;②通过消费市场中消费者购买行为,引导企业在市场竞争中调整产品结构,使用清洁生产工艺,生产消费者优先选择的、环境友好的绿色产品,从而使企业遵守国家环境规定,逐步转型为绿色环保企业。目前适用于中国环境标志的产品种类如表 11-2 所示。北京市自 2006 年起在饭店行业启用环境标志认证,推动饭店行业选用绿色产品、正确回收处理餐厨垃圾、节水节电。

表 11-2　中国环境标志产品种类汇总

序号	名称与标准号	序号	名称与标准号
1	轻型汽车 HJ/T 182—2005	43	毛纺织品 HJ/T 309—2006
2	水性涂料 HJ/T 201—2005	44	盘式蚊香 HJ/T 310—2006
3	一次性餐饮具 HJ/T 202—2005	45	燃气灶具 HJ/T 311—2006
4	飞碟靶 HJ/T 203—2005	46	陶瓷、微晶玻璃和玻璃餐具制品 HJ/T 312—2006
5	包装用纤维干燥剂 HJ/T 204—2005	47	微型计算机、显示器 HJ/T 313—2006
6	再生纸制品 HJ/T 205—2005	48	生态住宅(住区) HJ/T 351—2007
7	无石棉建筑制品 HJ/T 206—2005	49	太阳能集热器 HJ/T 362—2007
8	建筑砌块 HJ/T 207—2005	50	家用太阳能热水系统 HJ/T 363—2007
9	灭火器 HJ/T 208—2005	51	胶印油墨 HJ/T 370—2007
10	包装制品 HJ/T 209—2005	52	凹印油墨和柔印油墨 HJ/T 371—2007
11	软饮料 HJ/T 210—2005	53	复印纸 HJ/T 410—2007
12	化学石膏制品 HJ/T 211—2005	54	水嘴 HJ/T 411—2007
13	光动能手表 HJ/T 216—2005	55	预拌混凝土 HJ/T 412—2007
14	防虫蛀剂 HJ/T 217—2005	56	再生鼓粉盒 HJ/T 413—2007
15	压力炊具 HJ/T 218—2005	57	室内装饰装修用溶剂型木器涂料 HJ/T 414—2007
16	空气卫生香 HJ/T 219—2005	58	杀虫气雾剂 HJ/T 423—2008
17	胶粘剂 HJ/T 220—2005	59	数字式多功能复印设备 HJ/T 424—2008
18	家用微波炉 HJ/T 221—2005	60	厨柜 HJ/T 432—2008
19	气雾剂 HJ/T 222—2005	61	建筑装饰装修工程 HJ 440—2008
20	轻质墙体板材 HJ/T 223—2005	62	防水卷材 HJ 455—2009
21	干式电力变压器 HJ/T 224—2005	63	刚性防水材料 HJ 456—2009
22	消耗臭氧层物质替代产品 HJ/T 225—2005	64	防水涂料 HJ 457—2009
23	建筑用塑料管材 HJ/T 226—2005	65	家用洗涤剂 HJ 458—2009
24	磁电式水处理器 HJ/T 227—2005	66	木质门和钢质门 HJ 459—2009
25	节能灯 HJ/T 230—2006	67	数字式一体化速印机 HJ 472—2009
26	再生塑料制品 HJ/T 231—2006	68	皮革和合成革 HJ 507—2009
27	管型荧光灯镇流器 HJ/T 232—2006	69	采暖散热器 HJ 508—2009
28	泡沫塑料 HJ/T 233—2006	70	木制玩具 HJ 566—2010
29	金属焊割气 HJ/T 234—2006	71	喷墨墨水 HJ 567—2010
30	工商用制冷设备 HJ/T 235—2006	72	箱包 HJ 569—2010
31	家用制冷器具 HJ/T 236—2006	73	鼓粉盒 HJ 570—2010
32	塑料门窗 HJ/T 237—2006	74	人造板及其制品 HJ 571—2010
33	充电电池 HJ/T 238—2006	75	文具 HJ 572—2010
34	干电池 HJ/T 239—2006	76	喷墨盒 HJ 573—2010
35	卫生陶瓷 HJ/T 296—2006	77	电线电缆 HJ 2501—2010
36	陶瓷砖 HJ/T 297—2006	78	壁纸 HJ 2502—2010
37	打印机、传真机和多功能一体机 HJ/T 302—2006	79	印刷第一部分:平版印刷 HJ 2503—2011
38	家具 HJ/T 303—2006	80	照相机 HJ 2504—2011
39	房间空气调节器 HJ/T 304—2006	81	移动硬盘 HJ 2505—2011
40	鞋类 HJ/T 305—2006	82	彩色电视广播接收机 HJ 2506—2011
41	生态纺织品 HJ/T 307—2006	83	网络服务器 HJ 2507—2011
42	家用电动洗衣机 HJ/T 308—2006	84	电话 HJ 2508—2011

（2）中国节能认证标志

节能产品认证是指产品通过国家相关规定与认定程序，证明其符合相应节能标准的认证标志。中国节能标志由形似长城烽火台的汉字"节"与外文"e"组成。《中华人民共和国节约能源法》规定，通过节能产品资格认证的企业，获得节能认证的产品可以在产品标识其节能标志。因此，消费者可以依据产品或其包装上的节能标志识别和选择高效节能型产品。其主要作用为引导消费者从长远角度看，选择节能产品以降低能源消耗支出、减少生活污染排放，以提高整体生活质量。其次此类产品均需要经过严格审核与检验以通过节能产品认证，这为产品质量背书。从社会角度而言，环保意识、绿色消费意识与节能产品的购买和使用为双向促进关系，节能产品的消费与使用能够促进社会环保意识的发展。

（3）中国能效标识

能效标识又称能源效率标识，是为消费者提供产品能源消耗性能信息的重要标志。能效标识按照产品的能源消耗水平划分为 1～5 级，能源消耗量随数字增大而增大。其中 1 级标识能源消耗量最小，达到国际领先水平；5 级表明该产品能效水平低于市场准入标准，不允许该商品生产、销售。

（4）中国节水产品认证（"节"字标认证）

中国节水产品认证，是根据国际产品质量要求，对符合水资源节约使用产品的第三方认证。该认证获得国家财政部采信，经过认证的产品可以进入节能产品政府采购清单。

（5）绿色食品认证标志

绿色食品标准为绿色食品生产企业必须遵循的执行标准，由农业部发布。绿色食品标准涵盖生产技术、产品质量、产品包装、环境质量等 6 方面内涵。绿色食品标准认证分为 A 级与 AA 级两类，其中 A 级允许限量使用规定的化学合成物质，AA 级禁止使用化学合成物质。绿色食品认证标志为绿色，由太阳、蓓蕾、叶片三部分组成。

11.4.3 建立统一的绿色产品认证标准的政策支持

国内产品认证领域长期存在第三方认证与自我声明体系共存的情况，复杂的认证制度一定程度上增加了企业对同一产品进行重复检测的可能，增加了企业的认证负担，造成消费者在选择产品时的困扰，同时也有造成监管职能交叉、权责不一致等的风险。因此，需要建立统一的绿色产品标准、认证和标识体系，用真正的绿色理念，引领绿色产品的设计、生产、使用，促进绿色消费市场发展。

建立统一的绿色产品标准体系，同时也是生态文明建设的重要环节，有利于加强供给侧改革、推动经济高质量发展、引领绿色消费、增强人民幸福感。

2015 年 9 月，中共中央、国务院印发《生态文明体制改革总体方案》，提出建立统一的绿色产品体系，将当前各认证统一为绿色产品认证标准与体系。2016 年 11 月，国家标准委办公室正式成立了国家绿色产品评价标准化总体组，为建立统一的绿色产品标准、认证、标识体系的后续工作打下了人才基础和组织基础。2016 年 12 月，国务院办公厅发布《关于建立统一的绿色产品标准、认证、标识体系的意见》（国办发〔2016〕86 号）。2017 年 5 月，由中国标准化研究院、中国科学院生态环境研究中心等单位联合起草的《绿色产品评价通则》正式发布，规定了绿色产品评价的基本原则、评价指标和评价方法。该通则遵循生命周期理念、代表性、适用性、兼容性、绿色高端引领原则，选取评价指标，建立评价体系。《绿色产品评价通则》确立了绿色产品的绿色高端引领原则，规定符合绿色产品评价要求的领先产品比例不超过同类可比产品的 5%。在确定评价指标标准值时，当前符合所有指标要求的该类产品比例不超过 5%，符合每个单项指标要求的该类产品比例原则上不超过 10%。

除以上法规与政策外，我国还制定了其他法律、法规、政策支持绿色产品的认证与推广，如表 11-3 所示。

表 11-3　绿色产品认证支持相关法律法规与政策

时间	法律法规与政策
2005 年 7 月 6 日	《国务院关于做好建设节约型社会近期重点工作的通知》
2006 年 10 月 17 日	《农产品包装和标识管理办法》
2007 年 5 月 23 日	《国务院关于印发节能减排综合性工作方案的通知》
2011 年 3 月 14 日	《国民经济和社会发展第十二个五年规划纲要》
2013 年 1 月 23 日	《国务院关于印发循环经济发展战略及近期行动计划的通知》
2013 年 8 月 1 日	《国务院关于加快发展节能环保产业的意见》
2015 年 9 月 20 日	《生态文明体制改革总体方案》
2015 年 11 月 19 日	《国务院关于积极发挥新消费引领作用加快培育形成新供给新动力的指导意见》
2016 年 11 月 24 日	《国务院关于印发"十三五"生态环境保护规划的通知》
2016 年 12 月 20 日	《国务院关于印发"十三五"节能减排综合工作方案的通知》
2016 年 11 月 22 日	《国务院办公厅关于建立统一的绿色产品标准、认证、标识体系的意见》
2017 年 5 月 20 日	《绿色产品评价通则》
2018 年 2 月 22 日	《重点用能单位节能管理办法》

11.5　绿色消费体制建设展望

作为绿色发展理念的重要落脚点，绿色消费体制建设已成为生态文明建设的重要组成部分。2015 年 5 月 5 日，中共中央、国务院印发《关于加快推进生态文明建设的意见》，提倡全社会一起努力，向勤俭节约、绿色低碳、文明健康的消费与生活方式转变。2016 年 2 月 17 日，国家发改委、中宣部、科技部等十部门联合出台了《关于促进绿色消费的指导意见》，明确提出以下主要目标："到 2020 年，绿色消费理念成为社会共识，长效机制基本建立，奢侈浪费行为得到有效遏制，绿色产品市场占有率大幅提高，勤俭节约、绿色低碳、文明健康的生活方式和消费模式基本形成。"

当前我国社会仍处于绿色消费意识培养与行为养成的初期阶段，初步建立了以法律政策为核心的绿色消费机制，引导消费者将绿色消费行为融入日常生活，引导企业调整技术与产品结构、形成绿色生产产业链，规定政府切实落实绿色采购政策，在全社会营造绿色消费的氛围促进生态文明的建设。在绿色消费宣传教育方面，形成了以政府为主，校园、企业、媒体等为辅的宣传教育体系，宣传绿色消费价值观，普及绿色消费知识。在政府采购方面，形成了"节能产品政府采购清单"和"环境标志产品政府采购清单"两大清单体系，近年来产品范围不断扩大，政府绿色采购规模不断增加。在绿色产品认证体系方面，我国形成了涵盖节能、节水、循环、低碳、再生、有机等产品领域，第三方认证、自我声明等多种认证模式并存的认证体系，当前的主要目标是建立统一的绿色产品认证标准，更好地引领绿色产品的设计、生产、使用，促进绿色消费市场发展。

当前众多企业已经在全力进行绿色生产升级与绿色产品改革。物流行业已通过快递箱回收再利用、绿色智能配送、智能回收等方式对配送链进行全面绿色化升级。以福特、大众等企业为代表的汽车制造企业以目前对于新能源汽车的政策支持为契机，加快新能源汽车的开发与升级，提高汽车的能源利用效率，对废气排放的净化进行升级，在绿色出行领域加速前进。自 2013 年上海市联合各相关单位，开始推出"100＋企业绿色链动计划"，在衣用住行等领域全方面推进典型企业在生产、消费的供应链中施行绿色化升级，树立企业绿色生产的典范与可复制模型。北京市启动《绿色北京行动计划（2010—2012）》，在全市的交通、建筑等领域投入超 600 亿资金，从政策扶持、科技支持、财政支持、公众参与等方面扶持企业进行绿色生产升级、垃圾回收处理、新能源开发与利用等。武汉市发布两型社会建设白皮书，其中对于绿色消费示范社区建设进行了专项部署。

完善绿色消费长效机制，加快生态文明建设，离不开相关法律法规的引导与约束，绿色消费相关法律、法规还需在实施细则、责任归属、义务主体等方面加以完善。

绿色消费相关法律、法规及规范性文件对于鼓励和引导绿色消费起到了积极作用，从不同的角度推进了绿色消费，但从立法角度来看，绿色消费的法制化仍处于萌芽阶段。有关绿色消费的规定体现在各法律条文之中，侧重点主要集中在环境的整体管控、促进循环经济、清洁生产、消费者权益保护等宏观策略，尚未出台专门的绿色消费基本法以及相应的实施细则。因此，需要加快推进绿色消费的法制化进程，为绿色消费提供更加坚实的法律保障。

受立法目的所限，目前我国立法中与绿色消费相关的条文较少且内容简略，多属宣示性、倡导性规范，可操作性尚需加强，法律责任规制有待提高。例如《环境保护法》仅在总则中规定公民有保护环境的义务。《中华人民共和国清洁生产促进法》和《中华人民共和国循环经济促进法》都有多个条款涉及使用环境友好型产品，但法律责任规定相对模糊且处罚较轻，很难切实引导和规范绿色消费。《中华人民共和国消费者权益保护法》仅在总则中倡导公民要选择节约资源和保护环境的消费方式，关于产品信息公开的要求不包含与资源利用、环境保护相关的信息，对消费者知情权的保障不足。《中华人民共和国环境保护税法》主要规范直接向环境排放应税污染物的企业事业单位和其他生产经营者的行为，涉及普通消费者的内容不多。

此外，在我国现行的法律体系中未针对绿色消费的义务主体做出明确规定。《中华人民共和国循环经济促进法》总则中的第 10 条规定，公民要加强资源节约和环境保护意识，但对公民个人在绿色消费中所应负的法律责任没有做出明确的规定。在法律法规中明确国家、地方政府、生产者和社会公众的绿色消费责任有利于国家促进绿色消费号召的实施。

除了发挥法律法规的引导与约束作用外，建设绿色消费体制还应当充分发挥政府绿色采购的示范作用，形成综合放大效应，促进全社会绿色消费、推动生活方式绿色化转型。同时，需要完善绿色消费的宣传教育体系，将生态文明教育纳入全民终身教育体系。

目前，我国政府采购依据的法律基础主要是《中华人民共和国政府采购法》及其实施条例，其中对政府采购的原则、对象、程序等都进行了详细规定。但是，该法并未将绿色采购作为原则之一，未能体现绿色采购理念，采购标准有待进一步明确并提高科学性。同时，《中华人民共和国政府采购法》作为上位法，其中的规定有时不能很好地与《中华人民共和国招标投标法》和《中华人民共和国合同法》中有关政府采购的条款相衔接。另外，《中华人民共和国政府采购法》及其实施条例中既有规定内部监督机制，也有外部监督机制，但尚需加强可操作性。

政府绿色采购可以在采购范围、评估制度、监督机制等方面加以完善：①进一步扩大政府绿色采购范围，对于政府集中采购的打印设备、车辆、餐饮等方面遵循政府采购要求，同时可将相关规定扩大到更多品类；②同时要尽快建立绿色消费评估制度，可以在政府采购中进行评估试点，并根据效果改善模型，以及将政府绿色采购情况纳入各级政府绩效考核评估范围，作为考核政府主要负责人的指标；③加强政府绿色采购情况的信息公开，引入社会及第三方监督机制。

完善绿色消费体制建设，需要通过宣传教育体系使生态文明理念深入人心，让绿色消费成为每个人的自觉选择。将生态文明教育纳入国民教育体系并贯穿社会各年龄层，逐步达成在认知、意识、态度、能力和行动等不同层面的生态文明教育成效。将生态文明教育纳入全民终身教育体系，同时建立总体性教育资源整合平台，引入政府资源与经费、NGO 资源、社会投入等，保障生态文明教育的推进。

参考文献

[1] Appolloni A，D'Amato A, Cheng W. Is public procurement going green? Experiences and open issues. Mpra Paper，2011：11-132.

[2] Berardi U，Ghaffarianhoseini A H，Ghaffarianhoseini A. State-of-the-art analysis of the environmental benefits of green roofs. Applied Energy，2014，115（4）：411-428.

[3] Burja A. Using Green Public Procurement（GPP）for sustainable consumption and production. Journal for European Euvironmental & Planning Law，2009，6（3）：319-338.

[4] Pinto D C，Herter M M，Rossi P，et al. Going green for self or others? Gender and identity salience effects on green consumption. ACR North American Advances，2013.

[5] Cucchiella F，D'Adamo I，Koh S C. Environmental and economic analysis of building integrated photovoltaic systems in Italian regions. Journal of Cleaner Production，2015，98：241-252.

[6] Dolan P. The sustainability of "sustainable consumption". Journal of Macromarketing，2002，2（2）：170-181.

[7] Elliott R. The taste for green：The possibilities and dynamics of status differentiation through "green" consumption. Poetics，2013，41（3）：294-322.

[8] Getter K L，Rowe D B，Robertson G P，et al. Carbon sequestration potential of extensive green roofs. Environmental Science & Technology，2009，43（19）：7564-7570.

[9] Gorz A. Ecology and Freedom. Paris：Galileo，1977.

[10] Keyes S，Tyedmers P，Beazley K. Evaluating the environmental impacts of conventional and organic apple production in Nova Scotia，Canada，through life cycle assessment. Journal of Cleaner Production，2015，104：40-51.

[11] Kim H C，Wallington T J. Life cycle assessment of vehicle light weighting：A physics-based model of mass-induced fuel consumption. Environmental Science & Technology，2016，47（24）：14358.

[12] Laroche M，Bergeron J，Barbaro-Forleo G. Targeting consumers who are willing to pay more for environmentally friendly products. Journal of Consumer Marketing，2001，18（6）：503-520.

[13] Mainieri T，Barnett E G，Valdero T R，et al. Green buying：The influence of environmental concern on consumer behavior. Journal of Social Psychology，1997，137（2）：189-204.

[14] Marguerat D，Cestre G. Determining ecology-related purchase and post-purchase behaviors using structural equations. Working Paper Institut Universitaire de Management International（IUM I），2004：1-24.

[15] Laroche M，Tomiuk M，Bergeron J，et al. Cultural differences in environmental knowledge, atti-

tudes, and behaviours of Canadian consumers. Canadian Journal of Administrative Sciences, 2009, 19 (3): 267-282.

[16] Miniero G, Codini A, Bonera M, et al. Being green: From attitude to actual consumption. International Journal of Consumer Studies, 2014, 38 (5): 521-528.

[17] Moisander J. Motivational complexity of green consumerism. International Journal of Consumer Studies, 2007, 31 (4): 404-409.

[18] Mostafa M M. A hierarchical analysis of the green consciousness of the Egyptian consumer. Psychology & Marketing, 2007, 24 (5): 445-473.

[19] Office S. A better quality of life: A strategy for sustainable development in the United Kingdom. 1999.

[20] Pinto D C, Herter M M, Rossi P, et al. Going green for self or for others? Gender and identity salience effects on sustainable consumption. International Journal of Consumer Studies, 2014, 38 (5): 540-549.

[21] Ayres R U. Turning Point: The end of the growth paradigm. London: Earthscan, 1998.

[22] Schwab K. Sustainable consumption: stakeholder perspectives. World Econ. Forum, Geneva: Switzerland, 2013: 9-14.

[23] Sharma B, Gadenne D. Consumers' attitudes, green practices, demographic and social influences, and government policies: An empirical investigation of their relationships. The Journal of New Business Ideas & Trends, 2014, 12 (2): 22-36.

[24] Tanner C, Kast S W. Promoting sustainable consumption: Determinants of green purchases by Swiss consumers. Psychology & Marketing, 2003, 20 (10): 883-902.

[25] Viveret P. 'Reconsidering wealth', Report to the Secretary of State for the Solidarity economy Guy Hamilton. Paris, 2002.

[26] Wang Z, Yang L. Indirect carbon emissions in household consumption: Evidence from the urban and rural area in China. Journal of Cleaner Production, 2014, 78: 94-103.

[27] Verbeke W, Vermeir I, Brunso K. Consumer evaluation of fish quality as basis for fish market segmentation. Food Quality and Preference, 2007, 18 (4): 651-661.

[28] Xu S, Chu C, Ju M, et al. System establishment and method application for quantitatively evaluating the green degree of the products in green public procurement. Sustainability, 2016, 8 (9): 941.

[29] 白光林, 万晨阳. 城市居民绿色消费现状及影响因素调查. 消费经济, 2012, 28 (2): 92-94, 57.

[30] 陈凯. 绿色消费模式构建及政府干预策略. 中国特色社会主义研究, 2016 (3): 86-91.

[31] 仇立. 基于绿色品牌的消费者行为研究. 天津: 天津大学, 2012.

[32] 崔文婷. 绿色消费动力机制模型研究. 天津: 天津大学, 2010.

[33] 董淑芬. 培育我国绿色消费模式的对策与建议. 生态经济 (学术版), 2009 (1): 187-190.

[34] 付董董, 王永明. 如何引导当代大学生绿色消费观. 理论观察, 2011 (1): 104-105.

[35] 付伟, 冷天玉, 杨丽. 生态文明视角下绿色消费的路径依赖及路径选择. 生态经济, 2018, 34 (7): 227-231.

[36] 付新华, 郑翔. 完善绿色消费法律制度的设想. 北京交通大学学报 (社会科学版), 2010, 9 (3): 115-118.

[37] 顾栋. 浅谈形成合理消费的社会风尚问题. 中外企业家, 2013 (7): 29-32.

[38] 何志毅, 杨少琼. 对绿色消费者生活方式特征的研究. 南开管理评论, 2004 (3): 4-10.

[39] 黄嗣翔. 城市低碳消费评价指标体系构建及应用研究. 杭州: 浙江工业大学, 2017.

[40] 景侠, 刘晓娜. 实现我国绿色消费的对策研究. 哈尔滨商业大学学报 (社会科学版), 2007 (1): 26-28.

[41] 蓝娟. 论生态消费及其实现. 成都: 成都理工大学, 2007.

[42] 劳可夫，吴佳.基于Ajzen计划行为理论的绿色消费行为的影响机制.财经科学，2013（2）：91-100.

[43] 黎建新.绿色购买的影响因素分析及启示.长沙理工大学学报（社会科学版），2006（4）：70-74.

[44] 李桂梅.可持续发展与适度消费的伦理思考.求索，2001（1）：78-81.

[45] 李劲松.技术创新生态化的政策桎梏及对策.合肥：合肥工业大学，2009.

[46] 李静，刘丽雯.中国家庭消费的能源环境代价.中国人口·资源与环境，2017（12）：31-39.

[47] 林白鹏，减旭恒.消费经济大辞典.北京：经济科学出版社，2000.

[48] 刘伯雅.我国发展绿色消费存在的问题及对策分析——基于绿色消费模型的视角.当代经济科学，2009，31（1）：115-119.

[49] 刘琦翔.深层生态学视野中的绿色消费.成都：成都理工大学，2006.

[50] 罗丞.消费者对安全食品消费意愿的影响因素分析——基于计划行为理论框架.中国农村观察，2010（6）：22-34.

[51] 马维晨，邓徐.我国绿色消费的政策措施研究.环境保护，2017，45（6）：56-59.

[52] 潘家耕.论绿色消费与可持续发展.安徽电力职工大学学报，2003（4）：113-116.

[53] 潘家耕.论绿色消费方式的形成.合肥工业大学学报（社会科学版），2003（6）：93-97.

[54] 彭妍妍，蔺昊欣.我国绿色消费政策概况.标准科学，2016（s1）：111-116.

[55] 秦书生，逯永娟，王宽.绿色消费与生态文明建设.学术交流，2013（5）：138-141.

[56] 税永红，周宇.绿色消费与社会可持续发展的思考.四川环境，2006，25（3）：119-122.

[57] 司林胜.对我国消费者绿色消费观念和行为的实证研究.消费经济，2002（5）：39-42.

[58] 王敬，张忠潮.生态文明视角下的适度消费观.消费经济，2011（2）：62-65.

[59] 王露.我国城镇居民可持续消费评价研究.济南：山东财经大学，2014.

[60] 王青.绿色消费与中国经济发展的关系.青海师范大学民族师范学院学报，2010，21（2）：1-4.

[61] 王淑华.我国技术创新政策体系的建立及其完善.兰州学刊，2001（4）：39-40.

[62] 吴红岩.我国绿色消费问题研究.长春：东北师范大学，2008.

[63] 徐盛国，楚春礼，鞠美庭，等."绿色消费"研究综述.生态经济，2014，30（7）：65-69.

[64] 许进杰.生态消费：21世纪人类消费发展模式的新定位.北方论丛，2007（6）：127-131.

[65] 闫缨.云南生态文明建设中绿色消费的必要性探讨.学术探索，2012（5）：51-53.

[66] 杨平.积极构建绿色消费模式.辽宁行政学院学报，2012（12）：102-105.

[67] 易必武.绿色消费问题及其绿色营销促进.吉首大学学报（自然科学版），2003，24（4）：64-68.

[68] 由杰.我国推行绿色消费的困境及对策分析.沈阳：东北大学，2009.

[69] 于淑波，王露.我国城镇居民绿色消费行为评价.东岳论丛，2015，36（3）：142-147.

[70] 俞海山.绿色消费模式论.北京：经济科学出版社，2002.

[71] 袁芳英.论绿色消费目标下的消费方式变革.湘潭：湘潭大学，2006.

[72] 苑洁.论我国消费的可持续发展.山东青年政治学院学报，2011，27（2）：108-111.

[73] 再生协会.国家将加大对造纸业废水的治理力度.中国资源综合利用，2014，32（3）：36.

[74] 展刘洋，鞠美庭，刘英华.欧盟绿色消费政策及启示.环境保护，2013，41（9）：77-78.

[75] 展刘洋，鞠美庭，杨娟.我国政府绿色采购政策的完善建议.生态经济，2013（6）：95-98.

[76] 周宏春.绿色消费应成为一种自觉.山东经济战略研究，2016（7）：41-43.

[77] 周中之.当代中国消费伦理规范体系研究.华中师范大学学报（人文社会科学版），2013，52（2）：61-69.